manque: "planche première", constaté le 6/4/95

M 796.
B. 3.

M

5885

VOYAGES
DANS LES ALPES.

TOME TROISIEME.

VOYAGES
DANS LES ALPES,
PRÉCÉDÉS D'UN ESSAI
SUR L'HISTOIRE NATURELLE
DES ENVIRONS
DE GENEVE.

Par Horace-Bénedict de SAUSSURE, Professeur émérite de Philosophie dans l'Académie de Geneve, & membre de plusieurs autres Académies.

TOME TROISIEME.

Vallon du Mont-Cenis, son lac, son Hospice, et Montagnes qui le dominent.

A NEUCHATEL,
Chez LOUIS FAUCHE-BOREL, Imprimeur du Roi.

MDCCXCVI.

Explication des Planches du IIIe. Volume.

Planche Premiere. Montagne de la Tuile au-deſſus de Montmélian. Couches ſingulierement repliées, ſituées en partie ſous des couches preſqu'horizontales.

Planche II, *fig.* 1. Situation actuelle des couches de Baſetiere, §. 1218.

fig. 2. Situation primitive de ces mêmes couches, *ibid*.

fig. 3. Thermometre deſtiné à meſurer la température des eaux profondes, §. 1398.

fig. 4. Aiguille aimantée en équilibre entre les attractions qui la ſollitent du côté de l'Eſt & celles qui la ſollicitent du côté de l'Oueſt.

fig. 5. Demi cercle tracé ſur une lame rectangulaire, avec un fil à plomb qui ſert à meſurer l'inclinaiſon des couches & des pentes.

fig. 6. Forme d'un cryſtal que j'ai nommé *Rayonnante en gouttiere*, §. 1921.

ERRATA du troisieme Volume.

Page 14. ligne 18, Le Tier, *lisez* le Fier.
. . 20. Second Sommaire, Vallée de l'Are, *lisez* Vallée de l'Arc.
. . 36. §. 1207. On a oublié le sommaire, qui doit être (*Montagne de schiste argilleux.*)
. . 73. §. 1258. On a oublié le sommaire, qui doit être (*Départ. Partie de la route à cheval.*)
. . 81. Dernier sommaire, Meaux, *lisez* Maux.
. . 115. Le D. Beauvoisin, *lisez* Bonvoisin. Il faut répéter cette correction par-tout où se trouve le mot Beauvoisin.
. . 166. Second sommaire, nœud tenticulaire, *lisez* lenticulaires.
. . 168. §. 1367. On a oublié le sommaire, qui doit être (*De Spiotorno à Final.*)
. . 289. Second marginal, montée par ro, *lisez* roc.
. . 332. Second sommaire, argille interne, *lisez* argille informe.
. . 353. §. 1539. *Der Mercururdick*, lisez *der Merckwurdick*.
. . 358. lig. 21. Petrosillex, *lisez* petrosilex.
. . 361. §. 1549. On a oublié le sommaire, qui doit être (*Cailloux roulés. Lac d'eau salée.*)
ibid. lig. 16. Courtheron, *lisez* Courthezon.
. . 379. vers la fin. Le theim, le gent spinistore, *lisez* le thim, le genet spinistore.
. . 399. Premier sommaire. Autres de cailloux, *lisez* autres especes de cailloux.
ibid. lig. 16. son grain, *lisez* ses grains.
. . 401. Au sommaire. Poudingue. Base de la Crau, *lisez* Poudingue, base de la Crau.
. . 447. lig. derniere, Wittembach, *lisez* Wittenbach.
. . 476. §. 1711. On a oublié le sommaire, qui doit être (*De l'Hospice à la cime du Grimsel.*)
. . 481. lig. 18. Alpen Reifs, *lisez* Reise.
. . 501. Second sommaire, lames infoliées, *lisez* exfoliées.
. . 519. lig. 8. Galioni, *lisez* Gattoni.
ibid. lig. 9. Pozzo, *lisez* Porro.
ibid. lig. 24. Luzino, *lisez* Luvino.
. . 522. Note. Urdale Price, *lisez* Uvedale Price.
. . 529. Premier sommaire. Couches centrales, *lisez* verticales.

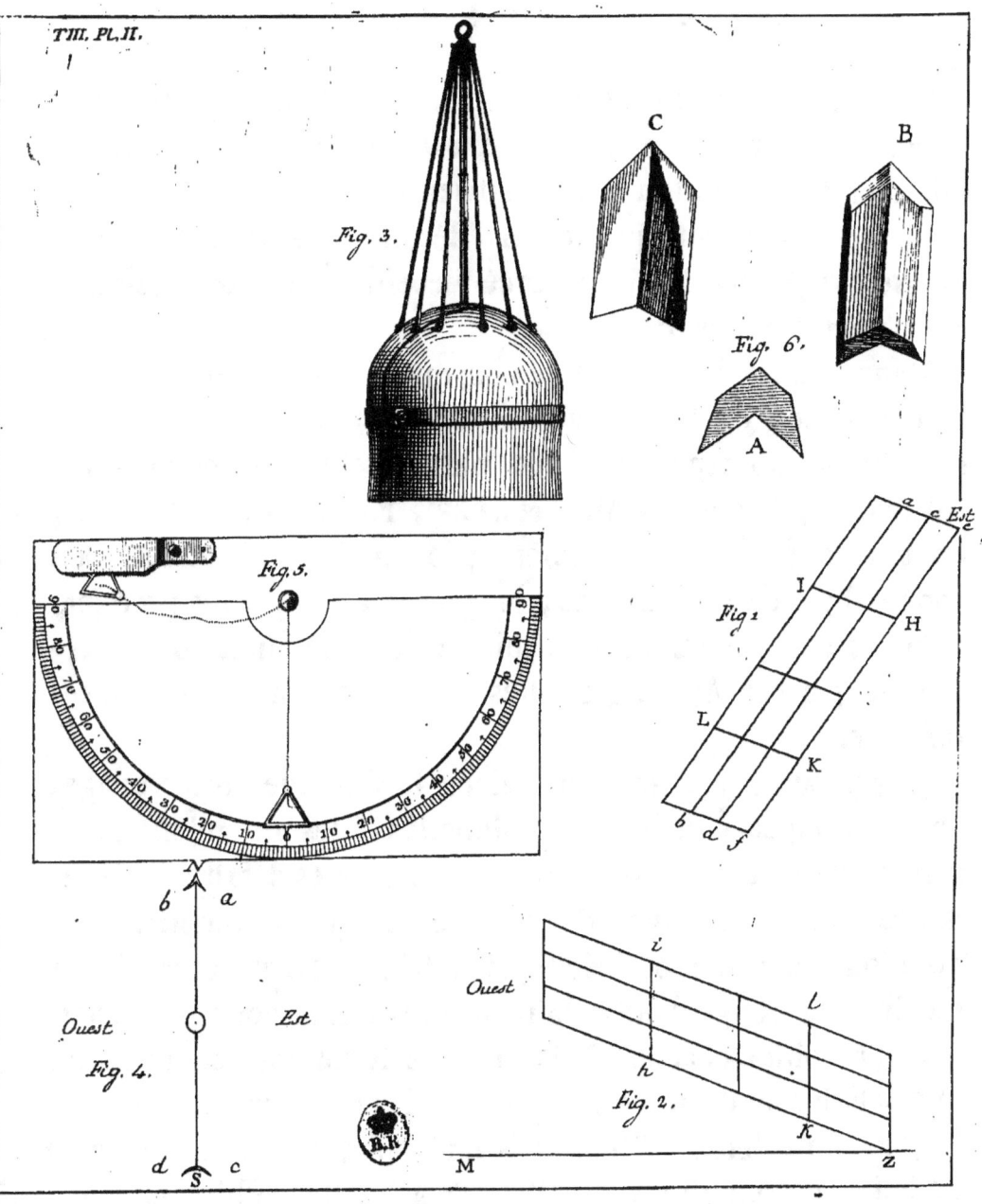

AVERTISSEMENT.

On sera peut-être étonné de voir qu'au lieu d'un troisieme volume de voyages qui avoit été annoncé dans le second, il soit à présent question d'un quatrieme.

C'est à regret que je me suis déterminé à cette extension progressive, mais j'y ai été forcé successivement par la nature & l'abondance des matieres.

Dans l'intervalle de 8 à 9 ans qui se sont écoulés depuis la publication du second volume, j'ai étudié avec beaucoup de soin la nomenclature des plus célebres Minéralogistes Allemands, tels que MM. WERNER, KARSTEN, HOFFMANN, dont les ouvrages, ou n'étoient pas publiés, ou étoient peu connus hors de l'Allemagne, lorsque je composai les premiers volumes; & j'ai eu soin de joindre les dénominations employées par ces Auteurs à celles dont je me suis servi dans cet ouvrage.

Cependant, j'ai rencontré dans la suite de mes voyages quelques especes de pierres, dont les unes ne m'ont point paru pouvoir se rapporter à aucune des especes décrites & déterminées par ces Auteurs; & les autres m'ont paru mériter des noms ou génériques ou spécifiques distincts. Dans ces cas-là, je me suis vu obligé à introduire des dénominations nouvelles. Mais j'ai joint à chacune d'elles ou des synonimes connus, ou une description détaillée de ses caracteres extérieurs, suivant la langue du célebre WERNER, qu'il faut se hâter, le plus possible, de rendre universelle. Tels sont les fossiles suivants.

Palaïopetre, §. 1194.

Néopetre, *Ibid.*

AVERTISSEMENT.

Delphinite, §. 1225., c'est le *Glasartiger Strahlstein* de WERNER.
Delphinite grenue, *ibid.*
Feldspath gras . . . §. 1304.
Serpentine grenue . §. 1342.
Smaragdite . . . §. 1313.
Ophibase . . . §. 1539.
Silicalce . . . §. 1524.
Byssolite . . . §. 1696.

C'est après avoir ainsi donné tous mes soins à perfectionner ma nomenclature, que j'ai publié celle des cailloux roulés de la Doire, de la Sesia, de la Durance, de l'Isere & de quelques autres bassins. On verra dans mes recherches sur l'origine des cailloux de la Crau quelle peut être, pour la géologie, l'utilité de ces descriptions de cailloux roulés.

Voilà ce dont j'ai cru devoir prévenir mes Lecteurs relativement à ma nomenclature.

Quant aux choses même, la table des chapitres & des sommaires, qui, dans ce volume, comme dans les autres, est placée après l'avertissement, présente un tableau suivi de tous les objets qui y sont traités. Et quoique les vrais Amateurs de la géologie lisent avec intérêt, & puissent même tirer des conclusions importantes de toute description exacte de la suite des fossiles qui se présentent sur une route qui traverse un pays inconnu pour eux; cependant, en faveur de ceux qui ne suivent pas ces descriptions avec le même intérêt, & qui ne sont pas en état d'en tirer des inductions relatives à des théories générales, je crois devoir indiquer en

AVERTISSEMENT.

peu de mots les objets qui, dans ce volume, me paroissent dignes de fixer l'attention du public.

Couches de grès verticales, près d'Albie, & importance de cette observation, §. §. 1165 & 6.

Montagne métallifere de St. George, §. 1200 & suivants.

Gypses de formation nouvelle, §. 1208.

Considérations sur la formation des couches, §. §. 1209, 11, 12, 13.

Couches renversées & moyen de reconnoître leur situation primitive, §. 1218.

Passage du Mont-Cenis. Schistes micacés calcaires, §. 1234 & suivants.

Excursion sur Roche-Michel, montagne élevée de 780 toises au-dessus du passage du Mont-Cenis. Expériences physiques sur cette cime, §. §. 1257—1282.

Ruines du cloître de St. Michel ; cadavres desséchés, §. 1257 & suivants.

Résumé général des observations faites en traversant les Alpes par le Mont-Cenis, §. 1298 & suivants.

Considérations sur la terre végétale & sur les limites de son accroissement, §. 1317 & suivants.

Excursion à N. D. de la Garde ; église frappée du tonnerre malgré un conducteur. Vices & réparation de ce conducteur, §. 1340 & suivants.

Cap de Porto-Fino, haute montagne de cailloux agglutinés, §. 1346. Température de la mer à 886 pieds de profondeur, §. 1351.

Dans le voyage de Gênes à Nice, qui occupe le Chap. XVII,

& où est décrite la partie des Alpes la plus abaissée vers la mer, on peut remarquer que les changements de situation & de direction des couches y sont plus fréquents que sur les hautes Alpes, §. 1373 ; que les pierres calcaires mêlées d'argille y sont beaucoup plus abondantes ; qu'on n'y trouve point de granit, proprement dit, mais une espece de granit composé seulement de jade & de smaragdite, §. 1362.

Cavernes creusées par les flots de la mer, §. 1382.

Nul caillou roulé un peu au-dessus du niveau de la mer, §. 1387. Nul coquillage sur ces bords, §. 1371.

Vis-à-vis de Nice, à une lieue en mer, la température, à 1800 pieds de profondeur, s'est trouvée, comme à Portofino de 10, 6. §. 1391. Thermometre construit pour cette expérience, §. 1392.

Observations sur la température du fond de 10 lacs en Suisse, qui tous se sont trouvés de plusieurs degrés au-dessous du tempéré, §. 1394 & suiv. Combien ce phénomene est difficile à expliquer, §. 1401 & suivants.

Vents souterreins qui dans les mois les plus chauds de l'année sont plus froids que le tempéré, observés dans sept endroits différents, §. 1403 & suiv.

Ce phénomene expliqué d'une maniere qui paroît satisfaisante, §. 1414. & suiv.

Diverses expériences faites par des procédés nouveaux sur la température de l'intérieur de la terre, §. 1418 & suiv.

Singulier résultat de ces expériences ; c'est que la chaleur de l'été n'arrive qu'au solstice d'hiver à 29 pieds & demi de profondeur ; & que de même le froid de l'hiver ne pénetre

AVERTISSEMENT.

qu'au solstice d'été à cette même profondeur, §. 1423.

Montagnes de porphyre, §. 1436.

Porphyre à cristaux de feldspath, d'un beau bleu de ciel, §. 1448.

Roches glanduleuses, ou amygdaloïdes qui ont été prises pour des laves, §. 1439, 1444 & suivants.

Roches qui paroissent avoir subi l'action du feu des charbons de pierre, mais non des volcans, §. 1451.

Excursion sur les plus hautes montagnes du Cap-Roux, toutes porphyriques, chapitre XX.

Excursion rapide & coup-d'œil sur quelques-unes des isles d'Hyeres, chapitre XXII.

Montagne des Oiseaux, composée de spath calcaire en boules à couches concentriques, chap. XXIII.

Excursion sur la montagne de Caume au Nord de Toulon, chapitre XXIV.

Phénomene météorologique extraordinaire. *Ibid.* & 1493.

Considérations sur la stérilité des montagnes de la Provence, §. 1492.

Montagnes du Brouffant & d'Evenos, couronnées par des roches, divisées par des fentes verticales, & qui ont été prises pour des basaltes, mais qui sont des pierres schisteuses d'une nature toute différente, & qui n'avoient point été observées ni décrites avec soin, §. 1497, 8, 9.

Pierres poreuses qui se trouvent sous ces schistes bazaltoïdes, & dont la nature paroît encore douteuse, §. 1502.

Volcan éteint de Beaulieu, chap. XXVII.

Mine de fer de couleur citrine non décrite, §. 1524. A.

AVERTISSEMENT.

Lave poreufe qui paroît avoir été lancée dans un tems où la pierre calcaire étoit dans l'état d'une pâte molle & tenace §. 1529.

Platriéres d'Aix, & autres carrieres où l'on trouve des empreintes de poiffons, chap. XXVIII.

Digreffion fur la nature du tripoli, §. 5175 & fuivants.

Plaine de la Crau. Recherches fur l'origine de fes cailloux, chapitre XXXIV.

Digreffion fur la nature de la pierre de touche, §. 1594. F.

Confidérations fur le miftral & fur la caufe de la violence & de la fréquence de ce vent, §. 1604.

Singuliere culture des vignes du côteau de l'Hermitage, §. 1620.

Calcédoine dans du granit, §. 1634; c'étoit la premiere fois que je voyois cette affociation, qui ne fe rencontre point dans les hautes Alpes; mais depuis l'impreffion de ce volume, j'en ai vu beaucoup dans les granits & dans les gneifs des plaines, & en particulier dans ceux du Bourbonnois.

Le troifieme voyage qui renferme les paffages des Alpes par le Grimfel, le Griès & la Furca del Bofco, me paroît, je l'avoue, intéreffant dans fa totalité, du moins pour ceux qui ont la plus foible curiofité pour l'Hiftoire Naturelle des montagnes. Ces grandes montagnes de granit, foit en maffe, foit feuilleté, dont j'ai étudié la ftructure avec le plus grand foin; les magnifiques couches horizontales des granits veinés de St. Roch; les grandes & fingulieres exfoliations de ces granits; le changement progreffif de leur nature dans leurs couches fupérieures, en raifon de ce qu'elles font plus

AVERTISSEMENT.

modernes, me paroiffent des faits de la plus grande importance pour la théorie.

Et quant aux lecteurs qui ne font pas amateurs de géologie, ils verront avec plaifir, j'efpere, la fource du Rhône, fon glacier, celui du Griès, & d'autres grandes & belles fcenes que préfente la nature dans ces lieux fauvages & peu connus.

Le quatrieme volume s'imprime avec activité; on a pu en voir le Profpectus chez les principaux Libraires; celui qui eft chargé de fon impreffion promet qu'il fera publié au mois de mai de l'année 1796; & ce volume terminera la collection de ceux de mes voyages que je deftine à l'impreffion.

Quant à la théorie, j'ai fuivi dans ce volume la même méthode que dans les précédents; j'ai pofé des principes à mefure que j'obfervois des faits qui me paroiffoient les établir. Mais pour l'enfemble, j'en fufpends la publication. J'attends d'avoir fait des obfervations que je projette, & dont j'ai befoin pour me décider fur des queftions qui me paroiffent encore problématiques.

Conches, près de Geneve, ce 20 novembre 1795.

AVERTISSEMENT.

P. S. Le Libraire assure que le haut prix du papier & la cherté de la main d'œuvre, ne lui permettent de me donner qu'un très-petit nombre d'exemplaires de ces deux volumes, au lieu de 150 que j'avois eu des deux premiers.

C'est avec beaucoup de regret que je me vois privé du plaisir d'en envoyer à plusieurs de mes amis qui en avoient reçu des deux premiers, & à d'autres à qui j'en destinois.

TABLE

TABLE

Des Chapitres & des Sommaires contenus dans ce troisieme volume.

SECOND VOYAGE.

De Geneve à Gênes par le Mont-Cenis, & retour par la côte de Gênes & par la Provence. Page 1.

CHAPITRE I. *De Geneve à Annecy. Lac d'Annecy.*
De Geneve au Chable, p. 1. Grès tendres, p. 2. Château de Croisille, *ibid.* La Caille, *ibid.* Annecy, p. 3. Lac d'Annecy, *ibid.* Isle de Châteauvieux, *ibid.* Température du lac d'Annecy, p. 4.

CHAP. II. *D'Annecy à Aix*, page 5.
Plaine abandonnée par le lac, p. 5. Grès en couches peu inclinées, *ibid.* Les mêmes en couches verticales, *ibid.* Causes générales de cette situation, p. 6. Montagnes qui bordent cette route, p. 7. Aix en Savoye, *ibid.* Eau sulphureuse, *ibid.* Eau de St. Paul, p. 8. Montagne d'Azi, p. 9. Lac du Bourget, p. 10. Température du fond de ce lac, *ibid.* Rochers calcaires très-inclinés, p 11.

CHAP. III. *De Geneve à Aix par Frangy*, p. 13.
Introduction, *ibid.* Carrieres de gypse, *ibid.* Mont de Sion, *idid.* Frangy, *ibid.* Montagne de Clermont, p. 14. Doucy, Rumilly, *ibid.*

CHAP. IV. *D'Aix à St. Jean de Maurienne*, page 16.
Montagnes qui bordent la vallée d'Aix à Chambéry, *ibid.* Descente à Chambéry, *ibid.* Sa situation, *ibid.* Abîmes de Mians, p. 17. Château de Montmélian, p. 18. Fort de Montmélian, *ibid.* Premieres ardoises, p. 19. Couches en forme de C. p. 20. Entrée de la vallée de l'Arc, *ibid.* Village enseveli par un éboulement, *ibid.* Fonderie de cuivre, p. 21. Cendrée de cuivre, *ibid.* Roche feuilletée qui résiste au feu, p. 22. Gallerie ouverte & abandonnée, p. 23. Quartz blanc veiné de rouge, *ibid.* Forme de la vallée, p. 24. Goëtreux crétins, p. 25. Nature des montagnes qui bordent cette vallée, *ibid.* Palaïopetre & granit de feldspath, *ibid.* Granits remarquables, p. 25. Objection tirée de ces granits, p. 27. La Chapelle. Amas de débris, p. 28. Structure de ces roches, *ibid.* Montagne de Rocherey, p. 29. Mine de St. George, *ibid.* Filon de St. George, p. 30. Nature de la montagne, *ibid.* Fosse du sapin, cuivre, p. 31. Exploitation des mines, *ibid.* Blocs de granits roulés, p. 32. Fonderies de fer d'Argentine, p. 33. St. Jean de Maurienne, p. 34.

CHAP. V. *De St. Jean de Maurienne à Lans-le-Bourg*, page 36.

Montagne de gypse, p. 37. Ruisseau qui se forme à lui-même un canal élevé, p. 38. Considérations générales sur la formation des couches, ibid. Joli point de vue, ibid. Belles couches très-inclinées, p. 39. Ces couches ont été redressées depuis leur formation, p. 40. Couches qui se renflent & s'amincissent successivement, p. 41. Plaine de St. Michel, p. 42. Rocher au-dessus de St. Michel, ibid. Chemin emporté, ibid. Détour par la Buffe, ibid. Schistes argilleux trapézoïdes, p. 43. Considérations sur les fissures des rochers, ibid. Gneiss remarquable, ibid. Modane, p. 47. Gypse, p. 49. Calcaires horizontales, ibid. Villarodin, Delphinite, &c. ibid. Gypse en couches à peu près horizontales, p. 50. Rochers calcaires micacés, ibid. Forêt de pins, ibid. Cailloux roulés divers p. 52. Bramant, ibid. Calcaires & gypses, ibid. Rochers de palaïopètre, ibid. Termignon, p. 53. Débris agglutinés, p. 54. Lans-le-Bourg, ibid. Prix des porteurs & des mulets, ibid.

CHAP. VI. *Passage du Mont-Cenis*, page 56.

Tufs, ibid. Schistes micacés calcaires, ibid. La Ramasse, p. 57. Belles dalles de schistes, p. 58. Plaine du Mont-Cenis, ibid. Elévation de son lac, ibid. La Poste ou Tavernette, p. 59. Rochers de gypse, entonnoirs, p. 69. Situation de ce gypse, ibid. Talc sous ces gypses, p. 61. Calcaires micacées, p. 62. Grès que l'eau rend translucide, ibid. Petite forêt, p. 63. La Cenise, ibid. Ce lac a été anciennement beaucoup plus élevé, ibid. Plaine au Sud-Est du lac, p. 65. Hospice du Mont-Cenis, ibid. Banc de tuf, ibid. entrée du Piémont, p. 67. Gallerie voûtée, ibid. Filons de quartz, p. 68. La Ferriere, p. 69. Schistes micacés non effervescens, p. 70. Résumé sur la nature des rocs qui composent ce côté du Mont-Cenis, ibid. La Novaleze. Effet des vents verticaux, ibid.

CHAP. VII. *Roche-Michel*, page 72.

Introduction, ibid. Départ, partie de la route à cheval, p. 73. Plan des Juments ibid. On commence à monter par des débris, ibid. Arrêtes couronnées par des massifs rectangulaires, p. 74. Glacier de Ronches, ibid. La Fraize, p. 76. Roche-Michel, ibid. Forme & nature de cette roche, ibid. Vue de Roche-Melon, p. 76. Vue de la Novaleze, p. 77. Vue du glacier de Corne Rousse, ibid. Vue des Trois-dents, p. 78. Vue du haut rocher de Ronches, ibid. Granit de formation nouvelle, ibid.

CHAP. VIII. *Expériences faites sur la cime de Roche-Michel*, page 80.

Ordre à suivre, ibid. Barometre Hauteur de Roche-Michel, ibid. Hygromètre, ibid. Electromètre, p. 81. Thermomètre, ibid. Poste un peu dangereux, ibid. Maux de cœur produits par la rareté de l'air, p. 82. Evaporation de l'éther, ibid. Ebullition de l'eau sur le Mont-

Cenis, *ibid.* Liqueur fumante de Boyle, p. 83. Solution du fer & du cuivre, p. 84. Le cuivre ne se dissout point à froid dans l'acide vitriolique, *ibid.* Fréquence du pouls, p. 85. Retour au Mont-Cenis, p. 87. Phénomene Météorologique, *ibid.*

CHAP. IX. *De la Novaleze à Turin*, page 89.
Environs de la Novaleze, *ibid.* Gouëtres, *ibid.* La Brunette, p. 90. Suze, *ibid.* Bussolin, St. Joire, *ibid.* Schistes quartzeux calcaires, p. 91. Couches calcaires micacées, *ibid.* Beaux granits veinés, *ibid.* Réflexions sur ces granits, p. 92. Ruines du monastere de St. Michel, p. 93. Pierres qui composent cette montagne, p. 94. Schiste de rayonnante, *ibid.* Rocher d'une espece de variolite tendre, *ibid.* Cailloux roulés, trouvés très-haut, p. 95. Belle vue du monastere, *ibid.* Descente de St. Michel par une autre route, page 97. Roche grenue mélangée, p. 98. Avigliane, p. 99. Sortie des Alpes, *ibid.* Forme des collines de débris, *ibid.* Avenue de Rivoli, p. 100. Turin, *ibid.*

CHAP. X. *Coup-d'œil général sur la partie de la chaîne des Alpes que l'on traverse en passant le Mont-Cenis*, page 102.
Résumé de ce voyage, *ibid.* Comparaison des deux côtés de la chaîne, p. 103. Des deux côtés bordure de débris, *ibid.* Différentes structures de montagnes, p. 104. Les Alpes finissent plus brusquement du côté du Midi, p. 105. Leur pente de ce côté est aussi plus rapide, *ibid.* Leurs escarpements plus considérables, *ibid.* Singularités géologiques du Mont-Cenis, page 106.

CHAP. XI. *Supergue*, page 108.
Introduction, *ibid.* Cailloux roulés, *ibid.* Calcédoine, p. 109. Porphyres, *ibid.* Glaise durcie, p. 110. Nature de la montagne de Supergue, p. 111. Vue de Supergue, *ibid.* Mausolée des Rois de Sardaigne, page 113.

CHAP. XII. *Hydrophanes de Musinet*, page 114.
Explication préliminaire, *ibid.* Maniere de les connoître & de les essayer, p. 117. Jade de Musinet p. 120. Smaragdite, p. 121.

CHAP. XIII. *De Turin à Milan*, page 123.
Considérations générales sur les plaines de la Lombardie, *ibid.* Considérations sur la terre végétale, p. 124. Elle ne se change pas en sable, p. 125. Limites des accroissemens de la terre végétale, *ibid.* Cailloux roulés des environs de Turin, p. 127. Variolites de Turin, *ibid.* Variolites de la Sesia, p. 129. Porphyre de feldspath & delphinite, *ibid.* On ne connoît pas le pays natal de ces cailloux, p. 130. Cailloux du Tesin, *ibid.* Belle vue des Alpes, p. 131. Milan, p. 132.

CHAP. XIV. *De Milan à Gênes*, p. 133.
Continuation des plaines, *ibid.* Collines qui bordent les Apennins, *ibid.*

Pavie, *ibid.* Situation des couches déposées par les débordements, page 134. Les Apennins. Bifurcation de la chaîne des Alpes, *ibid.* Cailloux de Novi, p. 135. Roche feuilletée de jade & de hornblende, *ibid.* Roche feuilletée de jade & de smaragdite, *ibid.* Stéatite demi dure & fusible, p. 136. De Novi à Ottagio. Collines tertiaires, *ibid.* Col de la Bouquette, p. 138. Colline à l'Orient du col. Pierre calcaire, p. 139. Descente du col de la Bouquette à Gênes, *ibid.*

CHAP. XV. *Notre-Dame de la Garde*, page 141.
Introduction, *ibid.* Conducteur frappé par la foudre, *ibid.* Vue du haut de la montagne de Notre-Dame, p. 144. Nature de sa cime Serpentine grenue, p. 145. Ardoises rouges, *ibid.* Stéatites, page 146. Calcaires, *ibid.* Argille schisteuse, *ibid.* Calcaires verticales, *ibid.*

CHAP. XVI. *De Gênes à Porto-Fino. Première expérience sur la température de la mer*, page 148.
Introduction, *ibid.* Sortie du port, *ibid.* Rocs calcaires diversement inclinés, *ibid.* Relâche sous la montagne de Porto-Fino, page 149. Description de cette montagne, *ibid.* Jardins & maison remarquables, p. 150. Haut de la montagne, *ibid.* Question sur l'origine de cette montagne, p. 152. Expérience sur la température de la mer, p. 153. Retour de Porto-Fino à Gênes, p. 154. Nervi, ses productions & son commerce, *ibid.* Montagne de Nervi, *ibid.* Route de Nervi à Gênes, page 155.

CHAP. XVII. *De Gênes à Nice*, page 156.
Introduction, *ibid.* Fanal. Couches calcaires, p. 157. Daïls ou Pholades, *ibid.* Rocher de talc durci, p. 158. Scoglio di St. Andrea p. 159. Jardins & palais entre Gênes & Voltri, *ibid.* De Voltri à Arenzano, *ibid.* Gneiss de Werner, ou roche de mica, feldspath & quartz, *ibid.* Autre roche, p. 160. Manœuvre pour aborder par un gros vent, *ibid.* Pierre de taille de feldspath & de talc, p. 191. Arenzano, *ibid.* Cailloux roulés au bord de la mer; leur nature, *ibid.* D'Arenzano à Coccolleto, *ibid.* Roche polyhedre de talc, de feldspath & de quartz, p. 162. Veine de quartz de couleur de calcédoine, *ibid.* Breche de Magnéfienne, p. 163. Coccolletto; four à chaux, *ibid.* Talc durci, intacte, *ibid.* Château d'Invrea, *ibid.* D'Invrea à Vareggio, *ibid.* Granit de jade & de stéatite crystallisée ou smaragdite, p. 164. Vareggio, *ibid.* De Vareggio à Albizola, *ibid.* Schistes micacés sous les grès, p. 169. Albizola, *ibid.* d'Albizola à Savone, *ibid.* Schiste de mica & quartz, *ibid.* Savone, p. 156. De Savone à la montagne de St. Stéphano, *ibid.* Roche micacée avec des nœuds lenticulaires, *ibid.* Schiste terreux d'un beau rouge, *ibid.* Transition entre les schistes micacés & la pierre calcaire, p. 167. Calcaires, p. 169. De Final à Loano, p. 170. Beau

point de vue, *ibid.* De Loano à Alaſſio, p. 171. Calcaire à couches repliées, p. 172. Grès ſur calcaire, *ibid.* Caroubiers & lauriers roſes, *ibid.* Schiſte argilleux calcaire, *ibid.* Couches de grès, p. 174. Deſcription de ces grès, *ibid.* Quartz dans les crevaſſes, *ibid.* Et auſſi des ſchiſtes argilleux, *ibid.* Breche deſſus & deſſous ces grès, p. 175. Blocs coupés en cubes, *ibid.* Point de coquilles ſur cette rive, p. 176. Excurſion au Nord-Oueſt d'Alaſſio, *ibid.* Couches diverſement inclinées & dirigées *ibid.* Conſidération ſur la fréquence de ces changements, p. 177. Courants qui s'oppoſent à notre expérience, *ibid.* Monceaux de ſables accumulés par le vent ſous des formes régulières, p. 178. d'Alaſſio à Andora. Calcaire, p. 179. Jolie vue de la vallée d'Andora, p. 180. D'Andora à Oneglia, *ibid.* Calcaires argilleuſes à pieces détachées lenticulaires, *ibid.* Calcaires mêlées de grains de quartz, p. 181. Montagne du cap de Berthe, p. 182. D'Oneille à St. Remo, *ibid.* De St. Remo à Vintimille, p. 183. Chaleur de cette côte, *ibid.* Culture du palmier, p. 184. Vintimille, *ibid.* De Vintimille à Bauſſi-Roſſi, p. 185. Bauſſi-Roſſi, *ibid.* Rochers remarquables, p. 186. Trous ronds ſemblables à des trous de pholades, *ibid.* Cavernes multipliées ſur la ſurface de ce rocher, p. 187. Ces cavernes paroiſſent avoir été creuſées par la mer, p. 188. Menton, p. 189. Beau chemin de Menton à Monaco, p. 190. Sentier qui monte à la Torbie, p. 191. Couches calcaires argilleuſes, *ibid.* Nul caillou étranger charrié par les eaux, *ibid.* Calcaires argilleuſes ſuperpoſées à la calcaire pure, p. 192. Torbie, *ibid.* Hauteur & vue de ce paſſage, *ibid.* Concavité produites par la chûte des couches, p. 193. Eze, *ibid.*

CHAP. XVIII. *Recherches ſur la température de la mer, des lacs & de la terre à différentes profondeurs*, page 196.
Température de la mer à 1800 pieds, *ibid.* Thermometre conſtruit pour cette expérience, p. 197. Epreuves relatives à l'emploi de ce thermometre, p. 198. Le fond de nos lacs eſt plus froid que le tempéré, p. 201. Lac de Thun, *ibid.* Lac de Brientz, p. 202. Lac de Lucerne, *ibid.* Lac de Conſtance, p. 203. Lac Majeur, *ibid.* Réſultat général, p. 204. Les eaux des neiges des Alpes ſont-elles cauſes de ce froid? *ibid.* Ce n'eſt pas le froid des rivieres viſibles, *ibid.* Seroient-ce des eaux qui par deſſous terre viendroient des glaciers, page 205. Source qui change de température dans un cour trajet ſous la terre, page 208. Exemple des eaux d'Aix, *ibid.* Vents ſoûterreins plus froids que le tempéré, p. 209. Caves du Mont Teſtaceo, *ibid.* Grotte d'Iſchia, p. 210. Caves de St. Marin, p. 211. Caves de Ceſi *ibid.* Caves de Chiavenne, p. 212. Caves de Caprino près de Lugan, p. 13. Caves d'Hergiſweil, près de Lucerne, p. 215. Doutes ſur la température du

globe, p. 216. Raison de théorie favorable à ces doutes, page 217. Explications des vents froids souterreins, p. 218. Objection prévenue, p. 222. Le phénomene ne peut pas s'expliquer sans recourir à l'évaporation, *ibid.* Observations à faire, p. 223. Incertitude sur la profondeur où regne un degré constant de chaleur, *ibid.* Procédé nouveau pour la chercher, p. 224. Premiere expérience sur la température intérieure de la terre, p. 225. Autre appareil destiné aux mêmes recherches, p. 227. Expérience faite à l'aide d'une sonde, p. 228. Résultat nouveau, p. 229.

CHAP. XIX. *De Nice à Fréjus*, page 231.
Introduction, *ibid.* Nice, *ibid.* Histoire d'un clou trouvé dans une pierre, p. 232. De Nice à Antibes, p. 234. Cailloux des bords de la mer, p. 235. Fort quarré sur breche calcaire, *ibid.* Notre-Dame de la Garde, *ibid.* D'Antibes à Cannes; p. 236. Cannes, p. 237. Hermitage de St. Casien, p. 238. Minelle, *ibid.* Grès divers avec de la *Baldogée*, *ibid.* Schistes micacés avec filon de granit, p. 239. Serpentine grenue, *ibid.* Fin des schistes micacés, p. 240. Commencement des porphyres, *ibid.* L'Esterel, p. 241. Porphyre à base de serpentine, *ibid.* Grès & poudingues, p. 243. Pierre qui ressemble à une lave, *ibid.* Continuation des porphyres, *ibid.* Haut du passage, p. 244. Grès superposés aux porphyres, p. 245. Grès fin argilleux, *ibid.* Vue en descendant de la montagne, p. 246. Roche glanduleuse, *ibid.* Suite p. 248. Roche compacte mélangée d'argille, de fer spathique & d'un autre spath, p. 249. Ces rochers ont été pris pour des laves, p. 250. Porphyre à crystaux de feldspath bleu, page 251. Variolite pétrosiliceuse, page 252.

CHAP. XX. *Montagnes de la Sainte Beaume & du Cap Roux*, page 254.
Introduction, *ibid.* Plaine de Fréjus, *ibid.* Pierres poreuses, leur description, p. 255. Conjecture sur leur nature, p. 256. Rocher de porphyre, *ibid.* Pierres poreuses non volcaniques, p. 257. De l'Agaï à l'Hermitage, p. 258. Cimes qui dominent le Cap Roux, p. 259. Tous ces rochers sont de porphyre, p. 261. Retour à l'Hermitage par la Chapelle, p. 262. Retour à Fréjus, *ibid.* Porphyre à pâte verte, p. 263. Jaspe rubané, *ibid.*

CHAP. XXI. *De Fréjus à Hyeres*, page 265.
Village & plaine du Puget, *ibid.* Chaîne des Maures, p. 266. Porphyres de Vidauban, *ibid.* Colline pyramidale de Sainte Brigite, p. 268. Le Luc, p. 269. Calcaires sur grès violets, *ibid.* Hyeres, p. 270.

CHAP. XXII. *Coup-d'œil sur la presqu'isle de Giens & sur l'isle de Porquerolles*, page 271
Etang du Pesquier, cailloux roulés, *ibid.* Cailloux roulés seulement

au bord de la mer, p. 272. Presqu'isle de Giens, roche micacée, *ibid.* Rocher de quartz, p. 273. Côte de la presqu'isle, schistes, *ibid.* Petites isles, p. 274. Isle de Porquerolles, *ibid.* Schiste micacé d'une structure particuliere, p. 275. Source remarquable, *ibid.* Résumé de cette excursion, page 276.

CHAP. XXIII. *Montagne des Oiseaux*, page 277.

Motif de cette excursion, *ibid.* D'Hyeres à la montagne des Oiseaux, p. 278. Rocher composé de boules de spath calcaire, *ibid.* Considérations sur ce phénomene, p. 279. Vue de la montagne des Oiseaux, p. 280. Descente de la montagne, p. 281. Chapelle & vallon de St. Jean, p. 282. Schiste d'argille, quartz & mica, *ibid.* Quartz schisteux noir, p. 283. Colline d'Hyeres, p. 285.

CHAP. XXIV. *Montagne de Caume & volcans éteints du Broussant & d'Evenos*, page 287.

Introduction, *ibid.* Le Revest, *ibid.* Grès & spath brun rougeâtre, p. 288. Jonction des grès & des calcaires, p. 289. Montée par roc calcaire, *ibid.* Cime de Caume; beau point de vue, p. 290. Situation des escarpements, p. 291. Réflexions sur la stérilité de ces montagnes, p. 292. Vapeur singuliere, p. 294. Descente au Broussant, *ibid.* Vue des volcans du Broussant & d'Evenos, page 296. Monticules à l'Ouest du Boussant, *ibid.* Description de la roche qui couronne ces collines, p. 297. Autre monticule semblable au précédent, p. 299. Ces roches ne paroissent pas avoir été fondues, *ibid.* Calcaire marneuse, *ibid.* Evenos, p. 300. Pierres poreuses d'Evenos, p. 301. Doute sur leur nature, p. 302.

CHAP. XXV. *De Toulon à Marseille*, page 304.

Colline & fort de la Malgue, *ibid.* Couches calcaires inclinées en sens contraires, *ibid.* Ollioules. Vaux d'Ollioules, p. 305. Volcans d'Ollioules, *ibid.* Gemenos. Belles eaux, p. 307. Fentes verticales remarquables, *ibid.* d'Aubagne à Marseille, *ibid.* Cabinet d'histoire naturelle de Marseille, p. 308. Site favorable à des expériences au bord de la mer, *ibid.* Notre-Dame de la Garde; belle situation, page 309. Montagnes que l'on voit de Notre-Dame, *ibid.*

CHAP. XXVI. *De Marseille à Aix*, page 312.

De Marseille au Pin, *ibid.* Du Pin à Aix, page 313.

CHAP. XXVII. *Excursion au volcan de Beaulieu*, page 313.

Introduction, *ibid.* Route de Beaulieu, *ibid.* Courants de lave près du château, p. 316. Substance mélangée que renferment ces laves, *ibid.* 1. Spath calcaire, p. 317. 2. Terre rouge ferrugineuse, *ibid.* 3. Rayonnante fusible, *ibid.* 4. Silex noir, *ibid.* 5. Mine de fer couleur de soufre, *ibid.* Emplacement présumé du cratere, *ibid.* Silicicalce, p. 318.

Mine de fer jaune non décrite, p. 320. Fragments de basaltes noirs, p. 321. Rien ne prouve que ce volcan n'ait pas été soumarin, p. 322. Caractere des laves poreuses, p. 323. Lave composée de cryſtaux déliés de feldſpath, *ibid.* Poudingue remarquable, p. 324. Magnifiques ombrages, p. 325.

CHAP. XXVIII. *Platrieres d'Aix & autres carrieres d'Ictyopetres*, p. 327. Carrieres de gypſe, *ibid.* Marne ſchiſteuſe, p. 328. La pierre blanche, *ibid.* La pierre froide, *ibid.* La pierre noire, p. 329. Schiſte à ictiopetres, *ibid.* Empreinte de feuille de palmier, p. 330. Gypſe mêlé de craie, p. 331. Carriere d'Œningen ; *ibid.* Grès tendre, p. 332. Argille informe, *ibid.* Argille feuilletée, *ibid.* Ictyopetre ; du M. Bolca, p. 337. Collection de M. Séguier, *ibid.* Découvertes plus récentes, *ibid.* Eſſai d'explication, p. 338.

CHAP. XXIX. *D'Aix à Avignon*, page 340. Introduction, *ibid.* Banc crayeux avec ſilex & petroſilex, *ibid.* Plaines calcaires ſtériles, p. 343. Colline calcaire en chevron, *ibid.* Cailloux roulés de la Durance, *ibid.* Variolites, *ibid.* Pâte de la Variolite, p. 344. Ses grains, p. 345. Variétés de cette pierre, p. 346. Porphyre verd, p. 348. Porphyre rouge, *ibid.* Porphyre noir, *ibid.* Porphyre brun, p. 349. Porphyre gris, *ibid.* Porphyre ſchiſteux, *ibid.* Lave porphyrique, *ibid.* Jade, p. 350. Granits proprement dits, p. 351. Granit d'hornblende & de feldſpath, *ibid.* Schiſtes des mêmes éléments, p. 352. Granit de Jade & de ſmaragdite, *ibid.* Grès verds, *ibid.* Poudingue de pétroſilex, p. 343. Calcaire compacte coquillere, *ibid.* Calcaire grenue coquillere, *ibid.* Calcaire compacte rayée, *ibid.* Origine de ces cailloux, p. 354. Chartreuſe de Bonpas, *ibid.* De la Durance à Avignon, *ibid.* Beau point de vue, *ibid.*

CHAP. XXX. *Excurſion à Vaucluſe*, page 356. D'Avignon à l'Isle, *ibid.* Variolites de la Durance, *ibid.* Calcaire à gros grains, *ibid.* De l'Isle à Vaucluſe, p. 357. Couches alternatives de grès & de calcaires, *ibid.* Petroſilex à couches concentriques, *ibid.* Vis agathiſées, p. 358. Source de Vaucluſe, p. 359.

CHAP. XXXI. *D'Avignon à Montelimar*, page 361. Quantité de cailloux roulés, *ibid.* Nature de ces cailloux, page 362. Doute ſur l'origine de ces quartz, p. 363. D'Orange à Donzere, p. 364. Pierre-Late, *ibid.* Colline de Donzere, *ibid.* Baſſin de Montelimar, p. 365. Objets intéreſſants dans ce baſſin, *ibid.* Fragments de baſalte, *ibid.* Tripoli de Montelimar, p. 366. Diverſes opinions ſur le tripoli, p. 367. Tripolis de différente nature, p. 368. Tripoli ſchiſteux, *ibid.* Tripoli en maſſe, p. 369. Eſpece intermédiaire, *ibid.* Concluſion, *ibid.* Cailloux roulés, p. 370. Porphyre violet, *ibid.* Porphyre

à pâte composée, *ibid.* Lave violette, ou plutôt variolite dure, p. 371.
Grès rouge schisteux, page 372.

CHAP. XXXII. *Excursion de Montelimar du château de Grignan*, p. 373.
Introduction, *ibid.* De Vallaurie à Grignan, p. 374. Petrosilex à écorce, *ibid.* Château de Grignan, p. 375. Roche-Courbiere, p. 377. De Grignan à Orange, *ibid.*

CHAP. XXXIII. *De Montelimar à Tain. Cailloux roulés de l'Isere*, p. 379. De Montelimar à Loriol, *ibid.* Plantes méridionales, *ibid.* De Loriol à Livron, p. 380. De Livron à la Paillasse, p. 381. Terre rouge, *ibid.* Cailloux roulés de l'Isere, *ibid.* Stéatite lamelleuse, p. 385. Rocher d'où viennent ces variolites, *ibid.* Variété de cette roche, p. 386. Variolites à base de petrosilex, *ibid.* Variolite à base de hornblende, p. 387. Porphyre glanduleux, *ibid.* Roches à glandes de jade, p. 388. Porphyre à base d'argille, *ibid.* Porphyre tendre, p. 389. Porphyre gris, *ibid.* Le même à crystaux parallèles, *ibid.* Schiste porphyrique, page 390. Roche de corne mélangée, *ibid.* Schiste de hornblende & de feldspath, *ibid.* Schiste grenatique, p. 391. Granitelle, p. 392. Jade & smaragdite, *ibid.* De l'Isere à Tain, *ibid.*

CHAP. XXXIV. *D'Aix à Arles. Plaine de la Crau*, page 393.
D'Aix à Sallon, *ibid.* Sallon. Plaine de la Crau, p. 394. Cailloux de la Crau. Quartz, p. 395. Roche de corne, *ibid.* Porphyre à grains de quartz, p. 396. Jaspe, *ibid.* Hématite mêlée de quartz, *ibid.* Pierre de touche, p. 397. Comparaison avec celle des essayeurs, *ibid.* Et avec les rognons de nos ardoises, p. 398. Granit de Jade & de hornblende, *ibid.* Autres especes de cailloux, p. 395. Ces cailloux ne viennent ni de la Durance ni du Rhône, *ibid.* Cause plus probable, p. 400. Poudingue, base de la Crau, p. 401. Montagnes de quartz détruites, p. 402. Troupeaux de la Crau, *ibid.* St. Martin de Crau, *ibid.* Colline du pont de Crau, p. 403. Bancs calcaires, près d'Arles, *ibid.* Arles, *ibid.*

CHAP. XXXV. *D'Arles à Beaucaire & de Beaucaire à Andance par la rive droite du Rhône*, page 405.
D'Arles à Beaucaire *ibid.* Mistral, p. 406. Ses causes, *ibid.* De Beaucaire au pont du Gard, p. 407. Collines sans cailloux roulés, p. 408. Pont du Gard, *ibid.* Cailloux du Gardon, p. 409. Du pont du Gard au pont St. Esprit, p. 410. Du St. Esprit à Viviers, p. 411. De Viviers au Teil, *ibid.* Rochemaure, ses basaltes, p. 412. Basaltes renfermant des fragments calcaires, *ibid.* De Mayse au Pouzin & à la Voulte p. 413. Schistes micacés, *ibid.* Derniers basaltes roulés, p. 414. Couches calcaires dont la situation est remarquable, *ibid.* Soyon, p. 415. Crussol, *ibid.* St. Peray *ibid.* Cornas, p. 416. Château-Bourg, *ibid.* Tournon, p. 417. De Tournon à Andance, *ibid.* Voyage intéressant à faire dans ces montagnes, page 418.

***

CHAP. XXXVI. *Excursion au côteau de l'Hermitage*, page 419.
Vignobles de l'Hermitage, *ibid.* Chapelle, beau site, p. 420. Granits. Leur situation, *ibid.* Leur description, p. 421. Etendue de ces granits, *ibid.*

CHAP. XXXVII. *De Tain à Vienne*, page 423.
De Tain à Serves. Beaux granits, *ibid.* Granits dégradés, *ibid.* St. Vallier, p. 424. Plaine de cailloux, *ibid.* Auberive. Banc de sable blanc, *ibid.* Blocs alpins. *ibid.* Vienne, granits, *ibid.*

CHAP. XXXVIII. *Excursion dans les granits à l'Est de Vienne*, p. 426.
But de cette excursion, *ibid.* Route de Bourgoin à Vienne, *ibid.* Grand rognon de gneiss dans un granit, p. 425. Calcédoine dans un granit, p. 428 Description de cette calcédoine, p. 429. Gneiss avec couches de calcédoine, p. 430. Jaspe fleuri, *ibid.* Gneiss ressemblant à du grès, p. 431. Gneiss rouge & dur, *ibid.* Mine de plomb, *ibid.*

CHAP. XXXIX. *De Vienne à Lyon*, page 432.
Derniers rochers entre Vienne & Lyon, *ibid.* Cailloux roulés, sable, gravier, *ibid.* St. Symphorien, *ibid.* Lyon, collections intéressantes, p. 433. Granits de Lyon, *ibid.*

CHAP. XL. *De Lyon à Geneve*, page 434.
Sortie de Lyon, colline de sable, *ibid.* Entrée du Jura, *ibid.* Montée du Cerdon, p. 435. Pierres coquilleres, p. 426. Lac de Nantua, *ibid.* Couches remarquables, *ibid.* Lac de Sylant, p. 437. De la Voute au Fort l'Ecluse, *ibid.* Du Fort l'Ecluse à Geneve. page 438.

TROISIEME VOYAGE.
PREMIERE PARTIE.

De Geneve au lac Majeur, par le Grimsel, le Griès & la Furca del Bosco,
page 439.

CHAPITRE I.

De Geneve au Lac de Thun, par Vevey & le Simmenthal, page 439. Etat de la vapeur qui régnoit le 3 juillet 1783, *ibid.* Montagne audessus de Vevey, p. 441. Etat de la vapeur, *ibid.* Montagnes fertiles, p. 542. Col & dent de Jaman, *ibid.* Alieres, & de là à la Tine, p. 443. De la Tine à Gessenay, *ibid.* De Gessenay Zweysimmen, p. 444. Vue du pays; ses productions, *ibid.* De Zweysimmen à Erlenbach, p. 445. Nul caillou primitif, *ibid.* Eaux de Wissembourg, p. 446. d'Erlembach à Spietz, *ibid.* Lac de Thun, p. 447. Résultat de ce chapitre, page 448.

TABLE.

CHAP. II. *De Spietz à Guttannen*, page 449.
Banc de gypfe, *ibid*. Eau fulfureufe de Leenfignen, *ibid*. Plaine entre les lacs, p. 450. Lac de Brientz, *ibid*. Etat du brouillard fec, p. 451. De Brientz à Meyringen, *ibid*. Couches en S, *ibid*. Meyringen, p. 452. Couches retrouffées, *ibid*. Fente par où paffe l'Aar, p. 453. De Meyringen à Im-Grund, *ibid*. Calcaires relevées contre primitives, *ibid*. Même phénomene au Grindelwald, p. 454. Primitives jufques à Guttannen, p. 455. Guttannen, *ibid*.

CHAP. III. *De Guttannen à l'Hofpice du Grimfel*, page 456.
Paffage des gneifs aux granits, *ibid*. Couches de ces granits, *ibid*. Leur nature, p. 457. Quartz lamelleux, *ibid*. Monticules coniques de granit, p. 458. Couches bien prononcées, *ibid*. Changement de la direction des couches, *ibid*. Granits en tables, p. 459. Chemin fur ces tables, *ibid*. Les couches verticales recommencent, p. 460. Rochers excavés par l'Aar, *ibid*. Belles couches verticales, p. 461. Granits de formes arrondies, *ibid*. Hofpice du Grimfel, *ibid*. Réfumé fur la ftratification de ces granits, p. 462.

CHAP. IV. *Glacier du Lauteraar*, page 464.
Vallée du Lauteraar, *ibid*. Pied du glacier, *ibid*. Beaux rocs de granit, p. 465. Nature des pierres éparfes fur ce glacier, *ibid*. Byffolite, p. 466. Grottes d'où l'on a tiré de grandes maffes de cryftal, p. 467. Eau-de-vie de Gentiane, p. 468. Si ce glacier eft d'origine nouvelle, page 469.

CHAP. V. *Glacier de l'Oberaar*, page 470.
Nuit du fameux orage de 1783, *ibid*. Route de l'Oberaar, *ibid*. Structure apparente du Zinckenftock, p. 471. Roche feuilletée à fon pied, *ibid*. Sommet de cette arrête, p. 472. Vue du glacier d'Oberaar, *ibid*. Structure de ces montagnes, p. 473. Granits arrondis dans le bas, aigus dans le haut, *ibid*. Chaîne au fud du glacier d'Oberaar, p. 474. Retour à l'Hofpice, *ibid*.

CHAP. VI. *De l'Hofpice du Grimfel à Obergeftlen en Vallais*, page 476.
Nature de la cime du Grimfel, p. 477. Grêle fur le Grimfel, p. 478. Etat de la vapeur, *ibid*.

CHAP. VII. *D'Obergeftlen à la fource du Rhône*, page 479.
D'Obergeftlen à Oberwald, p. 480. D'Oberwald à la fource, *ibid*. Glacier du Rhône, p. 481. Source du Rhône, p. 482. Source du Rhône éprouvée par les réactifs, p. 483. Haut du glacier du Rhône, p. 485. Ce glacier a rétrogradé, *ibid*.

CHAP. VIII. *D'Obergeftelen à Formazza. Paffage du Griès*, page 487.
d'Obergeftelen à Zum-loch, *ibid*. Eginen-Thel, p. 488. Belle chûte de l'Egina, *ibid*. Carriere de pierre ollaire, *ibid*. Talc fchifteux, *ibid*. Gneifs; comment il differe du granit veiné, p. 489. Ufage de la pierre ollaire, *ibid*. Beau nœud de fchorl, *ibid*. Premiers granits veinés, p. 490.

Petite plaine ; même situation des couches, p. 491. Bassin au pied du Griès, *ibid.* Gneiss noirâtres, très-fins, p. 492. Gneiss avec glandes de mica cryftallifé, p. 493. Gneiss avec cryftaux longs & déliés de feldspath, p. 497. Montée au glacier, *ibid.* Schifte micacé quartzeux & calcaire, *ibid.* Granits secondaires, quartz & spath calcaire, *ibid.* Hauteur & température du col, p. 495. Plantes qui y croiffent, *ibid.* Glacier du Griès, *ibid.* Defcente du glacier, p. 497. Belle végétation, *ibid.* Montagnes ftériles, p. 498. Moraft, premiers châlets, *ibid.* Belle chûte de la Toccia, 499. Premiers granits veinés du côté de l'Italie, *ibid.* Premier village, p. 500.

CHAP. IX. *De Formazza à Duomo d'Offola, & aux isles Borromées*, p. 501. Motif de cette excurfion, *ibid.* Granits, grandes lames exfoliées, *ibid.* Granits veinés, décidément horizontaux, p. 502. Raifon des grandes exfoliations des granits, p. 503. Premier noyer & dernier village Allemand, p. 504. Blocs de granits énormes, *ibid.* Obfervations fur des fentes, *ibid.* St. Roch. Superbes couches de granit veiné, p. 505. Nature de ce granit, *ibid.* Epaiffeur & intégrité de la premiere couche, p. 506. Veines régulieres de feldfpath pur, *ibid.* Veines noirâtres d'un grain plus fin, p. 507. Autres détails, *ibid.* Vue pittoreíque de ces rochers, *ibid.* Ufage de ces granits veinés, p. 508. Premieres vignes, p. 509. Fin des granits. Roches grenatiques, *ibid.* Schifte micacé, p. 510. Mine d'or de Crodo, *ibid.* Retour des granits veinés, p. 511. Granits veinés terminés en couches arquées, p. 511. La vallée s'élargit, *ibid.* Torrent du Simplon, p. 513. Duomo d'Offola, *ibid.* Montagnes en couches verticales, *ibid.* Dalles minces de gneifs, p. 514. Feuillets en appui contre la montagne, p. 515. Marbre primitif, *ibid.* Lac de Mergozzo, *ibid.* Montagnes de granit en maffe, p. 516. Obfervations générales, p. 517. Les isles Borromées, *ibid.* Nature du rocher, p. 619. Ifola Madre, *ibid.*

CHAP. X. *De Formazza à Locarno par la Furca del Bofco*, page 521. Départ de Formazza, *ibid.* Pierre calcaire primitive, *ibid.* Montée à la Fourche, p. 522. Changement gradué de la nature de ces rochers, *ibid.* Hauteur & vue de ce paffage, p. 523. Haute folitude de la Fourche, p. 524. Defcente à Bofco, p. 525. Cerentino *ibid.* De Cerentino à Cevio, *ibid.* Cevio réfidence du Baillif, p. 526. De Cevio à Someo, p. 528. Sur la vapeur, *ibid.* De Someo à Maggia, *ibid.* Couches centrales, p. 529. Couches horizontales, *ibid.* Schiftes rubanés verticaux, *ibid.* Vue générale du Val-Maggia, *ibid.* Dernier rocher en couches verticales, p. 530. Locarno, *ibid.* Profondeur & température du lac, p. 531. Roches micacées verticales, *ibid.* Rapports des deux dernieres vallées, p. 532.

Fin de la Table du troifieme volume.

SECOND VOYAGE
DE GENEVE A GÊNES
PAR LE MONT-CENIS
ET RETOUR PAR
LA COTE DE GÊNES ET PAR LA PROVENCE.

CHAPITRE PREMIER.

DE GENEVE A ANNECY. LAC D'ANNECY.

§. 1157. Nous partîmes de Geneve, M. Pictet & moi, le 14 de septembre 1780; nous fuivîmes pour aller à Turin, l'ancienne route de poste qui paffoit par Annecy. Jufqu'au *Chable*, où étoit la premiere poste, on côtoye le pied du Mont Saleve & on voyage fur le fond de notre vallée, qui là, comme par-tout ailleurs est couvert de fable, d'argile & de cailloux roulés.

§. 1158. Un peu au-delà du Chable on commence à monter le Mont de Sion, que j'ai décrit dans le premier volume de ces voyages chap. XX. Nous mîmes quarante minutes à monter au plus haut point de ce paffage. M. Pictet obferva là le barometre, & il en réfulta une élévation de 212 toifes au-deffus de notre lac, ou de 404 au-deffus de la mer.

A

On trouve sur le haut de cette colline un grand nombre de blocs de granit étrangers à cette montagne, aussi bien que le sable & les cailloux roulés qui les accompagnent. Ils ont été transportés là par la grande débacle; & comme on les voit beaucoup plus abondans du côté du Sud-ouest, c'est une preuve que ce courant venoit du Nord-Est, comme tout concourt d'ailleurs à l'établir.

On a du haut de cette colline une très-belle vue du lac de Geneve & de son bassin. Un peu au-dessous de la cime, après qu'on a passé le village de St. Blaise, on découvre du côté du Sud-Ouest, une vue fort différente mais aussi très-étendue; de grandes plaines ondoyantes, le Mont du Vouache & d'autres montagnes de la Savoye & du Bugey. Toutes ces montagnes sont de pierre calcaire compacte, entremêlée de collines de grès.

Grès tendres. §. 1159. A demi-lieue du haut du Mont de Sion, on passe sur des grès tendres, inclinés en appui contre la montagne de Saleve. Le sable qui forme la matiere de ces grès, a vraisemblablement passé par-dessus cette montagne. Voyez le Tom. I. §. 229.

Château de Croisille. §. 1160. On traverse ensuite une première bifurcation du Mont Saleve, par une gorge que domine le château de *Croisille*, situé sur un roc isolé, escarpé, composé d'assises calcaires & horizontales.

On voit sur les flancs de ce roc, du côté de la grande route, plusieurs vestiges indubitables de l'action des eaux qui ont creusé cette gorge; des sillons profonds & arrondis, & des troux circulaires parfaitement semblables à ceux que l'on voit sur les bords d'un fleuve rapide serré entre des rochers. Deux observations du barometre m'ont donné pour le village de Croisille 216 toises au-dessus du lac de Geneve, ou 408 au-dessus de la mer.

La Caille. §. 1161. Au-delà de ce village on voit encore des grès tendres incli-

nés comme les précédens. On fait enfuite la defcente rapide qui porte
le nom de la *Caille*, au bas de laquelle le torrent des *Uſſes* s'eſt creuſé
un lit profond entre des rochers calcaires dont les bancs font horizontaux. On paſſe ce torrent, puis par une pente très-rapide on remonte
au village de la Caille.

De là, on defcend toujours ſur des grès tendres, inclinés contre la
pente de la montagne, du côté du midi & du Sud-Eſt. On paſſe ſur
le pont de *Brogny* un torrent, le *Fier*, qui s'eſt creuſé un lit très-profond entre des aſſiſes horizontales d'un grès tendre.

§. 1162. De ce pont on vient dans une petite demi-heure & Annecy.
preſque toujours en plaine à Annecy.

Cette petite ville, réſidence des ſucceſſeurs des évêques de Geneve
eſt agréablement ſituée au bord du lac du même nom.

Ce lac a environ quatre lieues de longueur ſur une lieue dans ſa Lac d'An-
plus grande largeur; ſa direction générale eſt du Nord au Sud. necy.

Il eſt de tous côtés entouré de hautes montagnes excepté auprès
d'Annecy. Là ſe terminent celles qui ſont liées avec la chaîne des Alpes
& commencent les collines détachées. Toutes ces montagnes ſont calcaires.

A peu-près au milieu de la longueur du lac eſt une isle jointe au con- Isle de
tinent par une chauſſée. Cette isle porte le nom de *Chateauvieux*; elle Chateau-
eſt aſſez grande pour contenir un château, des jardins & de beaux vergers. vieux.

C'eſt une ſituation tout-à-fait romantique; ſes points de vue variés
ſur l'eau pure & profonde de ce petit lac & ſur les montagnes eſcarpées qui l'entourent, ont tous quelque choſe de mélancolique & même
de ſauvage, mais qui intéreſſe & attache. M. le marquis de Salles qui

A 2

en étoit alors poffeffeur, y paffoit les étés & fe plaifoit à l'embellir d'une maniere analogue à fa fituation.

La hauteur du lac d'Annecy, en prenant une moyenne entre les obfervations de M. Pictet & les miennes, eft de 35 toifes au-deffus de celui de Geneve ou de 228 au-deffus de la mer.

Tempéra-
ture du lac
Annecy.

§. 1163. Nous ne nous arrêtâmes pas à Annecy, M. Pictet & moi ; mais j'y étois allé au printems de la même année 1780, pour mefurer la température du fond du lac. Je fis cette expérience le 14 de mai ; on m'avoit indiqué comme le plus profond du lac un endroit nommé le *Boubio*, à demi-lieue au Sud-oueft de la ville. Je trouvai d'abord 180 pieds ; un de mes bateliers me fit efpérer de trouver un peu plus loin une plus grande profondeur ; j'y jetai la fonde ; elle ne defcendit qu'à 110 pieds. Je voulus alors revenir au premier endroit, mais je ne pus pas retrouver le même fond, il fallut me contenter de plonger mon thermometre à 163 pieds. Il étoit alors 12 h. 37 m. la chaleur de l'air 10 degrés, celle de l'eau à la furface 11, 5. Je vins à 4 h. relever le thermometre, qui dans cet intervalle avoit pris la température du fond du lac ; l'air extérieur étoit à 9, 8, la furface de l'eau toujours à 11, 5, & le thermometre du fond feulement à 4, 5. Le lac d'Annecy eft donc auffi froid que celui de Geneve à la même profondeur.

CHAPITRE II.

D'ANNECY A AIX.

§. 1164. En sortant d'Annecy, on se trouve dans une petite plaine horizontale, qui est la continuation de celle que l'on traverse en venant du pont de Brogny à Annecy, §. 1161. Il paroît hors de doute que cette plaine a été abandonnée par le lac, & que celui-ci s'étendoit anciennement beaucoup plus loin qu'il ne fait aujourd'hui. *Plaine abandonnée par le lac.*

On traverse ensuite des collines dont la baze est un grès tendre, argilleux, disposé par couches peu inclinées & couvert de cailloux roulés de tout genre. *Grès en couches peu inclinées.*

§. 1165. Mais à une lieue & demi d'Annecy, en approchant du village d'Albie & en descendant vers le ruisseau nommé le *Chéran*, qu'il faut traverser pour aller à Albie, on voit sur la droite du chemin des couches de grès dont la situation est parfaitement verticale. *Les mêmes en couches verticales.*

Je fus extrêmement étonné de trouver un *grès* dans cette situation: & d'autant plus que les premieres couches de celui-ci sont entremêlées d'un gravier dont les grains arrondis ont un pouce & plus de diametre; ensorte qu'il est indubitable que ces couches n'ont point été formées dans la situation qu'elles ont actuellement, mais qu'elles ont été produites dans une situation horizontale ou à peu-près telle, & redressées ensuite par une cause postérieure à leur formation. Ces premieres couches ont même ceci de remarquable, c'est qu'elles sont recouvertes sur le haut de la colline par une couche horizontale de sable & de cailloux dont le mélange forme un poudingue grossier. Ce sable & ces cailloux ont donc été déposés par les eaux après le redressement des couches du grès sur lequels ils reposent.

En continuant de marcher vers Albie, on côtoye ces mêmes couches toujours verticales, dont les plans courent toujours dans la même direction du Nord au Sud, ou plus exactement à 10 degrés du Sud par Est. Lorsqu'on arrive au bord du Chéran, qui a creusé son lit très-profondément dans ces mêmes grés, on voit, au travers des eaux tranquilles & transparentes de ce ruisseau, ces mêmes couches traverser son lit & reparoître sur la rive opposée, en conservant la régularité la plus parfaite. Ces couches sont à découvert dans une hauteur verticale d'environ 170 pieds.

Elles continuent ainsi toujours verticales dans un espace d'environ 100 toises en ligne droite; après quoi elles s'inclinent graduellement en descendant du côté de l'Ouest. Auprès du pont sur lequel on passe le Chéran, avant d'entrer à Albie, leur inclinaison est de 52 degrés. On voit là une chose très-remarquable. Sur la gauche du chemin, tout près du pont, on a été obligé de couper la base de ces couches pour donner au chemin une largeur convenable; & comme il y avoit lieu de craindre que la partie supérieure de ces couches tronquées ne vînt à glisser & ne comblât ou même n'emportât le chemin, on a fiché de place en place dans le corps du rocher des pieux de bois qui traversent plusieurs couches, les lient entr'elles & les empêchent de glisser.

Après avoir passé le pont, on monte par un chemin très-rapide le village d'Albie, & vers le haut de la montée on rencontre des couches du même grés, inclinées dans le même sens que les précédentes, mais qui approchent beaucoup plus de la situation horizontale.

Cause générale de cette situation.

§. 1166. Des couches verticales dans une colline de cet ordre m'ont paru un phénomène si rare & si intéressant pour la théorie de nos montagnes primitives, où cette position est au contraire si fréquente, que je n'ai pas voulu me contenter de la connoissance superficielle que j'en avois acquise en faisant rapidement cette route. Je retournai à Albie en 1784; je parcourus ces couches dans toute leur étendue, & je me convainquis que cette situation ne pouvoit point être l'effet d'un simple affaissement, mais qu'il falloit supposer un refoulement en sens contraires, qui a brisé & redressé des couches originairement horizontales. C'est ce que je prouverai lorsque je traiterai de la théorie de la Terre.

§. 1167. D'Albie on vient en deux heures à Aix. En faisant cette route, on a sur sa gauche ou à l'Est, une chaine de montagnes calcaires, qui prend sa naissance près d'Annecy, & que je regarde comme la derniere ligne de cette partie de la chaine des Alpes. Ses couches paroissent en général escarpées contre le couchant ou contre le dehors de la chaine; mais elles sont tourmentées en divers endroits; ici affaissées, là fléchies en différens sens. *Montagnes qui bordent cette route.*

A sa droite, ou à l'Ouest, on a une montagne qui est aussi calcaire & dont les couches descendent aussi à l'Est, en présentant ses escarpemens au lac du Bourget, qui est situé derriere elle, & qu'elle cache pendant une partie de la route. Mais auprès d'Aix cette montagne finit & on apperçoit en quelques endroits le lac qui n'est qu'à trois quarts de lieues au couchant de la ville.

§. 1168. La petite ville d'Aix en Savoye est renommée par ses eaux thermales, qui dans la belle saison y attirent beaucoup d'étrangers. Ces sources sont au nombre de deux; elles ont été analysées avec le plus grand soin par M. le D. Bonvoisin de l'Académie des Sciences de Turin. *Aix en Savoye.*

L'une, qui se nomme *eau de soufre* ou eau sulphureuse a donné sur un volume du poids de 28 livres, *Eau sulphureuse.*

Alkali minéral vitriolé ou sel de Glauber . . . . . 9 grains.
Magnésie vitriolée ou sel cathartique 19
Chaux vitriolée ou Sélénite 11
Sel marin à baze magnesienne 4

Chaux aërée . . . . 30 ½
Fer environ 1

Parties extractives une petite quantité.

Gas hepatique contenant un peu d'air fixe, à peu-près le tiers du volume de l'eau.

<small>Eau de Paul.</small>

Le même volume de l'eau de *St. Paul*, improprement appellée *eau d'Alun* a donné,

Alkali minéral ou sel vitriolé de Glauber . 6 grains.
Magnésie vitriolée ou sel cathartique . 6
Chaux vitriolée ou sélénite 18
Sel marin à baze de magnésie 4
Chaux aërée ou spath calcaire dissous . 32
Fer 2
Chaux muriatique ou sel marin calcaire . 12

Parties extractives animales une petite quantité.

Gas hépatique particulier, uni à de l'acide vitriolique libre, environ le tiers du volume de l'eau.

Toutes ces dénominations sont celles qu'a employées M. BONVOISIN.

LES amateurs de Chymie liront avec le plus grand intérêt les détails de ces analyses dans la II. partie des Mémoires de l'Académie royale des Sciences de Turin, pour les années 1784-1785.

J'ai mesuré plusieurs fois & en diverses saisons, la chaleur de ces eaux, & je l'ai toujours trouvée à très-peu près la même; savoir, de

35 degrés dans celle du foufre, & de 36 ½ ou 36, 7 dans celle de St. Paul.

Malgré la chaleur de ces eaux, on trouve des animaux vivans dans les baffins qui les reçoivent; j'y ai reconnu des rotiféres, des anguilles & d'autres animaux des infufions. J'y ai même découvert en 1790, deux nouvelles efpeces de tremelles, douées d'un mouvement fpontanée. On peut voir leur defcription dans le journal de phyfique de décembre 1790, pag. 401.

Ces fources fortent l'une & l'autre d'entre les couches d'un roc calcaire compacte ou de marbre groffier, d'un gris blanchâtre. Ces couches font inclinées de 20 degrés en defcendant à l'Eft Nord-Eft & entremêlées de couches argilleufes qui fe décompofent. J'ai trouvé au nord de la ville d'Aix, dans le roc calcaire compacte fur lequel les vignes font plantées, d'affez beaux fragmens de pinnes marines.

La fource fulphureufe eft celle dont on fait le plus grand ufage. Le Roi de Sardaigne avoit fait conftruire, il y a quelques années, fur cette fource un bâtiment demi-circulaire, décoré d'une architecture très-noble & très-élégante, avec des cabinets très-commodes pour les bains & pour les douches.

§. 1169. La ville d'Aix eft dominée à l'Eft par une cime affez élevée, qui fe nomme *la montagne d'Azi* & qui forme une des limites occidentales d'une grande maffe de montagnes qui porte le nom général de *Bauges*. J'allai me promener fur cette montagne le 1er de feptembre 1790. On y va à cheval en quatre heures & demies depuis Aix. Elle eft calcaire & ne préfente rien de curieux pour le Minéralogifte; mais la vue que l'on a, foit en montant au Nord du côté de Geneve, foit du chalet du marquis d'Aix, du côté de l'Oueft, eft très-belle & très-étendue. On découvre de ce chalet toute la vallée d'Aix, tout le lac du Bourget, les grandes prairies fituées à fes extrémités, les mon-

Montagne d'Azi.

tagnes qui le bordent, & même on voit par-dessus ces montagnes le Rhône passer au-dessous de Pierre-Chatel. Je mesurai avec le barometre l'élévation de ce chalet au-dessus de la ville d'Aix, & je la trouvai de 636 toises; mais le plus haut point de la montagne qui est une cime boisée au nord du chalet, est encore plus élevé de 31 toises. Cette cime se nomme le *Revers*.

Lac du Bourget.

§. 1170. Le lac du Bourget fait le but d'une très-jolie promenade pour ceux qui prennent les eaux d'Aix. On s'y promene en bateau, on va de l'autre côté du lac voir l'abbaye d'Haute-Combe & une fontaine intermittente qui sort d'un rocher auprès de cette abbaye, dans une situation très-agréable.

Température du fond de ce lac.

Au mois d'octobre 1784, je mesurai la température du fond de ce lac. L'endroit le plus profond est à ce qu'on dit, au pied d'un roc qui descend très-rapidement dans le lac, au-dessous du château de Bordeaux. Ce château est situé à peu-près vis-à-vis d'Aix & sur la rive opposée. Je jetai là mon thermometre environ à 200 pas du bord; & il s'arrêta à la profondeur de 240 pieds.

Dans le moment où je l'abandonnai, c'étoit le 6 octobre à 8 h. 25 min. du matin; la chaleur de l'air étoit de 10, 3; & celle de l'eau à la surface 14, 2. Je le relevai à 10 h. 15; l'air étant à 11, 8, & la surface de l'eau à 14, 3. Je le trouvai précisément comme dans le lac d'Annecy, à 4 degrés & demi.

Cette observation est d'autant plus remarquable, que ce lac ne reçoit point de torrent ni de riviere des Alpes; il n'y tombe que des ruisseaux assez peu volumineux, pour que leur chaleur soit nécessairement la même que celle du terrein sur lequel ils coulent; le plus considérable de ces ruisseaux est celui qui passe par Chambéry; or, son volume est très-petit, & il n'a aucune communication directe avec les glaciers.

Ce lac n'a que trois petites lieues de longueur, sur une demi lieue ou trois quarts de lieue dans sa plus grande largeur. Il communique avec le Rhône par un canal, qui, suivant la hauteur relative des eaux du lac & du fleuve, verse, tantôt les eaux du Rhône dans celles du lac, tantôt les eaux du lac dans celles du Rhône: or, comme le Rhône n'est grand qu'en été, il ne peut pas porter des eaux froides dans le lac.

Comme je desirois de connoître avec précision la dépression du lac du Bourget au-dessous de celui de Geneve, je fis au mois d'août 1790 43 observations du barometre à Aix, tandis que M. Senebier en faisoit de correspondantes à Geneve: j'ai pris la moyenne entre ces observations, & il en a résulté que le sol de la place de la ville d'Aix est abaissé au-dessous du niveau du lac de Geneve de 60 toises. Je mesurai de la même maniere l'élévation d'Aix au-dessus du lac du Bourget, en observant un barometre au bord du lac, tandis qu'un de mes fils en observoit un autre à Aix, & je trouvai ainsi que le sol de la place d'Aix est élevé de 16 ½ toises au-dessus du lac du Bourget. Il suit de là que ce lac est de 76 toises au-dessous du lac de Geneve, & de 117 au-dessus de la Méditerranée.

Cette même mesure nous apprend que la pente du Rhône depuis sa sortie du lac de Geneve jusqu'à sa jonction avec le canal de décharge du lac de Bourget, est aussi de 76 toises, puisque ces eaux approchent si fort d'être au même niveau.

§. 1171. Pendant que mon thermometre prenoit la température du fond du lac, j'observai les rochers qui le bordent au couchant. Ils sont d'une pierre calcaire compacte, ou d'un marbre grossier, dans lequel on trouve, quoique rarement, des coquillages fossiles, des cornes d'Ammon, par exemple, leurs couches sont extrêmement inclinées en descendant du côté du lac; celui vis-à-vis duquel je plaçai mon thermometre fait un angle de 55 à 60 degrés avec l'horizon; un autre

Rochers calcaires très-inclinés.

grand rocher plus au nord qui se nomme *Grateloup*, est incliné de 40 degrés.

Il est bien vraisemblable que ces rochers n'ont point été formés dans une situation aussi inclinée ; je suis tenté de croire que leur baze s'est affaissée & que cet affaissement a produit le bassin qu'occupe actuellement le lac du Bourget.

Cette côte est extrêmement chaude ; elle produit de très-bons vins, & j'y ai trouvé des plantes qui appartiennent à des pays plus méridionaux, comme le *Rhus cotinus*, *cneorum tricoccon* ; *acer-montpessulanum* ; *pistacia terebinthus* ; *celtis australis*.

CHAPITRE III.
DE GENEVE A AIX PAR FRANGY.

§. 1172. La route que j'ai décrite dans les deux chapitres précédens, étoit autrefois la seule que l'on pût prendre en poste; mais depuis quelques années on en a ouvert une autre de deux lieues plus courte, & qui est, par cette raison, plus fréquentée par les voyageurs; je dois donc en dire un mot. Introduction.

§. 1173. A une lieue de Geneve on traverse le bourg de St. Julien: on exploite dans les environs & même auprès du grand chemin des carrieres de gypse; c'est un gypse strié, soyeux, *fasriger gypstein* de Werner disposé par couches qui alternent avec des bancs d'argille. Carrières de Gypse.

§. 1174. A ¾ de lieue plus loin, un peu avant d'arriver à la première poste, nommée *les Luisettes*, on commence à monter le Mont de Sion, qui barre, comme je l'ai déja dit, au Sud-Ouest, la vallée du lac de Geneve. On atteint le plus haut point du passage de cette colline à une petite demie lieue au-delà des Luisettes; j'ai trouvé par deux observations du barometre cet endroit élevé de 140 toises au-dessus de notre lac. Mont de Sion.

De là on descend presque continuellement jusqu'à Frangy, où est la seconde poste. Avant d'y arriver on passe entre des rocs calcaires, qui forment l'extrémité orientale de la montagne du Vouache. Frangy.

Le village de Frangy, plus bas que notre lac de 24 toises, est situé dans un fond entouré de vignobles très-bien exposés, & dont les vins étoient estimés dans le pays, avant que l'amélioration des grandes routes facilitât les moyens d'en avoir de meilleurs.

Montagne de Clermont.

§. 1175. En sortant de Frangy on commence la longue & rapide montée qui conduit au haut de la montagne de Clermont. Tous les rochers de cette montagne qui se montrent au jour sont d'un grès argilleux, jaunâtre, très-tendre, disposé par couches peu inclinées. On voit sur sa pente beaucoup de blocs roulés ; la plupart sont des pierres calcaires ou des grès, mais d'une autre nature que ceux dont cette montagne est composée.

Il faut près d'une heure & demie, pour venir de Frangy au point le plus élevé du passage ; je l'ai trouvé de 126 toises au-dessus de notre lac, & par conséquent, de 319 au-dessus de la mer.

Doucy, Rumilly.

§. 1176. On change de chevaux à Doucy, maison de poste, située à demie lieue au-dessous de Clermont. Lorsque j'y passai en 1787, on rebâtissoit cette maison avec un grès remarquable par sa blancheur & par sa dureté ; on le tire de la colline voisine au Sud-Ouest.

De Doucy, on vient, en descendant toujours, à la petite ville de Rumilly où est la poste, j'ai trouvé le sol de cette ville de 50 toises plus bas que la surface de notre lac. Demi-heure avant d'y arriver, on traverse sur un pont de pierre le *Tier*, petite rivière, qui a creusé son lit à 50 ou 60 pieds de profondeur perpendiculaire dans les bancs horizontaux, d'un grès tendre & argilleux. Enfin, en entrant à Rumilly, on traverse le *Chévran* qui a aussi coupé & à la même profondeur des bancs de la même nature. (1)

---

(1) En 1787, un postillon qui conduisoit une chaise de poste, dans laquelle étoient deux personnes, frere & sœur, pressa trop ses chevaux à la descente qui aboutit au tournant par lequel il devoit entrer sur le pont. Arrivé à l'entrée de ce pont, il ne put plus retenir & faire tourner ses chevaux, qui, chassés par le poids de la chaise, enfoncerent la barriere & furent précipités dans le lit de Chéfan, en entrainant après eux la chaise & les deux personnes qni n'avoient pas eu le tems d'en sortir. La chûte fut absolument perpendiculaire, & de 50 pieds au moins sur les

§. 1177. La route de Rumilly à Aix ne préfente rien de remarquable, fi ce n'eft qu'à une demie lieue de la ville, on traverfe un ruiffeau qui a mis à découvert les bancs de pierre calcaire fur lefquels il paffe. Cette obfervation vient à l'appui de la conjecture que j'ai formée fur la vallée de notre lac: c'eft que les montagnes calcaires qui forment les deux côtés de cette vallée fe rejoignent par-deffous les terres, les grès & les débris qui recouvrent le fond de la vallée.

Le même ruiffeau qui a découvert ces rochers a creufé fon lit dans des rocs du même genre, fitués un peu au-deffus du pont fur lequel on le traverfe. Il forme là des cafcades vraiment pittorefques auprès d'un moulin, qu'on laiffe à gauche en venant à Aix. Les amateurs des tableaux de ce genre doivent s'arrêter vis-à-vis de ce moulin, & y aller jouir de ce charmant fpectacle.

---

cailloux qui bordent la riviere. Les deux chevaux furent tués roides fur la place, & la chaife moulue en pieces. Cependant par le hafard le plus heureux, la chaife tomba fur fon impériale, qui étoit chargée d'une vache; cette vache amortit le coup, & les deux jeunes gens qui fe tenoient embraffés, en attendant la mort, en furent quittes pour des contufions, dont ils font parfaitement remis. Le poftillon avoit eu le tems de s'élancer à terre au moment qui précéda la chûte, & il s'enfuit dans la crainte d'être châtié; enforte que ce terrible accident ne coûta la vie à perfonne. On ne fauroit trop donner d'éloges à l'empreffement avec lequel les habitants de Rumilly vinrent au fecours de ces deux perfonnes, qui n'y étoient cependant pas connues, & les foignerent jufqu'à-ce qu'on fût venu les chercher de Geneve. On a conftruit depuis lors un beau pont de pierre qui étant placé dans la direction même du chemin, n'expofe plus les voyageurs à aucun accident.

CHAPITRE IV.

D'AIX A St. JEAN DE MAURIENNE.

Montagnes qui bordent la vallée d'Aix à Chambéry.

§. 1178. Les montagnes à gauche ou à l'Est de la grande route qui conduit d'Aix à Chambéry, font la continuation de celles que l'on côtoie entre Annecy & Aix. Leurs couches à peu près horizontales, quoique fréquemment fléchies & ondées, sont en général escarpées contre le couchant.

Sur la droite au couchant, on a une colline bien cultivée & habitée qui se prolonge du nord au sud, & qui sépare cette vallée du lac du Bourget; elle se nomme *Tréserves*; sa matiere est un grès.

Descente à Chambéry.

§. 1179. On descendoit autrefois à Chambéry par un chemin creux très-roide & très-mauvais; mais depuis quelques années, on a rendu cette route magnifique: on l'a taillée dans le roc vif, en soutenant les terres du côté du précipice, par un mur très-fort & très-élevé. Ce roc est disposé par couches bien suivies, & peu inclinées, d'une belle pierre calcaire grise compacte, dont la nature approche de celle du marbre.

On jouit en descendant d'une vue très-agréable. On voit presque sous ses pieds la ville de Chambéry dans le fond d'une plaine bien cultivée & parsemée de villages entourés d'arbres fruitiers. Du fond de cette plaine s'élevent plusieurs montagnes toutes calcaires, dont les couches inclinées de part & d'autre de la cime, présentent fréquemment la forme d'un chevron ou d'un A.

Situation de Chambéry.

§. 1180. Je déterminai en 1790 avec beaucoup de soin l'élévation de la ville Chambéry, par des opérations semblables à celles que j'ai rapportées

rapportées au §. 1170, & je la trouvai de 136 toises au-dessus de la mer; & par conséquent, de 57 toises au-dessous du lac de Geneve. Cet abaissement, joint à la situation de Chambéry, dans un fond fermé au nord, & ouvert au midi, produit une différence très-sensible dans la température de l'air. Les hivers y sont plus doux & de quinze jours moins longs qu'à Geneve.

On compte dix lieues de Geneve à Aix, & deux lieues d'Aix à Chambéry, mais ce sont de grandes lieues de Savoie; car même en poste, sans s'arrêter, on a de la peine à faire en moins de dix heures la route de Geneve à cette ville capitale de la Savoie.

§. 1181. A une demi lieue au-delà de Chambéry, on laisse à sa droite au couchant, sur une hauteur, le village de *Mians*. Entre ce village & le Mont-Grenier, qui le domine au couchant, on trouve une plaine d'environ une lieue en tout sens, couverte de petites éminences de forme conique, comme des taupinieres, de 20 à 25 pieds de hauteur: cet endroit se nomme les *Abimes de Mians*. {Abimes de Mians.}

Le peuple débite différentes fables sur l'origine de ces monticules; mais ce qu'il y a de plus vraisemblable, c'est qu'ils ont été produits par un grand éboulement du Mont-Grenier. On voit effectivement vers le haut de cette montagne une très-grande échancrure, située directement au-dessus de ces abimes, & qui paroit être le vuide qu'ont laissé les rochers qui s'en sont détachés. Les eaux ont entraîné les parties les plus mobiles de ces éboulis; mais les fragments des rochers les plus solides ont résisté à l'action des eaux & ont servi de noyaux aux éminences qui subsistent encore; c'est ce que l'on peut aisément vérifier sur la plupart d'entr'eux, malgré la terre & l'herbe qui les recouvrent. (1)

---

(1) On assure que dans le couvent des Franciscains qui est à Mians, on montroit encore, il y a quelques années, un tableau relatif à cet événement. Ce tableau représentoit les diables, qui dans le moment où ils dévastoient le pays en produisant ces

Ce qui prouve que ces éboulemens font d'une date poſtérieure aux grandes révolutions de la terre, c'eſt qu'on ne trouve ni dans ces monticules, ni à leur ſurface, ni entr'eux, aucun caillou d'origine étrangere; tandis qu'au-delà des abîmes, par exemple, ſur la colline au Sud du village de Mians, on trouve une quantité de cailloux d'origine alpine. J'ai parcouru ces abîmes en 1790, dans le but de cette recherche, & je n'y ai trouvé que des fragmens à angles vifs de pierres calcaires & de pétroſilex ſecondaires formés dans ces pierres. Ces calcaires étoient les unes denſes, renfermant fréquemment des débris de coquillages; les autres grenues ou ſalines, n'en renfermant aucun. Ces dernieres ſe trouvoient quelquefois adhérentes à des couches de pétroſilex.

Côteau de Montmélian. §. 1182. A une lieue de Chambéry, on laiſſe à ſa droite la grande route qui conduit à Grenoble par la vallée du Graiſivaudan: on paſſe enſuite ſous le côteau de Montmélian, dont les vins ſont très-eſtimés en Savoie. Le fond de ces vignobles eſt tout de débris calcaires anguleux; on n'y voit preſque point de terre.

Fort de Montmélian. La montagne qui domine ces vignobles, & de laquelle tombent ces débris ſe nomme la, *Tuile* elle eſt remarquable par ſes couches en forme d'S; & lorſqu'on la voit de plus loin; par exemple, du *Fort de Montmélian*, on y obſerve des formes de couches encore plus ſingulieres.

---

abîmes, étoient ſubitement arrêtés par l'image de Notre-Dame. L'un d'eux crioit aux autres: *Pouſſez juſques à Chimay*, village de l'autre côté de la vallée, & ceux-ci lui répondoient: *Ne vois-tu pas Notre-Dame de Mians qui nous en empêche.* Ces mots étoient écrits ſur des banderolles qui ſortoient de leur bouche.

Quant à la date de l'événement, les hiſtoriens ne la donnent pas avec préciſion; mais une perſonne digne de foi m'a dit avoir vu un miſſel très-ancien, appartenant à la maiſon de Mont-Saint-Jean, & renfermant une note manuſcrite, qui contenoit en ſubſtance: ,, Que l'an 1249, & la vigile ,, de Sainte Catherine, à l'heure de minuit ,, ſe formerent les abîmes de Mians, par ,, l'éboulement d'une partie de la monta-,, gne, qui anéantit le prieuré qui étoit en ,, bas, avec pluſieurs villages d'alentour. ,,

Ce Fort qui a joué un grand rôle dans les anciennes guerres de la Savoie, étoit conſtruit ſur un roc calcaire iſolé, dont les couches qui montent au nord ſont coupées à pic au nord & au couchant.

On a du haut des ruines du Fort un des plus beaux points de vue que l'on puiſſe imaginer. On ſuit le cours de l'Iſere depuis Conflans juſqu'au fond de la vallée du Graiſivaudan : on voit cette riviere ſerpenter dans ſon large lit, bordé au Sud-Eſt par les Alpes, & au Nord-Eſt par les montagnes de la grande Chartreuſe. Celles-ci viennent ſe terminer au Mont-Grenier près de Chambéry, & ſont toutes eſcarpées contre les Alpes. Le Fort Barreau & le Château des Marches, ſitués ſur des éminences, décorent le payſage, & les yeux ſe repoſent avec plaiſir ſur la plaine fertile & bien cultivée qui s'étend au nord du côté de Chambéry.

Autrefois la route de Turin deſcendoit au bord de l'Iſere, en paſſant par l'étroite & rapide rue qui forme la petite ville de *Montmélian* ; mais on a pratiqué un beau chemin au nord de la ville, par lequel on arrive à la poſte qui eſt au bord de la riviere. Le bas de la ville eſt élevé de 139 toiſes au-deſſus de la mer. Là, on traverſe l'Iſere ſur un grand pont de pierre, puis on monte par une pente rapide au village de *Planèſe*. Du haut de cette pente on a encore une vue charmante ſur le cours de l'Iſere & ſur la belle vallée qu'elle arroſe.

§. 1183. A une petite lieue au-delà de *Planèſe*, j'obſervai dans mon premier voyage en Italie, en 1772, une carriere d'ardoiſes, *Thonſchiefer* de M. Werner, que l'on avoit ouverte au milieu d'une prairie, & qui eſt actuellement comblée. Ces ardoiſes étoient les premieres que l'on vit ſur cette route ; car juſques-là tout eſt calcaire : les montagnes même qui bordent cette partie de la vallée, au moins celles au levant, ſont ſûrement calcaires ; mais vraiſemblablement, ces ardoiſes paſſent ſous ces montagnes & leur ſervent de baſe. C'eſt à l'entrée de la vallée de l'Arc qu'on les voit au jour ſur ſa droite. Elles ſont d'un noir bleuâtre,

Premieres ardoiſes.

à feuilles droites, minces, parsemées de quelques lames de mica blanc.

Couches forme C.

§. 1184. QUAND on est au village de *Maltaverne*, la premiere poste depuis *Montmélian*, on a en face de soi, de l'autre côté de l'Isere, la montagne de *Mont-Cervin*. Cette montagne est calcaire, & paroît élevée de 7 à 800 toises au-dessus de la riviere. A son extrêmité du côté du Nord-Est, on découvre vers le haut de la montagne des couches arquées, précisément comme un *C*. Il me paroît vraisemblable que la partie supérieure de ces couches a été retroussée & mise dans sa position actuelle par quelque violente secousse; & ce qui donne du poids à cette conjecture, c'est que dans cette montagne, comme dans toutes celles qui ont des formes de ce genre, il se trouve un vuide derriere le dos du *C*; parce que les couches qui remplissoient ce vuide ont été soulevées & retroussées par-dessus celles d'en-bas, qui ont conservé leur situation originaire.

Entrée de la vallée l'Arc.

§. 1185. A trois lieues de Montmélian & à demie lieu en deça d'*Aiguebelle*, on se trouve au confluent de l'Arc & de l'Isere. Bientôt après on laisse cette derniere riviere pour tourner au midi, & suivre les bords de l'Arc que l'on ne quitte plus jusqu'au pied du Mont-Cenis.

Ces deux rivieres forment à leur confluent de vastes marais, qui rendent l'air mal-sain, & dont les fâcheuses influences se font sentir jusqu'à St. Jean de Maurienne, lorsque les vents du Nord y portent leurs exhalaisons. Il seroit fort à souhaiter que l'on pût dessécher ces marais; mais cette opération est bien difficile, parce qu'il faudroit commencer par contenir l'Isere, qui les inonde quand elle se déborde, & qui alors est presque incoërcible.

Village enseveli par un éboulement.

§. 1186. UN peu au-dessous d'Aiguebelle, on voit à sa gauche, de l'autre côté de l'Arc, un amas de rocailles qui s'éboulerent subitement en 1750, & qui ensevelirent dans une nuit un grand village nommé

Randan. On reconnoît très-bien la route que suivirent ces débris. Après s'être détachés de la montagne, ils coulerent par une gorge très-étroite serrée entre deux rochers; & en sortant de là, ils s'ouvrirent en forme d'éventail, & couvrirent tout le plan incliné sur lequel étoit situé le village.

§. 1187. *Aiguebelle* est un joli bourg, situé au milieu d'un terre-plain assez étendu que forme le fond de la vallée, dont la largeur est là d'environ demi lieue. La moyenne, entre quatre observations du barometre, m'a donné 165 toises au-dessus de la mer.

Dans mon dernier voyage nous allâmes, mon fils & moi, voir la fonderie de cuivre qui est de l'autre côté de l'Arc, à un quart de lieue d'Aiguebelle. La mine que l'on fond là, est une pyrite ou mine de cuivre jaune, qui rend environ le douze pour cent en cuivre de rosette d'une excellente qualité. On tire cette mine de la montagne de St. George, située à trois lieues au midi d'Aiguebelle. Fonderie de cuivre.

On la travaille suivant le procédé ordinaire; on commence par la griller, puis on la fond en matte; ensuite on grille cette matte jusqu'à neuf fois de suite; après quoi on la fond en cuivre noir, & enfin on raffine ce cuivre noir pour le réduire en cuivre de rosette. Le directeur de la fonderie nous dit qu'il sortoit chaque année de cette fonderie environ 20 mille Rups (1) ou 375000 liv. poids de marc de cuivre de rosette.

§. 1188. Nous vîmes raffiner le cuivre, *sur un petit foyer*, suivant le procédé décrit par Schlutter, traduction d'Hellot, tom. II, p. 553. Cendrée de cuivre.

J'eus beaucoup de plaisir à observer ces étincelles brillantes qui se détachent de la surface du cuivre fondu, s'élevent en forme de gerbe, & forment ce que l'on nomme la *cendrée de cuivre*. Ce sont des glo-

---

(1) Le Rup pese 25 liv. de 12 onces, 1 ou 18 liv. trois quarts, poids de marc.

bules, les uns vuides, les autres pleins ; les plus gros font tous vuides. Je me demandois à moi-même : quel est le fluide qui gonfle quelques-unes de ces pellicules cuivreuses, & qui enleve ces globules ou creux, ou solides jusqu'à une hauteur assez considérable. Sans doute ce n'est pas le feu élémentaire, car puisque les élémens de ce feu réunis au foyer d'un grand miroir ne peuvent pas imprimer un mouvement sensible à l'aiguille la plus délicatement suspendue, auroient-ils la force de lancer des dragées de cuivre ? Je dis des *dragées*, car HELLOT rapporte qu'HOMBERG avoit vu en Suede des grains de cette cendrée aussi gros que des pois. Tome II, page 566.

C'EST peut-être de l'air inflammable dont l'éclat du cuivre fondu empêche qu'on ne voie distinctement la flamme, ou quelqu'autre fluide aëriforme dont la nature ne nous est pas connue.

Roche uilletée i résiste i feu.

§. 1190. LE fourneau à manche dans lequel se fond la mine de cuivre est construit avec une pierre que l'on tire de la montagne, à trois lieues au-dessus de la fonderie d'Argentine, dont je parlerai dans peu. Cette pierre est une roche feuilletée qui se sépare aisément en grandes dalles planes. Elle est composée de feuillets minces, d'une pierre que je rangeois autrefois dans les pierres de cornes, mais qui est vraiment une chlorite schisteuse, (*Chlorit schiefer de M. Werner*) d'un verd pâle, tirant sur le gris, assez brillante, un peu squameuse, (1) tendre, mêlée de petits cristaux de fer octaèdres très-magnétiques. On y voit aussi quelques petits grains de pyrites sulfureuses. Ces feuillets alternes avec des feuillets blancs, composés de feld-spath & de quelques grains de quartz. La surface de ces pierres, qui dans le fourneau est exposée au contact de la flamme, se noircit & se boursoufle jusqu'à la profondeur d'un demi-pouce ; le reste devient rougeâtre ; les cristaux de fer se

---

(1) Il faut bien faire ce mot pour désigner un fossile entièrement composé d'écailles, ou de petites lames conchoïdes, & conserver le mot *écailleux* pour les fossiles compactes, dont la cassure présente des éclats translucides.

fondent, & le feld-fpath prend auffi un commencement de fufion ; cependant la pierre entiere ne coule point & réfifte pendant très-long-tems.

§. 1191. Nous regrettions beaucoup de n'avoir pas le tems d'aller vifiter la montagne de St. George, d'où l'on tire, & la mine de cuivre que nous venons de voir exploiter, & le fer que nous vîmes auffi fondre à Argentine.

Mais on nous dit que nous pouvions voir l'entrée d'une galerie que l'on venoit d'ouvrir dans le roc à 100 toifes au Sud Sud-Oueft d'Aigue-belle. Nous y allâmes ; on venoit de l'abandonner, quoiqu'on ne l'eût encore creufée que de quelques pieds ; les indices d'un riche filon de fer que l'on avoit cru découvrir ne s'étoient pas foutenus. *Galerie ouverte & abandonnée.*

La montagne eft une roche feuilletée, compofée de quartz & de mica. Un filon de quartz de 40 ou 50 pieds d'épaiffeur forme une protubérance au pied de cette montagne, & c'eft dans ce filon qu'on avoit voulu creufer. Le quartz qui forme le filon eft d'un beau blanc de lait prefqu'opaque ; fa caffure eft liffe, très-peu écailleufe & prefque fans éclat ; enforte qu'il approche de la nature de la calcédoine : il eft divifé dans toute fon épaiffeur par des fiffures verticales, qui laiffent rarement entr'elles plus d'un pouce d'intervalle.

En obfervant avec foin cette pierre dans le fond du trou qu'avoient commencé les mineurs, mon fils y remarqua des veines horizontales d'un rouge de carmin. Ces veines font très-bien fuivies, dans la même direction & leur épaiffeur, ne furpaffe pas celle d'une demi ligne. Ce n'eft point une matiere que l'on puiffe détacher de la pierre ; c'eft une couleur qui pénetre la fubftance même du quartz. Des écailles même très-minces de la partie non-colorée de la pierre expofées à la flamme du chalumeau n'y fubiffent aucun changement fenfible : on retrouve la matiere colorante raffemblée par places fous la forme de petits *Quartz blanc veiné de rouge.*

points noirs, qui brillent d'un éclat métallique. Ces mêmes parties colorées se dissolvent, mais lentement & presque sans effervescence, dans l'alkali minéral incandescent, sans altérer la couleur blanche de ce sel; mais si l'on y ajoute un peu de nitre, le mélange, lorsqu'il est refroidi, présente une teinte verte, qui paroît prouver que la manganèse constitué au moins en partie la matiere colorante de ces rayes rouges.

Forme de vallée.

§. 1191. La partie inférieure de la vallée de l'Arc, depuis sa jonction à celle de l'Isere jusqu'à Aiguebelle, est large & à peu près droite; mais d'Aiguebelle en haut, elle devient étroite & tortueuse, les montagnes s'élevent; l'on voit des neiges à leur sommet, & tout annonce que l'on approche de la chaîne centrale.

Si Annibal a remonté l'Arc en traversant les Alpes, comme le croyoit M. Abauzit, c'est vraisemblablement entre Aiguebelle & St. Jean de Maurienne que les Allobroges lui livrerent le premier combat, dans lequel il perdit une partie de son arriere-garde. En effet, dans cet espace la vallée se change fréquemment en défilés très-étroits, serrés entre des montagnes très-escarpées. Presqu'en sortant d'Aiguebelle, on rencontre un grand rocher qui remplit à peu-près toute la largeur de la vallée, & on est obligé de suivre un chemin étroit & rapide qui passe entre ce rocher & la montagne.

Au-delà de ce rocher on descend dans une jolie petite plaine de forme ovale que l'on traverse suivant sa longueur; & au bout de cette plaine, à une demie lieue d'Aiguebelle, le chemin est de nouveau serré entre la montagne & la riviere, au point qu'on a été obligé de le soutenir avec un mur.

A cet étranglement succede une seconde plaine, après laquelle la vallée se resserre pour la troisieme fois : mais il seroit trop long de détailler les nombreux défilés que l'on passe dans cette route, & de noter combien de fois les étranglemens de la vallée, & les sinuosités de l'Arc forcent à passer d'une rive à l'autre.

§. 1192.

§. 1192. Par-tout où le fond de la vallée est horizontal, il est composé, ou du moins recouvert de couches à peu près horizontales de sable, d'argile & de gravier, qui ont été déposés par les eaux dans le tems où elles étoient assez abondantes pour remplir toute la vallée.

On rencontre sur cette route des goêtreux & des crétins, dont le nombre semble s'accroître à mesure qu'on approche de St. Jean. Il n'y a cependant aucun marais dans les environs de St. Jean ; au contraire, en y allant on s'éloigne de ceux qui sont à l'embouchure de l'Arc ; & si les exhalaisons de ces marais contribuent à ces infirmités, ce que je ne prétends point nier, il faut bien que la situation de St. Jean augmente l'influence de ces exhalaisons, puisque les goêtres & les crétins, sont incomparablement plus fréquens à St. Jean qu'à Aiguebelle, qui est tout auprès de ces marais. Or, la ville de St. Jean, située dans un fond, entouré presque de tous côtés par de hautes montagnes, & dans un endroit où la vallée souffre une inflexion considérable, doit être exposée à ces accès de chaleur & de stagnation dans l'air auxquels j'ai attribué en grande partie la production de ces maladies.

Goêtreux, crétins.

§. 1193. Quant à la nature des montagnes qui bordent cette vallée, elles sont jusqu'à une lieue & demie au-delà d'Aiguebelle, d'une roche feuilletée, micacée & quartzeuse.

Nature des montagnes qui bordent cette vallée.

Mais à un quart de lieue en-deçà d'Eypierre, où est la premiere poste après Aiguebelle, on rencontre des rochers du genre de ceux que j'ai observés entre Martigny & St. Maurice.

§. 1194. Ce sont des rocs durs, feuilletés, dont la base est un pétro-silex primitif ou palaiopetre, mélangé tantôt de mica, tantôt de feld-spath.

Palaiopetre & granit de feld-spath.

M. de Dolomien a remarqué avec beaucoup de justesse que l'on ne sauroit confondre sous le même nom, deux pierres aussi différentes que le *pétrofilex secondaire hornstein de Werner*, qui se trouve par veines & par rognons dans les montagnes secondaires, & qui ne forme jamais de montagnes entieres, avec celui dont il est ici question, que l'on ne voit que dans les montagnes primitives, & qui seul ou mélangé avec d'autres fossiles, forme des montagnes. En conséquent je nomme *néopétre* le pétrofilex secondaire & *palaiopetre*, le pétrofilex primitif. La roche feuilletée dont cette pierre forme la base en renfermant des grains de feld-spath, & quelquefois du mica, se rapporte à ce que M. WERNER a nommé *porphyrschiefer*. (Kurrze klassific. §. 11.)

On voit dans ces rocs des veines & des filons d'une espece de granit, que l'on prend au premier coup-d'œil pour un granit ordinaire, mais qui observé attentivement, se trouve ne contenir que du feld-spath & du mica, sans mélange de quartz : quelquefois même le feld-spath blanc confusément cryftallisé, forme seul les veines de la pierre.

Depuis ces premiers rochers jusqu'à St. Jean, on voit des alternatives répétées de cette roche feuilletée, entrecoupée de veines granitiques & même de montagnes entieres de granit, mais toujours de ce granit privé de quartz. J'ai cependant trouvé en divers endroits du quartz cryftallisé dans les crevasses du granit, quoique je ne pusse pas en appercevoir un seul grain dans la substance même de la pierre.

Ces granits varient par la quantité plus ou moins grande du mica qu'ils renferment, & par la grosseur des grains qui les composent. On en rencontre de feuilletés qui contiennent de très-beaux cryftaux de de feld-spath ; par exemple, entre Eypierre & la Chambre.

Granits marquaées.

§. 1195. PARMI les cryftaux de feld-spath que renferment ces granits veinés, on en voit dont la coupe rhomboïdale paroît très-reguliere, & dont les angles sont très-vifs ; d'autres dont les angles sont émouffés & même entièrement abattus, comme s'ils avoient été roulés & arrondis par le frottement, avant d'être enclavés dans la pâte qui les lie.

M. le Chevalier de St. Real, Intendant de Maurienne, amateur distingué de la minéralogie, & que j'aurai souvent occasion de citer dans ce voyage, m'a fait l'honneur de m'adresser un mémoire, dans lequel il combat le système que j'ai adopté dans le premier volume de ces voyages, sur la formation des granits par crystallisation. Ces crystaux arrondis lui fournissent des objections très-spécieuses contre ce système.

Objection tirée de ces granits.

Je considérerai ces objections avec toute l'attention qu'elles meritent, lorsque je traiterai expressément de la théorie de la terre. Quant à présent, je me contenterai de faire deux considérations.

L'une, qu'il n'est point démontré que ces crystaux ayent été arrondis par le frottement, & qu'il est possible que par la crystallisation même, leurs angles ayent été tronqués assez fréquemment pour leur donner une forme sensiblement arrondie; ce qui n'est point sans exemple dans des cryftaux dont l'origine n'est nullement douteuse. Et ce qui iroit à l'appui de cette supposition, c'est que les blocs dans lesquels on voit ces cryftaux arrondis, renferment constamment d'autres cryftaux, dont les angles sont très-vifs.

Mais si malgré cette consideration, l'on vouloit regarder ces cryftaux comme arrondis par le mouvement des eaux, j'observerois que les granits dans lesquels on les trouve, & même le grand bloc que M. de St. Real eut la bonté de m'envoyer à l'appui de son mémoire, sont des granits veinés, & non point des granits en masse.

Or, j'ai toujours eu pour principe, que les pierres dans lesquelles on peut observer des feuillets parallèles, ont été formées dans des eaux courantes.

Il n'y auroit donc rien d'étrange à supposer que des causes accidentelles ont pu produire de tems en tems quelqu'accélération dans le mouvement des eaux, au fond desquelles se formoient ces granits veinés; qu'alors les cryftaux de feld-spath qui se trouvoient mal enchâssés dans la pierre, se détachoient & perdoient par le roulement leurs angles encore mal affermis; tandis que ceux qui étoient plus solidement fixés, demeuroient à leur place & conservoient leurs angles.

Cependant, d'après des observations attentives, faites sur les blocs mêmes que m'a envoyés M. de St. Real, j'adopterois plutôt l'idée d'un arrondissement produit par la crystallisation même ou par la troncature des angles.

La chapelle. Amas de débris.

§. 1196. Entre Eypierre & la chambre, on passe à la *Chapelle*, village situé au bas d'un grand amas de débris, qui ont glissé ou roulé de la montagne & se sont accumulés à son pied. M. de Luc, dans le II. vol. de ses *Lettres sur la terre & sur l'homme*, a beaucoup insisté sur ce fait, qui se voit fréquemment dans toutes les montagnes. Il l'a mis au nombre des preuves du peu d'ancienneté de l'état actuel de notre globe.

§. 1197. La premiere poste après Eypierre est celle de *la Chambre*. C'est un grand village, où l'on trouve une assez bonne auberge. Les voituriers s'y arrêtent ordinairement. M. de Luc a trouvé son élévation de 247 toises au-dessus de la mer.

Un peu au-delà de ce village, il s'ouvre à gauche ou à l'Est, une grande vallée qui porte le nom de la *Magdeleine*, & par où on peut aller à *Moustier*, capitale de la *Tarentaise*. La grande route traverse cette vallée à son embouchure dans celle de l'Arc, & les premiers rochers que l'on rencontre au-delà sont des ardoises. A ces ardoises succédent les roches feuilletées de pétrosilex & de mica, avec des veines de granit. J'ai vu des alternatives semblables dans la vallée de *St. Maurice*. Je ne répéterai pas les conséquences que j'en ai tirées.

Structure ces roches.

§. 1198. Ces différentes roches ont dans cette vallée une structure moins prononcée que dans celle de St. Maurice. Je dirai même que si l'on ne voyoit qu'un seul de ces rochers, on n'oseroit point décider si les divisions que l'on y observe, sont des couches ou de simples fissures accidentelles. Mais lorsqu'on voit la même situation se répéter presque par-tout; lorsqu'on voit ces fissures, presque toujours verticales, se diriger constamment du Nord au Sud dans les rochers de l'une & de l'autre rive, on ne peut pas s'empêcher de croire que ces mêmes fissures ont été déterminées par la structure même de la pierre, & que ce sont de véritables couches. Celles de ces roches qui s'éloignent le plus de la nature du granit, sont aussi celles dont la stratification est la plus décidée.

§. 1199. Il n'y a qu'une poste de la Chambre à St. *Jean de Maurienne*. On passe l'Arc aux trois quarts du chemin sur le pont d'*Hermillon*. De là jusqu'à St. Jean, on a une belle route, sans montée ni descente, en côtoyant le pied de la montagne de *Rocherey*. Tout le bas de cette montagne est de ce même pétrosilex, mêlangé de veines & de masses de granit: mais dans le haut, du côté de St. Jean, on y trouve un beau filon de spath fluor, des mines & des cryftaux de différente nature. Mr. de St. REAL, qui l'a souvent parcourue, dit que cette montagne renferme une si grande variété de substances minérales, qu'on pourroit la regarder comme un cabinet de minéralogie. Ce fut avec bien du regret que nous renvoyâmes à un autre tems la contemplation de ces merveilles.

<small>Montagne de Rocherey.</small>

CES montagnes de granit se terminent à St. Jean; dès-lors, jusques bien au-delà du Mont-Cenis, cette route n'en présente plus de ce genre.

§. 1200. Pour ne pas interrompre la description de cette route, j'ai renvoyé à la fin de ce chapitre celle de la montagne de St. George & des fonderies d'Argentine.

<small>Mines de St. George.</small>

J'ai dit §. 1191, combien, dans notre voyage de 1787, nous regrettions, mon fils & moi, de ne pouvoir pas aller visiter la montagne de

St. George, d'où se tire la mine de cuivre que l'on fond à Aiguebelle. Ces regrets nous ont engagés à retourner à Aiguebelle.

Le 5 mai 1789, nous partimes de là avec un marchand de mine de fer, qui nous servit de guide.

Nous suivîmes pendant 10 minutes la route de Turin, puis nous tirâmes à droite & nous primes un sentier à mulet, qui s'éleve au-dessus de cette route en tirant au Sud-Ouest; & en deux heures & un quart nous arrivâmes à la principale galerie qui se nomme le *Filon de St. George*. Là, par une pente peu rapide & sans échelle, nous descendîmes jusques au Filon, qui avoit alors 20 pieds d'épaisseur, sur 25 de largeur ; je dis *alors*, parce que ses dimentions varient. Sa direction étoit du Sud-Est au Nord-Ouest, & sa situation à peu-près horizontale, mais ces positions sont aussi variables.

<small>Filon de St. George.</small>

La mine est une mine de fer spathique à petites écailles, d'un gris tirant sur le fauve, brillantes & ondées. La gangue mêlée avec la mine est du quartz blanc fragile à grandes écailles, que les mineurs de cette montagne nomment *le marbre*.

<small>Nature de la montagne.</small>

§. 1201. La montagne dans laquelle se trouvent ces mines est une roche feuilletée, mêlée de mica, de quartz & de feld-spath. Ce n'est pourtant point un granit veiné, parce que ces substances ne sont pas engagées & entremêlées les unes dans les autres, comme dans le granit. Mais elles forment des feuillets, tantôt veinés, tantôt ondés, où le mica souvent pur, forme à lui seul des feuillets gris ou noirâtres, tandis que le quartz, ou pur, ou mélangé de feld-spath, forme des feuillets blancs qui alternent avec les gris. Quant à la structure de cette montagne, il est impossible de la déterminer. Elle paroit toute composée de pieces détachées, comme si elle eût été froissée ou brisée par un mouvement violent, ou comme si la décomposition de quelques minéraux destructibles eût occasionné des ruptures & des déplacemens.

§. 1202. Nous montâmes ensuite à un bâtiment que les associés de la mine de cuivre ont fait construire, pour venir y passer quelques jours dans la belle saison, & qui se nomme la *Barraque de St. François*. J'observai là le baromètre, qui me donna une élévation de 512 toises au-dessus de notre lac, & par conséquent 705 au-dessus de la mer.

§. 1203. Nous montâmes environ 50 toises plus haut pour entrer dans la galerie la plus étendue de la mine de cuivre, qui se nomme *Fosse du Sapin*. On y descend, comme dans celle de St. George, sans échelle, par une pente qui n'est point rapide. Nous parcourûmes quelques-unes de ses ramifications; car pour les parcourir toutes, on nous assura qu'il faudroit plus de huit jours. Nous trouvâmes la mine de cuivre pyriteuse couleur de laiton, & à petits grains brillants, avec la même gangue de quartz blanc & dans la même roche schisteuse. Souvent la même galerie donne du fer & du cuivre; j'en vis une au fond de laquelle étoient deux filons, l'un de cuivre, l'autre de fer, séparés par une cloison fort mince de roche schisteuse.

<small>Fosse du sapin cuivre.</small>

§. 1204. En général, cette montagne est remarquable, tant par la quantité de mines qu'elle renferme, que par la facilité de leur exploitation. Dès qu'on voit à l'extérieur des veines de quartz un peu considérables, on est à peu-près assuré qu'en les suivant on trouvera du minerai, ou de fer, ou de cuivre, ou de plomb; car il y a aussi de ce dernier métal.

<small>Exploitation des mines.</small>

Les paysans qui exploitent ces mines, ne mettent aucun art dans leur travail; ils vont en avant sans boussole, sans aucun instrument de géométrie; suivant les filons, quand ils les tiennent, & le quartz quand ils les cherchent; ils font des mines, font sauter le roc, l'étançonnent où cela est nécessaire; mais rarement en ont-ils besoin, & ils le font avec plaisir, parce qu'ils croyent que le roc tendre annonce ce qu'ils appellent des *sales* ou des masses considérables de minérais. Ils ne sont point incommodés par les eaux, ni obligés à aucune galerie d'écoulement ou de renouvellement d'air. Au contraire, cette montagne est si criblée de fentes, qu'ils sont obligés de fermer par des portes l'entrée de leurs galeries, pour que le vent qui transpire de par-tout, n'éteigne pas leurs lampes. Comme donc il n'est besoin ni de science ni d'avances considérables, & que chacun est le maître d'attaquer la montagne partout où elle n'est pas actuellement occupée par d'autres, tous les paysans s'en mêlent, négligent la culture de leurs terres, donnent aux marchands leur minerai au rabais les uns des autres, & sont en dernier résultat presque tous misérables. Les seuls qui se tirent d'affaires, sont ceux qui ont la sagesse de cultiver leurs terres en été & de ne travailler à la mine que dans les saisons mortes. C'est alors le beau moment de la montagne; il y a nuit & jour plus de 400 ouvriers.

Le minerai de fer ne se vend pas directement aux fondeurs. Les paysans, après l'avoir extrait & grillé, le vendent à des marchands, qui ont des mulets, sur lesquels ils le transportent à Ste. Hélene ou à Argentine, & le revendent aux fondeurs. On nous fit voir un peu au-dessus du village de St. George, & au-dessous de l'entrée des galeries, un endroit nommé *Croix de la miniere*, où sont des enceintes séparées, dans lesquelles chaque marchand de mine dépose celle qu'il achete des paysans, pour la conduire ensuite aux fourneaux de fusion. Ces enceintes sont ouvertes, en plein air, & séparées seulement par des murs de 2 à 3 pieds de hauteur; mais le minerai est là comme dans un dépôt sacré, & il est sans exemple que l'on y touche.

Je donnerai la note des prix, en décrivant les fourneaux d'Argentine.

Quant au minerai de cuivre, on est obligé de le vendre à la compagnie d'Aiguebelle, qui en a le privilege exclusif.

Blocs de
ranits
oulés.

§. 1204. En montant cette montagne, nous remarquâmes depuis le bas jusques à la moitié de sa hauteur, des cailloux roulés, dont plusieurs avoient plus de 2 pieds de diametre, & qui étoient étrangers à cette à cette montagne. La plupart étoient des granits, & précisément de l'espece de ceux que j'ai décrits §. 1195 ; remarquables par les grands cryſtaux de feldſpath & par le peu de quartz qu'ils renferment. Comme la montagne de St. George n'en produit aucun de ce genre, il eſt indubitable que ceux-là ont été chariés par la grande révolution, & que les eaux deſcendoient alors en rempliſſant la vallée de l'Arc juſqu'à la hauteur de 2 ou 300 toiſes.

§. 1205. Le village d'Argentine, où l'on fond une partie du minerai de fer de la montagne de St. George, eſt ſitué ſur la rive droite de l'Arc; vis-à-vis de cette même montagne, entre Aiguebelle & Eypierre, les fourneaux ſont à 4 ou 500 pas de la grande route. Fonderies de fer d'Argentine.

Les marchands qui y tranſportent la mine grillée de St. George, la vendent par *bennes*, meſure qui contient 70 à 80 L. de mine.

La douzaine de bennes, rendues à la fonderie, vaut de 5 L. à 5 L. 5 ſ. de Piémont (1), & rend environ 450 L. de gueuſe ou de fer fondu; ce qui fait un peu plus de 56 L. par quintal. On la fond dans un grand fourneau à manche; elle n'a beſoin d'aucun autre fondant que d'une partie des ſcories des fontes précédentes. Le fourneau conſomme par jour 60 charges de charbon. Ces charges contiennent chacune 28 pieds cubes, & coûtent 30 ſols de Piémont. Ce même fourneau rend par jour 33 quintaux de gueuſe, qui ſe vend 11 L. de Piémont le quintal. Le produit du fourneau eſt donc par jour, 33 quintaux à 11 L., L. 363.

Et la dépenſe auſſi par jour en charbon, L. 180
En mine . . . . 38 } ſomme, 218

Reſte, L. 145

Sur ces 145 L. il faut paier les fondeurs, l'entretien des fourneaux,

---

(1) La livre de Piémont vaut à très-peu près 24 ſols de France.

les magasins & le droit de fonte, qui appartient au Seigneur du lieu ; & qu'il faut racheter de lui, à ce qu'on m'assura, à raison d'un louis pour chaque jour où les fourneaux sont en activité. Il resteroit cependant un profit considérable, si les fourneaux pouvoient marcher ainsi d'un bout de l'année à l'autre; mais l'on est souvent arrêté, sur-tout en hiver, par le manque de charbon (*).

St. Jean de Maurienne.

§. 1206. La petite ville de St. Jean, capitale de la Maurienne, quoiqu'environnée de hautes montagnes, a autour d'elle un terre-plein bien cultivé & assez agréable.

Elle est élevée de 298 toises au-dessus de la mer. J'ai eu dans mon dernier voyage, le bonheur de voir là M. le chevalier de St. REAL, intendant de la Province; & qui est, comme je l'ai déja dit, un amateur très-zélé & très-instruit de la physique & de l'histoire naturelle. Il nous reçut chez lui, mon fils & moi, de la manière la plus obligeante. Il nous communiqua diverses inventions ingénieuses dont il s'occupe, & nous fit voir une collection nombreuse & intéressante de minéraux des Alpes.

M. de St. REAL se proposoit de donner l'histoire naturelle la plus complete du Mont-Cenis & de ses environs. Dans ce dessein, déja en 1787, il avoit passé pendant deux étés consécutifs, six semaines campé en plein air sous une tente, dans les lieux qui lui avoient paru les plus convenables pour servir de centre à ses observations; & son dessein étoit

---

(*) Le laboratoire où l'on coule le fer est bas & obscur; en y entrant, mon fils & moi, nous y trouvâmes un vieux fondeur en cheveux blancs, & couvert de haillons, qui préparoit son dîné; ce dîné consistoit dans un gros corbeau, qu'il plumoit à la pâle lueur des scories qui sortoient du fourneau. Sa marmite cuisoit sur un monceau de ces mêmes scories, & il plongeoit à chaque instant son corbeau dans cette marmite, pour l'attendrir & le plumer avec plus de facilité. C'eût été un beau sujet de tableau pour un Ténières.

de passer encore cinq étés dans des lieux différens & également convenables à son but. Il avoit d'habiles coopérateurs, qui devoient se charger des branches de l'histoire naturelle, dont il s'est moins occupé que de la minéralogie, comme la botanique & la zoologie. Il vouloit ainsi décrire avec une exactitude aussi parfaite que le permet l'état actuel des sciences physiques, un quarré de 12 lieues en tout sens, dont le Mont-Cenis auroit été le centre. Ceux qui connoissent un peu les hautes Alpes, sentiront l'étendue & la difficulté d'un pareil travail.

M. de St. Real a eu la bonté de me lire le journal des observations qu'il avoit faites pendant l'été de 1787, sur la plaine du Mont-Cenis & sur les montagnes voisines; & je vis par cette lecture, que M. de St. Real avoit au plus haut degré, le courage, l'activité & les talens nécessaires pour cette entreprise.

CHAPITRE V.

DE ST. JEAN DE MAURIENNE A LANS-LE-BOURG.

§. 107. En fortant de St. Jean, on enfile une belle route, qui eft plane & rectiligne pendant une demi-lieue. Les montagnes à gauche & à droite de cette route font hautes, efcarpées & incultes; fillonnées par des ravins, & leurs couches defcendent au Sud-Eft fous un angle de 40 à 45 degrés.

Comme je ne pouvois pas du grand chemin, examiner leur nature, j'allai, dans mon voyage de 1787, avec mon fils, au pied de celle de la droite. Cela ne fembloit ni éloigné ni difficile; nous eûmes cependant affez de peine à gravir fur des débris gliffans, pour atteindre le roc vif & le corps même de la montagne. C'eft une pierre noire, feuilletée, dont la bafe eft un fchifte argilleux, mêlé de parties calcaires libres, qui font efferverfcence avec les acides. Les feuillets les plus noirs contiennent moins de parties calcaires, & font une efferverfcence moins vive que ceux qui tirent fur le gris. Les uns & les autres, & fur-tout ceux-ci, fe fondent difficilement au feu du chalumeau. Ce qui piquoit fur-tout notre curiofité, c'étoient de grandes veines blanches qu'on voyoit de loin trancher fur le fond noir de la montagne.

Nous y parvinmes, quoiqu'avec difficulté, & nous reconnûmes qu'elles étoient compofées d'un mélange de quartz blanc & de fpath calcaire, qui fe convertit par places, en mine de fer fpathique blanche ou rouffe. Ces veines ou ces filons, coupent le corps de la montagne, tantôt parallelement, tantôt obliquement à fes couches.

LANS-LE-BOURG.

§. 1208. Au pied de cette montagne, du côté de St. Jean, on voit un monticule ou grand amas de gypſe qui lui eſt adoſſé.

Montagne de gypſe.

C'eſt, autant que j'ai pû l'obſerver, le premier grand amas de ce gypſe que l'on rencontre ſur cette route, en venant d'Aiguebelle. Mais on en voit beaucoup entre St. Jean & le Mont-Cenis; on en trouve ſur le Mont-Cenis même; & on voit, en y allant, des montagnes aſſez hautes qui en ſont compoſées, ou du moins recouvertes. Ce gypſe, lorſqu'il eſt pur, eſt du plus beau blanc, ne fait aucune efferveſcence avec les acides & a le grain brillant du marbre ſtatuaire. La ſituation de ſes couches tortueuſes & affaiſſées n'eſt pas toujours facile à déterminer; il paroît cependant qu'en général cette ſituation eſt horizontale.

Il n'eſt pas commun de trouver ſur de hautes montagnes des maſſes auſſi conſidérables de ce genre de pierres; & ce qu'il y a de bien remarquable, c'eſt que ſur ce paſſage même on n'en rencontre point, du moins aucune montagne, paſſé la plaine du Mont-Cenis, c'eſt-à-dire, entre cette plaine & Turin.

Ces gypſes paroiſſent d'une formation beaucoup plus récente que les autres pierres qui compoſent les montagnes de cette partie des Alpes, & la poſition de leurs couches, prouve qu'ils ont été formés ſous les eaux. Je n'ai cependant pas pû réuſſir à y trouver aucun veſtige de corps organiſés.

M. de LAMANON penſoit que les gypſes que l'on trouve dans les vallées des Alpes, avoient été formés dans des lacs d'eau douce que renfermoient anciennement ces vallées. *Journal de Phyſique*, Tome XIX, pag. 185. La diſcuſſion de cette opinion exigeroit des données qui nous manquent encore; je la réſerve pour le volume où je traiterai de la théorie.

Ruisseau qui se forme à lui-même un canal élevé.

§. 1209. A demi-lieue de St. Jean, on passe l'Arc sur un pont de pierre. On voit dans des vignes de l'autre côté du pont, un ruisseau qui dépose un tuf calcaire. Sans doute que les élémens de cette pierre étoient tenus en dissolution dans cette eau par de l'air fixe, que dégage le mouvement de l'eau. Ce phénomene n'est pas rare; mais ce qu'il présente ici de curieux, c'est que ce dépôt forme un canal naturel plus que demi-circulaire, & même presque fermé dans le haut du ruisseau. Ce canal est dans quelques endroits élevé de plus de deux pieds au-dessus du sol; & il y a lieu de croire que sa hauteur s'augmentera continuellement.

Considérations générales sur la formation des couches.

Ces concrétions sont disposées par couches confusément crystallisées, & présentant un exemple des couches dont je parlois §. 1195, qui se forment par crystallisation dans des eaux courantes. Les cryſtaux auroient une forme plus réguliere, si le mouvement des eaux étoit moins rapide. Ces dépôts crystallisés se présentent sous une forme stratifiée, à raison des variations que subissent les eaux dans lesquelles ils se forment. S'il s'y mêle par intervalles des parties colorantes, on voit dans leur dépôt des alternatives de couleur; & s'il s'y mêle aussi par intervalles une quantité un peu considérable d'une matiere qui ne se dissolve pas dans l'eau & qui ne soit pas susceptible de crystallisation ou d'adhérence, les couches sont séparées, & n'ont entr'elles aucune liaison.

Joli point de vue.

§. 1210. Après avoir passé ce ruisseau, on monte une pente assez rapide, du haut de laquelle, en se retournant, on a un assez joli point de vue sur la ville & la vallée de St. Jean.

Bientôt après, on passe à St. Julien. Ce village est entouré de vignes plantées dans des débris, au pied de la montagne. On a été obligé de déblayer les plus gros de ces débris pour trouver au-dessous un peu de terre où la vigne pût croître. Ces débris stériles sont amoncelés en lignes tortueuses tout autour des places cultivées, & forment ainsi fur le fond verd des vignobles, une efpece de broderie dont l'afpect eft très-fingulier. Les débris de cette montagne font tous de pierre calcaire & de grès durs non effervefcens.

Un peu au-delà de St. Julien, on voit à fa gauche d'affez hautes montagnes, compofées de couches alternatives de pierre calcaire, d'ardoife & de grès. Ces couches font pour la plupart prefque verticales; on en voit auffi qui, en fe recourbant vers le haut, forment des arcs de cercle concentriques d'environ 90 degrés.

§. 1211. Un petit quart-d'heure avant d'arriver à St. Michel, où eft la premiere pofte depuis St. Jean, on paffe par un défilé très-étroit, ferré entre l'Arc & la montagne. La riviere s'eft frayé là un paffage, qui coupe prefque perpendiculairement à leurs plans, des couches calcaires, inclinées de 60 degrés & plus, & qui font réellement admirables par leur étendue & leur régularité. J'ai obfervé avec foin celles que côtoie la grande route. *Belles couches très-inclinées.*

Les premiers rochers dont s'approche cette route, font d'une pierre calcaire compacte, noire, inclinée de 45 à 50 degrés en defcendant à l'Eft.

Les rochers qui fuivent font plus inclinés environ de 55 degrés; ils font auffi d'une pierre calcaire compacte, mais dont la couleur eft bleuâtre. On trouve enfuite une interruption, produite fans doute par la décompofition d'une pierre fchifteufe tendre, noirâtre, dont on voit encore des reftes fur le dos des rocs bleuâtres que je viens de décrire.

Au-delà de cette interruption, on paffe au pied du rocher qui forme la partie la plus étroite du défilé. Ce rocher eft compofé d'une maffe de couches calcaires compactes, noires, contiguës, toutes inclinées de 58 à 60 degrés, mais qui ne font pas toutes de la même nature. Celles du milieu, dont l'enfemble a environ 50 pieds d'épaiffeur, font minces & parfemées de nœuds de pétrofilex noir. Celles qui les recouvrent font aussi noires mais plus épaisses; & celles de dessous sont en masses si épaisses, qu'on a de la peine à distinguer leurs joints. Je n'ai vu du pétrosilex que dans les minces du milieu, & je n'ai pu distinguer dans aucune d'elles aucun vestige de corps organisés.

<small>Ces couches ont redressé depuis leur formation.</small>

§. 1212. Mais ce sont sur-tout les couches situées sur la rive gauche de l'Arc, qui se présentent d'une maniere avantageuse pour l'observateur. Comme leurs plans sont coupés par la riviere & par le grand chemin, sous un angle à peu-près droit, on voit leurs tranches parfaitement à découvert, & on admire leur nombre & leur régularité. Lorsqu'on les observe avec attention, on se persuade bientôt qu'il est impossible qu'elles aient été formées dans la situation qu'elles ont actuellement (1). Premierement, comme ces couches d'une pierre calcaire non cryſtallisée ont été formées par des dépôts, il est bien certain que si le sédiment dont elles sont composées avoit été déposé sur des plans inclinés de 60 degrés, ce sédiment auroit été plus abondant vers le bas, & même le poids de celui qui se seroit déposé vers le haut des couches, l'auroit fait glisser en partie; ensorte que les couches auroient été plus épaisses vers le pied de la montagne qu'à sa cime. Or, ici on les voit conserver dans toute leur hauteur, une épaisseur parfaitement uniforme.

En second lieu, & par une conséquence des mêmes principes, si ces dépôts s'étoient accumulés dans une situation inclinée, les couches supérieures, celles qui reposent sur les autres, auroient pris graduellement une pente plus douce. C'est ce que l'on voit dans les alluvions des torrens & des rivieres. Quelquefois les premieres couches de ces alluvions, déposées sur un terrein très en pente, ont une pente à peu-près égale à celle de ce terrein, mais celles qui suivent sont moins incli-

---

(1) Je sais que d'autres naturalistes, & en particulier le célèbre M. VOIGT ne pensent pas ainsi. Mais je répondrai ailleurs à leurs argumens.

nées

nées, & à mesure qu'il s'en dépose de nouvelles, elles s'approchent toujours de plus en plus d'une situation horizontale. Ici au contraire, comme on le voit par les détails que renferme le paragraphe précédent, les couches qui reposent sur les autres, deviennent de plus en plus inclinées; les plus basses n'ont que 45 degrés d'inclinaison, & les plus élevées en ont 60.

Ce fait, analogue à celui que j'ai observé dans les montagnes primitives de la vallée de Chamouni, est un fait de la plus grande importance, & un de ceux qui m'ont le plus éclairé sur la cause du redressement des couches. Mais je n'entre point ici dans cette discussion; je me contente d'en conclure, que les couches de St. Michel ont été formées dans une situation horizontale, & redressées ensuite par une cause postérieure à leur formation.

§. 1213. Après avoir passé le défilé, on voit à sa gauche, au pied de la montagne, un grand rocher bleuâtre, qui mérite d'être observé de près. Il est composé de couches d'une pierre calcaire compacte, d'un gris bleuâtre. Mais ces couches sont toutes séparées les unes des autres & enveloppées de couches très-minces, d'une espèce de schiste de couleur fauve, luisant, doux au toucher, non effervescent, qui se fond avec quelque peine en un verre blanchâtre & spongieux, & qui ressemble ainsi parfaitement à celui du St. Bernard, que j'ai décrit §. 1000.

Couches qui se renflent & s'amincissent successivement.

Mais ce qu'il y a de plus remarquable ici, c'est la forme des couches de pierre calcaire que ce schiste sépare. Chacune de ces couches se renfle & s'amincit successivement avec une sorte de régularité; ensorte que sa coupe verticale présente l'image d'une espèce de chapelet. La même couche bien suivie, qui a 20 pouces d'épaisseur dans un endroit, s'amincit peu à peu, ensorte qu'à 4 ou 5 pieds de là elle n'a plus que 3 pouces; & ensuite elle se renfle de nouveau pour s'amincir encore.

J'eus du plaisir à voir cette forme singuliere dans un rocher calcaire; on pourra l'oppofer aux naturaliftes qui, à caufe de quelques irrégularités que l'on obferve dans les couches des granits & des roches quartzeufes, veulent nier la ftratification des montagnes compofées de pierres de cette claffe.

<small>Plaine de St. Michel.</small>

§. 1214. Au fortir de ces rochers, on fe trouve dans une petite plaine riante, couverte de prairies & de beaux vergers, au milieu defquels eft le village de *St. Michel*. On ne peut pas douter que cette plaine, dont le fond eft parfaitement horizontal, n'ait été autrefois un lac. Ce lac a même dû être très-profond; fi le rocher par lequel l'Arc en fort, n'a pas toujours été coupé comme il l'eft aujourd'hui. En prenant la moyenne entre une obfervation de M. Pictet & trois des miennes, on trouve St. Michel élevé de 363 toifes au-deffus de la mer. M. de Luc lui donne précifément la même élévation.

<small>Rocher -deffus le St. ichel.</small>

§. 1215. On voit au Nord-Eft, au-deffus de St. Michel, des rocs blancs appuyés contre d'autres rochers noirâtres; comme je ne pouvois pas de loin reconnoître leur nature, mon fils alla les obferver, & il trouva que les premiers étoient de grès durs, mêlés de mica, non effervefcens, bleuâtres au-dedans, mais qui blanchiffent à l'air; les autres étoient des ardoifes noires, luifantes, d'une très-bonne qualité.

<small>Chemin nporté. tour par Buffe.</small>

§. 1216. Lorfque je fis ce voyage avec M. Pictet, au mois d'octobre 1780, la riviere d'Arc s'étoit fi prodigieufement débordée, au mois d'août de la même année, qu'elle avoit emporté les ponts & même une partie des chemins: la grande route étoit ainfi devenue impraticable, enforte qu'on étoit obligé de paffer par le haut d'une montagne fur la rive droite de l'Arc. Et comme on ne peut paffer cette montagne qu'à pied ou à cheval, il falloit faire démonter fes voitures & les faire porter à dos de mulet, jufqu'au pont de la *Denife*, qui eft à moitié chemin de la pofte de St. Michel à St. André. Cette route fe nomme *la Buffe*, du nom du village qu'elle traverfe. J'obfervai fur cette route quelques rochers remarquables, qui me confolerent un peu de la perte de tems & de l'ennui que nous caufa ce détour.

§. 1217. Au-dessus du village de la Buffe, je trouvai des schistes argilleux, les uns gris tirant sur le brun, les autres d'un gris bleu presque noir; ceux-là très-tendres, ceux-ci un peu moins. Les uns & les autres ont leur surface extérieure un peu brillante & striée, ou plutôt froncée longitudinalement. Leur cassure est schisteuse droite, finement striée sur toutes ses faces. La loupe y fait appercevoir un grand nombre de points de mica blanc. Ils hapent un peu à la langue, exhalent après le souffle, l'odeur de l'argille, paroissent plus pesans que l'ardoise, ne font aucune effervescence avec les acides, se gonflent à la flamme du chalumeau, & se fondent ensuite en une scorie grise, remplie de petites bulles.

Schistes argilleux trapézoïdes.

Ces schistes se divisent spontanément en fragmens rhomboïdaux ou trapézoïdes. Leurs couches très-inclinées montent du côté de l'Ouest, comme celles du défilé de St. Michel, §. 1121. Leur direction est cependant un peu différente; car celles de St. Michel courent du Nord-Est au Sud-Ouest, au lieu que celles-ci marchent du Sud-Est au Nord-Ouest; ce qui fait une différence de 45 degrés dans la direction des plans.

Ces schistes sont suivis d'une roche feuilletée d'un gris bleuâtre, mélangée de mica, de quartz & de feld-spath. Les couches de cette roche ont exactement la même situation que celles des schistes.

Gneiss.

Au-delà de ces grès, je trouvai des bancs assez épais, & tourmentés d'un quartz gras jaunâtre, mélangé de quelques feuillets d'ardoise.

Quartz.

§. 1218. On voit ensuite reparoître les schistes argilleux trapézoïdes: leurs couches sont très-inclinées, mais en sens contraire des précédentes; c'est-à-dire, qu'elles montent à l'Est.

Considérations sur les fissures des rochers.

Il y a ceci de bien remarquable dans ces schistes; c'est qu'en partant du principe que les fentes des rochers ont été autrefois perpendiculaires à l'horizon, on peut démontrer que les couches dont ces schistes sont composées, ont été renversées, c'est-à-dire, que lors de leur formation, au lieu de monter du côté de l'Eſt, comme elles font actuellement, elles montoient du côté de l'Oueſt de 15 ou 20 degrés. Car quoique je ne puiſſe pas admettre, qu'il ſe ſoit formé par dépôt des couches régulieres, inclinées de 60 degrés; je ne répugne pas à reconnoître des couches dépoſées originairement ſous des angles de 15 à 20 degrés, & je crois même avoir des preuves de leur exiſtence.

Celles dont il s'agit ici, & que l'on rencontre un peu au-deſſus du hameau de *Baſetiere*, ſont à peu-près dans la ſituation indiquée par la figure I de la planche I; les lignes *a b*, *c d*, *e f* repréſentent les couches, & les lignes I H, L K &c. indiquent les fentes qui diviſent le rocher en fragmens parallélépipédes. Je dis que ſi l'on part de la ſuppoſition, qu'originairement ces fentes ont dû être perpendiculaires à l'horizon, & que l'on cherche la ſituation qu'il faut que ces couches aient eue, pour que les fentes qui les coupent aient été verticales, on verra qu'il faut qu'elles aient eu la ſituation R Z, fig. 2; c'eſt-à-dire, qu'au lieu de monter du côté de l'Eſt, comme elles ſont dans leur état actuel, elles aient monté du côté de l'Oueſt, en faiſant avec l'horizon Z M un angle R Z M qui eſt le complément de l'angle aigu R h i des parallélépipédes qui réſultent de la diviſion des couches par les fentes.

On peut, d'après ce principe, lorſqu'on voit, même dans un cabinet, & bien loin du lieu de ſon origine, un fragment de rocher qui a naturellement la forme d'un parallélépipéde, on peut, dis-je, déterminer l'angle que les couches dont il a été détaché, formoient avec l'horizon, dans le moment de ſa formation, ou du moins dans le tems où ces couches étoient encore aſſez molles pour que l'affaiſſement cauſé par la peſanteur produiſit des fentes verticales & régulieres.

Pour cet effet, il faut commencer par reconnoître quelles ſont les deux faces de la pierre qui peuvent être conſidérées comme les plans de ſes couches. Les quatre autres faces ſeront les plans des fentes qui ont diviſé le rocher dont cette pierre a fait partie & qui l'ont taillée en parallélépipéde. Il faut enfuite chercher la fituation dans laquelle la pierre doit être mife, pour que toutes fes fentes fe trouvent perpendiculaires à l'horizon; l'angle que les plans des couches formeront avec l'horizon, lorfque la pierre fera dans cette fituation, donnera le degré d'inclinaifon qu'avoient les couches de la pierre dans le moment où les fentes fe font formées.

Le cas le plus fimple, celui où les plans des fentes coupent à angles droits les plans des couches, donne d'après cette regle, une fituation horizontale aux couches de la pierre; & l'obfervation vérifie la juftefse de cette conclufion. En effet, les fentes que l'on trouve dans les couches horizontales des grès & des pierres calcaires, font prefque toujours verticales & divifent la pierre en parallélépipédes rectangles ou du moins tels que les fentes font perpendiculaires aux plans des couches. J'ai également vérifié cette regle dans les cas où deux des plans des fentes, & dans celui où ces quatre plans étoient obliques aux plans des couches.

Mais il y a deux obfervations effentielles à faire dans l'application de ces principes à des fragmens détachés; l'une, qu'on ne peut les appliquer qu'à des pierres qui contiennent toute l'épaiffeur d'une ou de plufieurs couches. Car on rencontre fouvent dans les granits, dans les porphices, dans les bazaltes, & même dans les pierres calcaires argilleufes, des couches très-épaiffes, que des fentes innombrables, produites non par l'affaiffement, mais par une efpece de retrait traverfent en toutes fortes de directions. Ces fentes divifent ainfi ces pierres en fragmens polyhedères de formes très-variées, & où par conféquent il doit s'en trouver de parallélépipédes, dont la figure n'a point été déterminée par l'inclinaifon de la couche dont elle fait partie.

Il faut auffi obferver que cette regle ne doit s'appliquer qu'à des pierres qui réfultent de l'endurciffement d'un fédiment terreux ou fablonneux, comme les ardoises, les argiles, les marnes, les grès, quelques espèces de schistes cornés & autres semblables, qui ne doivent point leur forme à une cryſtalliſation régulière ; car les pierres de forme parallélépipéde qui ſont le produit de la cryſtalliſation, comme les ſpath calcaires, les feld-ſpaths, n'ont point été taillées par des fiſſures ; elles doivent leur figure à la forme & à l'arrangement de leurs parties élémentaires.

De St. Michel au pont de la Denise.

§. 1219. Dans mon dernier voyage en 1787, je ne fus point obligé de faire ce détour par la *Buffe ;* la grande route étoit parfaitement réparée, & nous fîmes en trois quarts d'heure le chemin de St. Michel au *pont de la Denise*, qui par la *Buffe* nous avoit pris une demi journée.

Les montagnes qui bordent la grande route ſont toujours des roches feuilletées, mélangées de quartz, de mica & de feld-ſpath. Ces roches alternent çà & là avec des ardoiſes ; on en voit de très-belles avant d'arriver au pont ; leurs couches verticales ſont renfermées entre des couches de roches feuilletées, dont la ſituation eſt la même. Ces couches ſont dirigées comme celles du défilé de St. Michel, à peu-près du Nord au Sud ; & elles coupent à angles droits la vallée qui court encore ici de l'Eſt à l'Oueſt. Je ne répete pas, ce que j'ai dit ailleurs de ces alternatives entre des roches conſidérées comme primitives, & des pierres ſecondaires, comme les ardoiſes.

Fonderie Laprat.

§. 1220. A deux lieues de St. Michel, on voit de l'autre côté de l'Arc, ou ſur ſa rive gauche, une fonderie de fer, dans un endroit nommé *Laprat*. La mine eſt auſſi de fer ſpathique ; on la tire de la montagne qui eſt au-deſſus de la fonderie, après l'avoir grillée, pour la fondre dans un grand fourneau à manche, comme à Argentine.

neifs marquable.

§. 1221. Avant d'arriver à St. André, où eſt la première poſte depuis St. Michel, on a une longue & rapide montée, que je fis à pied, dans mon dernier voyage, pour obſerver avec ſoin les roches feuilletées dont toute cette montagne doit avoir été composée. Ces roches sont dures & donnent du feu contre l'acier, quoique le mica y domine. Ce mica est brillant, d'un gris bleuâtre & donne sa couleur à la pierre qui renferme du quartz & du feld-spath, enveloppés par les lames du mica.

Dans quelques endroits, les feuillets de cette roche sont si fins & si peu distincts, qu'on a de la peine à les appercevoir; & comme là, cette roche ne paroît point feuilletée, on la prend au premier coup-d'œil pour un grès mêlé de mica. Je m'y trompai dans mon premier voyage; je notai sur mon journal cette pierre comme un grès, quoique je m'étonnasse de trouver cette quantité de grès dans une chaîne des hautes Alpes.

En effet, depuis St. Michel jusqu'à Modane, dans un espace d'environ 4 lieues, on ne voit presque pas d'autres pierres. Mais dans ce dernier voyage, en l'examinant avec soin, j'ai reconnu le tissu feuilleté de la pierre dans les endroits où il étoit le plus marqué. J'ai vu clairement par la forme allongée des grains de quartz & de feld-spath renfermés entre les feuilles de mica, que ces grains ne sont point de sable, mais des cristaux plus ou moins réguliers, formés en même tems que la pierre elle-même; & en passant de ceux dont la structure est bien décidée, à ceux où elle paroissoit douteuse, j'ai reconnu que ces pierres étoient bien toutes du même genre de roches feuilletées *ou des gneiss*.

§. 1222. De St. André on descend à Modane, élevé de 583 toises, suivant l'observation de M. Pictet, & de 543 suivant celle de M. de Luc. C'est un bourg assez considérable, à moitié chemin de la poste de St. André à celle de Villarodin. Modane.

Un peu avant d'y arriver, on passe à une fonderie de plomb qui se nomme *Fourneaux*. Nous nous y arrêtâmes quelques moments.

Le minérai est une galene grise à petits grains, mêlée de mine de cuivre jaune. On la tire d'une montagne nommée *Sarazin*, qui est à trois lieues au-dessus de Modane, du côté du midi. D'après le rapport du maître fondeur, cette montagne doit être composée d'un schiste argilleux, tendre & noirâtre.

Et j'ai vu en effet un fragment de cette mine, dont les deux salbandes étoient un schiste noir bleuâtre, d'un éclat presque métallique, tendre & à rayure noire. Ce morceau ne contenoit que de la mine de cuivre jaune à petits grains, dans une gangue de quartz blanc. Là, après que le minérai a été bocardé, on le lave; on le mêle avec une partie des scories de la fonte précédente qui servent de fondant, & on le fond dans un fourneau à manche, animé par le vent d'une trombe d'eau. Les parties métalliques se rassemblent dans un bassin situé au bas du fourneau. Lorsque ce réservoir est plein on le perce par en bas, & les matieres fondues s'écoulent dans un second bassin. Dès que ces matieres commencent à se refroidir, il se fige à leur surface une matte noire, cryſtallisée & fragile; on enleve cette matte à mesure qu'elle se fige, & on la met à part pour en retirer le cuivre. Le plomb qui reste au fond du bassin passe à la coupelle, & donne depuis 4 jusques à 7 onces d'argent par quintal.

§. 1223. Un peu au-delà de Modane, on voit sur la droite du chemin des rochers blancs, qui ont un aspect assez singulier. En les observant de près, on voit que ce sont des pétrosilex primitifs ou palaiopetres verdâtres & translucides, coupés en tout sens par de petites veines de quartz blanc. Dans quelques-unes de ces fissures, le quartz se montre sous sa forme réguliere de cryſtal de roche.

Ce pétrosilex est plus dur, plus translucide & moins fusible au chalumeau que celui de Martigny, que j'ai décrit §. 1057. Il se rapproche donc davantage de la nature du quartz, & c'est encore un exemple de ces transitions si fréquentes dans la classe des pierres.

§. 1224.

§. 1224. Un peu au-delà de ces petrofilex, la grande route passe tout au travers d'un de ces rochers de gypse, dont j'ai parlé §. 1208.

Gypse.

Mais avant d'arriver à la poste de Villarodin, on voit à sa gauche des couches à peu-près horizontales, d'une pierre calcaire compacte & un peu argilleuse. Ces couches alternent avec des feuillets très-minces d'une pierre de la même nature.

Calcaires horizontales.

§. 1225. Sur la route qui conduit de Modane à *Villarodin*, & en descendant la pente rapide de ce village, on observe dans le grand chemin sur le pavé, & sur les murs même du village, des pierres d'un très-beau verd, mêlé quelquefois de blanc.

Villarodin, Delphinite, &c.

Des parties vertes, les unes d'un verd-jaunâtre, d'un éclat scintillant, grenues & dures, sont du même genre que le schorl verd du Dauphiné. Je donne à ce chorl le nom de *Delphinite*, pour le distinguer de quelques autres schorls verd, dont la nature est très-différente. Ces parties jaunâtres sont donc de la *Delphinite grenue*. Les parties d'un verd foncé ou verd de porreau que renferme cette pierre, & qui présentent une forme schisteuse ou lamelleuse, sont de la pierre de corne ou *cornéenne schisteuse* & de la *hornblende lamelleuse*; car lorsque la cornéenne a des parties discernables qui donnent des indices de cryftallisation, elle prend le nom de *hornblende*. Elle ne conserve le nom de cornéenne que quand son tissu, soit schisteux soit compacte, est parfaitement égal & sans parties distinctes.

Les parties blanches paroissent du quartz au premier coup-d'œil, mais quand on les examine avec soin, on y distingue les lames rhomboïdales, & même çà & là des cryftaux bien formés de feldspath; les parties mêmes dont la cassure est grenue, matte, sans apparence de cryftallisation, sont aussi du feldspath, comme le prouve leur fusibilité au chalumeau : j'ai même vu peu de pierres de ce genre qui fussent aussi fusibles.

Après qu'on est sorti du village, la grande route passe entre des prairies où l'on voit aussi de grands rochers composés de feldspath & de schistes cornés ou de hornblende verte ou noirâtre plus ou moins bien cryftallifée : mais ces rochers, malgré leur grandeur, ne paroissent point originaires de la place qu'ils occupent ; je crois qu'ils se sont détachés & ont roulé de la montagne qui les domine ; de même que de grands blocs d'une pierre micacée, mélangée de parties calcaires, qui sont épars dans ces mêmes prairies.

Gypse en couches peu-près horizontales.

§. 1226. A cinq minutes de ces blocs, le chemin est coupé dans une colline de gypse, dont les couches, les unes solides, les autres feuilletées sont bien distinctes & à peu-près horizontales. Vis-à-vis de ces gypses, de l'autre côté de l'Arc, on voit de belles prairies inclinées, qu'arrose une jolie cascade.

Roches calcaires micacées.

§. 1227. A une petite demi-lieue de là, on rencontre des roches calcaires micacées en couches solides, entremélées de couches feuilletées. Le Mont-Cenis, presque tout composé de rochers de ce genre, nous invitera à les examiner de plus près. On retrouve ces mêmes rochers & aussi des pierres calcaires sans mélange de mica, dans la belle forêt que l'on traverse avant d'arriver à *Bramant*, & qui porte le nom de ce village. L'Arc a creusé son lit à une grande profondeur au travers de ces rochers.

Forêt de Pins.

§. 1228. La forêt de Bramant est presqu'entierement composée de cette espece de *pin* que LINNÉ a désigné sous le nom de *Pinus Sylvestris*. On le nomme *Daille* en Savoye & dans quelques provinces de France ; on le nomme aussi *Pin de Geneve ou Pin d'Écoffe*, ou *Pin fauvage*. Cet arbre est devenu très-intéressant depuis que l'on croit qu'il est le même que le Pin de l'Ingrie, dont la Russie fait un commerce si considérable. Lorsque sur les collines des pays tempérés on le voit mériter à peine le nom d'arbre, tant sa tige est basse, rabougrie, tortueuse, on a peine à croire que ce soit le même qui dans les forêts du Nord, s'éleve à une hauteur si majestueuse, & dont les tiges sont si droites, si fortes, si durables, que ce sont les seules, au moins en France, qu'il soit permis d'employer dans les mâtures des vaisseaux de guerre. Cependant tous les Naturalistes sont d'accord sur leur identité, & l'inspection de la forêt de Bramant m'a réconcilié avec cette idée dont j'étois d'abord fort éloigné. En effet, ceux de cette forêt, sans avoir la taille qu'il faudroit pour des mats de vaisseaux, sont cependant très-droits, & incomparablement plus élevés que ceux que l'on observe communément dans nos plaines. Il paroît que dans nos climats, cet arbre ne pousse une tige droite & simple, qu'autant qu'il est exposé au Nord & entouré d'autres arbres. Tous ceux qui croissent au Midi & sur les bords des forêts, même des forêts tournées au Nord, de celle même de Bramant, par exemple, sont petits & tortus : & ce qu'il y a de plus remarquable encore, c'est que dans le centre même de cette forêt, les têtes de ces arbres, qui atteignent le grand air en s'élevant au-dessus des autres, poussent d'abord de grandes branches latérales & cessent de monter en ligne droite ; ce n'est que dans les pays où le soleil n'a pour ainsi dire, aucune force, que ces arbres peuvent s'élever en plein air sans pousser des branches qui limitent leur accroissement ; aussi le célebre LINNÉ les a-t-il trouvés beaucoup plus grands en Lapponie qu'en Suede ; & il gémit avec raison sur la quantité de ces arbres, d'un si grand prix pour la navigation, qui dans les vastes forêts de la Laponie périssent sur pied sans servir à aucun usage. *Flora Lapponica*, page 274.

Si donc on vouloit rendre cet arbre utile dans des climats tempérés, il faudroit le planter, ou le semer sur les revers de quelques hautes montagnes, en le faisant croître parmi d'autres arbres, qui s'élevassent toujours plus haut que lui, & qui le tinssent constamment à l'ombre ; mais il est douteux qu'il prospérât dans une telle situation ; cependant ce seroit un objet d'une si grande importance pour la marine, que cet arbre met dans une dépendance presqu'absolue des pays du Nord, qu'on devroit en faire l'expérience, même avec la plus foible espérance des succès.

§. 1229. On voit encore entre Villarodin & Bramant, des pierres éparses sur la route qui renferment des schorls & du schiste corné verd; on y trouve aussi des serpentines & des quartz semblables à ceux dont je parlerai dans un moment. J'ai déja observé que dans les vallées des hautes Alpes, les cailloux épars & roulés que l'on rencontre, ne sont jamais éloignés du lieu de leur naissance, & indiquent par conséquent, à coup sûr, le voisinage des montagne ou de filons du même genre.

§. 1230. Le village de *Bramant* est situé dans un fond assez étendu & cultivé par places, mais qui présente cependant un aspect fort aride & fort triste. M. de Luc a trouvé son élévation de 622 toises.

A demi lieue au-delà on voit sur la droite un grand rocher calcaire de couleur grise, qui paroît entouré & dominé par du gypse blanc dont il paroît sortir. Plus loin la montagne calcaire sort de derriere celle de gypse & la grande route vient passer à son pied. Les montagnes sur la gauche sont aussi calcaires & très-élevées; elles paroissent se diviser spontanément en grands rhomboïdes, mais on ne peut pas juger de la situation de leurs couches.

Lorsque je dis que ces montagnes sont calcaires, j'entends que la pierre calcaire entre dans leur comppsition, & en est même la partie dominante : car j'ai bien reconnu que les montagnes calcaires qui bordent cette route jusqu'au pied du Mont-Cenis sont, par intervalles mélangées de mica.

§. 1230. A deux lieues de Bramant, au haut de la pente rapide qui conduit à Termignon, le chemin partage un roc isolé d'une espece de petrosilex primitif, d'un blanc jaunâtre, dont la cassure écailleuse a un éclat à peine scintillant, dur au point qu'une pointe d'acier y laisse sa trace sans le rayer, & qui donne beaucoup d'étincelles, quoique la lime entame un peu ses angles : il est très-translucide sur ses bords. La flamme du chalumeau le fond, mais avec difficulté, en un verre blanc & bulleux, en élevant à fa furface des ampoules vitreufes, parfaitement tranfparentes & fans couleur.

Ce rocher eft divifé par couches de fix lignes à deux pouces d'épaiffeur, & généralement paralleles entr'elles, mais cependant un peu irrégulieres. Chacune de ces couches eft recouverte d'un enduit, & même par places d'une fubftance jaune de rouille. Cette fubftance fe fond affez facilement en un émail noir, qui s'infiltre profondément entre les fibres de la pointe de fappare.

Ce rocher ne paroît point avoir été formé dans la place qu'il occupe; & on voit dans les champs du voifinage d'autres blocs de la même pierre, qui font évidemment des fragmens détachés des montagnes fupérieures. En effet, celles que l'on voit à droite & à gauche au-deffus de cette partie de la vallée, font évidemment de ce même genre de pierre; leurs couches paroiffent verticales & dirigées comme la vallée elle-même, du Nord-Eft au Sud-Oueft.

§. 1231. Dela on defcend une pente très-rapide, on traverfe l'Arc & on paffe à *Termignon*, en quittant la vallée qu'on avoit fuivie jufqu'alors pour prendre celle de Lans-le-Bourg: celle-ci s'ouvre à droite, & fa direction eft à peu près de l'Eft à l'Oueft. Si l'on avoit fuivi la même vallée on feroit allé en Tarentaife en paffant au pied de la montagne *de la Vanoife*.

Termignon.

Au-dela de *Termignon*, on monte un chemin très-rapide, & on revient paffer au-deffus de ce village, qui préfente de-là un afpect fingulier. Il eft bâti fur un terre-plein en demi cercle, entouré par l'Arc; & on le voit tellement fous fes pieds qu'on n'apperçoit que les toits des maifons, qui femblent applatis & appliqués contre terre.

A demi lieue de *Termignon*, le chemin traverfe un défilé taillé dans une pierre calcaire, mélangée de mica; & on voit à fa droite l'Arc couper aussi de belles couches de la même pierre qui montent contre la pente du torrent.

Débris agglutinés.

EN approchant de *Lanebourg* ou *Lans-le-bourg*, on retrouve encore des rocs calcaires micacés, & ensuite le chemin coupe une colline entiérement composée de débris angulaires, foiblement agglutinés entr'eux, & disposés par couches horizontales. Vis-à-vis de cet endroit, de l'autre côté de l'Arc, on voit des gypses blancs. Au reste, je n'ai point noté toutes les montagnes de ce genre de pierre que l'on rencontre sur cette route, elles y sont trop fréquemment répétées.

QUAND on est près de *Lans-le-bourg*, si l'on se retourne du côté du couchant, on voit la haute montagne de la *Vanoise*, d'où descend un glacier jusqu'au tiers de sa hauteur. Cette montagne paroît en entier composée de pierres calcaires ou pures ou micacées.

Lans-le-bourg.

§. 1232. LANS-LE-BOURG est un grand village presqu'entiérement habité par des porteurs ou des muletiers, dont le passage du Mont-Cenis fait la principale occupation. Il est vraisemblable que son nom originaire étoit *Lans* & que comme il y avoit un autre village du même nom, plus à l'Est dans la même vallée, on a nommé pour les distinguer, l'un *Lans-le-bourg*, & l'autre *Lans-le-Villars*; mais on prononce ordinairement *Lanebourg*. La moyenne entre deux observations de M. PICTET, & quatre des miennes, donne à ce village 712 toises au-dessus de la mer. (1)

Prix des porteurs & des mulets.

§. 1233. LES porteurs sont taxés à trois livres de Piémont par tête pour passer toute la montagne; c'est-à-dire, de Lans-le-bourg à la Novalese; il ne peut y avoir de contestation que sur le nombre. Une personne de taille moyenne, homme ou femme est obligée d'en prendre

---

(1) M. de LUC ne compte que 692 toises, mais cette différence vient uniquement de ce que dans le calcul il a employé sa formule, & moi celle de M. Trembley.

fix.; mais pour peu qu'on puiſſe dire que la taille du voyageur eſt au-
deſſus de la moyenne, ils veulent venir au nombre de huit & même
de dix.

Un mulet, pour paſſer du bagage ou une perſonne qui ne voyage
pas en poſte, eſt taxé à trois livres pour aller de Lanebourg à la Nova-
leſe, & réciproquement ſans qu'on ſoit obligé de payer le mulletier qui
le conduit.

Mais le paſſage des voitures n'eſt point taxé, & l'on commence
toujours par faire aux voyageurs des demandes exhorbitantes. Heureuſement que ceux qui les paſſent ſont trop nombreux pour s'en-
tendre; il n'y a qu'à ne point ſe preſſer de conclure, & on les voit
venir ſucceſſivement faire des offres aux rabais les uns des autres. Je
rencontrai dans mon dernier voyage une grande berline angloiſe, pour
le paſſage de laquelle on avoit demandé dix louis, & qui paſſa pour
trois & demi; le prix moyen pour une voiture à deux roues, non
compris les malles & le bagage eſt d'un louis ou de vingt livres de
Piémont.

Lorsque j'y paſſai pour la premiere fois en 1772, on étoit obligé
de démonter entiérement les voitures, & de charger les brancards ſur
des mulets; mais dans mon dernier voyage en 1787, les chemins
étoient en ſi bon état, que l'on paſſoit tout le train, même des plus
grandes voitures, ſans le démonter; avec des chevaux, dans les endroits où le chemin n'eſt pas trop rapide, & à force de bras dans les
autres. Le corps de la voiture eſt porté comme une litiere entre deux
mulets.

Lorsqu'il s'éleve des conteſtations, les voyageurs doivent s'adreſſer
au Directeur du paſſage; M. Rivet qui occupoit ce poſte en 1787, a
pour les voyageurs toutes les attentions & tous les égards qu'ils peuvent raiſonnablement demander.

CHAPITRE VI.

PASSAGE DU MONT-CENIS.

Tufs. §. 1234. En fortant de Lanebourg, on traverfe l'Arc pour la derniere fois, les premiers rocs fur lefquels paffe le chemin font des tufs calcaires ; on les rencontre à un quart de lieue du village.

Schiftes cacés caires.

Bientôt après on voit les fchiftes micacés qui forment réellement le corps de la montagne, mais que l'on trouve encore en quelques endroits recouverts par des tufs. Ces fchiftes contiennent de la terre calcaire, fous une forme grenue & brillante, telle qu'elle eft dans les montagnes primitives : elle eft même en affez grande quantité pour que ces fchiftes faffent une efferverfcence très-vive avec l'acide nitreux; & pour devenir friables après avoir féjourné dans cet acide, on verra par la fuite que la terre calcaire & le mica fe trouvent au Mont-Cenis mêlés dans toutes les proportions ; depuis les pierres calcaires prefque pures, où l'on ne voit que quelques feuilles de mica, jufqu'à la pierre micacée, qui ne contient que peut ou point de terre calcaire libre, & dans laquelle le quartz remplit la place que la pierre calcaire occupoit dans les premieres. Il y a cependant ceci de remarquable dans ces fchiftes du Mont-Cenis, c'eft que ceux qui font calcaires, fe trouvent rarement exempts de quartz, comme le prouvent les étincelles que l'on parvient prefque toujours à en tirer avec l'acier ; & de même on y trouve auffi très-rarement des micacées quartzeufes, qui ne donnent quelques bulles dans les acides, & qui étant réduites en poudre ne perdent quelques grains de leur poids dans le vinaigre diftillé.

Ces fchiftes micacés calcaires ne font pas communs ; les auteurs qui ont redigé des fyftêmes de minéralogie ne les ont pas connus, ou du moins

moins ne les ont-ils ni classés, ni dénommés dans leurs ouvrages. J'ai décrit dans le second volume de ces voyages, §. 996, ceux que je découvris dans la vallée d'Aost en 1778 ; mais dans ceux-ci la partie calcaire libre n'est jamais dominante, elle ne forme au plus que le quart de la totalité de la pierre. Ceux du Mont-Cenis different encore par la couleur du mica, qui est gris de fer ou tirant sur le bleu, au lieu que celui de la vallée d'Aost est blanc ou jaunâtre.

Les premieres pierres de ce genre que l'on rencontre au-dessus de Lans-le-bourg, ont leurs feuillets très-minces & très-fragiles ; ils montent à l'Est Sud-Est, sous un angle de vingt degrés ; plus haut, après avoir passé un petit pont, on voit ces mêmes schistes dans une situation opposée, ou montant à l'Ouest ; mais cette situation est accidentelle, on peut dire qu'en général ils montent à l'Est Sud-Est, comme la pente de la montagne.

§. 1235. Après une heure de marche on arrive aux premieres granges *de la Ramasse*. On sait que quand les neiges de l'hiver ont comblé tous les creux & mis sur le même niveau toutes les inégalités de la pente qui va du haut du Mont-Cenis jusqu'à Lans-le-bourg ; les voyageurs descendent cette pente en cinq ou six minutes, sur un traîneau, qu'un seul homme assis devant le voyageur dirige avec une hardiesse & une habileté tout-à-fait extraordinaires. Cette maniere d'aller s'appelle *se faire ramasser*, & les granges situées auprès du point d'où les traîneaux commencent à descendre ont pris de là leur nom ; elles se nomment *la Ramasse*.

La Ramasse.

Le plus haut point du Mont-Cenis est encore à dix minutes au-dessus des premieres de ces granges, un peu au-delà d'une grange qui se nomme le *Meut* ; c'est-là que j'ai observé le barometre en 1772 & en 1787. M. Pictet l'observa à la même place dans notre voyage de 1780. La moyenne entre ces observations donne à cette place 348 toises au-dessus de Lans-le-bourg, & 1060 au-dessus de la Méditerranée. Une obfervation de M. DE LUC, calculée fuivant fa formule, ne donne que 997 toifes, & fuivant la formule de M. TREMBLEY 1024.

<small>Belles
les de
iftes.</small>
JE vis là, en 1780, des dalles de fchifte micacé calcaire, remarquable par leurs formes parfaitement planes, quoiqu'elles euffent trois à quatre pieds en tout fens, & une épaiffeur d'un pouce au plus; on les tiroit de l'endroit même, tout près de la grange du *Meut*.

<small>Plaine
Mont-
nis.</small>
§. 1236. DELÀ on defcend dans la jolie plaine du Mont-Cenis; cette plaine a environ une lieue & demie de longueur fur un grand quart de lieue de largeur. Elle eft couverte des plus beaux pâturages & arrofée par un lac rempli de la plus belle eau, qui en occupe à peu près la moitié.

COMME cette plaine eft ouverte au Sud-Eft, du côté de l'Italie, & fermée de tous les autres côtés par des hauteurs plus ou moins confidérables, elle jouit d'une température beaucoup plus douce qu'on ne pourroit l'attendre de fon élévation. Souvent après avoir rencontré des brouillards glacés, ou des vents froids & incommodes fur le haut du paffage, le voyageur, en arrivant dans cette plaine, y trouve un beau foleil, le calme & la douce température du printems, & il y voit les plus belles fleurs croître fans culture dans tous les pâturages.

<small>Élévation
e fon lac.</small>
CEPENDANT la furface du lac qui occupe le fond de cette plaine, eft élevée de 982 toifes au-deffus de la mer. C'eft du moins la moyenne hauteur que donnent quinze obfervations du barometre que j'ai faites en 1787.

CE même lac eft auffi, d'après mon obfervation, de 77 toifes plus bas que le point le plus élevé du paffage auprès du Chalet du Meut. §. 1235. Il fuit delà, que la moyenne qui réfulte de mes quinze obfervations, ne differe que d'une feule toife de la moyenne, prife entre l'observation de M. Pictet, en 1780, & mes deux observations de 1772 & 1787.

§. 1237. Du haut de ce passage, on vient en demi heure à la Poste qui est située dans un hameau de quatre ou cinq maisons, nommé *Tavernette*; ce hameau est bâti sur un monticule, élevé suivant mon observation de 27 toises $\frac{4}{10}$ au-dessus du lac. A peu près vis-à-vis du milieu de sa longueur, le maître de poste tient une petite auberge, où les voyageurs s'arrêtent souvent ou pour se reposer & se réchauffer, ou pour manger des truites saumonées du lac, qui sont excelltes dans leur genre. (1) La poste ou Tavernette.

Comme j'avois des expériences & des observations à faire sur le Mont-Cenis & dans les environs, je passai avec mon fils, en 1787, cinq jours dans cette auberge, nous y fûmes logés un peu à l'étroit, mais bien nourris, tenus très-proprement, & quoique la saison ne fut pas belle, nous quittâmes avec regret cette jolie vallée & les bords rians de son lac. Nous allâmes sur la Roche-Michel, haute montagne située au-dessus de celle de la Fraise, où étoit allé avant nous M. de Lamanon. Je donnerai dans un chapitre séparé les détails de cette excursion.

Mais je rendrai compte ici du tour du lac que nous fîmes en nous promenans. Comme cette promenade ne prend qu'une heure & demie de tems, quelques voyageurs seront peut-être curieux de la faire & de trouver ici la notice des objets qui peuvent fixer leur attention.

---

(1) La pêche du lac s'afferme 530 liv. de Piémont, ou 636 liv. de France par année, & même le fermier n'a la permission de pêcher que dans une saison limitée; mais aussi la truite qui est très-recherchée, même à Turin, se vend sur les lieux 35 sols de Piémont la livre de 12 onces, ce qui revient à 56 sols de France la livre de 16 onces.

Rocher de gypse; entonnoirs.

§. 1238. On voit entre la poste & le lac un rocher de gypse grenu du plus beau blanc, qui domine le lac du côté du Nord-Est, à peu près dans les deux tiers de sa longueur.

Ce rocher est criblé de trous en forme d'entonnoirs, qui ont une profondeur de 15 à 20 pieds, & même davantage, sur une ouverture à peu près égale ; ces creux sont l'effet des eaux pluviales qui dissolvent le gypse, le percent à la longue, l'entraînent peu à peu & détruiront enfin tout ce monticule. Ce phénomene étonne ceux qui le voient pour la premiere fois; mais il n'est point rare : on l'observe dans toutes les montagnes gypseuses, & en particulier dans celles du gouvernement d'Aigle. On le voit aussi à Chamouni, & même sous une forme bien plus singuliere.

Situation de ce gypse.

§. 1239. Comme ce gypse est une pierre de formation récente, du moins en comparaison de celle qui forme le corps de la montagne, je desirois d'observer & sa structure & la situation des rochers plus anciens que lui sur lesquels il repose. Dans ce dessein, lorsque je fis le tour du lac, je passai entre le lac & la petite montagne qui le borde ; le passage est étroit dans quelques endroits, mais cependant praticable. Comme le gypse est taillé presqu'à pic de ce côté-là, on observe très-bien sa structure, & l'on reconnoît avec certitude, malgré quelques déplacemens accidentels, que ces gypses sont en général disposés par couches horizontales; on voit aussi qu'ils reposent sur le schiste micacé calcaire qui forme le corps de la montagne ; & que la situation des couches de ce schiste est souvent fort différente de celle du gypse qui le recouvre, puisque ce schiste se montre çà & là en couches très-inclinées & même verticales ; à la vérité, ces positions paroissent être accidentelles à ces schistes, mais cela même prouve la nouveauté des gypses, puisqu'ils ont été formés, même après les révolutions qu'ont subies les rochers qui leur ont servi de base. La promptitude avec laquelle ils se détruisent est encore une preuve de leur peu d'ancienneté.

§. 1240. Le fchifte micacé calcaire n'eft pas la feule pierre que l'on trouve fous ces gypfes; on voit au bord du lac, prefque vis-à-vis de la Pofte, des talcs bien caractérifés fortir de deffous eux; ces talcs font tendres, feuilletés, d'un blanc jaunâtre, fans mélange de pierre calcaire libre; leurs feuillets font ondés & repliés fur eux-mêmes; ils fe fondent au chalumeau en une fcorie blanche, opaque, parfemée de petites bulles.

<small>Talc fous ces gypfe.</small>

On voit d'autres talcs hors de ces gypfes au Nord de l'extrémité fupérieure du lac; mais ceux-ci different beaucoup des précédens; leurs feuillets font plans, brillans & parfemés de cryftaux allongés verdâtres, compofés de lames brillantes & demi tranfparentes; les cryftaux fe fondent au chalumeau en une fcorie noire & luifante; mais le talc qui les enveloppe fe fond comme le précédent, en une fcorie blanche, opaque & poreufe; quant à la forme de ces cryftaux, elle n'eft pas réguliere: on voit que la cryftallifation a été troublée par les lames de mica qui fe gliffoient entre celles des cryftaux à mefure qu'elles fe raffembloient. Leur peu de dureté, la nature de leur vitrification & leur forme lamelleufe, m'engagent à les confidérer comme une variété d'hornblende.

Les rochers où l'on trouve ces talcs, font divifés en couches à peu près verticales; ils renferment auffi des couches d'une ardoife noire & brillante, dont la fituation eft la même; cette ardoife fe gonfle au feu du chalumeau, & y devient parfaitement blanche; mais elle fe fond avec beaucoup de difficulté.

§. 1241. Au-delà de ces rocs & auprès de l'extrémité fupérieure du lac, on rencontre un des plus grands entonnoirs que les eaux aient creufés dans ces gypfes. Autour de cet entonnoir on voit quelques pieds de mélezes qui ne font ni grands ni vigoureux, mais qui font pourtant les arbres les plus élevés qui croiffent dans la plaine du Mont-Cenis. Le gypfe qui entoure ce creux n'eft pas blanc comme celui du monticule voisin de la Poste. Il est gris & a tellement l'apparence d'une pierre calcaire, qu'il faut l'éprouver à l'eau forte pour se désabuser.

Calcaires micacées.

Il est d'autant plus facile de s'y tromper, que l'on trouve au bord du lac, avant d'arriver à cet entonnoir, des rochers d'une pierre, semblable au premier coup-d'œil à ce gypse gris, mais qui est bien réellement une pierre calcaire à cassure écailleuse, & d'un grain si fin qu'on peut douter si elle n'est pas compacte; elle est mélangée de très-petites parties de mica brillant.

Cette pierre se dissout avec beaucoup d'effervescence dans l'acide nitreux, qui sur 100 grains ne laisse en arriere que 4 grains de lames fines brillantes & transparentes de mica blanc; mais sur ce même poids de 100 grains, le vinaigre distillé laisse en arriere 24 grains indissolubles, quoique broyés pendant long-tems sous le vinaigre même; il y a donc dans cette pierre de la terre calcaire combinée avec de l'argille & une portion de fer qui se dissolvent difficilement à froid dans l'acide acéteux. Ce mélange de mica & d'argille, est cause que cette pierre, exposée à la flamme du chalumeau, se couvre d'un vernis qui l'empêche de se calciner.

En passant au pied de la montagne qui domine l'extrêmité du lac du côté du Nord-Ouest, on voit que cette montagne est composée d'un schiste micacé calcaire, dont les couches sont à peu près horizontales.

Grès que l'eau rend translucide.

§. 1242. A un quart de lieue delà, en continuant de suivre les bords du lac, on rencontre des fragmens & même des blocs d'une espece de grès, composé de très-petits grains de quartz & de feldspath blanc, avec de petites lames de mica tirant sur le verd.

Lorsque cette pierre est seche, elle paroît opaque & d'un blanc sale;

quand elle eſt pénétrée d'eau, qu'elle abſorbe avec avidité, elle prend un œil verd translucide, qui lui donne quelque reſſemblance avec un petroſilex, ou avec un jade. Quelques-uns de ces fragmens étoient compoſés de feuillets blancs, bien paralleles & cohérens entr'eux. Le mica ſe trouvoit en plus grande quantité dans les intervalles de ces feuillets. Ces pierres viennent ſûrement de la montagne voiſine, car on ne voit dans cette vallée aucun fragment étranger.

§. 1243. On rencontre enſuite un ravin aſſez profond, que l'on traverſe pour gagner une forêt, dans laquelle il faut quitter le bord du lac, qui là, ſerre le rocher de trop près pour qu'on puiſſe paſſer entre deux. Cette forêt eſt compoſée de bouleaux & d'aulnes, tortueux & rabougris; on voit bien que les arbres ſouffrent dans cet air rare, & que l'on n'eſt pas éloigné de la hauteur à laquelle ils ceſſent de pouvoir croître. La forêt eſt pourtant aſſez épaiſſe; elle doit donner en été un ombrage agréable, & il doit y avoir ſur les bords au-deſſus du lac des ſituations romantiques. *Petite forêt.*

§. 1244. En ſortant de cette forêt, on arrive au canal par lequel coule la *Cenife*, c'eſt le nom de la petite riviere qui deſcend du Mont-Cenis, du côté du Piémont : elle conſerve ce nom, juſques un peu au-deſſous de Suze, où elle ſe jette dans la Doire, qui vient de la vallée d'Exiles. *La Cenife.*

J'observai ce canal avec beaucoup de ſoin, parce que M. de St. Real m'avoit dit qu'il avoit découvert dans les rochers qui le bordent, des traces d'éroſion, deſquelles on pouvoit conclure que le lac du Mont-Cenis avoit été autrefois beaucoup plus élevé qu'il ne l'eſt aujourd'hui. J'eus bien du plaiſir à vérifier cette belle découverte; j'obſervai même quelques circonſtances de ces éroſions qui ne laiſſent aucun doute ſur leur origine. *Ce lac a été anciennement beaucoup plus élevé.*

Dans les endroits où l'eau du lac eſt tranquille, elle ne dépoſe aucun fédiment fenfible; les pierres que l'on voit au fond paroiffent parfaitement nettes; mais dans l'endroit où le lac fe dégorge, l'eau paffe fur des rochers, & forme des cafcades en tombant de l'un de ces rochers à l'autre. Cette agitation fait échapper l'air fixe où l'acide carbonique qui tenoit des parties calcaires en diffolution dans l'eau; alors ces parties fe dépofent & forment une efpece de tuf blanchâtre à la furface des pierres & des rochers fur lefquels paffe l'eau.

Ce tuf eft poreux, mammelonné, plus ou moins épais, fuivant le féjour que les pierres ont fait dans l'eau, & il fait une vive efferveſcence avec les acides.

Dès que j'eus obfervé ce phénomene, il me vint dans l'efprit d'examiner fi cette même concrétion calcaire fe retrouvoit à la furface des rochers où l'on voit les traces d'érofions qu'a découvertes M. de St. Réal, & qu'il regarde comme l'effet des eaux.

Je retrouvai effectivement ce tuf jufqu'à 30 pieds & plus au-deffus du lit naturel de la Cenife, fur la furface des rochers qu'elle a creufés, au moins dans les endroits où cette furface a confervé fon intégrité & où elle s'eft trouvée un peu à l'abri de l'action des vents & des pluies; & au contraire, on n'en voyoit aucun veftige fur les rochers du même genre qui n'avoient pas fervi de canal à la riviere.

Ce qui donne quelque prix à cette obfervation, c'eft que quelques perfonnes ont révoqué en doute l'origine des érofions du même genre que j'ai attribuées à l'action des eaux; on a dit qu'elles pouvoient être l'effet des pluies, des vents, ou d'une deftruction fpontanée de quelques lits des rochers; mais au moins dans ce cas-ci, le tuf calcaire dépofé fur ces rochers & fur eux feuls, eft un témoin qu'il eft difficile de récufer. Ces rochers font tous des fchiftes micacés calcaires. M. de St. Réal a pris avec le plus grand foin les dimenfions de ces rochers & de leurs excavations, pour en conclure la hauteur à laquelle ont dû

s'élever

s'élever anciennement les eaux du lac. On verra ces détails & beaucoup de recherches également intéreſſantes, dans ſon ouvrage ſur le Mont-Cenis.

§. 1245. Si l'on continue le tour du lac, après avoir paſſé la Ceniſe & les rochers qui la bordent, on traverſe des prairies parfaitement plates & un peu marécageuſes, qui bordent le lac du côté du Sud-Eſt, & on regagne ainſi le bas du rocher de gypſe, au-deſſus duquel eſt la Poſte. C'eſt delà que nous allons reprendre la route de l'Italie.

Pleine au Sud-Eſt du lac.

§. 1246. En allant de la Poſte à la Novaleze, ſur la route de Turin, on commence par deſcendre du rocher de gypſe, dans les prairies dont je viens de parler, & on vient paſſer auprès de l'Hôpital, ou hoſpice du Mont-Cenis, qui eſt ſitué dans ces mêmes prairies. J'ai trouvé ſon rez-de-chauſſée élevé de $11\frac{1}{2}$ toiſes au-deſſus du lac. Cet hoſpice avoit été fondé, à ce qu'on dit & richement doté, pour ſubvenir à l'aſſiſtance des paſſagers. Mais il ne reſte plus de cette fondation qu'une aſſez mince prébende, qu'on donne à un abbé qui réſide dans cet hoſpice ſous le nom de *Recteur*. Il eſt aſſez bien logé, reçoit avec plaiſir les étrangers qui veulent s'arrêter, ou même ſéjourner chez lui. Il ne donne pas ſon mémoire, mais on lui paie honnêtement la dépenſe qu'on croit avoir faite.

Hoſpice du Mont-Cenis.

Quant à ceux qui ne ſont pas en état de payer, ils trouvent dans cette maiſon une eſpèce d'hôpitalier, qui reçoit une ſomme fixe, pour laquelle il s'engage à faire une petite aumône & à donner quelques ſecours aux pauvres voyageurs.

§. 1247. Entre la Poſte & l'Hôpital, on voit au pied de la montagne, à gauche ou au Nord-Eſt, des bancs de tuf qui ſont ſur-tout très-diſtincts vis-à-vis de l'Hôpital. Ces bancs ſont coupés très-profondément, par un torrent qui vient des pâturages de *Ronches*. On diſtingue ces mêmes bancs de tuf encore plus loin du côté du Nord-Oueſt;

Banc de tuf.

ils passent par-dessus les masses de gypses qui bordent le chemin

C'est un tuf jaunâtre, calcaire, dans lequel sont empâtés des fragmens d'autres pierres; mais ces fragmens sont tous des mêmes especes de pierre que l'on trouve dans les environs.

La Grand-croix.

§. 1248. A une petite lieue de la Poste, on traverse un hameau nommé la *Grand-Croix*. Ce hameau est à l'entrée du Mont-Cenis, du côté du Piémont; il est abaissé de 65 toises au-dessous du lac; d'où il suit qu'il est élevé de 917 toises au-dessus de la mer, & de 517 au-dessus de la Novaleze.

Cascade. Expériences sur l'électricité.

§. 1248. *A* A dix minutes au-dessous la Grand-Croix, la Cenise se précipite du haut d'un rocher, & la violence de la chûte la divise en petites gouttes; j'y portai mon électometre; on sait que M. TRALLES, professeur de physique à Berne, a trouvé que cet électometre, exposé à ces gouttes qui se détachent des grandes cascades, donnoit constamment des signes d'une électricité très-sensible, & du genre de celle qu'on appelle *négative*; mais je ne pus en obtenir aucun indice, & cela confirmeroit l'explication que le célebre M. VOLTA a donnée de ce phénomene. Il croit que cette électricité est l'effet de l'évaporation : or, dans ce moment là, suivant ce principe, il ne devoit y avoir aucune électricité, parce qu'il ne pouvoit se faire aucune évaporation; l'air étant entiérement saturé d'humidité par la pluie mêlée de brouillard qui tomboit alors. L'hygrometre indiquoit aussi l'humidité extrême.

Un peu plus bas, on trouve une seconde cascade plus forte que la premiere, & qui paroissoit encore plus propre à donner de l'électricité; je n'en eus cependant pas davantage, & sans doute par la même raison.

Cette seconde chûte, qui est un peu sur la droite du chemin, mérite qu'on s'en approche, pour voir le grand & profond bassin de forme circulaire que l'eau a creusé dans le roc sur lequel elle tombe. Ce roc, de même que les autres rochers escarpés dans lesquels est taillé le chemin, est de la même roche schisteuse micacée dont le Mont-Cenis est presqu'entiérement composé; mais ici cette roche est plus compacte, moins feuilletée; elle contient moins de mica, plus de pierre calcaire, & s'approche ainsi de la nature du marbre.

Au-dessous de cette seconde cascade, on traverse la petite plaine de *St. Nicolas*, & on passe la Cenise sur un pont qui est la limite entre la Savoye & le Piémont. Entrée du Piémont.

§. 1249. En descendant à cette plaine, on voit dans le rocher sur la droite du chemin, de larges & profonds sillons, dont le fond & les bords sont arrondis, & qui sont un peu inclinés vers le bas de la montagne. Ces sillons sont indubitablement l'ouvrage d'énormes courans d'eau qui ont autrefois coulé dans cette vallée, en remplissant toute sa largeur. On en voit qui sont très-élevés au-dessus du sol actuel de la vallée. M. de St. Real avoit fait cette observation avant moi, & j'eus beaucoup de plaisir à la vérifier. Il donnera dans son ouvrage les dimensions & la hauteur de ces sillons; j'ajouterai seulement que comme ils sont creusés dans un beau roc calcaire, solide, mêlé de très-peu de mica, on ne sauroit les soupçonner d'avoir été produits par une exfoliation spontanée de la pierre.

§. 1250. Plus bas, on laisse à droite une grande gallerie, couverte d'une forte & solide voûte; cette gallerie a environ 300 pieds de longueur sur 15 de largeur. On l'a construite pour servir de passage aux voyageurs, lorsque le chemin comblé par les avalanches, devient impraticable. Gallerie voûtée.

Les rochers qui sont au-dessus & au-dessous de cette gallerie, & dont la nature est la même que celle des précédens, ont leurs couches fléchies, sans doute par des affaissemens; car il m'a paru, comme je l'ai déja dit, que la situation la plus générale des couches de tout le Mont-Cenis est horizontale, ou à peu près telle. Ces couches sont fréquemment coupées par des fentes perpendiculaires à leurs plans.

§. 1251. Un peu au-delà de cette voûte, les rochers sur lesquels passe le chemin, quoiqu'en apparence peu différens des précédens, ont cependant changé de nature; c'est bien toujours un schiste micacé; mais au lieu de contenir une matiere calcaire, ici c'est du quartz qu'ils renferment; la pierre ne fait plus d'effervescence avec les acides, mais elle donne des étincelles quand on la frappe avec l'acier; c'est le vrai *saxum fornarum* de WALL. *Schiste micacé* de WERNER. Je n'ai pu y appercevoir aucun mélange de feldspath; mais de même que les roches micacées calcaires contiennent ici plus, là moins de matiere calcaire; de même les rocs micacés quartzeux varient quant aux proportions de mica & de quartz; ici c'est le mica; là c'est le quartz qui domine.

Filons de quartz. On rencontre même des filons de quartz blanc & pur: le premier de 8 pouces, coupe à peu près à angles droits les couches de la pierre, & se perd sous le terrein en se prolongeant au Sud-Ouest; mais le plus remarquable est celui que l'on rencontre à peu près au-dessus du village de *la Ferriere*, il a 13 pouces d'épaisseur; ses parois sont parfaitement planes & paralleles entr'elles, dirigées exactement comme l'aiguille aimantée. On voit ce filon se prolonger aussi loin que les yeux peuvent le suivre, & les guides assurent qu'il marche ainsi jusqu'à la distance d'une lieue toujours dans la même direction: j'aurois été curieux de le suivre pour vérifier cette assertion, mais j'eus un si mauvais tems, & en allant & en revenant, que je fus obligé d'y renoncer. Ce filon coupe comme le précédent, à angle presque droits les couches de la pierre, qui montent de 27 degrés du côté du Sud-Sud-Ouest. Il paroît composé de quartz pur; je n'ai point pu y découvrir de feldspath, mais ses parois sont enduites, du moins par places, d'une couche de talc jaunâtre, gras au toucher, translucide, qui se fond, quoiqu'avec assez de peine, au chalumeau en un verre blanc opaque & compacte.

§. 1252. Le village de la Ferriere, dont je viens de parler, est à une lieue au-dessous de la Grand-Croix, & c'est le premier de l'Italie que l'on rencontre sur cette route. M. de Luc a trouvé son élévation de 709 toises au-dessus de la mer. Jusqu'à ce village, le rocher sur lequel passe le chemin, continue d'être une roche micacée quartzeuse. On voit dans son intérieur, de petites taches couleur de rouille, qui sont réellement une rouille de fer pulvérulente, qui se fond au chalumeau en une espece d'émail noir & brillant. Cette rouille est vraisemblablement le résidu de la décomposition d'une pyrite cubique; du moins ai-je reconnu distinctement cette forme dans une des petites cavités qui les renferment; ces petits creux cubiques ont une demi-ligne de largeur; mais je n'ai pu découvrir aucune pyrite qui fût entiere & non décomposée.

La Ferriere.

J'ai déja dit que cette pierre ne fait point d'effervescence avec les acides; j'ai cependant crû qu'il étoit possible qu'elle contint quelques parties calcaires cachées & cependant dissolubles; pour m'en assurer, j'ai fait infuser dans du vinaigre distillé, 100 grains de cette pierre réduite en poudre très-fine, elle y a perdu un grain de son poids, & ce grain s'est trouvé en grande partie composé de terre calcaire.

On voit dans le pavé & dans les murs du village de la Ferriere, beaucoup de serpentines vertes dont j'ignore l'origine, mais qui viennent sûrement des montagnes voisines.

§. 1253. Au-dessous du village, les schistes micacés recommencent à contenir de la terre calcaire; c'est même cette terre qui constitue la plus grande partie de leur substance; ils perdent dans quelques endroits la forme de schiste, & présentent des bancs solides d'une pierre calcaire grenue bleuâtre, dans laquelle on voit seulement briller, comme dans le marbre *cipolin*, quelques lames de mica.

Toute la montagne sur la droite de la grande route, en descendant est couverte de grands blocs angulaires de ce même genre de pierre. Ces blocs font renverſés, culbutés les uns par-deſſus les autres comme par un bouleverſement. Leurs angles vifs prouvent qu'ils n'ont point été chariés, & qu'ils occupent à peu près la place dans laquelle ils ont été formés. Eſt-ce un tremblement de terre qui a rompu les couches de cette montagne, ou n'eſt-ce pas plutôt l'effet des fiſſures régulièrement répétées, qui diviſent cette pierre en grandes rhomboïdes & facilitent ainſi la ſéparation de ſes parties?

On rencontre auſſi ſur cette route des blocs détachés de tuf calcaire, mais on ne voit pas les rochers dont ils ont été ſéparés.

Schiſtes micacés non efferveſcens.

§. 1254. Environ à une demi lieue au-deſſous de la Ferriere, les ſchiſtes micacés ceſſent d'être calcaires, & ſont remplacés par des ſchiſtes non efferveſcens, qui commencent à peu près vis-à-vis d'un banc de terre verte dont j'ignore la nature, & que l'on voit de l'autre côté du torrent à gauche du grand chemin. De là juſqu'au bas de la montagne, ces rocs micacés, contenant peu ou point de matiere calcaire, continuent ſans interruption. Ils ſont diſpoſés par grandes tables planes qui deſcendent rapidement à l'Eſt, en ſuivant à peu près la pente de la montagne. Ces tables ſont coupées par des fentes que je nomme *inſignifiantes*, parce qu'étant perpendiculaires tout à la fois à l'horizon, & au plans des couches, elles ne nous donnent aucun renſeignement ſur la ſituation originaire de ces mêmes couches.

Réſumé ſur la nature des rocs qui compoſent le côté du Mont-Cenis.

§. 1255. On voit donc que toute la montagne, depuis la Grand-Croix juſqu'à la Novaleze, eſt compoſée de quatre grandes tranches de ſchiſte micacé, qui ſont alternativement efferveſcentes & non efferveſcentes; celles-là mélangées de terre calcaire, & celles-ci de quartz. J'ai eu bien du plaiſir à obſerver, ſur une route auſſi fréquentée, un fait auſſi intéreſſant pour la Géologie.

La Novaleze. Effet des vents verticaux.

§. 1256. Quand on paſſe le Mont-Cenis dans une ſaiſon froide, on eſt bien content de ſe trouver à la *Novaleze*, loin des frimats des hautes Alpes, & de commencer à jouir du beau climat de l'Italie. Ce n'est pas seulement parce que ce village est situé sur le pied méridional des montagnes, que sa température est plus douce que celle de Lans-le-Bourg, c'est encore parce qu'il est de 312 toises plus voisin du niveau de la mer. En effet, la moyenne de huit observations du barometre ne m'a donné pour le Novaleze, qu'une hauteur de 400 toises au-dessus de la Méditerranée, tandis que Lans-le-Bourg l'est de 712. Les observations de M. DE LUC donnent à la Novaleze une élévation de 12 toises plus grande ; & la différence ne vient pas des formules, car la sienne auroit dû donner une hauteur plus petite ; mais j'ai observé que dans des fonds serrés entre de hautes montagnes, la mesure des hauteurs par le barometre, donne des résultats beaucoup moins concordans que dans les lieux ouverts de tous côtés. J'attribue ce fait aux vents verticaux, qui tantôt augmentent, tantôt diminuent la pression de l'air sur le mercure. Or, ces vents se forment beaucoup plus facilement & produisent plus d'effet dans des fonds dont les parois forment des especes de cheminées ; en effet, des trois observations de M. DE LUC à la Novaleze, l'une donne 422, l'autre 414, & la troisieme 400 toises.

MAIS ce village est étroit, mal-propre, & situé dans un vallon extrêmement serré ; les voyageurs sont empressés de le quitter. Ils font promptement remonter leurs voitures, & se hâtent de pénétrer dans le beau pays, dont ils ne sont plus séparés par aucun obstacle difficile à franchir.

CHAPITRE VII.

ROCHE MICHEL.

Intro-
duction.

§. 1257. M<small>R</small>. le chevalier de L<small>AMANON</small> monta, le 15 Juillet 1784, sur une cime assez élevée au-dessus de la plaine du Mont-Cenis, & il dit que cette cime se nommoit la *Fraise*. On peut voir dans le Journal de Paris de 1784, N°. 267, 274 & 279 la notice que Mr. de L<small>AMANON</small> donne de cette expédition. Une des raisons du séjour que je fis en 1787, dans la plaine du Mont-Cenis, étoit le projet de monter sur cette cime; mais sans les renseignemens que me donna M. de St. R<small>EAL</small>, qui avoit fait lui-même cette course deux mois auparavant, j'aurois eu bien de la peine à me diriger. Personne au Mont-Cenis ne savoit ce que c'étoit que la montagne de la *Fraise*. Ce ne fut qu'en disant, suivant le conseil de M. de St. R<small>EAL</small>, que je voulois aller à la *montagne qui est au-dessus de l'hôpital des Pélerins*, que je me fis comprendre; ensuite, lorsque je fus sur le point d'arriver à la Fraise, c'est-à-dire, à la montagne où étoit allé Mr. de L<small>AMANON</small>, je vis sur ma droite une sommité plus élevée, que j'atteignis & où je fis mes expériences; j'appris ensuite que cette même sommité que l'on voit de la Novaleze, & d'où je la reconnus très-bien, y porte le nom de *Roche Michel*; c'est elle qui fait l'objet de ce chapitre, c'est aussi celle où est allé Mr. de St. R<small>EAL</small>, qui avoit préféré cette station, comme plus élevée & mieux située que la Fraise.

Après avoir trouvé la montagne, il falloit trouver des guides; le nommé B<small>OUVIER</small>, qu'indique M. de L<small>AMANON</small> étoit absent; les gens du Mont-Cenis ne se soucioient point de cette course; ils trouvoient la saison trop avancée, & ils craignoient que les neiges nouvelles qui couvroient en partie la pente de la montagne, n'en rendissent l'accès difficile

cile & dangereux. Je parvins cependant à engager deux excellens guides, *Joseph Gagniere* & *Joseph Tour* fils, tous deux de Lans-le-Bourg; ensuite *Benoit Roch*, fils du maître de poste, & Jean B. *Borot*, muletiers de la Novaleze, se joignirent à eux pour nous accompagner.

§. 1258. Je partis avec mon fils & mon domestique à cheval, & nos guides à pied, le 28 septembre au matin. Nous allâmes d'abord traverser le pâturage de *Ronches*, pour parvenir à ce qu'on appelle le *Plan des Jumens*; c'est un grand plateau peu incliné, & entouré dans les trois quarts de son pourtour, de rocs escarpés & taillés presqu'à pic. Ces rocs présentent les tranches à peu-près horizontales de schistes micacés, plus ou moins mélangés de terre calcaire, comme ceux que j'ai décrits dans le chapitre précédent. Quelques débris de serpentine prouvent qu'on y trouve aussi des couches de cette pierre. Ces rocs sont entrecoupés de veines & parsemés de rognons blancs ou jaunâtres, composés de quartz, de feldspath, de spath calcaire & de fer spathique, mélangés en différentes proportions. Nous mîmes une heure & demie à venir au pied des rocs qui sont au Sud-Est du Plan des Jumens, & là il fallut quitter nos mulets. L'observation du barometre me prouva que cet endroit est élevé de 343 toises au-dessus de la Poste, & qu'ainsi il valoit bien la peine de faire à cheval cette partie de la montée.

§. 1259. Là nous commençâmes à gravir, en tirant au Midi, par une pente couverte de gros débris de roche micacée calcaire, mêlée de veines & de gros rognons semblables aux précédens. En été, nous aurions tiré du côté de l'Est, par une pente plus rapide & plus courte; mais le terrein qui s'étoit gelé, après avoir été imbibé d'eau de neiges fondues rendoit cette route impraticable.

On commence à monter par des débris.

En demi-heure, nous arrivâmes au haut de cette pente couverte de débris. Nous eûmes de là une vue charmante de la plaine du Mont-Cenis & des montagnes qui la dominent, de son lac & de son isle. Les eaux de ce lac paroiſſoient d'un verd pâle près des bords, d'un beau pourpre dans les places les plus profondes, & de couleur d'Aigue marine dans les profondeurs moyennes.

<small>Arrêtes couronées par maſſifs angulaires.</small>

§. 1260. Nous montâmes enſuite le long d'une arrête de rochers. Cette arrête eſt couronnée par des maſſifs qui reſſemblent à des ruines de tours & de châteaux, & qui ſont compoſés d'aſſiſes à peu-près horizontales des mêmes rocs micacés calcaires. Cependant la pierre ſemble changer de nature en s'élevant, & s'approche de plus en plus du marbre cipolin dont j'ai parlé §. 1553. Mais on voit enſuite qu'il y a des alternatives, & que la pierre eſt tantôt plus, tantôt moins chargée de mica.

On quitte enſuite cette arrête pour monter obliquement & traverſer d'autres arrêtes ſéparées les unes des autres par des vallons remplis de débris. Ces arrêtes ſont en divers endroits relevées par des maſſifs qui ont comme les précédens, l'air de fortifications & de châteaux ruinés. Les couches horizontales dont l'entaſſement forme ces maſſifs, ſont fréquemment coupées par des fentes perpendiculaires & à l'horizon & aux plans de ces mêmes couches. Ce ſont ces fentes qui coupent ainſi ces rochers en maſſes rectangulaires. C'eſt une obſervation bien favorable aux inductions que j'ai tirées de la ſituation des fentes, que de voir les couches horizontales préſenter ainſi preſque toujours des fentes perpendiculaires à l'horizon.

La derniere de ces vallées que nous traverſâmes, étoit en partie couverte de neiges très-dures, quoique nouvelles; & la pente de ces neiges étoit aſſez rapide pour rappeller celles du Mont-Blanc; mais elles n'étoient pas comme au Mont-Blanc, terminées par des précipices.

<small>Glacier de Ronche.</small>

§. 1261. La derniere montée eſt réellement très-rapide; on franchit par une gorge étroite une eſpece de rempart de rochers, au-deſſus deſquels eſt un glacier qui ſe nomme le *Glacier de Ronches*, & qui

ROCHE-MICHEL, Chap. VII.

va fe prolonger fur la pente rapide des rocs efcarpés qui dominent le *Plan des Jumens*, §. 1558.

Quand on eft arrivé fur ce glacier, fi l'on tire à gauche, on va prefque fans monter, à une cime qui domine le Plan des Jumens, & d'où l'on découvre la plaine du *Mont-Cenis*. C'eft là proprement la *Fraife*, ou la cime fur laquelle s'arrêta M. de Lamanon, qui dit expreffément qu'il voyoit la plaine du Mont-Cenis de la cime où il fe fixa. Mais en tirant à droite & en montant la pente rapide du glacier, on parvient à une cime beaucoup plus élevée, qui fe voit, comme je l'ai dit, de la Novaleze, où on la nomme *Roche Michel*. On ne découvre de là ni le lac, ni aucune autre partie de la plaine du Mont-Cenis; mais on a en revanche, une vue beaucoup plus étendue fur la chaîne des Alpes à l'Eft & fur l'Italie, que l'on ne voit point du haut de la Fraife. C'eft donc à cette cime de Roche-Michel que nous parvînmes en 5 heures $\frac{1}{4}$ de route depuis la Pofte, y compris la petite halte que nous avions faite en chemin.

La Fraife.

Roche Michel.

§. 1262. Cette cime fe termine en un pain de fucre très-aigu, coupé à pic au Midi à une très-grande profondeur. Le rocher dont elle eft compofée eft un mélange de talc verdâtre, très-doux au toucher, & de fchifte micacé calcaire; mais le talc y domine beaucoup. Cent grains de cette pierre, réduits en poudre fubtile, & broyés enfuite dans le vinaigre diftilé ont été réduits à 85, & contenoient par conféquent à peu-près $\frac{15}{100}$ de terre calcaire libre.

Forme & nature de cette Roche.

Nous avions déja rencontré en montant, des fragmens d'une ferpentine affez dure, les uns verds, les autres noirâtres. On fait que le talc & la ferpentine ont également pour baze la terre de la magnéfie; il n'eft donc pas étonnant qu'on les trouve dans la même montagne.

Je dirai ici un mot de l'afpect des montagnes qui fe préfentent à à l'obfervateur placé fur cette cime, & je rapporterai dans le chapitre fuivant les expériences que nous y fîmes.

Vue de che-lon.

§. 1263. On remarque d'abord au Sud Sud-Eſt, ou plus exactement à 140 degrés du Nord par Eſt du méridien magnétique, une cime très-haute, très-aiguë, & de forme triangulaire, qui fe nomme *Roche-Melon*: elle tient du côté de l'Eſt à la chaîne dont *Roche-Michel* fait partie, par une arrête de rochers qui n'eſt point interrompue, mais qui s'abaiſſe beaucoup dans l'intervalle. La matiere de tous ces rochers, de même que celle de Roche-Melon, paroît être en général un fchiſte micacé plus ou moins mélangé de parties calcaires, de quartz, de talc ou de ferpentine. La fituation des couches de ce fchiſte la plus générale approche de l'horizontale. La cime de Roche-Melon paroît élevée de 28 minutes au-deſſus de l'horizon de Roche-Michel.

Il y a eu pendant long-tems fur cette cime, une petite chapelle avec une image de Notre-Dame qui étoit en grande vénération dans le pays, & où un grand nombre de gens alloient au mois d'août en proceſſion, de Suze & des environs; mais le fentier qui conduit à cette chapelle eſt ſi étroit & ſi fcabreux, qu'il n'y avoit preſque pas d'années qu'il n'y pérît du monde; la fatigue & la rareté de l'air faiſiſſoient ceux qui avoient plutôt conſulté leur dévotion que leurs forces; ils tomboient en défaillance, & de là dans le précipice : or ce précipice, vu du haut de Roche-Michel, paroît vraiment d'une profondeur effrayante.

L'Abbé Recteur du Mont-Cenis, nous faiſoient cependant rire, en nous aſſurant férieuſement que ceux qui tomboient là, étoient tellement briſés, que l'oreille étoit la plus grande piece de leurs corps qui demeurât dans fon entier.

Mais il y a quelques années, que pour prévenir les accidens cauſés par ce dangereux pélérinage, on a fait transférer à Suze l'image révérée qui en étoit l'objet; cette sage mesure n'a eu d'inconvénient que pour les naturalistes, parce qu'autrefois les prêtres qui desservoient cette chapelle, & qui retiroient quelques aumônes des pélerins, avoient soin de faire réparer le sentier. M. de St. REAL qui monta sur cette cime au mois d'août 1787, trouva ce sentier dans un très-mauvais état; on verra avec bien du plaisir dans son ouvrage sur le Mont-Cenis, le récit de son intéressante expédition; j'y serois aussi monté, si les neiges nouvelles ne rendoient pas ce voyage absolument impraticable à la fin de septembre.

QUELQUE plaisir que nous eussions à voir cette montagne célebre, elle nous déplaisoit un peu dans ce moment, en nous dérobant la vue de Turin & de la plaine du Piémont, que nous aurions parfaitement découvert sans elle.

§. 1264. EN effet, malgré l'élévation de la cime sur laquelle nous étions, nous ne pouvions découvrir que des montagnes & le fond de quelques vallées voisines; nous voyions par exemple très-bien celle de la Novaleze, qui étoit sous nos pieds au Midi, & dont la belle verdure récréoit agréablement nos yeux attristés par les neiges & les rochers qu'ils rencontroient sur tout le reste de l'horizon; mais le village même de la Novaleze ne paroissoit qu'une pierre grise, & la rue même qui le traverse, sembloit être une fente au milieu de cette pierre. *Vue de la Novaleze.*

§. 1265. AU couchant de Roche-Michel, au-dessus du village de la Grand-Croix, on voit un grand glacier, qui de la poste du Mont-Cenis paroît le disputer en hauteur au rocher de la Fraise, vis-à-vis duquel il paroît situé, mais je le crois moins élevé. De la Roche-Michel nous le voyons abaissé de 68 minutes au-dessous de notre horizon; ce glacier se nomme *Corne-Rousse*; la montagne sur laquelle repose ce glacier paroît être encore de schiste micacé calcaire. *Vue du glacier de Corne-Rousse.*

Vue des Trois-dents.

Sur la droite de ce glacier, on voit trois cimes aiguës & rapprochées, qui se nomment les *Trois-dents*; elles sont plus élevées que Corne-Rousse, car quoique plus éloignées elles ne paroissent déprimées que de 26 minutes au-dessous de l'horizon de Roche-Michel. Derriere Corne-Rousse & les Trois-dents, on voit une longue suite de cimes neigées qui se prolonge dans la même direction.

Au Nord-Ouest on voit encore de hautes cimes, qui se nomment les *Aiguilles d'Arve*, & les hautes montagnes de la *Vanoise*, dont j'ai parlé §. 1231.

Vue du haut rocher de Ronche.

§. 1266. Mais ce que l'on découvre de plus élevé dans ces alentours, c'est une tête arrondie couverte de neige ou de glace, droit au Nord de Roche-Michel, & qui est liée avec elle par une arrête étroite & élevée, qui tourne de l'Est au Nord. Mes guides nomment cette cime le *rocher de Ronche*; ils disent qu'on le voit de Lans-le-Bourg, & que c'est la premiere & la derniere cime qui de ce village paroisse éclairée par les rayons du soleil. Je la trouvai élevée de 2 degrés 36 minutes au-dessus de l'horizon de Roche-Michel; mais il est vrai qu'elle n'est pas éloignée. Je la crois cependant bien plus haute que Roche-Melon, & elle ne paroît point inaccessible. Peut-être de cette cime pourroit-on découvrir le Mont-Blanc; car du haut de Roche-Michel on ne peut point l'appercevoir; & c'est vraisemblablement cette cime qui le cache, car il doit être situé derriere elle, ou dû moins à peu près dans cette direction. Enfin du côté de l'Est & du Nord-Est, je voyois des cimes élevées & couvertes de neiges qui se perdoient à une grande distance parmi des flocons de nuages répandus sur l'horizon.

Granit de formation nouvelle.

§. 1267. Nous trouvâmes dans cette montagne des fragmens d'un granit de nouvelle composition, qui s'est cryftallisé dans les crevasses des schistes micacés; ce granit est pour la plus grande partie composé d'un feldspath très-fusible, mais il y a aussi du quartz & du mica. M. de St. Real avoit trouvé ces granits avant nous; & il avoit remarqué qu'il étoit fort extraordinaire de voir le granit se former dans ces schistes; on découvre bien le quartz dans quelques-uns de ces schistes, mais pour le feldspath je n'ai pu le distinguer. Peut-être s'y trouve-t-il en parties trop petites pour être apperçues; peut-être aussi les eaux qui le déposent recueillent-elles, en traversant ces roches, les ingrédiens dont il est composé; mais la premiere de ces conjectures me paroît la plus vraisemblable.

Nous trouvâmes aussi dans ces débris du spath calcaire jaunâtre, avec des taches d'un beau blanc, que je prenois d'abord pour du quartz; mais en les examinant de près, j'ai vu que c'étoit un feldspath cryſtallisé en lames rhomboïdales. Je n'avois jamais rencontré des pierres composées du mélange de ces deux spath; celui-ci est beaucoup plus fusible que celui qu'on trouve dans les granits de premiere formation; sans doute parce qu'il est mêlé d'une partie de la terre calcaire qui se cryſtallise en même-tems que lui. Quant au spath jaunâtre qui se trouve mêlé avec ce feldspath, il ne contient pas assez de fer pour mériter le nom de fer spathique; mais il en contient cependant beaucoup, comme on le voit en versant du prussite dans sa dissolution par les acides.

CHAPITRE VIII.

EXPÉRIENCES SUR LA CIME DE ROCHE-MICHEL.

Ordre à suivre.

§. 1268. Au moment de mon arrivée sur la Roche-Michel, j'avois établi sur le point le plus élévé mes instrumens de météorologie, pour qu'ils se missent à l'unisson de son athmosphere; c'est toujours par là qu'il faut commencer. J'avois ensuite observé les montagnes que je viens de décrire, & je me félicitai bien de n'avoir pas tardé davantage, puisque bientôt après un brouillard épais vint nous envelopper.

Barometre. Hauteur de Roche-Michel.

§. 1269. Après avoir observé ces montagnes, je vins à mon barometre; je le trouvai à 18 pouces 5 lignes $\frac{47}{160}$, correction faite de la dilatation du mercure par la chaleur. Il n'y avoit personne sur le Mont-Cenis à qui j'eusse pu confier l'observation du barometre; mais je l'observai au moment de mon départ, & au moment de mon retour; & comme il ne varia dans cet intervalle que de $\frac{25}{160}$ de ligne, je crois que la moyenne ne peut pas s'écarter beaucoup de la vérité; d'autant qu'à Geneve le baromettre ne fit dans ce jour là qu'une petite variation, & dans le même sens. Or la hauteur moyenne du barometre dans ce jour, au Mont-Cenis, fut de 22 pouces 3 lignes; & comme le thermometre étoit sur Roche-Michel à — 0, 3, & au Mont-Cenis à + 8; le calcul suivant la formule de M. Trembley donne 783 toises pour l'élévation de Roche-Michel au-dessus de la Poste; & par conséquent 810 au-dessus du lac du Mont-Cenis, & d'après la hauteur que mes observations donnent à ce lac, 1792 toises au-dessus de la mer.

Hygrometre.

§. 1270. L'hygrometre sur la cime de Roche-Michel étoit à 87 avant que le brouillard vint envelopper cette cime; mais le brouillard le fit
monter

monter à 99, 5, ou 1, 5, au-delà du terme de la vraie saturation. *Défense de l'hygrometre à cheveu.* Chap. VII.

§. 1271. L'électrometre, avant le brouillard, étoit à + 2; mais le brouillard le fit descendre de demi-ligne, il vint à + 1, 5. Electrometre.

§. 1272. J'ai dit le §. 1169, qu'au moment où j'observai le barometre sur cette cime, le thermometre étoit à — 0, 3; mais le brouillard le fit descendre jusqu'à 2 degrés au-dessous de la congélation, soit parce qu'il servoit de conducteur au froid qui régnoit dans la partie supérieure de l'athmosphere, soit parce que ce brouillard étant à peu près isolé sur cette cime, & par conséquent entouré d'un air plus sec, dans lequel il se dissolvoit continuellement; il se refroidissoit par cette évaporation; mais la température varioit d'un moment à l'autre, depuis le 0 jusques à — 2, sans doute suivant la forme & l'étendue du brouillard. Au reste, on pourroit bien l'honorer du nom de nuage, au moins ceux qui le voyoient de la plaine à cette hauteur, lui donnoient bien sûrement ce nom. Thermometre.

§. 1273. Je voulois ensuite faire l'expérience de l'évaporation de l'éther; mais comme elle étoit impossible sur la cime, à cause du vent qui y régnoit, je cherchai dans le voisinage un abri qui ne fût pas trop au-dessous d'elle. Le seul qui pût me convenir étoit un petit rebord de deux pieds de largeur au plus, saillant au-dessus du précipice, à l'Est au-dessous de la pointe : on ne pouvoit parvenir à ce rebord qu'en taillant des marches dans une pente d'une neige dure absolument verticale qui y conduisoit. C'est ce que fit Joseph Tour, avec un courage digne d'un habitant de Chamouni; les marches une fois taillées, il n'y avoit pas beaucoup de danger à descendre, sur-tout lorsqu'un des guides étoit au bas pour vous retenir, au cas que le pied vous glissât. Poste un peu dangereux.

Comme on étoit là parfaitement à l'abri du vent, les guides qui Meaux de

L

geloient de froid sur la cime vinrent successivement s'y réfugier; mais au bout de peu de momens, trois d'entr'eux commencerent à se trouver mal, & je me hâtai bien vite de les renvoyer, pendant qu'ils étoient encore en état de remonter notre échelle de neige. Lorsqu'ils furent au haut, je leur dis de descendre jusqu'à-ce qu'ils ne souffrissent plus. Ils suivirent en descendant la pente du glacier, qui les conduisit à la Fraise, où s'étoit arrêté M. DE LAMANON. Dès qu'ils furent là, ils se sentirent soulagés, & attendirent tranquillement que nous eussions achevé nos opérations, pour descendre avec nous la montagne. Ce fut indubitablement la rareté de l'air qui les disposa à cette incommodité. Il est cependant possible que la vue de l'horrible précipice que nous avions immédiatement sous nos pieds ait contribué à augmenter l'effet de cette disposition; pour moi, je n'éprouvai pas le plus léger mal-aise.

Evaporation de éther.

§. 1274. JE commençai donc par faire l'expérience du tems nécessaire pour l'évaporation d'une quantité donnée d'éther & celle du froid produit par l'évaporation de cette même substance. J'ai consigné ces expériences dans le Journal de Geneve de l'année 1788, N°. 51, & elles ont été réimprimées dans le Journal de physique, T. XXXIV, p. 171. Je ne les répéterai donc pas ici, je me contenterai de rappeller leurs résultats, c'est que la rareté de l'air n'augmenta pas l'évaporation de l'éther à beaucoup près autant que celle de l'eau, parce que l'éther tend par lui-même beaucoup plus fortement que l'eau à se convertir en vapeurs élastiques, & qu'il est ainsi moins sensible aux obstacles que la densité de l'air oppose à cette conversion.

Ebullition de l'eau sur le Mont-Cenis.

§. 1275. JE ne pus pas faire sur Roche-Michel l'expérience de l'ébullition de l'eau, parce que le pied de ma lampe se trouva cassé; mais je l'avois faite la veille; c'est-à-dire, le 27 septembre, sur le Mont-Cenis à la Poste. Il fallut 16 minutes pour faire bouillir l'eau; sa chaleur fut de 75, 837; le thermometre étant dans la même chambre à +, 10, 7, & dehors à + 7, 4; l'hygrometre dans la chambre à 78,

& dehors à 94; & le baromètre à 22 pouces, 3 lignes, $\frac{22}{160}$. La formule de M. DE LUC auroit donné 75, 882; c'est-à-dire, 45 milliemes de degrés de plus que mon expérience. Sur le Mont-Blanc cette même formule a donné 0, 029 de moins que l'expérience.

Il n'est pas possible de se flatter qu'on trouve une formule qui soit mieux d'accord avec les observations; les incertitudes inséparables d'une expérience de ce genre suffisent même pour expliquer ces petits écarts. Je crois donc que l'on doit se contenter de cette formule, & qu'il est inutile de la soumettre à de nouvelles épreuves.

§. 1276. Pendant que je faisois ces expériences, mon fils répétoit quelques-unes de celles que M. MONGÉS & LAMANON ont faites sur le Pic de Teneriffe. " L'odeur & la force des liqueurs, disent ces „ Messieurs, nous parurent n'avoir presque rien perdu à cette hauteur. „ La liqueur fumante est la seule qui eût perdu sensiblement de son „ énergie. „ L. c. p. 151.

Liqueur fumante de Boyle.

COMME j'avois toujours trouvé les odeurs & les saveurs exactement les mêmes sur les montagnes que dans la plaine, j'étois très-curieux d'éprouver la liqueur fumante qui seule, au rapport de ces savans voyageurs, avoit perdu son énergie; j'en portai donc pour cet effet sur Roche-Michel; mais nous lui trouvâmes là son odeur suffocante, tout aussi énergique & tout aussi détestable que dans la plaine. Mon fils en mit dans un petit gobelet, pour mesurer son évaporation, & pendant tout le tems qu'elle fut exposée à l'air, les environs furent infectés de son odeur, au point que ceux qui avoient eu mal au cœur craignoient de s'en approcher. Il y en avoit dans ce petit gobelet jusqu'à 8 lignes au-dessus de son fond, & dans l'espace de cinq quarts-d'heures il s'en évapora une ligne & demie.

LA même quantité mise en évaporation sur le Mont-Cenis, vis-à-vis de la Poste, pendant le même espace de tems, perdit une demi ligne de moins.

Mais au bord de la mer, à Marseille, elle avoit perdu, comme sur Roche-Michel, une ligne & demie. Il est vrai qu'à Marseille la chaleur étoit de 10 à 12 degrés plus forte, & qu'il régnoit un vent très-violent qui favorisoit l'évaporation.

Il paroît donc résulter de ces expériences, que la rareté de l'air accélére l'évaporation de la liqueur fumante.

Quant à l'effervescence qu'elle fait avec l'acide vitriolique concentré, mon fils trouva, comme ces MM., qu'elle étoit plus forte à Roche-Michel qu'au Mont-Cenis ; elle étoit aussi plus forte sur le Mont-Cenis qu'au bord de la mer ; sur Roche-Michel, c'étoit presque une détonation ; mais mon fils ne put pas appercevoir la chaleur de la fumée qu'on avoit observée sur le Pic.

Solution fer & cuivre.

§. 1277. Les voyageurs autour du monde disoient encore : " Que » la production des vitriols fut accompagnée de phénomenes singuliers ; » que celui de fer prit tout-à-coup une belle couleur violette, & que » celui de cuivre se précipita subitement d'une couleur bleue, très- » vive. » Ibid. p. 151. Il n'y a pas d'autres détails ; ces savans physiciens les auroient sans doute donnés dans la relation de leur beau voyage. Il paroît cependant clair qu'il s'agit là, de la *production* de ces vitriols ; c'est-à-dire, qu'ils furent formés sur le lieu même, & sans doute par la dissolution de ces métaux dans l'acide vitriolique. On ne dit pas si cet acide étoit concentré ou délayé ; il le faut très-concentré pour dissoudre le cuivre, & affoibli pour dissoudre le fer. Dans le doute, je commençai par l'employer concentré, & j'essayai ensuite d'y ajouter de l'eau. Et pour être sûr des métaux, je préparai moi-même leur limaille ; l'une de cuivre rouge bien pur, l'autre d'un fer doux de la meilleure qualité.

Le cuivre ne se dissout

§. 1278. La limaille de cuivre ne s'est dissoute dans l'acide concentré, ni au bord de la mer, ni sur la montagne ; il en sortoit de loin en loin quelques petites bulles ; & au bout d'une heure, l'acide avoit pris une teinte verdâtre à peine sensible. Lorsque cet acide étoit étendu d'eau, son action étoit encore plus foible. Et en effet, on fait que l'acide vitriolique n'attaque le cuivre qu'à l'aide d'une forte chaleur. Je ne sait point comment MM. Mongés & Lamanon s'y sont pris pour le dissoudre. Peut-être employerent-ils l'acide nitreux, mais cette solution de cuivre par l'acide ne donne point de cryſtaux ; & ces cryſtaux, quand ils auroient existé, n'auroient pu être nommés des vitriols.

point à froid dans l'acide vitriolique.

§. 1279. L'EXPÉRIENCE sur la limaille de fer fut plus concluante. L'acide vitriolique concentré, versé sur cette limaille, au bord de la mer, produisit de petites bulles violettes, qui se réunissoient ensuite en laissant l'acide presque sans chaleur au fond du verre. Mais sur le Mont-Cenis, l'écume produite par l'acide concentré fut plus abondante, & se soutint à la surface. Enfin, sur la Roche-Michel, cette écume prit une belle couleur violette, s'éleva au-dessus du verre, & forma une voûte convexe, appuyée sur ses bords ; ensuite elle s'affaissa, & au bout de ¼ d'heures le fond du verre se trouva rempli de vitriol verd confusément cryſtallisé.

Je suis cependant porté à croire, que c'eſt la grande humidité de l'air de la montagne, plutôt que sa rareté qui a favorisé cette dissolution, en permettant à l'acide concentré de prendre dans cet air la quantité d'eau dont il a besoin pour diſſoudre le fer. Il sera intéressant de répéter cette expérience à la même hauteur par un tems bien sec, pour voir si la dissolution réuſſira également, ce qui seroit un phénomene très-extraordinaire ; car il eſt sûr qu'au bord de la mer, où j'ai fait deux fois cette expérience avec le même acide & la même limaille, il n'y a eu qu'un peu de mousse violette, & point de vitriol L'expérience n'eſt intéressante qu'avec l'acide concentré ; car lorsqu'il eſt affoibli d'eau, il dissout la limaille avec une impétuosité dont il seroit difficile d'évaluer les différences.

§. 1280. ENFIN à notre départ de la cime, où nous nous étions arrêtés pendant deux heures, je comptai avec la montre à seconde,

Fréquence du pouls.

le nombre des pulsations, des arteres de tous ceux qui composoient notre petite caravane, & je le comptai de nouveau à notre arrivée à la poste du Mont-Cenis.

Jean-Baptiste Borot, en haut	112, en bas	100
Benoit Boch,	112	96
Joseph Tour,	80	88
Tetu, mon domestique,	104	100
Mon Fils,	108	108
Moi,	112	100
Moyenne	104 $\frac{2}{3}$	98 $\frac{2}{3}$

On ne voit point là Joseph Gagnieres, parce qu'il trouvoit cette expérience si plaisante, que toutes les fois que j'essayois de lui tater le pouls, il lui prenoit un éclat de rire convulsif, qui me mettoit dans l'impossibilité de compter les pulsations.

On voit que Joseph Tour fut le seul qui eût le pouls plus fréquent au bas de la montagne qu'en haut; que pour mon Fils, le nombre fut le même, & que les quatre autres l'eurent plus fréquent sur la cime; ensorte que la moyenne donne six pulsations par minute de plus en haut qu'en bas, pour une différence d'environ 4 pouces 2 lignes dans la hauteur du barometre. Il y a même ceci à observer, c'est que je comptai les pulsations sur la montagne, après un séjour qui équivaloit à un repos de deux heures au moins pour les guides; au lieu que dans la plaine, comme ils vouloient se retirer, je fus obligé de les compter quelques minutes après notre arrivée.

Ce qu'il y a encore de plus remarquable, c'est qu'en séparant ceux qui avoient eu mal au cœur de ceux qui étoient demeurés bien portans; je trouve que la différence moyenne fut de 9 $\frac{1}{3}$ pour les premiers, & seulement de 2 $\frac{2}{3}$ pour les autres. Cette observation confirme bien ce que j'ai toujours cru, c'est que cette incommodité tient en partie à une espece de fievre produite par la fréquence de la respiration, qui accélere la circulation du sang. Et quant à moi, si mon pouls fut de 12 pulsations plus fréquent en haut qu'en bas, quoique je n'eusse éprouvé aucune incommodité; c'est que je ne me reposai pas un seul moment; je fus pendant ces deux heures dans une action continuelle; si je m'étois reposé comme les malades, je ne doute pas que mon pouls n'eût baissé de plusieurs pulsations.

§. 1281. Nous repartîmes à deux heures après-midi de la cime de Roche-Michel; les guides étoient très-impatiens de redescendre, & quoique j'eusse grand faim, ils ne voulurent pas me donner le tems de manger un morceau; ils craignoient, avec raison, que l'épais brouillard qui nous enveloppoit ne descendît plus bas, & ne nous empêchât de reconnoître la route que nous devions tenir. En effet, nous eûmes d'abord quelque peine à retrouver le passage par lequel nous avions traversé l'enceinte de rochers qui entoure la base de la cime; mais après une demi-heure de marche, nous nous trouvâmes hors du brouillard, & nous fîmes une halte délicieuse, assis au pied d'un roc qui nous tenoit à l'abri du vent, sans nous empêcher de jouir de toute la vue des montagnes du côté de l'Italie. Nos malades ne souffroient plus; ils n'avoient cependant pas recouvré leur appétit; mais je les les engageai à manger, & cela leur réussit très-bien; l'appétit & les forces revinrent en même tems.

Retour au Mont-Cenis.

Malheureusement le brouillard nous envahit de nouveau, & nous fit manquer une pente de gazon par laquelle nos guides nous promettoient de nous faire descendre; ensorte que jusqu'au plan des Jumens, nous descendîmes par des pentes couvertes de gros débris anguleux, qui nous faisoient regretter vivement ce gazon, dont on nous avoit flattés; mais dès-lors nous n'eûmes plus de brouillards, & nous arrivâmes à la Poste à l'entrée de la nuit, en faisant à pied toute la route, qui nous prit environ quatre heures, sans y comprendre une ou deux haltes que nous fîmes en descendant.

§. 1282. En approchant de la plaine du Mont-Cenis, & tandis que nous la dominions encore, j'observai un phénomene météorologique

Phénomene Météorologique.

bien intéreffant par les inductions que l'on peut en tirer. La plaine ou plutôt la vallée du Mont-Cenis eft ouverte, comme je l'ai dit, au Nord-Oueft, du côté de la Savoye, & au Sud-Eft du côté du Piémont; tandis qu'au Nord-Eft & au Sud-Eft, elle eft bordée de hautes montagnes. Sur le foir, les vallées, tant du côté du Piémont, que du côté de la Savoye, étoient remplies de nuages; & par un hazard affez extraordinaire, il fouffloit des vents oppofés en Savoye & en Piémont; ainfi le rendez-vous de ces vents étoit dans la vallée du Mont-Cenis; & & l'on voyoit des nuages entrer dans cette vallée par fes deux extrémités oppofées. On croiroit donc qu'elle auroit dû être bientôt remplies de nuages, & point du tout; à mefure qu'ils y entroient, foit d'un côté, foit de l'autre, ils fe fondoient dans l'air & difparoiffoient entiérement; enforte que malgré la quantité de nuages qui ne ceffoient d'y entrer, l'air y demeuroit toujours clair & tranfparent.

On ne peut rendre raifon de ce phénomene, qu'en confidérant que l'air qui rempliffoit la vallée du Mont-Cenis, dont les parois avoient été réchauffées dans le jour par le foleil, étoit plus chaud que les vents qui apportoient ces nuages; & qu'ainfi les véficules dont ces mêmes nuages étoient compofés, fe diffolvoient à mefure, & fe réduifoient en vapeurs tranfparentes : mais l'air de cette vallée auroit été bientôt faturé par l'affluence des nuages qui entroient par ces deux embouchures, fi la chaleur même de cet air n'avoit pas produit un vent vertical qui enlevoit ces vapeurs tranfparentes à mefure qu'elle fe formoient.

Mais enfin le baffin fe refroidit, le vent vertical ceffa, & la plaine demeura couverte d'un brouillard extrêmement épais. Les vapeurs que le vent vertical avoit accumulées dans le haut de l'athmofphere retomberent pendant la nuit. Il pleuvoit encore le lendemain matin, & le brouillard mêlé de pluie étoit doué d'une électricité qui faifoit écarter les boules de mon électometre de fix lignes. Je donnerai ailleurs des preuves encore plus directes de ces vents afcendans ou verticaux, donc M. DE LUC à cru pouvoir contefter l'exiftence.

CHAPITRE IX

CHAPITRE IX.

DE LA NOVALEZE A TURIN.

§. 1283. En venant de la Savoye, on est enchanté, je le répéte, de la belle végétation des environs de la Novaleze : la vigne mariée aux arbres, & même aux arbres fruitiers, couvre toute la campagne, & permet encore au terrein qu'elle couvre de donner des récoltes de grains. J'avois laissé les prairies du Mont-Cenis déja flétries & brûlées par les rosées blanches; & je retrouvai à la Novaleze les beaux verds diversement nuancés qui caractérisent le commencement de l'automne. Ces productions aussi abondantes que variées, donnent un aspect riant à cette vallée étroite & tortueuse. Les montagnes mêmes qui la bordent sont tellement couvertes d'arbres, qu'on ne peut point distinguer la nature de la pierre dont elles sont composées. On n'en juge que par les débris accumulés le long des chemins.

<small>Environs de la Novalèse.</small>

Ces débris, auprès de la Novaleze, sont des schistes micacés; les maisons du village sont couvertes de grandes dalles de cette pierre; mais plus bas les débris sont de serpentine: les murs qui bordent la grande route sont remplis de variétés de cette pierre; on en voit du plus beau verd; quelques-unes ont des lames & des filets d'asbeste qui leur sont adhérens : on y rencontre aussi des fragmens calcaires.

§. 1284. La chaleur & l'humidité concentrées dans cette vallée étroite, fermée au Nord & ouverte au Midi, sont sans doute les causes productrices de cette belle végétation; mais ces mêmes causes produisent en revanche des gouëtres & des cretins. En effet, on en rencontre

<small>Gouëtres.</small>

assez fréquemment fur cette route, & les teints des gens de la campagne font en général bazanés & décolorés, comme on les trouve dans tous les pays fujets à ces infirmités. A Lans-le-Bourg au contraire, fi le terrein eft ftérile à caufe de fa froidure & de fon élévation, au moins n'y a-t-il point de gouëtres, & tous les habitans paroiffent-ils fains & animés.

La Brunette.
§. 1285. A une lieue de la Novaleze, on paffe auprès du *Fort de la Brunette*, fitué de maniere à interdire abfolument, en tems de guerre, le paffage de la grande route ferrée dans cet endroit contre le pied de la montagne. Cette montagne, de même que le rocher fur lequel eft conftruit le Fort, eft un fchifte micacé calcaire; fes bancs peu inclinés montent du côté de l'Eft.

Suze.
A un quart de lieue de la Brunette, on traverfe la petite ville de Suze, bâtie dans une place où le fond de la vallée eft horizontal & un peu moins ferré (*). C'eft là qu'eft la première pofte depuis la Novaleze. On la fait dans une heure, en defcendant par un chemin très-beau & prefque toujours à l'ombre.

Au-deffous de Suze, la vallée s'élargit encore davantage; fon fond eft horizontal par-tout où il n'eft pas chargé des débris des montagnes adjacentes; & lorfque les torrens ont creufé dans ce fond, on voit qu'il eft compofé de lits horizontaux de fable & de cailloux roulés.

Buffolin, St. Joire.
§. 1286. A une lieue de Suze, on traverfe le village de *Buffolin*, & un quart de lieue plus loin, on laiffe à fa droite un vieux château que la carte nomme *St. Joire*. Les ruines de ce château, perché fur un rocher élevé, prefque ifolé au milieu de la vallée & flanqué d'un nom-

---

(*) La moyenne entre une obfervation de M. PICTET & deux des miennes donne à cette ville une élévation de 222 toifes.

bre de tours quarrées, préfentent un point de vue très-pittoresque.

Le rocher fur lequel il eft conftruit eft un fchifte mêlé de mica, de pierre calcaire & de quartz; il donne du feu contre l'acier & fait effervefcence avec les acides. Ses feuillets prefque verticaux, courent de l'Eft à l'Oueft, en s'appuyant un peu du côté du Midi. *Schiftes quartzeux calcaires.*

Entre ce château & la pofte de la *Jaconniere*, on paffe dans un endroit où le chemin eft coupé dans les terres & où l'on voit des couches d'une pierre calcaire jaunâtre à gros grains, qui n'eft point fchifteufe, mais qui renferme cependant quelques lames de mica & qui repofe fur des couches d'un vrai fchifte micacé calcaire. Un peu plus loin, on voit des éboulis d'une pierre calcaire tendre, jaunâtre & grenue, mêlée auffi de mica jaunâtre. *Couches calcaires micacées.*

§. 1287. Quand on eft à une demi-lieue de la pofte de la Jaconniere, à l'extrémité orientale du village de *St. Antonin*, on voit fur la droite de la grande route, des rochers efcarpés d'une hauteur médiocre, qui ne font féparés du chemin que par une étroite prairie. Au premier coup-d'œil, ces rochers paroiffent des granits en maffe, gris, à grains médiocrement gros de l'efpèce la plus commune des Alpes; mais quand on les obferve avec foin, on voit que ce font des granits veinés. Leurs veines font marquées par des feuillets de mica qui s'infléchiffent autour des cryftaux de feldfpath blanc, qui forment le principal ingrédient de cette pierre, mais qui reprenant conftamment la même direction, la placent néceffairement dans la claffe des granits veinés. *Beaux granits veinés.*

Les feuillets de ce granit font perpendiculaires à l'horizon & dirigés à peu-près de l'Eft à l'Oueft; & on ne voit aucune fiffure, aucune divifion de couches qui leur foit parallele. Cependant le rocher eft divifé en tranches de différentes épaiffeurs, féparées par des fentes à peu-près paralleles entr'elles, perpendiculaires à l'horizon, & qui étant dirigées à peu-près du Nord au Sud, font auſſi perpendiculaires aux feuillets de la pierre.

Quand on voit ce rocher coupé ainſi en tranches parallèles, on eſt tenté de prendre ces tranches pour des couches ; mais lorſqu'on obſerve que ces diviſions coupent à angles droits les feuillets intérieurs de la pierre, on revient de ce premier jugement. En effet, comme je l'ai dit plus d'une fois, les pierres feuilletées, de quelque nature qu'elles ſoient, ont conſtamment leurs couches parallèles à leurs feuillets.

En ſuivant le pied de ces rochers, on en voit des maſſes conſidérables qui n'ont point de fentes régulieres ; & on rencontre même ſur le bord du chemin des colonnes de cette pierre qui ont été taillées ſur place & enſuite abandonnées. J'en ai meſuré une dont le fût à 20 pieds de hauteur ſur 30 pouces de diametre. Ceux qui ont taillé ces colonnes ſe ſont bien apperçus du tiſſu feuilleté de la pierre. Car elles ſont toutes coupées ſuivant la direction des feuillets ; elles auroient été trop fragiles, ſi on les eut coupées en ſens contraire. Comme le coup du ciſeau a un peu dérangé le tiſſu de la pierre à la ſurface des colonnes, il faut plus d'attention pour les reconnoître ſur ces colonnes que ſur les fragmens que l'on détache du rocher.

En continuant d'avancer, on voit ces granits s'éloigner de la grande route, puis dégénérer en ſchiſtes micacés moins durs & moins cohérens, & reprendre enfin la forme du granit auprès de St. Ambroiſe, mais ce ſont les derniers que l'on rencontre ſur cette route. Leurs fiſſures ſont encore là, dirigées à peu-près du Nord au Midi, comme auprès de St. Antonin.

Réflexions ſur ces granits. §. 1288. Ces fiſſures, répétées dans la même direction, ſont un phénomene très-remarquable ; je l'ai obſervé très-fréquemment, & il eſt vraiſemblable qu'il vient de ce que la baze ſur laquelle repoſe la maſſe dans laquelle on voit ces fissures, s'est affaissée progressivement suivant la même direction. Voyez le §. 1049.

On voit aussi, en observant le tissu de ces granits feuilletés, combien cette pierre est différente d'un grès, & combien il seroit peu raisonnable de croire qu'elle soit le résultat d'un assemblage de débris; car si elle contient quelques cryftaux de feldspath dont on ne puisse pas affirmer qu'il est impossible qu'ils ayent préexisté à la pierre, il y en a d'autres qui ont été évidemment moulés ensemble & dans la place qu'ils occupent; quelques-uns, par exemple, qui forment des tables minces & cependant très-étendues, tranchantes par leurs bords, qui se feroient nécessairement arrondies & même brisées, si elles avoient été roulées & chariées sous la forme de débris. Que l'on compare ce granit feuilleté avec un grès ou avec un poudingue, dont le grain soit à peu-près de la même grosseur, & la question sera bientôt décidée.

§. 1289. *St. Ambroise* est un joli village que l'on traverse dans sa longueur. M. de Luc lui donne 173 toises d'élévation. On y trouve une assez bonne auberge, où l'on peut s'arrêter pour aller voir les ruines du Cloître de St. Michel, (*) qui sont dignes à divers égards, de la curiosité du voyageur. On voit à droite ou au Midi, au-dessus de St. Ambroise, un rocher assez élevé, dont la baze tient à la montagne, mais dont la cime aigue est tout-à-fait isolée. Cette cime, couronnée par les ruines du Cloître, fait dans le paysage un effet très-agréable. La montagne à laquelle tient ce rocher se nomme *Monte Picheriano*.

Ruines du monastere de St. Michel.

(*) Cette abbaye, consacrée à St. Michel, fut fondée vers la fin du dixieme siecle & a été toujours desservie par des moines de l'ordre de St. Benoît. On eut d'abord pour elle une grande vénération; mais l'abus des richesses lui fit perdre la considération dont elle avoit joui. Les moines refuserent de se soumettre à une réforme, & furent supprimés vers la fin du seizieme siecle. J'ai tiré cette notice d'un petit livre intitulé *Breve racconto del Tempio, & Badia di San Michele della Chiusa. In Torino* 1699.

Comme elle est la derniere de la chaîne des Alpes qui confine à cette partie de la plaine du Piémont, j'étois curieux de l'obferver. J'y allai avec mon fils le 10 d'octobre 1787.

<small>Pierres compofent cette montagne.</small>

Nous montâmes par un fentier rapide mais affez bien entretenu, que l'on prend auprès de l'Eglife de St. Ambroife. Toute cette montagne eft de pierres magnéfiennes, & l'on y voit différentes efpeces de cette claffe. Mais vers le haut, ces variétés deviennent plus intéreffantes.

<small>Schifte rayonante.</small>

§. 1289. *A*. On y trouve une pierre verdâtre brillante, parfemée de lames noirâtres trs-brillantes, applaties, parallélépipédes, de 3 à 4 lignes de longueur fur trois quarts de lignes de largeur au plus. Ces lames paroiffent noires à la furface de la pierre; mais quand on les en détache, on voit qu'elles font tranfparentes & d'un beau verd foncé. Elles fe laiffent aifément rayer par l'acier, deviennent grifes & opaques à la flamme du chalumeau, & ne donnent qu'avec peine des indices d'un commencement de fufion. Je les regarde comme une efpece de *rayonnante* (*Strahlftein de Werner*.) Le fond de la pierre n'eft qu'un entrelacement de lames très-billantes de la même forme & de la même nature, mais qui font plus petites & d'un verd de montagne clair. Leur enfemble forme un fchifte à feuillets très-minces, fouvent ondé, tendre, fragile & rude au toucher.

<small>Rocher d'une efpece de variolité tendre.</small>

§. 1289. *B*. On trouve auffi vers le haut de St. Michel des rocs verds, parfemés de taches blanches. Le fond de ces rocs eft compofé d'un entrelacement d'aiguilles fines, d'un verd plus foncé & un peu moins brillantes que celles qui forment le fond du fchifte que je viens de décrire, mais de la même nature, & les grains font du feldfpath; ici rhomboïdal, là fous une forme arrondie. Ces grains varient par leur groffeur depuis celle d'un pois jufqu'à celle d'un grain de mil. Cette pierre n'eft point fchifteufe; elle obéit très-bien au cifeau; on s'en eft fervi pour le haut de l'églife de St. Michel & pour les colonnes dont elle eft décorée; dans la plupart des pierres de cette efpece que l'on a employées pour ces conſtructions, les grains ne ſont pas blancs, mais ſeulement d'un verd plus pâle que le fond de la pierre ; & ils ſont là compoſés d'un mélange de feldſpath & d'aiguilles de rayonnante.

§. 1290. L'obſervation la plus intéreſſante que j'aie faite ſur cette montagne, eſt celle des cailloux roulés que je trouvai juſqu'à la hauteur de l'Abbaye. Malheureuſement je n'avois pas porté mon barometre ; mais je ne m'écarterai pas beaucoup de la vérité en la ſuppoſant de 250 ou 300 toiſes au-deſſus de St. Ambroiſe. Ces cailloux ſont de différens genres ; on y voit des granits en maſſes, & plus ſouvent encore des granits veinés ; des pierres calcaires, des roches de hornblende, des roches grenatiques, &c. Pluſieurs de ces cailloux ſont d'un volume conſidérable ; il y en a même & aſſez haut, que l'on peut nommer des blocs ; toutes ces pierres arrondies, étrangeres entr'elles & au ſol qui les porte ſont bien certainement roulées ; elles ſont même accompagnées du ſable & du gravier qui complettent la preuve de leur origine. *Cailloux roulés, trouvés très-haut.*

On ne ſauroit douter que ces cailloux n'ayent été dépoſés par un courant d'eau ſur les flancs de cette montagne. Or il faut que ce courant ait été bien conſidérable pour avoir pu s'élever juſqu'à cette hauteur, & remplir toute la largeur de cette vallée, qui eſt de plus d'une demi-lieue. Il n'eſt pas néceſſaire de dire que ce ne ſont pas les eaux des pluyes qui produiſirent un courant d'un auſſi grand volume & doué d'une impétuoſité aſſez grande pour charier des blocs de pierre d'un poids auſſi conſidérable. La nature de ces mêmes blocs, dont la matrice ne ſe trouve que dans des montagnes aſſez éloignées, atteſte la force de ce courant.

§. 1291. Nous mîmes une heure & demie à monter juſqu'au monaſtere. La vallée que nous venions de parcourir, & la Doire qui l'arroſe dans toute ſa longueur, préſentent de là un aſpect très-agréable. On a auſſi une vue très-étendue ſur les plaines du Piémont ; on ſuit le cours de la Doire preſque juſqu'à Turin ; & comme elle s'élargit & ſerpente *Belle vue du monaſtere.*

beaucoup en fortant de la vallée, elle orne fingulierement le tableau.

Un payfan qui garde les clefs de l'églife, eft le feul habitant de ces vaftes édifices, qui logeoient autrefois une riche & nombreufe Communauté. Il nous fit voir une églife qui eft affez grande pour le lieu où elle eft bâtie. Il nous conduifit enfuite dans une galerie demi-circulaire, foutenue par des colonnes & ouverte au-deffus du précipice que forme l'efcarpement du rocher. Comme elle eft extrêmement étroite, fans aucune efpece de barriere, il faut avoir la tête bonne pour s'y promener, mais la beauté de la vue dédommage du danger.

Notre guide nous fit enfuite defcendre par un grand efcalier couvert d'une voûte extrêmement exhauffée. Les côtés de cet efcalier font garnis de tombeaux en maçonnerie, les uns fermés, les autres ouverts. Sur une efpece d'entablement élevé à gauche, le long du mur, on voyoit une file de corps morts, debout, rangés en haie, les uns à côtés des autres, & dans différentes attitudes. Ce font des cadavres qui fe font deffèchés fans fe corrompre, & fe font convertis en des efpeces de momies.

Je ne pus m'approcher affez de ceux-là, pour les examiner en détail; mais j'en vis de femblables dans des tombeaux qui étoient ouverts, & j'en retirai même un bras qui étoit deffèché, & que j'obfervai avec foin ; je le trouvai extrêmement léger, fans aucune odeur ; la peau avoit pris la confiftance & la flexibilité d'un carton fouple, & dans les endroits où cette peau étoit déchirée, on voyoit au-deffous les mufcles & les tendons deffèchés. Le garde-églife nous affura que ces corps, que nous voyons fur cet entablement, y étoient depuis un tems immémorial; que les vieillards les plus avancés en âge fe fouvenoient de les avoir toujours vus, & ils croyoient qu'ils avoient été placés là pour être l'objet de la vénération des fidelles; mais il ne vint point à bout de me perfuader. Les corps ne font point placés dans des niches; ils font là, comme au hafard, fans ordre, fans ornemens,

dans

dans des attitudes qui n'ont rien qui indique, ni qui inspire la dévotion; la quantité prodigieuse d'ossemens, que l'on voit entassés tout autour de cet escalier, semble prouver que quand tous les tombeaux furent pleins, lorsqu'on eut de nouveaux corps à ensevelir, on en tiroit ceux qui étoient desséchés pour faire place aux nouveaux; & les lambeaux de leurs draps mortuaires qui pendent encore autour d'eux; les vilaines grimaces que font quelques-uns d'entr'eux; les mauvaises cordes par lesqu'elles ils sont retenus, prouvent bien qu'ils n'ont point été placés là pour être des objets de vénération. Cependant tous ces tombeaux, ces amas d'ossemens, ces hideuses momies, dans ce vaste escalier, dont les voûtes retentissoient au bruit le plus léger; tout cela au milieu de ces ruines, sur la cime de ce rocher entouré de nuages & battu par les vents, portoit dans l'ame une impression d'étonnement & de terreur bien propre à réveiller des idées religieuses.

Quant à la conservation de ces cadavres, il est naturel de croire, que sur une cime isolée, dans un emplacement très-sec, très-airé, & pourtant à l'abri de la pluie, les corps se dessèchent sans se corrompre, au du moins sans que la corruption puisse détruire les tendons & la peau. M. Exchaquet a fait sur ce sujet des expériences curieuses; il a exposé des morceaux de viande sur des rochers élevés, & il les a vus se dessécher sans contracter de mauvaise odeur; tandis que dans la plaine, des morceaux semblables, exposés de même à l'air libre, se résolvoient par la putréfaction.

§. 1292. En descendant de St. Michel, l'espérance de voir quelque chose de nouveau, nous engagea à prendre une route différente de celle que nous avions suivie en montant: nous laissâmes à gauche le petit hameau de *St. Pierre*, qui est à l'Est, au-dessous des ruines du monastere, & nous suivîmes pendant quelque tems un beau chemin, très-bien entretenu, que prennent ceux qui vont à cheval ou en porteurs, faire leurs dévotions dans l'église de St. Michel; nous descendîmes ensuite la mon-

Descente de St. Michel par une autre route.

tagne tout au travers des débris, mais fans rien découvrir qui nous dédommageât de cette longue & fatigante route ; la ferpentine dont cette partie de la montagne eft couverte, ne préfente aucune variété intéreffante.

Mais j'eus du plaifir à voir les deux jolis petits lacs *d'Avigliana*, que je découvris à l'Eft au pied de la montagne, après avoir fuivi pendant affez long-tems un fentier très-étroit qui fe prolonge dans cette direction. On verra dans peu, ce qui me fit trouver quelqu'intérêt à la vue de ces petits lacs.

En longeant ainfi la montagne du couchant au levant, j'avois en face de moi la montagne de *Mufinet*, qui eft comme celle de St. Michel, la derniere des Alpes, de ce côté du Piémont ; & comme elle auffi compofée de ferpentine : nous reverrons cette montagne dans le Chapitre XII. Cette excurfion nous prit quatre heures en tout ; mais fi l'on ne perdoit point de tems, & qu'on revînt par le même chemin, on pourroit la faire en trois heures.

Roche enue mé- lagée.
§. 1293. En reprenant la route de Turin, on rencontre à un quart de lieue au-delà de St. Ambroife, fur la gauche, de petits rochers noirâtres au-dehors, & d'un verd jaunâtre au-dedans ; leur caffure grenue vue à la loupe, préfente un mélange de delphinite jaunâtre, de hornblende verdâtre, de feldfpath & de mica blanc, le tout en petits grains ou en petites lames. Les proportions de ces ingrédiens varient dans les différentes parties du rocher. Dans les endroits où la delphinite domine, la pierre eft dure & donne des étincelles contre l'acier ; & je l'aurois autrefois nommée *fchorl en maffe*. Mais dans ceux où dominent la hornblende & le mica, la pierre eft tendre, & auroit pu être nommée *roche de corne*. Les couches de ces rochers font verticales & courent comme l'aiguille aimantée. Elles font coupées obliquement par un filon blanc de 7 à 8 pouces d'épaiffeur, prefqu'entiérement compofé de feldfpath, qui préfente çà & là les angles trihedres de fes

cryſtaux rhomboïdaux, & dans leſquels on trouve par places des nids de mine de fer ſpéculaire attirable à l'aimant. Le feldſpath ſe fond aiſément en un verre parſemé de quelques bulles, mais ſans couleur & de la plus parfaite tranſparence.

§. 1294. Peu après on paſſe ſous la tour pittoreſque, & enſuite par le village d'Avigliana, élevé, ſuivant l'obſervation de M. de Luc, de 189 toiſes au-deſſus de la mer. La petite montagne pyramidale dont cette tour occupe le faîte, eſt compoſée de ſerpentine. Avigliana.

C'est à peu près là que ſe termine la chaîne des montagnes qui borde le côté méridional de cette vallée; la chaîne ſeptentrionale, de l'autre côté de la Doire, ſe prolonge un peu davantage. Mais de là juſqu'à Turin on ne rencontre plus de montagnes proprement dites; les hauteurs ſur leſquelles on paſſe en allant d'Avigliana à Rivoli, ſont toutes des collines tertiaires; c'eſt-à-dire, des amas de ſable, de cailloux & de grands blocs roulés (1) qui ont été dégorgés dans cette vallée pas la grande débacle dont j'ai ſouvent parlé. Ces collines mêmes ſe terminent au-delà de Rivoli, & de Rivoli à Turin, il n'y a plus que des plaines. Sortie des Alpes.

§. 1295. Comme je deſirois me former une idée diſtincte de la forme de ces collines tertiaires, je m'arrêtai dans mon dernier voyage à la poſte de Rivoli; de là je montai au château, & du château à une chapelle qui eſt à l'Oueſt, & qu'on me dit porter le nom de St. Gras. Forme des collines de débris.

On a delà une vue très-belle & très-étendue ſur les plaines du Pié-

---

(1) Frappé de la grandeur d'un de ces blocs, qu'on rencontre au-delà de St. Ambroiſe, j'eus la curioſité de le meſurer, je lui trouvai 50 pieds de longueur ſur 20 à 30 de hauteur, & 20 de largeur; ce qui fait 25000 pieds cubes. Il eſt vrai que c'eſt une ſerpentine dure, & que la derniere liſiere des Alpes étant de cette eſpece de pierre, on peut ſuppoſer qu'elle ne vient pas de loin.

mont. Quant aux collines de débris que je venois obferver, & dont fait partie celle de Rivoli, fur la cime de laquelle je me trouvois, elles paroiſſoient de là, former trois dos paralleles, qui courent à peu-près de l'Eſt à l'Oueſt, comme l'extrémité de la vallée d'où ſortirent les matériaux dont elles ont été formées. En voyant ces collines, on croiroit qu'elles vont s'appuyer contre le pied du Mont-Picheriano, dont la petite montagne de St. Michel fait partie; mais j'ai vu du haut de cette montagne, §. 1192, que ces collines font féparées de ſon pied par une vallée qui renferme les petits lacs d'Avigliana; & c'eſt une particularité remarquable, car ordinairement les collines de ce genre s'appuyent immédiatement contre le pied des montagnes qui terminent les vallées d'où font fortis les matériaux dont elles font compoſées. Il eſt vraiſemblable qu'en ſortant de la vallée de Suze, le courant ſe partagea en deux branches, dont l'une paſſa du côté du Sud, au pied du Mont-Picheriano, & l'autre ſuivit le cours actuel de la Doire, paſſa au pied du Mont-Muſinet, & ſe répandit de là dans les plaines du Piémont. On voit dans les environs d'Avigliana près de la place où le courant dût ſe partager, quelques monticules de ferpentine demi dure & ſemblable à celui fur lequel eſt bâtie la tour d'Avigliana, ce furent vraiſemblablement ces monticules qui diviſerent le courant, & qui en ralentiſſant ſon cours, occaſionnerent les dépôts qui ont formé les collines ſituées entre Avigliana & Rivoli.

Avenue Rivoli.

§. 1296. DE Rivoli à Turin, on ſuit une magnifique avenue de près de deux lieues de longueur, & qui conduit le voyageur juſqu'à la porte de Turin. Cette avenue eſt plantée de grands ormeaux, dans une plaine très-fertile & très-bien cultivée, mais qui ne préſente rien de varié à la curioſité du minéralogiſte. La belle Egliſe de *Supergue*, bâtie fur le haut de la colline au-delà du Pô, ſe trouve exactement dans la direction de cette avenue, & termine le point de vue de la maniere la plus agréable.

Turin.

§. 1297. LA ſituation de la ville de Turin eſt aſſez connue; on ſait qu'elle eft bâtie dans une belle & fertile plaine, près des bords du Pô, qui coule au levant de la ville, & la fépare d'une colline qui porte le nom de *colline de Turin*. On fait que cette ville eft grande, bien bâtie, percée de rues larges, droites, décorées par des maifons d'une architecture noble & réguliere.

La nature de cet ouvrage ne me permet point de faire l'énumération des objets dignes de l'attention des voyageurs, que renferme la ville de Turin & fes environs; d'ailleurs, les defcriptions de l'Italie, qui fe multiplient & fe répétent fans ceffe, ont rempli cette tâche beaucoup mieux que je ne faurois le faire. On peut en particulier confulter la nouvelle édition du voyage de M. de la Lande. Pour ne pas fortir de mon genre, je me contenterai de dire, que j'ai vu l'étude de la minéralogie cultivée à Turin avec le plus grand zele & le plus grand fuccès: les collections de M. le Bailli de St. Germain, de M. le Marquis de Brezé, le laboratoire de l'Arfenal, celui de M. le Docteur Bonvoisin, renferment une foule d'objets intéreffans, & pour la minéralogie du Piémont, & même pour celle des pays les plus éloignés. L. cabinet de M. le Marquis de Brezé, renferme entr'autres, une des plus belles & riches collection de mines d'argent, de celles de Norvege fur-tout, & de Zéolites qui exifte en Europe. M. de Luc, en prenant la moyenne entre 84 obfervations du barometre faites fimultanément à Turin & à Gênes, a trouvé fuivant fa formule, l'élévation du fol de la ville de Turin, au-deffus de la mer de 123 toifes. *Recherches fur les modifications de l'athmofphere*, Tom. II. §. 647. La formule de M. Trembley auroit donné 126 toifes.

CHAPITRE X.

Coup-d'œil général sur la partie de la chaîne des Alpes que l'on traverse en passant le Mont-Cenis.

Résumé de ce voyage.

§. 1298. APRÈS avoir donné les détails, il convient de s'arrêter un moment, de jeter un coup-d'œil sur l'ensemble, & d'en donner, s'il est possible, une idée nette, en peu de mots.

1°. De Geneve jusqu'à Montmélian, montagnes calcaires & collines de débris, ... 18 lieues.

2°. De Montmélian à l'embouchure de l'Arc dans l'Isere, les montagnes sont calcaires au Nord de la vallée, & au Sud ardoise, ou roche feuilletée de mica & de quartz, . . 3

3°. De l'embouchure de l'Arc jusqu'auprès d'Eypierre, roche feuilletée de mica & de quartz, ... 1½

4°. Des environs d'Eypierre jusqu'à St. Jean de Maurienne, roches de feldspath & de mica, tantôt sous forme schisteuse, tantôt sous forme graniteuse, ... 4

5°. De St. Jean à St. Michel, schistes cornés ou argilleux, pierre calcaires, grès & ardoises alternant entr'eux . 2½

6°. De St. Michel jusqu'au près de Villarodin, roches micacées, roches feuilletées fines, mêlées de quartz & de feldspath, ... 3

7°. De Villarodin tout au travers du Mont-Cenis jusqu'au delà de la Novaleze, calcaires plus ou moins chargées de mica, & entremêlées de roches micacées quartzeuses; & en outre quelques rochers de quartz, de petrofilex, de serpentine, d'ardoise, ... 7 lieues.

8°. De la Novaleze à St. Antonin, serpentines & calcaires micacées, ... 4

9°. De St. Antonin à St. Ambroise, granits veinés, au moins du côté méridional de la vallée; car je n'ai pas vu le côté septentrional, ... 3

10°. De St. Ambroise à Avigliana, serpentines & autres magnésiennes, ... 1

11°. D'Avigliana à Rivoli, collines de débris, . . 2

12°. De Rivoli à Turin plaines, . . . 2

En tout, 51 lieues.

Il faut observer, que dans ce résumé, je n'ai point fait mention des gypses, que l'on voit çà & là dans un espace d'environ dix lieues; savoir, depuis St. Jean de Maurienne jusqu'au milieu de la plaine du Mont-Cenis, parce que je les regarde comme une production parasite qui ne tient point au fond des rochers, dont les montagnes sont composées.

§. 1299. Maintenant si nous comparons entr'eux les deux côtés opposés de cette partie de la chaine, nous trouverons quelques ressemblances & beaucoup de dissemblances. *Comparaison des deux côtés de la chaine.*

Une ressemblance essentielle, c'est que les Alpes, du côté de l'Italie comme du côté de la Savoye, sont bordées par des amas considérables de sable, de cailloux roulés, de blocs détachés de ces mêmes Alpes, & amoncelés par des courans d'eau d'une grandeur & *Des deux côtés bordures de débris.*

d'une force incomparablement supérieures à celle des courans que nous voyons actuellement dans les Alpes.

Différentes structures de montagnes.

§. 1300. Si de ces débris nous entrons dans la premiere ligne de montagnes, nous trouvons une grande différence; cette premiere ligne du côté de l'Italie est très-étroite, & remplie de roches magnéfiennes; du côté de la Savoye, c'est une bande de montagnes calcaires d'une très-grande largeur.

La seconde ligne, après les pierres calcaires, se trouve, du côté de la Savoye, composée d'ardoises & ensuite de roches quartzeuses micacées. Du côté du Piémont, vous ne trouvez point d'ardoises après la premiere ligne de magnéfienne; mais à celles-ci succédent immédiatement les roches quartzeuses micacées.

Ensuite, en vous rapprochant du centre, vous trouvez en Savoye des roches particulieres de petrosilex, de mica & de feldspath; en Piémont, c'est un granit veiné.

Enfin en Savoye, après ces roches de petrosilex, de mica & de feldspath, vous trouvez d'abord des roches de corne; puis des alternatives répétées d'ardoises, de pierre calcaire, & enfin de roches de petrosilex. En Piémont, ce sont des calcaires, & enfin des magnéfiennes qui forment la ligne la plus voisine de la chaîne centrale.

Les gypses qui, bien que parasites, méritent au moins par leur masse, l'attention des Géologues, manquent absolument du côté du Piémont.

Il faut donc reconnoître que les deux faces opposées de la chaîne des Alpes, ne sont ni semblables ni symmétriques, quand à la nature des substances dont elles sont composées.

Si nous comparons leurs formes générales, nous y trouvons aussi des différences sensibles; les Alpes du côté de Turin se terminent d'une maniere parfaitement nette & tranchée : le Mont Picheriano & celui de Musinet sont décidément les derniers qui appartiennent aux Alpes; on ne trouve plus du côté de l'Est que des plaines ou des collines qui ne peuvent point prétendre à faire partie de cette chaîne de montagnes. Au contraire, du côté de la Suisse, de la Savoye & du Dauphiné, les bords de la chaîne s'abaissent par gradations insensibles; ensorte que l'on peut douter avec raison, si le Mont Salève, le Jura, les montagnes qui bordent le lac du Bourget, celles du Bugey, de la Choutagne font ou ne font pas partie de cette chaîne.

Les Alpes finissent plus brusquement du côté du midi.

Une autre observation, qui est en quelque maniere dépendante de la précédente, a déja été faite par divers voyageurs; c'est que la pente des Alpes est plus rapide du côté du Piémont. Si du haut du Mont-Cenis on veut descendre à une certaine profondeur, telle, par exemple, qu'on ne se trouve plus élevé que de cent toises au-dessus de la mer, on y arrivera beaucoup plus vîte du côté du Piémont que du côté de la Savoye. De même, par une conséquence de ce principe, si l'on prend de part & d'autre de la chaîne, des lieux qui soient à une égale distance de la cime, ceux qui seront du côté de la Savoye se trouveront plus élevés que ceux qui seront du côté du Piémont. Ainsi, Lans-le-Bourg, qui est au pied du Mont-Cenis en Savoye, est élevé de 712 toises, tandis que la Novaleze, qui est au pied de la même montagne en Piémont, n'est élevée que de (*) 400 toises.

Leur pente de ce côté est aussi plus rapide.

Enfin, ce qui paroît encore une dépendance du même phénomene,

Leurs escarpemens plus considérables.

―――――――――――――

(*) Cette observation ne se vérifie cependant pas également par-tout. L'Allée blanche qui borde la base du Mont-Blanc du côté de l'Italie, est plus élevée que la vallée de Chamouni, qui borde en Savoye la même montagne. Et il seroit facile de citer encore d'autres exceptions.

O

les plus grands escarpements de la chaîne centrale sont aussi tournés du côté de l'Italie. Les rochers au-dessous de la Grand-Croix au Mont-Cenis sont presqu'à pic ; il a fallu tailler en zig-zag dans le roc, le chemin par lequel on descend ; au lieu qu'au-dessous de la Ramasse la pente est beaucoup moins rapide. Et de même le Mont-Blanc, qui du côté de la Savoye présente une pente assez douce pour qu'on puisse y monter, n'offre du côté de l'Italie, au-dessus de l'Allée blanche que des murs absolument inaccessibles.

Singularités géologiques du Mont-Cenis.

§. 1301. Le Mont-Cenis présente quelques singularités que je ne dois pas omettre de faire remarquer dans ce résumé. D'abord ce grand amas de gypse du côté de la Savoye. Ensuite il est bien remarquable que la partie la plus élevée de la chaîne, & les cimes mêmes les plus hautes, telles que Roche-Melon, Roche-Michel, Ronche, Corne-Rousse, la Vanoise, soyent en entier des schistes micacés, plus ou moins mélangés de parties calcaires ; & que les granits, soit en masse, soit feuilletés, soient relégués loin de la chaîne centrale, pour ne former que des montagnes du second ordre ; tandis que dans plusieurs autres parties des Alpes & de diverses autres grandes chaînes de montagnes, les granits occupent la chaîne centrale & forment les cimes les plus élevées.

Enfin, la situation généralement horizontale ou très-près de l'horizontale qu'affectent toutes ces hautes montagnes micacées calcaires du Mont-Cenis, est encore un phénomene sinon unique, du moins bien rare dans les Alpes. Ce qui le rend encore plus frappant, c'est que les basses montagnes de ce passage, tant en Piémont qu'en Savoye, ont très-fréquemment leurs couches ou verticales ou très-inclinées. Les granits veinés de St. Antonin, les petrosilex de Termignon, les belles couches calcaires auprès de St. Michel, les ardoises, les roches feuilletées entre St. Michel & St. André, & les roches de petrosilex & de granit entre Aiguebelle & St. Jean, en donnent de beaux & nombreux exemples.

§. 1302. Que conclure de tous ces faits ? C'est que ce ne sont pas des causes dont l'action fût uniforme & réguliere, qui ont présidé à composer ces montagnes & à leur donner l'arrangement & la forme que nous leur voyons. Il faut que ce soient, ou des causes différentes, ou une cause unique, dont l'action pouvoit être modifiée par une foule de circonstances locales. Ce désordre rappelle naturellement à l'esprit l'idée des feux souterrains ; mais comment des feux capables de soulever & de bouleverser des masses aussi énormes, n'auroient-ils laissé ni sur ces mêmes masses, ni dans tous ces lieux aucun vestige de leur action ? Au moins est-il certain que quoique j'aie cherché à en trouver des traces, je n'ai pu découvrir dans tout ce trajet aucun minéral, aucune pierre qu'on puisse même soupçonner d'avoir subi l'action de ces feux.

Conclusion.

CHAPITRE XI.

SUPERGUE.

§. 1303. On fait que Supergue est une très-belle Eglise, bâtie sur le haut d'une montagne voisine de Turin, par le roi Victor Amédée, en accomplissement du vœu qu'il fit en 1706, pour obtenir du Ciel la levée du siege de sa capitale. J'y étois allé dans mon premier voyage; mais je me fis beaucoup de plaisir d'y retourner en 1780, avec Mr. le marquis de Brezé, qui eut la complaisance de nous y conduire, Mr. Pictet & moi. On commence à suivre les bords du Pô pendant trois quarts d'heure; après quoi l'on monte pendant une bonne heure, par un chemin assez rapide, mais très-bien entretenu.

Introduction.

§. 1304. La pente de la montagne & sa sommité même sont couvertes de gravier, de cailloux, & même de blocs roulés de granit, de porphyre, & sur-tout de serpentines, qui sont là très-abondantes & très-variées. Plusieurs de ces serpentines tombent en décomposition. Il y en avoit même qui se seroient entierement décomposées sans le fer qu'elles contenoient, & qui en s'oxidant par l'action de l'eau & de l'air, étoit devenu un gluten qui avoit lié les parties extérieures de la pierre & en avoit formé une croûte solide, épaisse d'un ou deux pouces. Cette croûte renfermoit les parties intérieures de la pierre, qui étoient incohérentes, parce que le fer qu'elles contenoient, privé de l'accès de l'air extérieur n'avoit pu s'oxider. Ces pierres avoient au moins un pied de diametre; & comme leur forme étoit à peu-près sphérique, celles qui étoient brisées ressembloient, les unes à des éclats de bombe, & les autres à ces boules bazaltiques à couches concentriques, que l'on rencontre fréquemment dans les pays volcaniques. J'en avois vu plusieurs, & je

Cailloux roulés.

les avois décrites dans mes deux premiers voyages de 1772 & de 1780; mais dans le dernier que je fis en 1787, je cherchai ces boules pour les montrer à mon fils, & il me fut impossible d'en retrouver une seule; elles avoient sans doute achevé de se détruire.

§. 1304. *A.* J'y trouvai aussi un assez grand fragment d'une très-belle calcédoine d'un gris violet, parfaitement demi-transparente, très-dure, à cassures ici égales, là conchoïdes, & le plus souvent écailleuses. On reconnoît très-bien dans cette pierre ce qui forme dans les fossiles homogènes ce genre d'éclat que M. WERNER a nommé scintillant (*Schimmernd*). En l'observant avec une forte loupe, on voit que la cassure est par-tout très-brillante & par-tout conchoïde, mais que les inégalités de ses petites conques font cause qu'on ne voit la lumière réfléchie que par quelques-unes d'entr'elles, qui forment comme autant de petites étincelles, tandis que celles dont la réflexion ne parvient pas à l'œil forment un fond presque mat.

Calcédoine.

CETTE pierre, qui par les procédés ordinaires est infusible au chalumeau sans le secours de l'oxigene, se laisse fondre par l'air commun, lorsqu'on en fixe sur la pointe de sappare un fragment qui n'ait pas plus d'une cinquantieme de ligne. Le verre qui en résulte est blanc, très-brillant, & presqu'opaque par les bulles dont il est rempli.

§. 1304. *B.* Les porphyres roulés de Supergue sont presque tous à pâte de petrosilex primitif, dans les différentes nuances du rouge & du violet, écailleux, durs, avec des grains, les uns de feldspath rhomboïdal, ou blanc ou rougeâtre, les autres de quartz transparent & sans couleur.

Porphyres.

§. 1304. *C.* Granit composé d'un peu de mica noir & de deux espèces de feldspath, l'un blanc & gras, l'autre rougevineux foncé & sec. Je saisis l'occasion de ce granit pour donner les caracteres distinctifs d'une espèce de feldspath que je crois différente du commun, que je nomme *gras*, & que j'aurai souvent occasion de nommer dans ces voyages.

. Ce feldspath differe du commun en ce qu'il a un œil décidément gras, plus translucide que la plupart des feldspaths communs ; sa cassure ne donne que rarement des indices de sa forme lamelleuse ; ses lames, quand on les distingue, ne sont pas droites, mais souvent convexes, ensorte que presque toutes ses cassures se présentent sous une forme conchoïde & avec un éclat scintillant. D'ailleurs, il est beaucoup plus dur que le commun, ne se laissant point rayer par une forte pointe d'acier trempé. Sa fusibilité est aussi moins grande ; je n'ai pu en fondre au chalumeau que des globules de 0, 2, tandis que le commun en donne de 0, 5. D'ailleurs, il se fond en un verre bulleux & sans couleur, comme l'espece commune.

Il est curieux de voir réunir dans la même pierre & sous des couleurs très-différentes, ces deux especes de même genre.

Glaise urcie.

§. 1304. *D.* Je ne décrirai plus qu'un fragment, qui me fournira l'occasion de déterminer les caracteres distinctifs de la cornéenne vake (*wakke de Werner*) & de la glaise durcie (*verharteter thon* du même auteur.) Ces deux genres se distinguent très-bien lorsqu'on en a sous les yeux des échantillons bien caractérisés ; mais ils se confondent aisément dans les descriptions, sur-tout quand on s'en tient strictement aux caracteres extérieurs proprement dits. En effet, l'un & l'autre a une cassure matte, plus ou moins inégale, s'approchant plus ou moins ou de la terreuse ou de l'écailleuse ; enfin, l'une & l'autre est tendre & a l'odeur d'argille. Cependant la glaise durcie a un tissu plus inégal, plus grossier, plus décidément terreux, & dans lequel on peut presque distinguer les grains de la terre. Enfin, elle happe, quoique quelquefois imperceptiblement à la longue, ce que ne fait pas la vake.

Mais les caracteres physiques donnent des distinctions plus tranchantes. La vake agit, & même assez fortement, sur l'aiguille aimantée, ce que ne fait point le glaise ; elle est assez fusible & en un émail noir & opaque ; tandis que la glaise se fond avec plus de peine, en un verre d'un gris verdâtre, demi transparent.

La glaife durcie que j'ai trouvée à Supergue est d'un violet brun & parfaitement caractérifée.

§. 1304. *E.* Le corps même de la montagne est composé de couches alternatives de fable, d'argille & de pierre calcaire argilleufe. Les bancs de cette pierre font plus folides vers le bas que vers le haut de la montagne. Tous ces bancs, ou au moins la plus grande partie d'entr'eux, defcendent du côté du Nord. Leur inclinaifon varie; je l'ai vue en divers endroits de 45 degrés, mais fouvent auffi moins confidérable. Les couches de fable du haut de la montagne renferment une grande quantité de cailloux roulés. Mais les couches calcaires folides que l'on voit vers le bas n'en renferment point, du moins n'ai-je pu en découvrir aucun, & cela prouve qu'elles ont été formées avant la débacle qui a charié fur cette montagne le fable & les cailloux. En revanche, on y trouve des débris de coquillages marins, & fur-tout de bivalves. J'ai obfervé auffi des coquillages de la même claffe dans des couches de cette même montagne, qui font compofées d'un fable jaune aglutiné; j'y ai trouvé entr'autres un fragment d'huître, qui avoit encore la fraîcheur & le brillant de la nacre.

<small>Nature de la montagne de Supergue.</small>

On trouve encore dans ces mêmes couches des *éthites* ou des pierres dont l'intérieur est vuide; les unes brunes ferrugineufes, les autres blanches calcaires.

§. 1305. La vue que l'on a du haut de Supergue, foit de la plateforme qui est au haut de l'églife, foit de la galerie qui est au-deffus de la coupole, est une des plus belles que je connoiffe. Les Alpes préfentent de là l'afpect le plus magnifique; on les voit flanquées fur la gauche par l'aigue pyramide du Mont-Vifo; fur la droite par les hautes & larges maffes du Mont-Rofa; & dans l'intervalle une foule de cimes neigées, dont les formes & les hauteurs préfentent la plus riche variété.

<small>Vue de Supergue.</small>

On est bien pofté là pour vérifier ce que je difois dans le chapitre précédent, que de ce côté la chaîne des Alpes ne s'élève point par gradations insensibles ; on a sous ses pieds la plaine du Piémont, & on voit la chaîne des Alpes terminer cette plaine & s'élever au-dessus d'elle comme une muraille au-dessus d'un jardin ; au lieu que des bords du lac de Geneve, l'œil arrive par degrés & par échelons depuis les plus petites collines jusqu'à la cime du Mont-Blanc.

En revanche, cette plaine du Piémont, arrosée par le Pô & par les deux Doires, présente le spectacle le plus beau & le plus riche : on voit distinctement toute la ville de Turin ; on reconnoit les maisons royales de Stupini, de la Venerie, celle de Rivoli & sa belle avenue ; outre une innombrable quantité de petites villes, de bourgs, & de châteaux parsemés dans le pays du monde le plus fertile & le mieux cultivé.

La montagne même sur laquelle est bâtie l'église de Supergue, se montre du haut de cette église sous un aspect également intéressant & varié ; cette montagne fait partie d'une étendue considérable de petites montagnes, toutes liées entr'elles, qui prises collectivement, portent le nom de *Collines du Mont-Ferrat* ; mais la partie la plus voisine de la capitale se nomme la *Colline de Turin*. Cette chaîne commence à Mont-Callier au Midi, & s'étend jusqu'à Chivazzo au Nord-Est ; un autre assemblage de collines semblables, qui se nomme les collines de *l'Astesan*, marche d'abord à peu-près parallelement à celles du Mont-Ferrat, puis se réunit avec elles du côté du Nord, & renferme ainsi une belle plaine en fer à cheval ouverte du côté du Sud.

On voit clairement du haut de Supergue, que les vallons innombrables qui sillonnent ces collines dans toutes les directions imaginables, sont l'ouvrage des eaux pluviales ; car ces vallons sont tous en pente, étroits vers le haut, & s'évasant de plus en plus à mesure qu'ils approchent de la plaine. Les hauteurs sont couvertes de bois taillis & de broussailles ; les pentes, celles sur-tout qui regardent le Midi sont cultivées

tivées & parfemées de villages & de maifons ifolées. M. PICTET fit là quelques expériences barométriques, dont il donnera ailleurs les réfultats. M. DE LUC a rendu compte des fiennes dans fes *Recherches*, T. II, §. 639. Il en réfulte que le fol de l'églife eft élevé de 222 toifes au-deffus de celui de la ville de Turin.

§. 1306. ON fait que les tombeaux des Rois de Sardaigne, font dans cette églife, ou plutôt dans des caveaux fitués au-deffous du fol de l'églife : ces tombeaux n'étoient pas achevés lorfque j'y allai en 1780 ; & je vis avec beaucoup de plaifir dans mon dernier voyage les fuperbes maufolées nouvellement exécutés par les freres Collini de Turin. Quoique je ne fois point connoiffeur, j'ai pourtant acquis en Italie, à force de voir les grands modeles, au moins le goût & le fentiment du beau. Je fus furpris de la beauté de ces ouvrages ; je fus étonné d'y trouver cette noble fimplicité qui caractérife fi éminemment les fculptures antiques, & dont les modernes femblent s'écarter tous les jours davantage. Le marbre ftatuaire employé dans ces monumens eft du plus beau blanc & de la plus belle qualité. Les carrieres de ce marbre ont été découvertes, il n'y a pas long-tems, à Ponté dans le Canavois, à cinq lieues de Turin ; c'eft un marbre grenu comme celui de Carran, mais fon grain eft un peu moins fin.

<small>Maufolée des Rois de Sardaigne</small>

P

CHAPITRE XII.

HYDROPHANES DE MUSINET.

Explications préliminaires.

§. 1307. On fait qu'on nomme hydrophanes des pierres qui font opaques lorfqu'elles font feches, mais qui deviennent tranfparentes, quand elles ont été plongées dans l'eau pendant quelque tems. Le grand chymifte Bergman a donné fur ces pierres une differtation qui fe trouve dans le fecond volume de fes opufcules.

Il a fort bien prouvé que cette propriété finguliere tient à ce que ces pierres font compofées d'une matiere tranfparente criblées de pores & de petits trous acceffibles à l'eau & à l'air. Lorfque ces trous font pleins d'air, la pierre eft opaque; mais elle devient tranfparente lorfqu'ils fe rempliffent d'eau ou d'un fluide tranfparent dont la denfité approche celle de la pierre; c'eft le phénomene du verre pilé qui forme une maffe opaque, lorfque l'air occupe les interftices de fes parties, mais qui devient tranfparent, quand ces mêmes interftices font remplis d'eau; ou ce qui eft mieux encore d'une liqueur plus denfe que l'eau, d'huile de tartre, par exemple. On a auffi trouvé l'art de préparer les hydrophanes, de maniere qu'elles paroiffent opaques quand elles font froides, & tranfparentes quand on les réchauffe. Voyez fur ce fujet un Mémoire de mon fils dans le Journal de phyfique.

Tout les phyficiens connoiffent les loix de l'Optique, par lefquelles l'immortel Newton a rendu raifon de ce fait. M. Bergman a même porté jufqu'à l'évidence la preuve de la jufteffe de fon explication du phénomene des hydrophanes, en obfervant que l'on voit des bulles d'air fortir de leur fubftance, dans le moment où l'eau, en les pénétrant, leur donne de la transparence, & qu'elles se trouvent plus pesantes lorsque l'eau les a ainsi pénétrées.

Les hydrophanes ont été pendant long-tems rares & précieuses; mais depuis que le goût de l'histoire naturelle a tenu tous les yeux ouverts sur les productions de la Nature, on en a trouvé en différens pays & même dans différens genres de pierres.

Les plus belles, celles qui produisent leur effet de la maniere la plus prompte, la plus parfaite, sont celles qui résultent d'un mélange de silex & de terre argilleuse. Leur couleur est ordinairement fauve, ou d'un blanc qui tire sur le fauve; leur dureté approche de celle du silex, & leur apparence extérieure est celle d'une agathe ou d'une calcédoine à demi transparente. On peut voir la description de diverses hydrophanes ou *oculus mundi* de Hongrie, dans un mémoire de M. Delius. *Abhandl. ciner privat Gesellschaft in Böhmen.* Tome III, p. 227. Ce mémoire traduit par M. Besson, se trouve dans le Journal de physique de 1794, tome I, page 53.

M. le Docteur Beauvoisin de l'académie Royale des sciences de Turin, a eu le bonheur d'en trouver au pied de la montagne de Musinet, dont j'ai parlé §. 1192. Cette montagne n'est qu'à deux lieues à l'Ouest de Turin. M. le Docteur Beauvoisin a donné sur cette pierre une dissertation qui ne laisse rien à desirer au chymiste ni au minérelogiste, & qui a été imprimé dans le 2e. volume des mémoires de l'Académie Royale des Sciences de Turin; cependant comme je n'avois jamais rencontré cette pierre dans mes voyages, je desirois beaucoup de la voir dans son lieu natal. Nous eûmes le bonheur, mon fils & moi, de faire cette petite course avec M. de Beauvoisin, & M. le Marquis de Souza ministre plénipotentiaire de Sa Majesté Très-Fidele, qui réunit à cette imagination brillante & ornée, qui fait le charme de la conversation, des connoissances profondes dans les mathématiques, de même que dans les différentes branches de la physique & de l'histoire naturelle.

§. 1308. En partant de Turin pour aller à la recherche de ces pierres, on prend d'abord la route de Rivoli, que l'on fuit pendant près d'une heure ; puis on tourne à droite, & on va au village de *Cazelette*, qui est au pied de la montagne de Mufinet. Là, on met pied à terre & on marche au Nord-Ouest vers le pied de la montagne, en se dirigeant vers des ravins, qui ont mis à découvert des terres, qui de loin paroissent d'un blanc jaunâtre ; c'est-là, que se trouvent les hydrophanes, dans des veines, ou des espèces de filons blancs, qui parcourent sous toutes sortes de directions, une terre verdâtre, où elles forment en quelques endroits comme une espèce de broderie. Cette terre est une terre de la classe des magnésiennes, tendre & friable ; elle paroît verdâtre dans son lieu natal ; mais celle que j'avois ramassée, a pris en se séchant, une couleur de rouille. La montagne elle-même, contre laquelle repose cette terre, est en entier composée d'une serpentine verdâtre, aussi dure, & même plus dure que la serpentine de Saxe.

Les veines qui renferment les hydrophanes sont plus ou moins larges, depuis quelques lignes jusqu'à un pied ; ces veines sont tantôt parallèles, tantôt obliques à des arrêtes de serpentines dures, qui coupent en divers endroits la masse des serpentines terreuses dont je viens de parler.

Les pierres entre lesquelles on trouve les hydrophanes, & dont l'assemblage forme ces veines blanches, ont presque toutes la forme arrondie & mammelonée d'une truffe ; mais un peu applatie. Leur consistance varie ; ici, tendres & même friables ; là, dures jusqu'à étinceller contre l'acier ; leur couleur n'est pas non plus la même ; on en voit qui ont la blancheur & l'opacité de la craie ; d'autres, demi transparentes, comme la plus belle agathe : on en voit qui tirent sur le jaune ; d'autres sur le bleu ; d'autres enfin qui sont parsemées de veines & de taches noires comme des agathes herborisées ; enfin leur cassure & leur éclat varient depuis le mat & terreux jusqu'au brillant & parfaitement conchoïde.

§. 1309. Mais toutes ces pierres ne font pas hydrophanes; c'eſt-à-dire, que toutes n'ont pas la propriété d'être opaques quand elles font ſeches, & tranſparentes quand elles ſont humides; il n'y en a qu'un très-petit nombre, à peine une ſur cent qui ait cette propriété; & il ſeroit bien long & bien ennuyeux de les ſoumettre toutes à une expérience déciſive. Il faut donc avoir quelques principes pour ſe diriger dans le choix de celles qui peuvent donner quelques eſpérances de ſuccès. M. Beauvoisin nous conſeilloit de ramaſſer de préférence celles qui préſentent dans le même morceau des nuances graduées entre la demi-tranſparence & l'opacité parfaite; car celles qui vues en maſſe, ſont ou tout-à-fait tranſparentes, ou tout-à-fait opaques, ne ſont ſûrement point hydrophanes. J'ai même obſervé qu'il y avoit un choix à faire entre celles qui préſentent ces nuances intermédiaires; cette pierre a la caſſure liſſe du quartz, & on juge de ſa dureté par la vivacité du poli naturel de cette caſſure. Si dans la pierre ſeche ce poli eſt très-vif & très-brillant, quelque ſoit ſon degré de tranſparence, la pierre n'eſt ſûrement point hydrophane; ſon tiſſu eſt trop ſerré pour admettre de l'eau dans ſes pores. Si au contraire la pierre paroît tout-à-fait matte & terne dans ſa caſſure, c'eſt une preuve qu'elle ne contient pas aſſez de parties dures & diaphanes, pour que l'humidité qu'elle abſorbe puiſſe la rendre tranſparente; mais celles qui ne préſentent ni le poli éclatant du quartz, ni le mat terne de l'argile, & qui étant ſeches ont un commencement de tranſparence, méritent d'être eſſayées.

Maniere de les connoitre & de les eſſayer.

On fait cet eſſai ſur des éclats très-minces que l'on détache de la pierre avec le tranchant d'un petit marteau, & le degré de tranſparence qu'ils acquierent, quand on les plonge dans l'eau, comparé à celui qu'ils ont lorſqu'ils ſont bien deſſechés, fait juger s'ils méritent d'être coupés & polis. MM. de Souza & Beauvoisin avoient eu la bonté de me donner tout le produit de notre récolte; & cependant lorſque j'en ai fait l'épreuve à Geneve, il ne s'en eſt trouvé que deux ou trois qui aient été de vraies hydrophanes.

Analyse l'Hyophane.

§. 1310. Les hydrophanes analysées, par MM. BERGMANN & WIEGLEB, contiennent entre 8 & 9 dixiemes de terre siliceuse, & un dixieme au plus d'argile. Celle de Musinet renferme beaucoup moins de silice, & en revanche beaucoup plus d'argile. M. de BONVOISIN qui l'a analysée avec beaucoup de soin, y a trouvé sur 100 grains

Terre siliceuse	60, 50
Terre argilleuse	35, 75
Terre calcaire	3, 50
Fer	0, 25
	100, 00.

D'ailleurs les caracteres extérieurs donnent à cette pierre une très-grande ressemblance avec celle que M. WERNER nomme *Halbopal*, & que M. KARSTEN a décrite dans le *Museum Leskianum*, t. I, p. 170. Ainsi on peut considérer l'hydrophane de Musinet comme une variété de Halbopal, en attendant que l'analyse de celle d'Allemagne ait confirmé ou détruit cette conjecture.

Moyen de blanchir celles qui sont colorées.

§. 1311. J'AJOUTERAI ici, que j'ai trouvé moyen d'enlever une teinte jaune peu agréable, que prennent quelques-unes de ces pierres dans le moment où l'eau les rendoit transparentes; il suffit pour cela de les faire bouillir pendant un quart-d'heure dans l'eau régale, & de les laver ensuite dans l'eau pure & chaude. Comme cet acide est un excellent dissolvant de la chaux de fer, qui est la cause de cette couleur, il la fait entiérement disparoître; & comme il dissout aussi très-bien l'argile, il dégage les pores de la pierre de celle qui peut s'y trouver libre; ainsi cette opération augmente la qualité de la pierre en même tems qu'elle rend sa couleur plus agréable.

Origine de ces hydrophanes.

§. 1312. QUANT à l'origine de ces pierres, M. le docteur BEAUVOISIN croit qu'elle est due aux rapprochemens de quelques-uns des élémens des serpentines décomposées dans lesquelles on les trouve.

Mais quelque difpofé que je fois à adopter les idées de ce favant chimifte, je ne faurois me ranger à cette opinion; ma principale raifon, c'eft que l'analyfe de ces pierres, celle même qu'a fait M. de Beauvoisin, prouve que ces hydrophanes ne contiennent point de terre magnéfienne; & cependant cette même terre forme la bafe de ces ferpentines. La terre même dans laquelle on les trouve, & que M. de Beauvoisin croit être auffi un détritus de ces ferpentines, contient beaucoup de magnéfie, comme je m'en fuis affuré par l'expérience; mais je vais encore plus loin, quoique cette terre verte foit de la même nature que les ferpentines dures dont eft compofée la montagne de Mufinet, je ne crois pas qu'elle foit le produit des débris de ces ferpentines; on y voit des indices de couches dont la fituation paroît être la même que celle des ferpentines dures; enforte que je fuis difdifpofé à croire que cette terre a été formée à peu près dans la même place & daus le même état où nous la voyons.

Quant aux veines de pierre blanche dans lefquelles on trouve les hydrophanes, il ne me paroît pas impoffible qu'elles aient été formées en même tems que cette terre fe dépofoit, ou fe raffembloit dans cette place. En effet, nous voyons des filons, ou des rognons de quartz, de petrofilex & de feldfpath, dans des maffes de rochers d'un genre tout différent, & qui cependant s'y trouvent tellement enclavés qu'il faut néceffairement reconnoître qu'ils ont été formés en même tems que la pierre qui leur fert de matrice. Ce phénomene eft l'effet d'une affinité qui réunit féparément les parties fimilaires des différens corps fufpendus dans un même fluide.

On pourroit cependant auffi fuppofer que les veines blanches de nature filiceufe, où l'on trouve les hydrophanes, ont été formées après les ferpentines tendres dont elles rempliffent les crevaffes, & qu'elles ont été dépofées dans ces crevaffes, ou avant la retraite des eaux, ou depuis leur retraite; mais je ne puis croire qu'elles aient été compofées des élémens de ces mêmes ferpentines.

Jade de uſinet.

HYDROPHANES

§. 1313. J'APPUYEROIS même cette opinion ſur un nouvel argument, c'eſt que la terre de ſilex, unie avec la magnéſie qui forme la baſe des ſerpentines, produit des ſtéalites dures ou du jade, & non point des ſilex purement argilleux comme les hydrophanes & les pierres qui les accompagnent.

OR, nous trouvâmes dans les ravines, au pied de la montagne de Muſinet, des morceaux & même des blocs de jade très-bien caractériſés, qui n'étoient point roulés, & qui paroiſſoient être des fragmens détachés de cette même montagne. Comme ces jades ſont très-beaux dans leur genre, je m'arrêterai ici un moment à les décrire.

CE jade ne ſe trouve pas pur, mais dans une roche mélangée, dont il forme le fond. Il a tous les caracteres de celui que j'ai décrit dans le premier volume de ces voyages §. 112 ; mais on le trouve au pied de la montagne de Muſinet ſous différentes apparences. Ici il eſt d'un blanc mat & parfaitement opaque; là, blanc, mais translucide aux bords ; ailleurs, d'une couleur qui tire ſur le lilas, & auſſi tranſlucide aux bords ; ſa caſſure eſt ordinairement un peu ſcintillante, dans le genre de celle de la calcédoine, §. 1304. A, mais dans un degré inférieur. Cette même caſſure eſt quelquefois unie, mais le plus ſouvent inégale, écailleuſe, a écailles ici très-fines, là, grandes ; mais les caracteres eſſentiels ſont ſa dureté, telle que la lime briſe ſes angles plus qu'elle ne les entame ; car ſa trace reſte ſur la pierre comme celle de la mine de plomb, & ſa ſinguliere tenacité qui la fait réſiſter au marteau plus qu'aucune autre pierre connue ; & ce qu'il y a de bien remarquable dans ce genre de pierre, c'eſt que malgré ſa grande dureté, elle eſt fuſible au chalumeau. (1)

---

(1) Par un ſingulier haſard, le morceau que j'avois eſſayé dans l'expérience dont j'ai donné le réſultat t. 1. §. 112, s'eſt trouvé plus dur & plus réfractaire que les autres. Lorſqu'on l'expoſe à la flamme du chalumeau, il faut, pour qu'il ſe fonde, qu'il ſoit réduit en éclats très-petits & très-minces, mais le jade oriental, celui du moins dont j'ai fait l'eſſai eſt très fuſible.

LE

Le verre qui réfulte de fa fufion eft demi tranfparent, blanc ou verdâtre; il a l'œil gras & onctueux de la pierre elle-même; & il a fouvent comme les ftéatites la propriété de lancer des étincelles dans le moment où la flamme exerce fur lui fa plus grande activité, ces étincelles font produites par l'explofion des bulles qui fe forment à la furface de ce verre.

§. 1313. *A.* Les parties colorées que l'on trouve enclavées dans ces jades, s'y préfentent auffi fous des formes & des couleurs différentes : ici, elles font d'un beau verd translucide fur leurs bords, d'une caffure fine & écailleufe, & fans aucun indice de cryftallifation; là, vertes encore, mais en lames brillantes, ftriées, de forme rhomboïdale; ailleurs, grifes, très-brillantes à leur furface, ftriées & de la même forme que les précédentes. Leur dureté varie; les grifes font très-tendres, celles qui font cryftallifées & d'un beau verd font plus dures, & même donnent quelquefois du feu contre l'acier; celles qui ne font point cryftallifées font au plus demi-dures. Sur le filet de fappare, l'efpece verte, de même que la grife donnent un verre, l'une verd pomme, l'autre gris, translucides, qui deviennent tranfparens & fans couleur, pénetrent & diffolvent, la verte fans effervefcence, mais la grife avec une vive effervefcence & production de l'écume vitreufe, qui prouve qu'elle contient beaucoup de magnéfie.

Smaragdite.

Ces mêmes variétés fe trouvent dans les jades roulés des environs de Geneve; mais dans ceux-ci, les parties vertes cryftallifées ont quelquefois la dureté du filex, & c'eft ce qui m'avoit engagé à leur donner le nom de fchorls fpathiques; mais après les avoir obfervées avec plus de foin, & fur-tout après les avoir éprouvées au chalumeau, je me fuis convaincu que toutes ces variétés appartiennent à la claffe des pierres magnéfiennes plus ou moins pures & plus ou moins régulièrement cryftallifées.

J'ai auffi trouvé des pierres d'un genre très-approchant de celui-là, dans les stéatites de l'Impronette, auprès de Florence. Enfin j'ai reconnu que c'est ce même genre qui forme les taches vertes & brillantes de cette belle pierre qui porte à Rome le nom de *Verde di Corsica*, & dont il y a de si belles tables dans la chapelle Medicis à Florence. Le fond de cette pierre est aussi un jade.

Ce qui m'a le plus étonné dans ces cryftaux verds, c'est que ceux qui font les plus durs, qui donnent du feu avec l'acier, font aussi les plus fufibles ; il paroît que c'est le mélange de la terre filiceufe avec la terre magnéfienne qui facilite la fufion du mélange, au moins dans certaines proportions ; car ceux de ces cryftaux dont la molleffe prouve qu'ils contiennent beaucoup de terre magnéfienne, font auffi réfractaires que l'eft ordinairement ce genre de pierre. J'ai lieu de croire que toutes ces variétés font rangées par M. Werner dans le genre de la *Hornblende* ; mais ce genre s'étend si fort, qu'il faudra néceffairement le fubdivifer. La pierre que je viens de décrire a reçu différens noms. Quelques auteurs l'ont nommée *prime d'émeraude*. M. de Born l'a appellée *fchorl feuilleté verdâtre en grandes lames*. Cat. Raab. 1. p. 380. M. Blumenbach, *fmaragdspath*, p. 564. Pour m'écarter le moins poffible de ces dénominations, je la nomme *fmaragdite*, & j'en fait deux efpeces, l'une lamelleufe & l'autre compacte ; & l'efpece lamelleufe fe fubivife en verte & en grife.

§. 1314. Telles font les pierres que produifent les ftéatites en fe cryftallifant, & fe combinant avec le filex ; c'est parce que les hydrophanes de Mufinet n'ont point de reffemblance avec ces pierres, & fur-tout parce qu'elles ne contiennent point de magnéfie, qui forme la bafe des ftéatites, que j'ai ofé m'écarter du fentiment de M. de Beauvoisin ; mais je goûte infiniment d'autres idées ingénieufes répandues dans fon mémoire fur les hydrophanes, & en particulier celle d'une diffolution réciproque des différentes terres ; de l'argille, par exemple, & de la terre filiceufe.

CHAPITRE XIII.

DE TURIN A MILAN.

§. 1315. On compte de Turin à Milan 30 lieues, que l'on peut faire en 12 heures en poste. Cette route est en entier dans des plaines, & ne peut intéresser le minéralogiste que par quelques considérations générales, & par les cailloux roulés qui forment le fond de ces plaines.

Considérations générales sur les plaines de la Lombardie.

Plus on s'éloigne des Alpes & plus les couches de cailloux roulés paroissent enfoncées au-dessous de la surface du terrain. Dans les plaines des environs de Turin, on voit les cailloux immédiatement au-dessous de la terre végétale ; tandis qu'auprès de Milan, on les trouve recouverts de couches épaisses & redoublées d'argille, de sable & de gravier. Il y a quelques exceptions locales ; les rivieres, les torrens ont, en quelques endroits voisins des Alpes, charié & amoncelé des sables par-dessus les cailloux roulés ; & d'autres fois, dans des endroits éloignés des montagnes, ces mêmes courans ont entraîné ces mêmes matieres atténuées, & ont mis à découvert les cailloux qui en étoient anciennement recouverts. Mais le phénomene est vrai dans sa généralité, au point qu'au bord de la mer Adriatique on fait quelquefois plusieurs lieues sans voir une seule pierre, même dans les endroits où la terre est ouverte à une assez grande profondeur.

Ce phénomene n'appartient point exclusivement aux plaines du Piémont & de la Lombardie. Il est commun à toutes les grandes plaines connues sur notre globe, & il est par cela même d'une très-grande importance pour la théorie. Il prouve en effet que les couches fondamentales de toutes ces plaines ont été déposées par des courans, dont la force dans les premiers tems, fut assez grande pour charier des cailloux jusques à de grandes distances des montagnes dont ils avoient été détachés, mais qu'ensuite leur violence diminua graduellement, en demeurant cependant toujours assez grande auprès des montagnes pour ne déposer que des cailloux dans leur voisinage, & pour soutenir pendant un long trajet, les argilles & les sables dont ils étoient chargés.

§. 1316. Cette gradation n'est cependant pas sensible entre Turin & St. Germano, quoique la distance soit d'environ 10 lieues ou de 5 postes & un quart. Dans tout cet espace, par-tout où des causes locales n'ont pas changé l'état naturel du terrein, on ne voit que peu ou point de sable ou d'argille à sa surface, & la terre végétale repose immédiatement sur les cailloux roulés.

Mais la raison de cette exception saute aux yeux. On voit que cette plaine est proprement une vallée serrée entre les Alpes & les collines du Mont-Ferrat, & on comprend que ce resserrement a dû conserver au courant une vitesse suffisante pour l'empêcher de déposer du sable & de l'argille. Mais au-delà de St. Germano, où les Alpes fuyant à l'Est, donnent à la plaine une largeur considérable, les eaux commencerent à abandonner les sables, & on commence effectivement à en voir des couches entre les cailloux & la terre végétale.

Considérations sur terre végétale.

§. 1317. En faisant cette route de Turin à St. Germano, où j'avois presque continuellement sous les yeux cette terre végétale, reposant immédiatement sur les cailloux roulés, j'eus une belle occasion de réfléchir sur les idées relatives à la théorie de notre globe, dont cette espece de terre a été le sujet.

Ce qui donnoit là quelque importance à ces réflexions, c'est qu'on ne peut pas douter que cette belle & fertile vallée, contiguë aux plaines de la Lombardie, ne foit un des pays les plus anciennement cultivés de l'Europe, & où par conféquent on doit voir le plus en grand les phénomenes qui font propres à cette terre. Ces cailloux qui lui fervent de bafe, étoient encore une circonftance précieufe pour l'obfervateur. En effet, lorfque cette terre eft affife fur d'autres efpeces de terre, fur du fable ou du menu gravier, il peut s'élever quelque doute, quelque difficulté fur la détermination précife de fon épaiffeur & de fes limites, au lieu que ces gros cailloux la déterminent avec toute la certitude que l'on peut fouhaiter.

§. 1318. Ce fait feul, que la terre végétale repofe immédiatement fur les cailloux, prouve déja, qu'au moins dans le Piémont, la terre végétale ne fe convertit point en fable quartzeux. Un chimifte très-célebre, M. SAGE, regarde le quartz comme un fel dont les ingrédiens, favoir l'alkali fixe & l'acide vitriolique fe trouvent dans les végétaux; il conclut de là, que la décompofition fpontanée des végétaux produit de petits cryftaux de quartz ou des grains de fable; & en conféquence, il croit que les fables qui fe trouvent fréquemment au-deffous de la terre végétale, ceux de la Weftphalie, par exemple, font l'ouvrage, ou plutôt le dernier réfultat de la végétation. Or, entre Turin & St. Germano, on ne trouve point de fable au-deffous de la terre végétale; & cependant les végétaux du Piémont font effentiellement de la même nature que ceux de la Weftphalie. Et fi l'on fuppofoit que le fable produit par les végétaux, a pu s'écouler entre les intervalles des cailloux, j'objecterois une infinité d'endroits dans les montagnes & même dans les plaines, où la terre végétale repofe immédiatement fur le roc, fans que la plus petite couche de fable fe trouve interpofée entre le roc & la terre. Il femble donc que quand on trouve ce fable au-deffous de la terre végétale, on doit lui attribuer une origine différente.

Elle ne fe change pas en fable.

§. 1319. Le peu d'épaiffeur de la couche de terre végétale que l'on voit dans ces plaines, me femble auffi prouver que l'on ne peut pas

Limite des accroiffe.

regarder la quantité de cette terre, comme une mesure du tems qui s'est écoulé depuis que le pays a commencé à produire des végétaux ; car dans cet espace de 10 lieues, entre Turin & St. Germano, je ne lui vis nulle part, même dans les pays les mieux cultivés, une épaisseur qui allât à un pied : or, la petitesse de cette quantité prouve à mon gré que cette terre est sujette à une décomposition qui met une limite à son accroissement : car sans cela, comment un pays plat, fertile, cultivé sûrement depuis plus de trois mille ans, n'en posséderoit-il pas une couche plus épaisse.

La nature même de cette terre prouve qu'elle doit être sujette à une décomposition spontanée. En effet, son analyse démontre qu'elle est composée de fibres & de racines végétales à demi putréfiées, & d'un mélange de fer & de différentes terres imbibées des sucs à demi décomposés des plantes qui y ont végété : or, ces restes de plantes doivent à la longue achever de se décomposer ; leurs élémens volatils doivent s'évaporer, & servir à des productions nouvelles, conjointement avec une partie des principes fixes qui sont pompés par les racines ; d'un autre côté, les eaux des pluies qui lavent la surface de ces terres, & qui les pénétrent dans toutes leur épaisseur, doivent aussi entraîner, soit dans les rivieres, soit dans le sein même de la terre, les sels, les terres atténuées & le fer, qui sont les seuls résidus fixes qui puissent survivre à la décomposition des végétaux. Cette destructibilité de la terre végétale est un fait au-dessus de toute exception ; & les agricoles qui ont voulu suppléer aux engrais par des labours trop fréquemment répétés en ont fait la triste expérience ; ils ont vu leur terre s'appauvrir graduellement, & leurs champs devenus stériles par la destruction de la terre végétale.

Puis donc que cette terre est destructible, la quantité qui s'en détruit doit être jusqu'à un certain point proportionnelle à sa quantité absolue ; & comme d'un autre côté la quantité qui s'en produit annuellement est nécessairement limitée, son accroissement doit aussi avoir des limites déterminées.

Les limites de cet accroiſſement doivent varier ſuivant le climat, ſuivant la nature & la ſituation du fond qui ſert de baſe à la terre végétale, ſuivant les plantes qui y croiſſent, ſuivant les genres de cultures qu'on leur donne; enfin ſuivant la fertilité du pays. (1) Mais lors même que toutes les cauſes qui tendent à augmenter l'épaiſſeur de cette couche de terre ſe trouveroient réunies, on ne ſauroit douter qu'elle n'atteignît enfin un certain *maximum* au-delà duquel les cauſes deſtructives devenues égales aux cauſes productives ne leur permettroient pas de s'élever.

Je ne crois donc pas, comme M. de Luc, que le peu d'épaiſſeur de la terre végétale puiſſe ſervir d'argument pour prouver le peu d'antiquité de notre globe. Ce n'eſt pas que je ne penſe au fond comme lui ſur cette grande queſtion, je l'ai déja déclaré pluſieurs fois; mais je penſe que c'eſt par d'autres argumens qu'il faut la décider.

§. 1320. Je viens à la nature même des cailloux roulés que l'on rencontre ſur cette route; ceux des environs de Turin qui ſe montrent à découvert ſur les bords du Pô & de la Doire, préſentent une grande variété de ſerpentines, de ſchiſtes cornés, de roches mélangées de hornblende en lames, quelques pierres calcaires, quelques granits & quelques variolites. Cailloux roulés des environs de Turin.

Ces variolites reſſemblent beaucoup à celles de la Durance; mais celles qu'on trouve dans les environs de Turin, ne ſont pas d'un beau verd comme celle des bords de la Durance, & la nature même de Variolites de Turin.

Ce ſeroit une grande erreur que de croire que la fertilité d'un pays dépende uniquement de la nature du ſol; la chaleur & l'humidité de l'air, la quantité & la nature des exhalaiſons dont il eſt chargé y influent beaucoup plus encore. J'ai vu en Sicile & en Calabre, des rochers & des graviers incultes & arides, qui dans notre pays auroient été tout-à-fait ſtériles, & qui là, produiſoient des plantes beaucoup plus vigoureuſes que ne les donnent chez nous les terreins les plus gras & les mieux cultivés.

leur pâte eft différente ; cette pâte eft fujette à fe décompofer. Lorfqu'elle a fouffert cette décompofition, fa furface eft d'un brun noirâtre, prefque matte, & demi-dure au plus. Mais celle qui n'a pas fouffert, a, lorfqu'elle a été roulée, fa furface d'un gris brun, luifante & graffe au toucher ; intérieurement la caffure des parties faines eft d'un gris de fouris foncé, un peu brillante, à petites inégalités & à petites écailles, à fragmens affez aigus & translucides aux bords ; elle eft dure, agit fur l'aimant, & fe vitrifie très-aifément en un verre d'un gris verdâtre tranflucide, brillant & un peu bulleux ; mais celle qui eft décompofée donne un émail noir & opaque. Les grains font remarquables & méritent une defciption un peu détaillée. Les plus gros d'entre ceux qui font fimples, c'eft-à-dire, qui ne font pas compofés de la réunion de plufieurs grains ont 2 $\frac{1}{2}$ à 3 lignes de diametre. Dans ceux qui ne font pas des plus petits, on diftingue trois parties différentes. Au milieu de chacun d'eux, eft une efpece de noyau d'un gris obfcur, un peu moins obfcur que le fond de la pierre, mais cependant de la même couleur & de la même nature. Ce noyau eft entouré d'un cercle d'une couleur un peu plus claire, & duquel fortent des pointes de cryftaux qui pénetrent dans l'intérieur du noyau ; ce cercle eft lui-même entouré d'un cercle blanc qui forme la partie la plus apparente des grains ; & ce cercle eft auffi entouré de pointes de cryftaux faillans au-dehors du grain ; ces pointes pénetrent la pâte obfcure qui fait le fond de la pierre, & elles font d'une couleur un peu plus terne que le cercle blanc dont elles fortent. Ces cryftaux font tous difpofés en étoiles ; c'eft-à-dire, qu'ils tendent du centre à la circonférence de chaque grain ; je n'ai point pu déterminer la forme de ces cryftaux ; tout ce que j'ai vu, c'eft que leurs pointes font des pyramides droites. Ces grains font durs, même plus que le fond ; & comme ils réfiftent beaucoup mieux à la décompofition & au frottement, on les voit fouvent faillans au-deffus de la furface de la pierre ; ils prennent un beau poli, même dans leur noyau, quoique fa couleur foit obfcure, & qu'il ne paroiffe pas cryftallifé ; le fond au contraire, ne prend point le poli ; ce qui fait d'autant plus reffortir l'éclat des grains, & donne à la pierre polie un

afpect

aspect très-agréable : ils sont aussi très-fusibles, & donnent un verre couleur d'olive claire, qui s'affaisse aussi sur le tube, & qui est rempli de petites bulles. Cette pierre est assez dense ; le poids de l'eau distillée est au sien, comme 1000 : 2900.

Le bel échantillon que me donna M. de St. Real, contenoit une veine de schorl verd ou delphinite, (§. 1225) confusément crystallisée, qui suivant la propriété connue de cette pierre, commence à se gonfler beaucoup au premier coup de flamme, & se fond ensuite avec quelque peine en un verre noir.

§. 1321. Je trouvai une autre belle variolite, d'un genre tout différent au bord de la *Sesia*, riviere que l'on traverse à quelque minutes au-delà de *Verceil*. La pâte ou le fond de cette variolite est d'un gris rougeâtre, sale & terreux par décomposition, & ses grains sont d'un rouge de brique vif ; cette pâte est tendre, mais d'une fusion difficile, & le verre qui en résulte est décoloré, rempli de petites bulles & parsemé de points noirs ferrugineux. Les grains sont gros comme des pois ; lorsqu'ils sont fraîchement cassés, ils paroissent composés de trois ou quatre couches concentriques, qui alternent d'un rouge plus obscur à un rouge plus clair, & l'on y apperçoit, comme dans ceux de la variolite de Turin, des indices de rayons qui tendent du centre à la circonférence. Exposés à la flamme du chalumeau, ils se décolorent entièrement ; les distinctions des couches disparoissent, & ils présentent un verre blanc & poreux. Les différentes parties de cette pierre paroissent donc toutes de la nature du petrosilex primitif ; sa pesanteur spécifique est de 2569.

Variolites de la Sesia.

On trouve aussi sur les bords de la même riviere d'autres variolites dont la pâte est dure, d'un rouge de brique vineux, & dont les grains sont d'un rouge clair ; leur nature paroît être la même.

§. 1322. Une autre pierre remarquable, que je trouvai sur les bords

Porphyre de feldspath & delphinite.

de la Sefia, c'eſt un porphyre rouge & verd, mélangé de feldſpath & de delphinite; la partie rouge qui forme la pâte eſt un feldſpath rouge, grenu, à grains médiocres & durs. La partie verte eſt diſſéminée par nids arrondis plus ou moins réguliers, de deux ou trois lignes de diametre, compoſés d'aiguilles diſtinctes qui tendent au centre du nid. Entre ces aiguilles vertes, on en diſtingue quelques-unes d'un gris noirâtre & brillant : elles ſont toutes plus dures que l'acier, & ſe fondent avec quelque difficulté en un verre noir & luiſant : elles ne ſe bourſouflent pas avant de fondre comme les delphinites ordinaires ; je crois cependant devoir les rapporter à ce genre. On y remarque auſſi quelques cryſtaux de feldſpath.

On ne connoît le pays natal de s cailloux.

§. 1323. QUANT au pays natal de ces différentes pierres, comme la Sefia prend ſa ſource dans les Alpes qui dominent la vallée d'Aoſt : on pourroit croire que c'eſt dans ces montagnes qu'il faut chercher les rochers d'où ces cailloux ont été détachés, mais cette conjecture eſt très-incertaine. En effet, ce ne ſont pas toujours les rivieres où ſe trouvent des cailloux qui les ont dépoſés ſur leurs bords ; ſouvent ces cailloux ont été tranſportés dans les lieux où coulent ces rivieres par d'anciens courans qui n'ont rien de commun avec elles ; & ſouvent la riviere actuelle n'a fait que mettre ces cailloux à découvert en entraînant les terres & les ſables qui les cachoient à nos yeux.

CEPENDANT, quant à la variolite §. 1520, M. le Comte MOROZZO a publié un mémoire ſur cette pierre, qu'il nomme *variolite du Piémont*: il a ſuivi ſes traces en remontant la Doire au-deſſus de Suze, & il croit qu'elle vient des montagnes du Col des Fenêtres & du Col de Fatieres. Il ne dit pourtant pas qu'il ait obſervé les rochers dans leur lieu natal. Acad. de Turin, 1791.

Cailloux du Teſin.

§. 1324. LE TESIN, que l'on traverſe à une lieue & demie de Novarre, a auſſi ſon lit rempli de cailloux roulés, granits, porphyres, quartz, roches grenatiques, roches mélangées de hornblende & de quartz, ſerpentines, &c.

Mais je n'y trouvai point de variolites, & la pierre la plus remarquable qui s'offrit à mes yeux, étoit un porphyre à pâte grife, dure, renfermant des cryftaux de feldfpath rofes, plus ou moins réguliers. & des grains irréguliers de quartz blanc, laiteux, demi-tranfparent; Cette pâte grife eft très-dure, elle a un grain très-fin, un commencement de demi-tranfparence; elle donne contre l'acier de vives étincelles; elle eft d'une fufion difficile, & fe comporte au chalumeau comme les petrofilex les plus réfractaires. Cette pâte paroît donc compofée du mélange des élémens du quartz & du feldfpath, dont les parties fe préfentent réunies çà & là fous la forme de grains dans l'intérieur de la pierre. Dans tous ces cailloux, je n'ai pu en appercevoir aucun qui eût effuyé l'action des feux fouterrains.

§. 1325. Nous fûmes retenus à Verceil pendant 24 heures par le débordement de la Sefia, & pendant ce tems là, je montai à la cime d'une tour très-élevée, qui fe nomme *Torre della citta*. On a de là une très-belle vue, fur-tout de la chaîne des Alpes. On voit encore fur la gauche la pyramide du Mont-Vifo, & l'on a en face au Nord-Oueft le Mont-Rofe qui fe préfente très-majeftueufement. Les Alpes ne font pas là coupées à pic au-deffus de la plaine comme à Turin ; on y arrive par une fuite graduée de collines & de montagnes. Ces collines font compofées de cailloux & de blocs roulés chariés par les anciens courans ; je les traverfai en 1771, en allant de Verceil à Yvrée.

Belle vue des Alpes.

Mais ce qui me frappa du haut de la tour de Verceil, c'eft que depuis le Mont-Rofe, les Alpes en tirant au Nord & au Nord-Eft, paroiffent s'abaiffer confidérablement. On n'y voit plus de cimes élevées, ni hardiment découpées, ce font des montagnes noirâtres, d'une hauteur prefqu'uniforme ; vrafemblablement ce n'eft pas de granit que ces fommités font compofées, mais de fchiftes cornés ou argilleux, de roches micacées, ou d'autres pierres moins dures.

Du haut de cette même tour on voit au Sud, au Sud-Eft, & à l'Eft la continuation des collines du Mont-Ferrat, & de l'Aftéfan, & au Nord-Eft les riches plaines de la Lombardie qui s'étendent à perte de vue.

Milan. §. 1326. Nous ne paffâmes, M. PICTET & moi, que trois jours à Milan, mais nous eûmes le bonheur de les paffer dans la fociété des célebres phyficiens qui l'illuftroient alors (en 1780). Le Pere FRISI, vivoit encore; M. le Chevalier LANDRIANI, avec lequel j'étois déja lié, mais dont l'amitié m'eft devenue de jour en jour plus précieufe, nous fit voir dans fon cabinet une foule de machines intéreffantes, de fon invention; nous en vîmes auffi de nouvelles & très-ingénieufement imaginées, chez M. le profeffeur MOSCATI; M. l'abbé CESARIS, & M. l'abbé ORIANI, nous montrerent leur Obfervatoire & les beaux inftrumens dont il eft fourni; & nous vîmes enfin l'intéreffante collection de minéraux, & en particulier de feldfpath, du Pere PINI.

COMME plufieurs de ces favans phyficiens s'étoient occupés de la conftruction de divers barometres portatifs, nous penfâmes à les comparer avec les nôtres; nous nous fervîmes pour cette comparaifon du dôme ou de la cathédrale de Milan, qui a prefque la maffe & la hauteur d'une montagne. Mais ce fera M. PICTET qui donnera dans un mémoire féparé le réfultat de ces comparaifons.

CHAPITRE XIV.
DE MILAN A GENES.

§. 1327. La route de Milan à Gênes, passe par les villes de Pavie & de Tortone, & suit encore les plaines jusqu'à Castaggio, village situé à trois lieues au delà de Pavie : là même on ne pénetre point encore entre les collines, on les côtoye pendant quelque tems pour s'en écarter ensuite ; la route ne s'engage dans les montagne qu'à Novi, premier village de l'Etat de Gênes.

<small>Continuation des plaines.</small>

En côtoyant ces collines qui forment la lisiere extérieure de l'Apennin, on voit qu'elles sont composées de lits peu inclinés de sable & de gravier. Les Appenins comme les Alpes, sont presque par-tout bordés de collines de ce genre.

<small>Collines qui bordent les Apennins.</small>

Dans le milieu des grandes plaines de la Lombardie, on ne voit guére que du sable & de l'argille ; mais en approchant de ces collines, on commence à revoir des cailloux roulés dans les lits des ruisseaux, & même à la surface de la terre. Là, ces cailloux sont presque tous des pierres calcaires & des grès.

§. 1328. Nous ne mîmes que trois heures en poste de Milan à Pavie, & nous nous arrêtâmes un demi jour à Pavie pour voir quelques-uns des savans professeurs de cette Université. Comme c'étoit la saison des féries, nous eûmes le regret de n'y pas trouver M. Volta, ni M. Spallanzani ; mais nous eûmes le plaisir d'y voir le Pere Fontana, le Pére Barletti & M. Scopoli, ce dernier nous montra le cabinet d'histoire naturelle, qui renfermoit le sien propre, acquis par

<small>Pavie.</small>

l'Empereur, pour former la base de celui de l'université, & que M. SPALLANZANI avoit déja commencé à enrichir. J'eus sur-tout un singulier plaisir à y voir la belle collection des cryftaux, dont M. SCOPOLI a donné la defcription dans sa cryftallographie Hongroife.

§. 1329. ENTRE Pavie & Novi, nous traversâmes le Pô & la Scrivia qui s'étoient débordés, & avoient caufé d'affreux ravages; les eaux venoient de se retirer, mais en divers endroits elles avoient laiffé les campagnes enfevelies fous des amas de fables & de gravier. Pour tirer quelque utilité de ce trifte fpectacle, j'obfervai avec foin la fituation qu'avoient prife les couches dont étoient compofés ces amas. Je vis que fur des terreins unis, ces dépôts formoient des efpeces d'ondes en pente douce du côté d'enhaut, ou du côté d'où venoit le torrent, & efcarpées du côté oppofé. Cette obfervation me donna la clef de la fituation des bancs de nos collines tertiaires, ou de celles qui font compofées de fable, de gravier & d'autres débris accumulés par les eaux. Dans les lieux où ces eaux n'ont rencontré aucun obftacle, ces collines font toutes efcarpées du côté des plaines, & descendent en pente douce du côté des montagnes d'où font venus les courans qui les ont formées.

MAIS lorfque le courant avoit rencontré quelqu'obftacle invincible, tel qu'une groffe pierre ou un buiffon élevé & touffu, alors le monticule de dépôts fe terminoit en pente douce, au-deffous de l'obftacle. J'ai fait auffi dans nos montagnes l'application de ce phénomene.

§. 1330. J'AI dit que c'eft à Novi, premier village de l'Etat de Gênes, que la grande route s'engage dans les montagnes. Ces montagnes font un rameau des Alpes, qui fépare de la mer les plaines du Piémont, & va en fe prolongeant à l'Eft, prendre le nom d'*Apennin*, & traverfe fuivant fa longueur toute la presqu'isle de l'Italie. En effet, les montagnes qui, au levant & au couchant, renferment le golfe de Gênes, font unies avec la chaîne des Alpes, fans fouffrir nulle part aucune interruption.

LES montagnes maritimes de la Provence ont auſſi la même continuité avec la chaîne des Alpes; il eſt donc bien certain que cette grande chaîne qui, en s'abaiſſant graduellement, vient aboutir à la Méditerranée, ſe diviſe là comme un Y en deux branches inégales, dont l'une à l'Orient, forme les Apennins; l'autre à l'Oueſt, forme les baſſes montagnes de la Provence.

QUELQUES auteurs ont voulu prolonger ce bras, & en former le lien des *Alpes* avec les *Pyrénées*; mais je ne ſaurois être de cet avis; la continuité eſt entiérement rompue par les grandes plaines de la baſſe Provence & du Languedoc.

§. 1331. Je reviens à Novi. La route qui traverſe ce village étoit alors pavée de gros cailloux qui la rendoient extrêmement fatiguante; en revanche, quelques-uns d'entr'eux méritent d'être décrits. *Cailloux de Novi.*

ON en voyoit de très-peſans, feuilletés, mêlés de parties blanches & de parties noires; les parties blanches étoient tranſlucides, avoient un grain fin, une très-grande dureté, & ſe comportoient au chalumeau comme une ſtéatite fuſible. Ces caracteres ſont ceux du jade; les parties tendres étoient noires, confuſément cryſtalliſées en aiguilles brillantes, & ſe fondoient aiſément en un verre noirâtre; c'étoit donc une pierre de corne cryſtalliſée, ou une hornblende. *Roche feuilletée de jade & de hornblende.*

§. 1332. D'AUTRES cailloux, auſſi de jade, renfermoient des cryſtaux de ſmaragdite lamelleuſe tendre. (§. 1313. *A.*) Mais ce jade différoit de celui que je viens de décrire: ſa couleur étoit d'un verd clair tranſlucide, ſon grain très-fin, avoit l'œil d'une huile figée; ſa dureté étoit très-grande, & il ſe fondoit à la flamme du chalumeau encore plus aiſément que les jades communs, en donnant cependant un verre ſemblable au leur. Les cryſtaux que je conſidere comme étant de ſmaragdite étoient noirâtres, de forme rhomboïdale, moins durs que l'acier & très-réfractaires; quoique de très-petits éclats expoſés à la flamme du *Roche feuilletée de jade & ſmaragdite.*

chalumeau, se fondissent superficiellement en formant de petites bulles, qui se crevent avec éclat, caractere propre à la classe des pierres dont la magnésie fait la base, & que M. PICTET a bien observé dans les singuliers cryftaux qu'il a trouvés sur le glacier des bois. *Journal de physique*, décembre 1787.

<small>Stéatites demi dures fusibles.</small>

§. 1333. J'y trouvai enfin une pierre d'un gris verd obscur, qui avoit toutes les apparences d'une de ces serpentines demi dures, qui sont si communes sur les bords de notre lac, seulement son grain étoit plus grossier, & sa surface extérieure rude au toucher. Elle en différoit aussi en ce qu'elle donnoit beaucoup de feu contre l'acier, & se fondoit très-aisément au chalumeau en un verre noirâtre qui s'affaissoit sur le tube.

<small>De Novi Ottagio collines tertiaires.</small>

§. 1334. DE Novi à Ottagio il y a deux postes, que nous fîmes dans 3 heures ¼. Sur cette route tortueuse, on passe entre des collines composées de débris. Quelques-unes d'entr'elles présentent des couches extrêmement régulières. Près de Gavi, par exemple, on voit des bancs de grès, dont les couches parfaitement paralleles entr'elles, montent du côté du Sud sous un angle de 20 à 30 degrés; ces grès sont ici très-tendres & feuilletés; là durs & compactes. Dans quelques endroits ils sont remplacés par des bancs de galets, dont la situation est précisément la même. On voit aussi dans quelques endroits ces graviers agglutinés en forme de poudingues.

ON jouit sur cette route de quelques points de vue charmans que présente la vallée arrosée par le Lémo, au bord duquel est le village de Gavi, dominé par la forteresse du même nom: ces collines cultivées, entrecoupées par des bois, & enrichies de villages & de châteaux pittoresques, varient à chaque instant les aspects de la route; & cette variété des pays montueux contraste très-agréablement avec la monotonie des plaines que l'on vient de quitter.

§. 1333.

§. 1336. En fortant d'Ottagio, on voit que le fond du fol eft d'ardoife; mais comme nous étions arrivés de nuit dans ce village, je n'ofe affurer que ce genre de pierre foit le premier dont on trouve des rochers en place après les collines compofées de débris.

La route d'Otétagio à Gnes, continue de fuivre le cours du Lemo, & va par une pente douce & continue au fommet du col ou paffage connu fous le nom de la *Bouquette*. Cette route coupe jufqu'à angles droits des bancs inclinés; d'abord de fchiftes argilleux gris, puis d'une pierre calcaire d'un gris obfcur, fchifteufe & imparfaitement grenue; puis d'ardoifes noires & luifantes, mêlées de rognons de fpath & de quartz; enfuite les calcaires recommencent, puis une efpece mixte verdâtre, & enfin les ardoifes. Cette pierre mixte, que l'on trouve à une lieue d'Ottagio, eft très-difficile à déterminer. Elle eft d'un gris verdâtre, elle approche de la ftéatite durcie; elle a comme elle un tiffu irréguliérement fchifteux; elle eft tendre, translucide aux bords, mais elle eft plus feche, moins brillante & plus fufible. On ne peut y diftinguer aucun mélange, fi ce n'eft quelques points pyriteux. Ses bancs inclinés en montant au Sud-Eft, courent du Nord-Eft au Sud-Oueft; tandis que ceux de fchifte argilleux que nous avions rencontrés demi-heure auparavant courent du Nord Nord-Oueft au Sud Sud-Eft.

Quant aux pierres calcaires que l'on trouve fur cette route, aucune d'elles n'eft pure; leurs feuillets minces font toujours féparés par une efpece de vernis qui eft, tantôt de la nature de l'argille, tantôt de celle de l'ardoife. Ce mélange n'empêche pas la pierre de faire effervefcence avec les acides, mais il l'empêche de fe calciner au chalumeau, parce que les parties étrangeres fe fondent & s'infinuent entre les parties calcaires; d'un autre côté, ces dernieres s'oppofent à ce que le verre ne coule; il réfulte de là que les petits éclats de cette pierre, expofés à la flamme, prennent un œil vitreux, mais fans changer abfolument de forme.

S

Col de la Bouquette.

§. 1337. Nous mîmes deux heures d'Ottagio à la Bouquette. Comme quelqu'un m'avoit dit à Milan, que l'on regardoit la montagne de la Bouquette comme un volcan éteint, & que son nom même désignoit la bouche de ce volcan, je résolus de l'observer avec beaucoup de soin.

Je vis d'abord qu'il n'y avoit là aucune apparence de trou ni de cratere; mais le passage serré entre deux sommités, arrondies & médiocrement élevées, peut être comparé à une bouche dont ces deux sommités formeroient les levres.

En suivant cette dénomination, la levre occidentale, ou la sommité que l'on laisse à sa droite, en allant à Gênes, a sa base au niveau du chemin, composée d'un talc durci, noirâtre & très-gras au toucher, qui se décompose à l'air & se change en une espece de terre; c'est vraisemblablement cette pierre noire qui aura trompé quelque voyageur, & qu'on aura prise pour une lave; car on ne voit là aucune autre pierre qui ait la moindre ressemblance avec aucune production des volcans; quelques parties de ce talc sont coupées par des veines de quartz blanc & d'asbeste dur.

En montant au-dessus du rocher de talc, on trouve une pierre argilleuse, grise, tendre, feuilletée, très-douce au toucher, pesante, non effervescente, qui se divise d'elle-même en fragmens rhomboïdaux. Je l'avois d'abord prise pour une pierre de corne, mais comme elle est extrêmement réfractaire, & que la flamme du chalumeau ne fait que lui donner un œil vitreux sans la fondre, je crois devoir la regarder comme une pierre composée d'argille: elle est de la même nature que le schiste gris du §. 1217.

Je montai jusqu'à la cime de ce monticule, & je le parcourus en tout sens, mais sans y découvrir autre chose que du quartz, & la pierre argilleuse que je viens de décrire.

§. 1338. L'AUTRE levre de cette bouche, ou le monticule qui occupe le côté gauche, n'a point sa base composée de talc durci comme celui qui lui est opposé. Cette base est une pierre calcaire grise, moyenne entre le grenu & le compacte, & dont les couches minces sont séparées par des particule, de schiste argilleux, semblable à celui que j'ai décrit à la fin de l'avant dernier paragraphe. (1) *Colline à l'Orient, du col. Pierre calcaire.*

Au-dessus de cette pierre calcaire, je trouvai une pierre argilleuse, exactement semblable à celle de la colline opposée. Je montai aussi à la cime de cette colline, qui est plus élevée & plus éloignée du chemin que celle de la droite, & je n'y découvris non plus aucun vestige de volcan.

§. 1339. EN descendant du col de la Bouquette à Gênes, on retrouve un peu au-dessous du col, des couches minces de la pierre argilleuse, grise qui forme la cime de ces deux monticules; & ces couches ont là une situation bien déterminée: elles sont verticales, & leurs plans courent directement du Nord au Midi; de là jusqu'au bas de la descente, ce sont des alternatives continuelles de talc, de pierre calcaire grise & compacte, de schiste argilleux & d'ardoise proprement dite. Mais au bas de la descente, & de là jusqu'à Gênes, on ne voit plus que de la pierre calcaire; la ville paroît bâtie sur cette pierre, & toutes les collines qui l'entourent paroissent aussi en être composées. *Descente du col de la Bouquette à Gênes.*

SUR toute la route de Novi à Campo-Marone, qui a 10 lieues de longueur, on voyage toujours entre deux collines de formes variées, dont les sommités sont presque toutes boisées & couvertes de châtai-

---

(1) Un savant, qui est tout à la fois un profond minéralogiste, & un excellent observateur, M. BESSON, a souvent observé dans les Alpes des bancs de stéatite, situés dans une vallée vis-à-vis des bancs de pierre calcaire qui paroissent leur correspondre. *Tableaux de la Suisse*, t. I, p. 97. Mais il est rare de les voir à d'aussi petites distances. Ici, ils ne sont séparés que par la largeur du chemin.

gniers, tandis que le fond des vallées, qui eſt très-peuplé, préſente des points de vue doux & rians, de grands villages, de beaux jardins, & çà & là quelques palais iſolés, décorés d'architecture, & qui frappent d'autant plus, qu'on ne les attend point au milieu des ces montagnes.

De Campo-Marone à Gênes, dans l'eſpace de près de quatre lieues, c'eſt une ſuite continue de jardins, de palais, où l'on voit briller tout le luxe de leurs riches & faſtueux poſſeſſeurs ; mais un genre de luxe bien noble & bien agréable aux voyageurs, c'eſt celui auquel on doit la ſuperbe chauſſée qui conduit de Campo-Marone juſqu'à Gênes ; c'eſt la famille Cambiaſo, qui, à l'exemple des Appius & des Flaminius, a établi à ſes frais toute cette chauſſée, & s'eſt acquis des droits légitimes à la reconnoiſſance de ſa patrie & même des étrangers. On ſent vivement le prix de ce bienfait, lorſqu'en venant de Novi, on a fait dix lieues ſur une route pavée de gros cailloux inégaux, qui fatiguent également les voyageurs & les voitures.

En allant à notre auberge, nous paſſâmes par la rue Balbi, la ſeule qui ſoit aſſez large & aſſez réguliere pour qu'on puiſſe jouir de la vue des magnifiques palais, ſi multipliés dans cette ville, & qui lui ont fait donner le nom de *Gênes la ſuperbe*.

CHAPITRE XV.
NOTRE-DAME DE LA GARDE.

§. 1340. Nous arrivâmes à Gênes, M. Pictet & moi, le 29 sep- *Introduc-* tembre. Pressés par le tems, nous comptions de n'y passer qu'un ou *tion.* deux jours, & même d'employer une partie de ce séjour à sonder la mer & à mesurer sa température. Mais la pluie & les vents contraires nous retinrent malgré nous, pendant onze jours. Cependant un ou deux intervalles moins mauvais, nous permirent quelques excursions.

Nous fûmes sur-tout empressés d'aller observer un phénomène qui avoit fait beaucoup de bruit dans le pays ; une église frappée de la foudre, malgré un conducteur dont elle étoit armée. Cette église est située sur la cime d'une montagne à trois lieues au Nord-Ouest de Gênes ; elle est dédiée à la Vierge Marie, sous la protection de laquelle sont le golphe & la ville même de Gênes ; & c'est pour cette raison que cette église se nomme *Notre-Dame de la Garde*.

Nous eûmes le plaisir de faire ce voyage dans la compagnie du *Conduc-* Pere Ageni, savant professeur de l'université de Gênes, & le premier *teur frap-* qui ait introduit dans l'Etat de Gênes l'usage des para-tonnerre. *pé par la foudre.*

Comme depuis plusieurs années, cette église avoit été une fois par an frappée par la foudre, on jugea convenable de la munir d'un conducteur, & on en posa un le 3 novembre 1778. Mais cette église fut également frappée par le tonnerre, le 24 août de l'année suivante ; & il a même été constaté, que la foudre avoit passé par le conducteur, puisque sa pointe, qui étoit de cuivre doré, se trouva en partie fondue. La barre de fer à l'extrémité de laquelle cette pointe étoit soudée, entroit à vis dans la sommité d'une croix de fer qui couronnoit le clocher de l'église. Cette pointe attira un torrent de fluide électrique, ce fluide descendit par la croix, & là, au lieu de suivre le fil conducteur qui passoit par le déhors de l'église, & d'aller ainsi se disperser dans la terre, où aboutissoit ce conducteur, il passa par les barres de fer qui soutiennent le clocher, & qui lient entr'eux les murs du portique de l'église ; mais comme ces barres ne descendent pas jusqu'à terre, la matiere de la foudre fut obligée de continuer sa route au travers de la substance même des murs ; & ces murs n'étant que des conducteurs imparfaits, furent percés à jour dans une place, & furent déchirés ou écorchés dans plusieurs autres. Les dalles de pierre qui forment le pavé de l'église furent soulevées en plusieurs endroits ; ce qui fait croire que l'explosion venoit de l'intérieur de la terre, & que ce tonnerre étoit du genre de ceux qu'on nomme ascendans.

Ce qu'il y eut d'étonnant & de singuliérement heureux, c'est que quoique le portique & l'église fussent remplis de monde (un jour de fête, celui de la St. Barthelemi) au moment du coup, il n'y eut personne de tué ni même de blessé dangereusement. Tous ceux qui étoient dans le portique furent jetés à la renverse ; une femme eut la manche de sa robe brûlée par le tonnerre ; un homme eut son soulier décousu auprès de la semelle : on prétend même que la semelle du bas fut, sinon consumée, du moins tellement dechirée & divisée, que l'on n'en retrouva aucune trace. Ces deux personnes demeurerent étendues & évanouies sur la place ; mais elles reprirent leurs sens assez vite, & n'en ressentirent aucune incommodité durable.

Il y eut encore ceci de remarquable dans la route que suivit la foudre, c'est que ce fut exactement la même que celle qu'elle avoit suivie toutes les fois qu'elle avoit frappé cette église avant l'érection du conducteur. Ce fait paroit indiquer clairement qu'il y a sous cette partie de l'église quelque masse de corps déférens, qui communique avec la masse totale du globe. Peut-être est-ce une source cachée dans la terre, & ce qui appuye cette conjecture, c'est que l'on remarque, au bas de la muraille par laquelle passa la foudre, une humidité qui étoit très-sensible le jour même où nous faisions cette observation. Au contraire, le terrein dans lequel aboutissoit le conducteur, 'est qu'un amas de rocailles que nous trouvâmes parfaitement sèches ; la montagne a de ce côté là une pente très-rapide, & ce même côté est exposé au midi; on comprend donc que, sous un climat aussi chaud, toute cette partie de la montagne doit être à la fin de l'été d'une extrême aridité ; ensorte que le conducteur qui y aboutissoit, devoit se trouver comme isolé, & qu'ainsi la matiere électrique devoit trouver beaucoup plus de facilité à passer au travers de la muraille humide.

Le Pere Ageni, chargé de préserver cette église d'une maniere plus efficace, a fait ériger au mois d'août 1780, un nouveau conducteur, & l'a fait aboutir dans une citerne qui est constamment pleine d'eau. Il a lié ce nouveau conducteur, avec tous les fers de l'église, & même avec l'ancien conducteur qu'il n'a point voulu détruire; enfin pour ne négliger aucune des précautions que la prudence pouvoit suggérer, il a fait descendre un rameau du nouveau conducteur par la route que la foudre avoit toujours affecté de suivre ; c'est-à-dire, le long du mur du portique, & il l'a fait pénétrer très-avant dans la terre, immédiatement au-dessous de ce mur. Si donc la matiere du tonnerre étoit plus fortement attirée par la masse conductrice, que nous supposons placée au-dessus de ce mur, que par l'eau de la citerne, cette matiere pourroit suivre paisiblement cette route sans occasionner aucun dommage. (1)

---

(1). M. le Chevalier Landriani m'a fait l'honneur d'insérer ces observations dans un ouvrage qu'il a publié à Milan, par ordre du Gouvernement, sur l'utilité des para-tonnerre. *Dell utilita dei conduttori elettrici* Milan 1784. Mais comme cet ouvrage n'a point été traduit en françois, j'ai cru devoir consigner ici un fait si intéressant, & qui démontre si bien la nécessité de faire toujours aboutir les conducteurs, ou dans l'eau, ou dans une terre constamment humide.

CES sages mesures ont été couronnées du succès qu'elles méritoient; dès-lors l'église n'a plus été frappée par le tonnerre, au moins c'est ce que j'apprends par une lettre de Gênes, en date du 9 août 1794.

Vue du haut de la montagne Notre-Dame.

§. 1341. LA vue que l'on a du haut de cette montagne est fort étendue, mais peu intéressante. Cette partie des Apennins ne présente ni les aspects majestueux & terribles, ni les vallées riantes de nos Alpes. Leurs sommets sont arides & pelés, mais sans formes hardies & décidées, sans beaux rochers, & sans escarpemens bien prononcés.

ON ne peut point déterminer la forme ni la direction générale des vallées & des montagnes qu'on découvre de là ; on en voit qui courent du Midi au Nord; d'autres, du Levant au Couchant; d'autres suivent des directions intermédiaires : mais quant à l'élévation, on voit que Notre-Dame de la Garde est située sur la plus haute partie de cette chaîne des Apennins; car les montagnes s'abaissent graduellement, soit au Midi du côté de la mer, soit au Nord du côté des terres. D'après l'observation de M. PICTET, le sol de l'église est élevé de 422 toises au-dessus de la mer. On croiroit aussi pouvoir prononcer, que ces montagnes ont été dans l'origine une masse pleine & continue, & que les vallées qui les divisent actuellement sont l'ouvrage des eaux pluviales; en effet, on ne voit, comme je l'ai dit, aucune de ces vallées suivre régulièrement la direction générale de la chaîne des Apennins, toutes ont la forme d'un entonnoir renversé, étroit vers le haut & s'élargissant vers le bas.

CE qu'on voit de ces vallées ne paroît peuplé & cultivé que du côté du Nord; vers le Col de la Bouquette, & au Sud-Est le long de la Polcevera, autour de St. Pier d'Arena & du Fanal; car la ville même de Gênes est cachée par les montagnes qui forment son enceinte. La mer qui présente un aspect superbe, lorsqu'on la voit au-delà d'un pays riant & fertile, paroît infiniment triste & sauvage lorsqu'elle termine comme ici un pays stérile & désert.

§. 1342.

§. 1342. LE sommet de la montagne est composé d'une pierre de la classe des magnésiennes, qui, je crois, n'a pas été décrite, & que je nommerai *serpentine grenue*. A l'air elle est matte & de couleur de rouille, mais dans ses divisions spontanées, elle prend une couleur d'un brun noirâtre, irisé & quelquefois brillant. Intérieurement, les morceaux qui n'ont point souffert de la décomposition sont d'un verd gris foncé. Cassure inégale, sans éclat, terreuse & grossière, ou plutôt grenue, paroissant à une forte loupe un peu écailleuse, ou plutôt composée de parties détachées; les unes en grains, les autres de formes irrégulières d'un verd clair & translucide. La pierre en masse n'est translucide que sur ses fins bords; elle se raye en gris blanchâtre; elle est tendre, à l'odeur argilleuse & se fond aisément au chalumeau, à raison de la quantité de fer qu'elle contient. Le verre qu'elle donne est noir, luisant & compacte. Ce même fer est cause que la pierre prend à l'air une couleur de rouille qui la pénetre peu à peu, au point que ce n'est que dans l'intérieur des morceaux d'un certain volume qu'on retrouve la couleur verte, naturelle à la pierre. Ces mêmes parties vertes agissent sur l'aiguille aimantée, tandis que celles qui sont complettement rouillées n'exercent sur elle qu'une action très-foible. Enfin, les progrès de cette rouille vont au point de décomposer cette pierre & de la réduire en une espèce de terre.

Nature de sa cime. Serpentine grenue.

CETTE serpentine se divise d'elle-même en fragmens polyedres irréguliers; la forme rhomboïdale est cependant celle que l'on reconnoit le plus fréquemment. Cette disposition à se diviser, a oblitéré les traces des couches, qui ont dû exister originairement dans cette pierre : les granits argilleux sont sujets à ce même accident, comme je l'ai observé ailleurs.

§. 1343. Au-dessous de ces serpentines décomposées, on trouve un banc d'ardoises luisantes non effervescentes. Exposées à la flamme du chalumeau, elles se gonflent d'abord, mais se fondent ensuite avec peine en un verre d'un gris obscur. Ce banc court de l'Est Sud-Est à l'Ouest Nord-Ouest en se relevant du côté du Sud.

Ardoises rouges.

T

<small>atites.</small>

CE banc n'a que quelques pieds d'épaisseur, & les serpentines qui sont au-dessus de lui recommencent au-dessous, sans que l'on puisse distinguer aucune substance intermédiaire.

<small>caires.</small>

Sous ces serpentines, on trouve des pierres calcaires grises, avec des veines & des rognons de spath & de quartz.

<small>rgille isteuse.</small>

CES calcaires sont suivies d'une pierre grise, tendre, argilleuse, parfaitement semblable à celle que j'ai décrite au Col de la Bouquette, §. 1337.

<small>lcaires rticales.</small>

ON trouve ensuite plusieurs bancs verticaux de pierres calcaires, qui courent à peu-près du Sud-Ouest au Nord-Est, & dont la direction fait par conséquent un angle de 90 degrés avec celle des ardoises rouges, mentionnées au commencement de ce paragraphe.

A ces calcaires succèdent des schistes dont les feuillets sont calcaires dans l'intérieur, mais dont l'écorce est d'ardoise.

VIENNENT ensuite des calcaires qui n'ont point une écorce d'ardoise (*), & ainsi des alternatives de calcaires & d'ardoises, jusqu'auprès de Gênes, où enfin la pierre calcaire domine ; mais cependant, avec un mélange constant d'argille, & souvent traversées ou au moins recouvertes de schistes argilleux.

EN montant & en descendant, nous eûmes en vue à l'Ouest, une

(*) La plupart des pierres calcaires de cette montagne contiennent une partie combinée d'argille. Elles font une vive effervescence avec les acides, mais elles ne s'y dissolvent pas entierement. Elles y conservent même leurs formes, mais ce qui en reste est friable & se divise entre les doigts, en une terre noire, mêlée de quelques grains de sable.

montagne dont nous étions séparés par un profond ravin, & dont on nous dit qu'on avoit tiré du vitriol de mars, mais je n'ai aucune connoissance de la matiere dans laquelle on le trouvoit. De la distance d'où nous voyions cette montagne, elle paroissoit mélangée d'ardoises & de terres férugineuses.

CHAPITRE XVI.

DE GÊNES A PORTO-FINO.

Premiere expérience sur la température de la mer.

Introduction.

§. 1344. D'après les informations que le mauvais tems nous avoit bien laissé le loisir de prendre, il nous parut certain que l'endroit où la mer étoit la plus profonde, se trouvoit vis-à-vis du Cap de Porto-Fino, à l'Est Sud-Est de la ville.

Sortie du port.

En conséquence, nous partîmes pour y aller le 7 octobre, sur un petit bateau, de l'espèce qu'on nomme à Gênes *guzzo*. En sortant du port, nous admirâmes la beauté du coup-d'œil que présente la ville de Gênes, bâtie en amphithéâtre au-dessus de ce bassin.

Rocs calcaires, diversement inclinés.

§. 1345. Voguant ensuite à l'Est de la ville, nous prîmes plaisir à observer les extrémités des rochers calcaires qui lui servent de base. La plus grande variété règne dans la situation de leurs couches. On les voit d'abord inclinées, puis verticales, puis encore inclinées, puis horizontales. Les plus remarquables sont celles qui sont situées près des carrières *ou cave di Carignano*; elles sont horizontales, & paroissent reposer immédiatement sur d'autres qui sont verticales. Un peu plus loin, on en voit qui sont courbées en sens contraire, comme des arcs qui se touchent par leurs convexités. Enfin, ce qu'il y a de plus important à observer, c'est que les plans de toutes ces couches, quelle que soit leur inclinaison, courent tous dans la direction du Nord au Sud, ou à très-peu près. Ces grandes différences dans les inclinaisons, réunies à l'identité de la direction de ces plans, ne sont-ils pas de bien

TEMPÉRATURE DE LA MER. Chap. XVI. 149

forts indices du refoulement, que je regarde comme la cause du redressement des couches, horizontales dans leur origine? Voyez le paragraphe 1166.

§. 1346. Nous marchions d'abord par un vent de Nord très-gaillard qui frappant presqu'à angles droits nos voiles latines, placées suivant la longueur du bateau, sembloit devoir le renverser, mais le faisoit marcher à l'Est avec autant de sûreté que de vitesse. Relâche sous la montagne de Porto-Fino.

Malheureusement ce vent sauta à l'Est & nous devint directement contraire. Nos bateliers ne crurent pas qu'il fût possible de doubler le Cap, & d'ailleurs la mer étoit trop agitée pour nos expériences.

En attendant un moment plus calme, nous allâmes aborder dans une anse, à l'Ouest & à l'abri de la montagne de Porto-Fino; nous y arrivâmes en trois quarts d'heure de route depuis Gênes. Je me consolai de ce contre-tems, dans l'espérance d'observer cette montagne, dont j'avois entendu parler à Gênes, comme d'une chose très-extraordinaire.

§. 1347. En effet, il n'est pas commun de voir un rocher aussi élevé & aussi étendu, entierement composé de cailloux roulés & arrondis, qui ont depuis trois lignes jusqu'à 5 pieds de diametre. Les cailloux sont presque tous calcaires; les plus gros sont ordinairement composés de couches planes, fortement unies entr'elles. J'en trouvai, quoique avec beaucoup de peine, un ou deux de quartz, quelques-uns de serpentine, mais ni granits, ni porphyres, ni roches micacées quartzeuses; ces cailloux sont liés entr'eux par une pâte, composée de sable & d'argille ferrugineuse, & cette pâte est elle-même liée par un gluten calcaire; aussi se forme-t-il dans les crevasses des veines de spath calcaire; nous en vîmes qui avoient jusqu'à deux pieds d'épaisseur. Ce spath est blanc, mais les cailloux & les grès qui le lient sont à peu-près tous d'un gris obscur presque noir. Description de cette montagne.

PORTO-FINO.

Jardins & maison remarquables.

§. 1348. Du petit port où l'on amarra notre bateau, nous montâmes par des escaliers taillés dans le roc, à une jolie retraite que s'est fait construire un riche négociant de Nervi, nommé M. *Gnecco*. Le bas de la montagne, du côté du Nord, est couvert d'arbres & d'arbustes toujours verds, de myrthes, de pins maritimes, de chênes verds, & d'arbousiers qui viennent là d'une grandeur & d'une beauté peu communes. Plus haut, où le rocher plus aride & plus rapide refusoit de produire de la verdure, M. Gnecco a fait pratiquer des plattes-bandes en terrasses les unes sur les autres, les a garnies de terre, & il y a planté des châtaigniers, des oliviers & des figuiers qui ont parfaitement réussi. Au milieu de ces plantations est une petite maison simple & commode, creusée en partie dans le roc. Tout cela n'a pu s'exécuter qu'en faisant sauter avec beaucoup de travail & de dépense la brèche dure & tenace qui forme la base de cette montagne. C'est ce qu'on a exprimé avec beaucoup d'élégance & de précision, par une inscription placée à l'entrée d'une voute taillée dans le roc, FERRO & AURO, *par le fer & par l'or.*

Ce qui rend cette dépense plus extraordinaire, c'est que cet endroit n'est point destiné à être continuellement habité. M. Gnecco possède à Nervi un grand & beau palais, où il fait sa demeure habituelle; il ne vient là que pour jouir de la solitude, de la beauté sauvage de cette situation & du plaisir de la pêche, qui est très-abondante au pied de ces rochers.

Haut de la montagne.

§. 1349. En continuant de grimper, nous montâmes, M. Pictet & moi, jusques sur une sommité qui n'est pas précisément le point le plus élevé de cette montagne, mais qui ne le céde pas de beaucoup à la plus haute, où nous n'avions pas le tems d'aller. Comme notre projet n'étoit point d'escalader des montagnes, nous avions laissé nos barometres à Gênes. Mais nous jugeâmes, à l'estime, que la sommité que nous atteignîmes avoit 250 ou 300 toises d'élévation au-dessus de la mer.

On a, de cette sommité, une vue d'une étendue & d'une beauté extraordinaires. Au couchant, tout le magnifique golphe de Gênes, couronné de ses montagnes couvertes de verdure, & bordé d'une suite de campagnes & de villages, qui semblent ne former qu'une seule ville de trois ou quatre lieues de longueur. En effet, Recco, Nervi, Quinto, garnissent la côte presque sans interruption jusques à Gênes. Et si la ville est cachée par les montagnes qui entourent le port, on voit cependant le fanal & le quartier qui l'avoisine ; la Polcevera & toute cette partie du golphe jusqu'au cap *delle Melle*. La rive du Levant est moins riche, mais très-étendue ; car on la suit des yeux jusqu'au Monte Nero, qui est au-delà de Livourne. Au Sud-Est & au Midi, nous avions la mer couverte de vaisseaux de toute nation & de toute grandeur, que le mauvais tems des jours précédens avoit retenus dans les ports du voisinage, & qui, profitant tous de cette belle journée, voguoient dans des directions différentes. Les isles de Gorgone & de Capraya, & les montagnes neigées de la Corse, formoient le lointain de ce magnifique tableau.

En revanche, le corps même de la montagne, son pied au Levant & au Midi, & les montagnes qui lui sont attenantes du côté du Nord, présentoient l'aspect le plus hideux & le plus triste. Par-tout cette brèche noire, que j'ai décrite, profondément sillonnée par des ravins sauvages & incultes, sans autre signe d'habitation que de loin en loin, les tours destinées à signaler les corsaires. Toutes les cimes des Apennins que l'on découvre de ce côté-là sont, comme celles que je voyois de Notre-Dame de la Garde, sauvages & pelées, sans présenter, comme les Alpes, des rocs escarpés & majestueux. Ici non plus, on ne distingue aucune direction constante, ni dans les dos des montagnes, ni dans les vallées qui les séparent ; & les pentes s'abaissent vers la mer sans former nulle part des escarpemens considérables.

Les mêmes cailloux arrondis forment la base comme le sommet de la montagne ; mais vers le haut on n'en voit pas d'aussi gros. Le quartz de même que la serpentine, y sont un peu plus fréquens; & en revanche, il y a moins de spath dans les crevasses. Toute la montagne est coupée par des fentes verticales, paralleles entr'elles & dirigées de l'Est à l'Ouest; qui la divisent en bancs d'un, deux, trois pieds d'épaisseur, & cela avec tant de régularité, que je les pris d'abord pour des couches : ce ne fut qu'en côtoyant par mer, le pied de la montagne que je reconnus mon erreur; mais là je vis distinctement les vraies couches inclinées de 15 à 20 degrés en montant du côté de l'Ouest, ensorte que leurs plans courent encore du Nord au Midi, comme ceux des calcaires de Gênes. La pointe la plus saillante du côté du Sud, que les bateliers nomment *Ciappa*, sans doute par corruption de *Capo* ou de *Cap*, présente ces couches de la manière la plus distincte & la plus régulière.

Question sur l'origine de cette montagne.

§. 1350. D'où peut venir ce prodigieux amas de cailloux roulés? La nature de ces cailloux prouve qu'ils viennent, non des hautes Alpes, puisqu'il n'y en a point de primitifs, mais des montagnes extérieures des Alpes ou de l'Apennin. Ensuite, si je considere la situation de leurs couches, je vois qu'elles sont relevées du côté de l'Ouest; & la verticalité des fentes qui les coupent me prouve que cette situation est à peu-près la même que dans son origine.

Je crois donc pouvoir conclure de là, que le courant qui a charié ces cailloux venoit du côté de l'Est, & que par conséquent c'est seulement dans les montagnes basses de l'Apennin qu'il faut chercher leur source. Voilà, je crois, tout ce qu'on peut en dire; car ces cailloux ont trop peu de physionomie pour qu'on puisse assigner leur pays natal avec plus de précision. Il est d'ailleurs possible que les montagnes dont ils viennent, fussent des montagnes maritimes, qui ont été détruites ou submergées.

On peut voir une autre description de cette montagne dans les lettres du *Docteur Paolo Spadoni*, intitulées *Lettere odeporiche sulle montagne*

tagne Liguſtiche. Bologne, 1795. 8°. On verra là des détails ſur diverſes cavernes qui ſe trouvent dans le rocher preſqu'au niveau de la mer. Nous ne viſitâmes pas ces cavernes, parce que nous ignorions leur exiſtence.

§. 1351. PENDANT que nous obſervions la montagne de Porto-Fino, le vent ſe calmoit. Nous nous embarquâmes, & nous allâmes jeter notre ſonde à 5 mille au Midi du Cap, où on nous avoit aſſuré que la mer étoit la plus profonde. Nous ne trouvâmes cependant que 886 pieds; mais comme il étoit tard, nous nous contentâmes pour cette fois de cette profondeur, & nous y fîmes deſcendre deux thermometres; l'un de ces thermometres étoit celui de M. MICHELI, que j'ai décrit dans le premier volume de ces voyages, §. 35; l'autre étoit nouveau, je l'avois conſtruit avec le plus grand ſoin pour cette expérience; je le décrirai dans le Chapitre XVIII. Nous fixâmes à un baril vuide & bien bouché l'extrémité du cordeau auquel ils étoient attachés; & pour ſurcroît de précaution, nous liâmes encore ce cordeau à un paquet de planches de liege. Nous vînmes enſuite coucher au village de Recco, où étoit le gîte logeable le plus voiſin de nos thermometres.

Expérience ſur la température de la mer.

Le lendemain, 8 octobre, nous partîmes de Recco avant jour, & la tramontane, que nous avions en poupe, nous porta dans une heure ½ à notre ſignal. Nous eûmes quelque peine à le trouver, à cauſe de l'agitation de la mer; cependant par les alignemens que nous avions pris, nous jugeâmes qu'il n'avoit pas changé ſenſiblement de place; il nous fallut 20 minutes pour retirer les thermometres du fond de l'eau, parce que le balancement du bateau, produit par le vent, retardoit beaucoup cette opération. Nous trouvâmes le nouveau thermometre à 10 degrés 6 dixiemes, & celui de MICHELI à 13 degrés 1 dixieme. Cette différence vient de ce que celui-ci, moins bien préſervé de l'impreſſion de l'eau, plus chaude à la ſurface qu'au fond de la mer, s'étoit réchauffé en montant. La veille, quand nous poſâmes les thermometres, la température de la mer, à sa surface, étoit 16, 5, celle de l'air 15, 3. On verra au Chap. XIX une expérience semblable faite à une profondeur beaucoup plus grande.

Retour Porto- fino à nes.

§. 1352. Le balancement de notre petit bateau étoit si fatiguant, qu'après avoir abordé à Nervi, nous préférâmes de revenir à pied. Je dirai un mot de cet endroit, où nous étions venus nous promener quelques jours auparavant.

Nervi, produc- ons & son mmerce.

Nervi est un gros bourg très-commerçant, situé au bord de la mer, à deux lieues au levant de la ville de Gênes. Ce bourg est à l'entrée d'un vallon flanqué de deux petites montagnes ; l'une au levant, l'autre au couchant, & fermé par une troisieme montagne qui est très-élevée ; ainsi les rayons du soleil se concentrent dans cette place, & elle se trouve parfaitement préservée des vents du Nord : aussi elle produit jusqu'à une hauteur considérable les plus beaux oliviers; & dans le bas elle est couverte d'orangers, de citronniers, de cédras, de jasmins d'Arabie & de cassies. Les fleurs & les fruits de ces arbres sont d'un très-grand rapport; & on a, outre cela, de vastes pépinieres, dont les jeunes plans s'exportent dans toute l'Europe.

Ce bourg est extrêmement riche ; tous ses habitans sont ou cultivateurs de jardins, ou commerçans, ou mariniers. Nous y fûmes reçus, M. Pictet & moi, avec la plus grande politesse, par MM. les freres Massa, qui font à Genève un commerce considérable.

Monta- ne de Nervi.

§. 1353. Nous gravîmes la montagne qui est derriere Nervi jusqu'à la chapelle de St. Martin. (1) Cette montagne est de pierre calcaire compacte; nous ne pûmes cependant y trouver aucun vestige de pétrification, quoique nous en fissions la recherche à dessein & avec

---

(1) Cette chapelle qui n'est point armée de conducteur, a été frappée de la foudre le 25 juillet 1794.

l'attention la plus fontenue. M. SPALLANZANI dit aussi qu'il n'a pu trouver aucun vestige de pétrification dans les rochers de la *Riviera di Levante*. *Soc. Ital.* tom. 2, p. 865.

CELA tend à prouver que cette montagne, de même que toutes celles que j'ai observées dans le pourtour de la ville de Gênes, sont, sinon primitives, du moins d'une formation très-ancienne.

LES couches de celles qui entourent la vallée de Nervi, sont assez régulieres & paralleles entr'elles dans le bas de la montagne ; mais on les voit arquées en S & repliées en zig-zag dans la partie supérieure de cette même montagne.

§. 1354. LES jardins qui regnent presque sans interruption de Nervi à Gênes, rendent le terrein si précieux, qu'il est presque par-tout renfermé par des murs. Ces murs & le pavé qui couvrent le chemin, cachent le sol au minéralogiste ; on voit cependant par places le rocher qui sert de base à quelques-uns de ces murs ; c'est en quelques endroits de la pierre calcaire argilleuse, avec des veines de spath ou de quartz ; ailleurs, par exemple auprès de St. Martin d'Albero, c'est une breche assez semblable à celle de Porto-Fino. On y voit des fragmens presque tous arrondis de pierre calcaire blanche & pure, de grès, de quartz blanc, quelques petites serpentines. Il est bien vraisemblable que cette breche tient à celle de Porto-Fino, & que les pierres qui la composent ont été chariées par le même courant ; & comme ces pierres sont beaucoup plus petites ici qu'à Porto-Fino, cela confirme ce que je conjecturois §. 1250, que le courant qui les a chariées venoit du côté de l'Est.

Route de Nervi à Gênes.

CHAPITRE XVII.

DE GENES A NICE.

Intro-
duction.

§. 1355. Peu de voyageurs font ce trajet par terre; il n'eſt praticable qu'à pied, ou à cheval; & même à cheval, il eſt dangereux en bien des endroits, où le ſentier étroit & gliſſant qu'il faut ſuivre, eſt taillé en corniche ſur la mer ou ſur d'affreux précipices; mais j'étois extrêmement curieux de ce voyage, afin de traverſer la chaîne des Alpes dans ſa partie la plus baſſe, & d'être ainſi à même de la comparer avec les parties les plus élevées que j'avois vues, & celles que j'eſpérois de voir encore.

Nous louâmes une felouque, ſur laquelle nous fîmes embarquer notre chaiſe de poſte, mes grands thermometres & leur équipage, avec un domeſtique chargé de la faire partir, au moment où le vent ſeroit favorable, & de venir nous joindre à Alaſſio, qui étoit ſur notre route, & où on nous aſſuroit que nous trouverions la mer très-profonde.

Pour nous, nous louâmes des chevaux, ſur leſquels nous partîmes le 10 d'octobre, après-midi. Il pleuvoit à verſe dans ce moment là, & cela n'empêcha pas notre départ; parce que je craignois que cette pluie, dont rien n'annonçoit la fin, ne nous retînt encore long-tems à Gênes. M. Pictet, plus patient que moi, auroit pris ſon parti d'attendre; mais pour moi, je devenois malade d'ennui & d'impatience; & je lui fus beaucoup de gré de ce qu'il conſentoit à partir par un auſſi mauvais tems. Heureuſement il n'eût pas lieu de ſe repentir de ſa complaiſance; car à peine fûmes-nous hors des murs de Gênes, que la pluie ceſſa, & nous jouîmes du plus beau tems pendant tout le reſte du voyage.

§. 1356. En ſortant de la ville, on paſſe auprès du Fanal, & l'on voit que le rocher qui lui ſert de baſe a été ſéparé, vraiſemblablement par le travail de l'homme, de la montagne qui lui correſpond de l'autre côté du chemin, & dont la matiere & la ſituation des couches ſont abſolument les mêmes. C'eſt une pierre calcaire, argilleuſe, noirâtre, dont la ſurface extérieure eſt griſe, rude & terne; la caſſure d'un gris noirâtre compacte, terreuſe; la rayure d'un gris blanchâtre & l'odeur terreuſe : elle n'eſt que demi-dure, ne donnant point de feu contre l'acier: elle fait une vive efferveſcence avec les acides, mais ſans s'y diſſoudre & même s'y déformer, quoiqu'elle y devienne friable & tachante : au chalumeau, elle ſe fond avec peine en une ſcorie blanchâtre & bulleuſe; c'eſt un *verhäteter mergel* de M. WERNER.

Fanal. Couches calcaires.

M. le Docteur ROSSINI, qui a formé à Gênes une collection minéralogique très-intéreſſante, a eu la bonté de m'envoyer un morceau de cette pierre pris ſous l'eau de la mer, à la pointe du Cap-du-Fare, & qui renferme des pholades vivantes dans leurs trous; je dis *vivantes*, parce qu'elles vivoient quand on a tiré la pierre de l'eau; je dis auſſi vivantes, par oppoſition à *foſſiles*; car on ne trouve dans cette pierre aucun coquillage foſſile. (1)

Daïls ou Pholades.

---

(1). Le même ſavant m'a auſſi envoyé de très-beaux cryſtaux de ſpath calcaire, trouvés dans les crevaſſes de l'ancienne carriere de ce cap.

La carriere nouvelle contient auſſi une pierre remarquable que m'a envoyée M. ROSSINI ; ſa ſubſtance reſſemble à celle que je viens de décrire, ſi ce n'eſt qu'elle eſt plus dure, qu'elle a l'aſpect moins terreux, & que ſes couches ſont plus minces. Ce qu'elle a de particulier, c'eſt que ſes couches ſont excavées à leur ſurface par des ſillons quelquefois droits, mais le plus ſouvent tortueux, ou en forme de labyrinthe; ils reſſemblent beaucoup à ces ornemens d'architecture que l'on nomme vermiculés. Ces ſillons ont depuis une demi-ligne juſqu'à 2 lignes de largeur, ſur

Les couches de cette pierre courent du Nord au Sud, comme la plupart de celles des environs de Gênes ; & en montant du côté du couchant, sous un angle de 65 à 70 degrés, ces couches se prolongent toujours dans la même direction, jusqu'au haut de la colline qui domine la ville au Nord & au Nord-Ouest.

A demi-lieue au-delà du Fanal, on voit encore des couches de la même pierre calcaire avec des veines de spath. Ces couches sont plus minces & plus redressées que les précédentes, mais dirigées comme elles du Nord au Midi.

Rocher de talc durci. §. 1357. IMMÉDIATEMENT au-delà de ces couches, on voit au bord de la mer, un rocher élevé de 15 à 20 pieds, composé d'une espece de talc durci, assez semblable à celui du §. 1336. Sa surface extérieure est assez brillante ; ici, rougeâtre ; là, comme argentée & un peu douce au toucher.

Elle se divise en fragmens irréguliers, qui tendent pourtant un peu à la forme rhomboïdale. Sa cassure est schisteuse, irréguliere, & d'ailleurs assez semblable à sa surface extérieure : elle se raye en gris ; elle est tendre & un peu pesante, son odeur est terreuse, elle se fond aisément en un verre gris qui s'affaisse sur le verre qui lui sert de support; elle n'a aucune action sur l'aiguille aimantée.

Le rocher composé de cette pierre est coupé par des veines de spath & de quartz, & celui-ci contient par places des parties de hornblende verte.

---

une profondeur qui n'excede pas une ligne. Ils ne sont sûrement l'empreinte d'aucun corps organisé. Il est vraisemblable qu'ils sont l'ouvrage des eaux qui rongent la pierre en s'infiltrant entre ses couches ; mais une explication raisonnée & détaillée de ce petit fait, du parallelisme, de ces sillons, de leurs anfractuosités, ne laisseroit pas que d'avoir ses difficultés.

Quelques parties de ce même rocher font d'un violet brun foncé & brillant ; leur cassure présente des feuillets schisteux, irréguliers, assez petits & souvent conchoïdes, la rayure est d'un gris rougeâtre ; elle est comme l'autre tendre, un peu pesante & très-fusible, mais son verre est noir, au lieu que celui de l'autre est gris ; c'est sans doute une surabondance de fer qui colore ces parties en rouge, & leur verre en noir ; mais ce fer est là sous la forme d'oxide ou de chaux ; car cette pierre n'agit point non plus sur l'aiguille aimantée.

Ce rocher est suivi d'un autre plus petit & de la même nature, sur lequel est une petite chapelle dédiée à St. André, qui lui a fait donner le nom de *Scoglio di St. Andrea*. Scolio di St. Andrea.

Cette pierre continue le long de la mer ; elle est ensuite recouverte par une serpentine grenue, semblable à celle de la Garde, §. 1342, qui se divise comme elle en petits fragmens polyhedres, irréguliers, dont les faces sont colorées par des iris ferrugineux, & qui tombe comme elle en décomposition. On revoit encore cette même pierre dans la montée au-delà de Peggi.

§. 1358. Toute cette route est bordée de jardins & de palais magnifiques, des nobles Durazzo, Spinola, Lomellini, Negroni, &c. ; on traverse les beaux villages de Sestri, Peggi, Prato, & la route est praticable en voiture jusqu'à Voltri, qui est à dix milles de Gênes ; mais au-delà on ne peut plus voyager par terre qu'à cheval ou à pied. Jardins & palais entre Gênes & Voltri.

§. 1359. En sortant de Voltri, on monte par un chemin étroit & escarpé, une colline couverte d'oliviers, & de vignes, qui croissent sur des terrasses en étageres. De Voltri à Arenzano.

La base de cette montagne, auprès de Voltri, est composée de couches schisteuses, verticales, dirigées à peu près du Sud Sud-Ouest au Nord Nord-Est. Ces schistes sont composés de feuillets de mica très- Gneiss de de Werner, ou roche de mica feldspath & quartz.

fins, entremêlés de particules de quartz & de feldspath. Ces parties sont si petites, que sans le secours du chalumeau, on auroit de la peine à reconnoître leur nature.

On passe ensuite un petit pont, sous lequel ces schistes sont remplacés par des pierres calcaires bleuâtres, semblables à celles de Gênes, & mélangées aussi de veines de spath & de quartz.

Les couches de ces pierres calcaires sont situées précisément comme celles des schistes auxquelles elles succedent. On revoit encore les mêmes schistes micacés au fond d'un ruisseau, à trois quarts de lieues des premiers.

Autre roche.

A huit minutes de là, on passe sous des rochers informes, d'une pierre qui résulte d'un mélange confus de veines, dont les unes sont de très-petits grains de feldspath presqu'incohérens ; d'autres, de petites lames de mica argenté, & d'autres enfin de hornblende fibreuse verte.

Immédiatement après viennent des talcs durcis, feuilletés, qui tombent en décomposition ; puis des schistes argileux & ferrugineux ; puis des serpentines vertes, traversées par des veines de quartz.

Manœuvre pour border ar un gros ent.

Ici, on passe un ruisseau qui, en excavant le rocher, a formé au bord de la mer une petite anse, couverte de sable ; nous vîmes là douze hommes rassemblés pour favoriser l'abord d'un petit bateau : un vent violent chassoit contre le rivage les vagues qui s'y rompoient avec une fureur terrible ; & le bateau auroit été sûrement mis en pieces, s'il n'eût point eu de secours. Six rameurs qui étoient dans ce bateau, travailloient de toutes leurs forces à le tenir en équilibre, en dirigeant sa proue droit au rivage. Tout d'un coup la lame les jette en avant dans cette position, & en se brisant submerge le bateau ; mais au même instant, les hommes qui étoient à terre, saisissent une corde que les rameurs avoient lancée, & se mettent tous avec la plus

grande

grande vîteſſe à tirer le bateau à terre. Les rameurs qui tenoient auſſi la corde ſautent dans l'eau; & dès que leurs pieds peuvent atteindre le fond, ils ſe mettent deux à deux à tirer le bateau; & ainſi leurs efforts réunis, ſortent le bateau de la mer & le mettent à ſec & en ſûreté ſur le rivage. Cette manœuvre intéreſſante ſe fit avec une promptitude & une préciſion vraiment admirables.

Tous les rochers que l'on rencontre juſqu'à Arenzano, ſont de pierres magnéſiennes; & ſous une tour près de laquelle on paſſe avant d'arriver au village, on trouve une pierre d'un verd pâle, qui eſt compoſée de grains blancs, plus petits que des grains de mil, enveloppés d'écailles minces, luiſantes, que je crois d'une eſpece de talc. La fuſion de ces grains blancs, prouve qu'ils ſont de feldſpath. Cette pierre, diſpoſée par grands feuillets, plans & paralleles entr'eux, ſouffre le ciſeau. On en fait uſage pour l'architecture. Après cette pierre les magnéſiennes recommencent. *Pierre de taille de feldſpath & talc.*

Nous mîmes deux heures & un quart de Voltri à Arenzano; nous en avions mis trois de Gênes à Voltri; preſque toute la côte depuis ce dernier village eſt ſauvage & inculte: le chemin très-étroit paſſe ſouvent comme une corniche ſur des rocs nuds, très-élevés au-deſſus de la mer. Le village même d'Arenzano eſt bâti immédiatement au bord de la mer, & a l'air aſſez miſérable. *Arenzano.*

La mer ne roule ici que des ſerpentines arrondies, variées par les mêmes accidens que nous trouvons dans celles des bords de notre lac. On y voit cependant auſſi quelques galets calcaires, ſoit compactes, ſoit ſpathiques; & enfin, mais rarement quelques cailloux de quartz. *Cailloux roulés au bord de la mer; leur nature.*

§. 1360. Le lendemain, notre route commença par côtoyer la mer pendant quelques minutes; les pierres roulées étoient toujours les mêmes; mais je remarquai avec ſurpriſe, ce que j'avois déja obſervé *D'Arenzano à Coccolleto.*

dans les environs de Gênes, c'eſt que l'on ne pouvoit trouver ſur le rivage aucune coquille, ni débris de coquillage

En quittant le ſable de la mer, on commence à monter ſur des rochers micacés, ondés, donnant du feu contre l'acier. Ces rochers ſont comme ceux du Mont-Cenis, les uns mélangés de parties calcaires, qui font effervescence avec les acides, & les autres non effervescens. Les plans des couches de ces rochers ſont peu inclinés à l'horizon, mais coupés par des fentes verticales, qui paroiſſent prouver que leur ſituation primitive n'a pas ſouffert de changement conſidérable; mais peu après ces couches ſe redreſſent, deviennent verticales, & préſentent au bord de la mer leurs plans dirigés comme ceux de Voltri, §. 1359. Cette colline eſt couverte de châtaigniers & de beaux oliviers, & la terre eſt là très-rouge, comme en d'autres endroits des Apennins.

Roche polyhedre de talc, de feldſpath & de quartz.

A 9 minutes d'Arenzano, on paſſe ſur la cime des tranches des couches que je viens de décrire, & bientôt après, on trouve une pierre aſſez ſemblable par ſa compoſition, à la pierre de taille d'Arenzano, §. 1259, mais qui en diffère, en ce qu'outre le feldſpath, elle contient quelques grains de quartz, & en ce qu'elle ſe diviſe d'elle-même en polyhedres irréguliers, dont les faces ſont couvertes d'ochre brune & d'iris ferrugineux.

Veine de quartz de couleur de calcédoine.

On trouve auſſi des ſchiſtes micacés qui tombent en décompoſition, & dont les feuillets, plans & irréguliers courent de l'Eſt à l'Oueſt, avec des veines d'un quartz demi-tranſparent, qui a l'œil bleu d'une calcédoine. Ces veines ont depuis un pouce d'épaiſſeur juſqu'à un pied.

Là, tout eſt triſte & aride, & pluſieurs ſommets des Apennins, dont on a la vue ſont également arides & ſauvages.

On redeſcend de là au bord de la mer, par des ſchiſtes micacés quartzeux, semblables à ceux d'Arenzano, & suivis comme eux d'une roche qui se divise en rhomboïdes ferrugineux.

A quarante minutes d'Arenzano, on rencontre une breche tendre, presqu'entiérement composée de fragmens anguleux de pierre magnésienne; & peu de minutes après, on passe au village de Coccoletto. Breche de Magnésienne.

On voit auprès de ce village un grand nombre de fours à chaux, dont les murs sont construits avec les serpentines arrondies que l'on trouve au bord de la mer. La plupart de ces pierres, originairement vertes, deviennent rouges par l'action du feu. La pierre que l'on cuit dans ces fours se tire, à ce que l'on me dit, d'une demi-lieue dans les terres. Coccoletto, four à chaux.

§. 1361 A 18 minutes de Coccoletto, on traverse un ruisseau, & là recommencent les serpentines bien caractérisées. Ces serpentines qui sont vertes au-dedans, deviennent blanches à l'air & prennent des couleurs d'iris dans les fentes où l'humidité les pénétre. De Coccoletto à Invrea. Serpentines qui se décomposent.

Mais elles sont remplacées par des rochers de talc durci, qui perdent graduellement la propriété de se décomposer à l'air, & qui enfin demeurent au-dehors comme au-dedans, beaux, verds, à surfaces luisantes & douces; dangereuses même par cette onctuosité qui les rends extrêmement glissans dans ce chemin étroit, bordé d'un précipice au-dessus de la mer. Tout ce pays est couvert de bruyeres incultes & sauvages. Talc durci, intacte.

Cependant à demi-lieue de Coccoletto, en montant une colline sur laquelle est situé le château d'Invrea, on a un aspect charmant de ce château, entouré de beaux oliviers, dont cette colline est couverte; mais d'abord après le château, la triste bruyere recommence. Château d'Invrea.

§. 1362. A 15 minutes d'Invrea, les rocs magnésiens deviennent D'Invrea à Vareggio.

feuilletés, puis compactes; mais leur surface se décompose & se décolore à l'air.

Granit de jade & de catite cryftallifée ou fmaragdite.

BIENTÔT après, ces magnéſiennes font remplacées par une eſpece de granit que l'on pourroit auſſi nommer porphyre. Ce granit n'eſt compoſé que de deux ſubſtances; ſavoir, de jade blanc un peu grenu, & de ſmaragdite lamelleuſe griſe. Voyez les §§. 1313 & 1313. *A.*

Le granit qui réſulte de l'entrelacement de ces deux ſubſtances, eſt à gros grains, difficile à caſſer, & ſa peſanteur ſpécifique eſt 2,943.

La ſtructure des rochers de ce granit me parut impoſſible à déterminer, parce que les fentes qui ſe coupent ſous différens angles, ne peuvent pas ſe diſtinguer des couches. Dans quelques endroits, cette pierre réſiſte aux injures de l'air; dans d'autres, elle ſe détruit, & s'arrondit ſur place. Tout le pays qu'elle couvre & qui paroît avoir ici près de trois quarts de lieue de diametre eſt horriblement triſte & deſert. Les ſommités même des montagnes, ſituées plus loin de la mer, écorchées en quelques endroits par les eaux, prennent auſſi des aſpects extrêmement ſauvages.

Vareggio.

MAIS on eſt tout-à-coup tiré de cette mélancolique ſolitude, par l'aſpect d'un golfe charmant, au fond duquel eſt le bourg de Vareggio, entouré de jardins, d'orangers, d'oliviers, &c. Le granit que je viens de décrire dure juſqu'au bas de la deſcente qui conduit à ce village.

De Vareggio à Albizola.

§. 1363. A un petit quart de lieue au-delà de Vareggio, on commence à monter une colline, dont le bas, dès le niveau de la mer, eſt un grès tendre, entremêlé de couches d'un poudingue compoſé de galets, de pierres calcaires, de quartz & de ſerpentines. Le haut de la colline, qui eſt couvert d'oliviers, la deſcente de cette même colline, & un profond ravin que l'on deſcend enſuite, ſont toujours de ces mêmes grès & poudingues.

A *Cella*, qui eſt à une lieue de Vareggio, les mêmes pierres regnent toujours, de même que ſur une colline que l'on traverſe enſuite ; & ici les grès ordinairement gris, ſont fréquemment coupés par des veines rouges qui ſont quelquefois abruptement interrompues.

ENFIN, à une demi-lieue de Cella, après être deſcendu dans le lit d'un ravin, j'obſervai en le remontant des feuillets verticaux d'un ſchiſte micacé qui me parut mêlangé de ſtéatite, ou plutôt de jade, car il donnoit de vives étincelles contre l'acier. Ces bancs courent du Nord au Sud, & ſont recouverts par les grès & les poudingues qui s'étendent encore plus loin.

Schiſtes micacés ſous les grès.

A une lieue de Cella, on paſſe à Albizola, village ſitué dans un golfe, & dont les environs bien cultivés, ſont décorés de beaux jardins & de pluſieurs palais. Là, & ſur le penchant des collines qui entourent le baſſin, la végétation eſt d'une vigueur remarquable ; les vignes, les mûriers, les oliviers, les figuiers, les haies de grenadiers, ſont d'une grandeur & d'une force extraordinaires ; leurs feuilles plus vertes & plus grandes que par-tout ailleurs : on comprend ſans peine, comment on a choiſi ce lieu-là pour des maiſons de plaiſance.

Albizola.

§. 1364. EN ſortant de ce village on traverſe un ruiſſeau, dont le lit occupe un grand eſpace ; les cailloux qu'il roule ſont des ſerpentines, des granits que j'ai décrit plus haut, & d'autres pierres des montagnes voiſines, mais non point des granits ſemblables à ceux des Alpes.

D'Albizola à Savone.

EN montant la colline au pied de laquelle paſſe ce ruiſſeau, on voit les tranches des couches verticales d'un ſchiſte micacé & quartzeux ; elles courent du Nord Nord-Eſt, au Sud Sud-Oueſt.

Schiſtes de mica & quartz.

Au ſommet de la colline eſt un couvent de Miſſionnaires, ſous lequel paſſent ces mêmes ſchiſtes ; mais ici, ils ne ſont plus verticaux. Plus loin, ils ſe diviſent en fragmens polyhedres.

Savone.

Delà nous vînmes dîner à Savone en ¾ d'heure depuis Albizola, & en 5 ½ d'Arenzano, où nous avions couché. Savone est assez connue par son port, ses palais, ses églises : elle me plût sur-tout par ses jardins & par la beauté de la végétation dans ses environs.

De Savone à la montagne de St. Stephano.

Roche micacée avec des nœuds tenticulaires.

§. 1366. En sortant de Savone, on suit un beau chemin horizontal, pratiqué le long de la mer ; mais à cinq quarts de lieue de la ville, on commence à gravir la pente rapide d'une montagne couverte de pins maritimes. Cette montagne est composée d'un schiste micacé, rougeâtre, dont les feuillets souvent tortueux, renferment çà & là, des lentilles quartzeuses, dont quelques-unes ont plusieurs pouces de diametre, sur un ou deux d'épaisseur. On en voit qui paroissent moulées dans les sinuosités des veines qui les renferment. Ce fait pourroit bien, s'il étoit encore nécessaire, prouver que ces nœuds ont été formés en même tems que les schistes où on les trouve.

Ce quartz est demi-transparent, & a un peu l'œil de la calcédoine.

Ces roches, d'abord peu inclinées, deviennent ensuite verticales & se colorent en rouge de rouille. On les trouve aussi dans quelques endroits, tendres, terreuses & comme argilleuses ; & là, leur couleur est brune, ou d'un brun rougeâtre. En général leur direction & leur inclinaison varient ; cependant celles qui sont verticales marchent pour le plus souvent de l'Est à l'Ouest.

Schistes terreux d'un beau rouge.

Après avoir monté cette montagne pendant une petite demi-heure, je rencontrai des morceaux de ce schiste, d'un rouge très-vif ; ces morceaux sont fibreux, légers, friables ; ils tachent les doigts comme de la sanguine. On en voit dont les feuillets sont entièrement oblitérés ; d'autres, où on les distingue encore. On y reconnoît, à l'aide de la loupe, quelques grains blancs extrêmement petits, que leur fusibilité au chalumeau fait reconnoître pour du feldspath : les autres parties de la pierre se changent en scories, les unes grises ou brunes, les autres noires. Cette substance ne fait aucune effervescence avec l'esprit de nitre, & n'y perd sa couleur qu'après plusieurs jours de digestion. Je ne doute donc pas, que broyée convenablement, elle ne pût servir dans la peinture.

Nous continuâmes de monter pour passer la montagne qui forme le promontoire de St. Stephano, dont les bords escarpés ne permettent pas de suivre les contours ; & au plus haut du passage & même encore au-dessous, je vis les schistes micacés ; mais là, ils ne sont plus ni colorés, ni décomposés.

§. 1366. Bientôt après nous rencontrâmes des couches de pierre calcaire, compacte & bleuâtre ; & comme depuis long-tems nous n'en avions pas vu, je m'arrêtai pour chercher leur transition avec les schistes micacés qui occupent le haut de la montagne.

Transition entre les schistes micacés & la pierre calcaire.

Je trouvai un schiste dont l'aspect est rougeâtre & un peu terreux par dehors, dont la cassure est schisteuse, un peu écailleuse & grenue, d'un gris verdâtre, un peu brillant, un peu translucide sur les bords, quand la pierre est sèche, mais devenant toute translucide & d'un verd clair quand elle est mouillée. Elle donne du feu contre l'acier & se fond au chalumeau en une scorie verte & un peu bulleuse ; son odeur est peu ou point terreuse ; je la regarde donc comme un schiste composé d'un mélange singulier de feldspath & de mica.

2°. Un schiste de mica brillant, tendre & à peu près pur.

3°. Un schiste de couleur fauve, luisant & doux au toucher, semblable à celui du §. 1000.

4°. Un schiste argilleux, gris bleuâtre, un peu luisant, qu'on prendroit à l'œil pour de la pierre calcaire, mais qui ne donne que quelques petites bulles dans l'eau forte, & qui se fond, quoique avec peine, en une scorie grise.

5°. Enfin, une pierre plus effervefcente, mais non diffoluble en entier dans les acides, & encore fufible au chalumeau.

Toutes ces couches courent de l'Eft Nord-Eft à l'Oueft Sud-Oueft, en montant au Sud, ou du côté de la mer, fous un angle de 37 degrés,

Nous arrivâmes de nuit à Spiotorno, après ¾ d'heure de defcente, depuis le haut de la montagne, & 2¼ depuis Savone. C'eft un village fort miférable, fitué au bord de la mer, où nous fûmes affez mal pour la nouriture & pour le logement. (1)

§. 1367. Le lendemain, 12 octobre, après quelques pas au bord de la mer, nous commençâmes à monter par un chemin déteftable, une montagne affez élevée; elle eft compofée d'un fchifte micacé, dont les feuillets font extrêmement tortillés, & renferment de larges lentilles, & des veines d'un quartz qui a l'air de la calcédoine. Ces fchiftes, de même que ceux que nous avions obfervé la veille, §. 1266, prennent quelquefois une apparence terreufe.

Au bout de trois quarts d'heure de marche, nous arrivâmes au haut de la montagne, qui fépare deux vallées riches & bien cultivées; dont l'une defcend à Spiotorno, & l'autre à Noli; mais les cimes des montagnes font également nues & ftériles,

---

(1) Je defcendis par hafard dans la cuifine, où je vis un fujet de tableau dans le genre de Teniers; c'étoit notre vieille & hideufe hôteffe, qui, en cheveux épars, à la clarté d'une petite lampe, avec des mains noires & décharnées, paîtriffoit fur un billot des débris de viande hachée, qui devoient faire tout notre foupé: auffi, en partant, répétâmes-nous de bon cœur, le proverbe connu dans le pays: *Spiotorno, mai più non vi torno.* Au refte, je vois fur les cartes, *Spotorno*; mais comme dans le pays tout le monde dit *Spiotorno*, je l'écris comme on le prononce.

On

On descend pendant quelques minutes, puis on monte une autre Calcaires. montagne calcaire grise : les couches inférieures de cette montagne reposent sur des bancs micacés rougeâtres, que je prenois de loin pour des schistes micacés ; mais qui examinés de près, se trouvoient aussi être des pierres calcaires qui prennent à l'air cette couleur, mais dont l'intérieur est semblable aux couches qui leur sont superposées.

Après avoir monté pendant 15 minutes, nous arrivâmes à la cîme calcaire de cette petite montagne ; cette cime, rongée par les injures de l'air, présente de petits creneaux entre lesquels on passe.

Pendant trois quarts d'heure on voyage toujours sur des sommités calcaires & stériles ; mais alors on trouve le rocher coupé par une arrête saillante de roche feuilletée très-mince, composée de grains de quartz, enveloppée de feuillets d'un schiste argilleux gris & luisant ; cette arrête court de l'Est Sud-Est à l'Ouest Nord-Ouest : elle n'a que quelques pas de largeur, & au-delà, les calcaires recommencent. (1)

Dela nous descendîmes à Final par un chemin rapide, pavé presque par-tout de dalles calcaires glissantes ; mais cette pente, de même que les hauteurs du voisinage sont entiérement couvertes des plus beaux oliviers.

Cette montagne présente des alternatives continuelles de pierres calcaires bleuâtres, en couches assez épaisses, & de schistes composés

---

(1) En traversant ces rocs je leur trouvai si bien les apparences d'une pierre calcaire, que je n'en eus aucun doute ; mais en examinant ensuite avec soin l'échantillon que j'en ai rapporté, j'ai reconnu que la terre calcaire n'entre qu'en partie dans leur composition, & qu'ils ne font qu'une foible effervescence avec les acides, parce que les parties calcaires sont enveloppées par des couches extrêmement fines d'un schiste argilleux, dont la couleur est de ce gris bleuâtre, si commun dans les pierres calcaires.

Y

de mica & de quartz, souvent verdâtre, dont les couches sont ici ondées & en zig-zag, là planes, verticales, dirigées comme l'arrête dont je viens de parler.

En passant à Final, on voit un château bâti sur un roc calcaire, (1) dans les crevasses duquel croissent une quantité d'opuntia ou figues d'Inde de la grande sorte.

De Final Loano.

§. 1368. La plaine au bord de la mer où est bâtie la ville de Final n'a qu'un quart de lieue de largeur. Après l'avoir traversée, on commence à gravir par un chemin rapide & en zig-zag, une montagne de pierre calcaire bleuâtre, sur la surface de laquelle on voit des bancs d'une breche toute calcaire à fragmens anguleux, phénomene important, & que j'ai souvent observé §. 242 *A*.

Beau point de vue.

On arrive en 20 minutes à la cime de cette petite montagne, & on jouit de là d'une très-belle vue de tout le golfe renfermé entre le

---

(1) On trouve dans les montagnes situées sur les derrieres de Final, une pierre calcaire, presqu'entiérement composée de débris de coquillage. M. SPALLANZANI a décrit cette pierre dans les Mémoires de la Société Italienne, t. II, p. 865, & un échantillon que m'a envoyé M. le Docteur ROSSINI, sous le nom de *Piétra a Lumachelle, o pettiniti communi al Finale*, est bien conforme à la description de ce grand observateur. Mais sans doute que les montagnes composées de cette pierre coquilliere ne s'avancent pas jusqu'au bord de la mer, du moins n'ai-je rien vu de pareil dans toute la route que j'ai faite sur ce rivage; & lorsque depuis mon retour, j'ai observé de nouveau les échantillons que j'ai rapportés, je n'y ai rien vu qui eût la moindre ressemblance avec la pierre coquilliere de Final dont il est ici question. Au reste, lorsque M. SPALLANZANI observe que cette pierre est entiérement composée de débris de pectinites; il a raison d'y joindre une petite réserve, en disant, *tutto ò quasi tutto*. En effet, lorsque je l'ai observée avec soin, j'y ai reconnu des débris de corail articulé, des fragmens de quartz, de schistes micacés, de stéatites & de spath calcaire confusément crystallisé, qui s'est formé dans les interstices de ces fragmens & qui les unit entr'eux.

A NICE, Chap. XVII.

cap de *Noli* & celui *delle Melle*, on reconnoît les villes ou bourgs de Piétra, Loano, Borghetto, Albenga, l'isle Gallinara, Alaffio, & enfin le cap delle Melle, qui termine ce magnifique baffin, dont quelques parties font d'une richeffe & d'une fertilité admirables.

APRÈS 11 minutes de defcente, je rencontrai des feuillets de fchiftes micacés, mêlés de quartz; la pierre calcaire recommence immédiatement après, & continue jufqu'au bas de la defcente, qui eft en tout de 25 minutes. Les bancs de cette pierre calcaire font inclinés en defcendant vers la mer, & font fréquemment coupés par des fentes perpendiculaires à l'horizon: d'après les principes que j'ai pofés, §. 1218, cette pofition prouve que ces rochers font là dans leur fituation primitive.

AU bas de la montagne, on fe trouve dans un terrein parfaitement plat, couvert des plus beaux oliviers, qui forment une forêt, au travers de laquelle on vient en 15 minutes à la ville *de la Piétra*, & de là, en demi-heure, toujours en plaine, & toujours à l'ombre des oliviers, à *Loano*, où nous dînâmes. On compte 14 milles de Spiotorno à Loano, nous les fimes en quatre heures & demi.

§. 1369. LA belle pleine de Loano dure encore une petite demi lieue jufques un peu au-delà de Borghetto; là, par un chemin en corniche au-deffus de la mer, on traverfe une colline calcaire, pour venir traverfer la longue & vilaine ville de Cereale.

De Loano à Alaffio.

DELA, par une plaine riche & fertile comme celle de Loano, on vient dans une petite heure à la ville d'Albenga, où nous ne nous arrêtâmes que pour prendre un guide, qui nous conduifit à Alaffio. Cette précaution étoit néceffaire, parce que le fentier à mulet, qui porte le nom de grande route, avoit été rompu & entraîné par des torrens effroyables quinze jours auparavant.

Calcaire couches pliées.

A un demi quart de lieue d'Albenga on commence à monter ; la pierre calcaire de cette montagne eſt remarquable par la ſinuoſité de ſes couches : ce phénomene n'eſt pas rare dans les ſchiſtes micacés ; mais dans ces ſchiſtes mêmes, je n'ai jamais vu autant d'ondulations & de zig-zag qu'il y en a dans les couches de cette pierre calcaire ; & ce n'eſt pas dans cette ſeule place, mais dans un eſpace très-étendu. Ces couches ſont dans quelques endroits verticales, ou du moins très-inclinées ; & là, elles courent de l'Oueſt Nord-Oueſt à l'Eſt Sud-Eſt en montant contre le Nord.

La pierre calcaire qui forme la baſe de cette montagne dégénere, ou du moins, eſt remplacée en quelques endroits par des couches très-minces, brunes, argilleuſes ; mais enſuite elle redevient belle, bleue, à couches planes & régulieres.

Grès ſur calcaire.

A ¾ de lieue d'Albenga, on rencontre un grès quartzeux, mêlé de mica, brun, en couches épaiſſes, peu inclinées ; puis on revoit les calcaires qui paſſent ſous ce grès, & bientôt après le même grès reparoît.

Caroubiers & lauriers roſes.

Le fond d'une petite vallée que nous traverſâmes enſuite, ouverte au Levant & au Midi, eſt couvert de caroubiers, *ceratonia ſiliqua*, preſque auſſi grands que ceux de la Sicile : on y voit auſſi une quantité de lauriers roſes ſauvages, dont les nombreuſes ſiliques témoignent la quantité de fleurs qu'ils ont produites.

Beaux grès.

En continuant de monter, on laiſſe à ſa droite de ſuperbes couches d'un grès quartzeux tranſlucide très-dur ; j'en donnerai bientôt une deſcription détaillée. Vers le haut de cette petite montagne, eſt une chapelle nommée *Santa-Croce*.

Nous eûmes delà le beau ſpectacle d'une grande flotte de vaiſſeaux marchands, eſcortés par des frégates, & raſſemblés dans le golfe d'Alaſſio : ils venoient du Levant, & alloient en France, lorſqu'un vent violent du Sud-Oueſt les avoit contraints à jeter l'ancre à j'abri du cap *delle Melle*.

En deſcendant à Alaſſio, nous rencontrâmes encore des couches de grès & des couches de breches groſſieres, compoſées de fragmens arrondis de pierres calcaires & de pierres argilleuſes. Nous mîmes près de quatre heures à faire les 12 milles que l'on compte de Loano à Alaſſio.

La ville d'Alaſſio eſt auſſi très-petite, & les maiſons n'ont pas beau- Alaſſio. coup d'apparence, mais elle eſt un peu plus gaie & paroît plus animée que la plupart de celles que l'on traverſe ſur cette côte; il y a du commerce, ſon port eſt aſſez fréquenté : on y prépare des proviſions pour la marine marchande, & ſur-tout du biſcuit de mer, que l'on voit expoſé en vente dans une quantité de boutiques.

Nous couchâmes à Alaſſio, & même nous nous déterminâmes à y reſter le lendemain pour attendre la felouque qui portoit nos inſtrumens. Nous eſpérions les employer à répéter notre expérience ſur la température de la mer; on nous promettoit une grande profondeur auprès du cap delle Melle.

§. 1370. La felouque n'arrivant point, je voulus profiter de la ma- Colline de Sta. Croce. tinée pour revoir & pour obſerver en détail ces beaux grès de Sta. Croce, ſous leſquels nous n'avions fait que paſſer la veille en venant à Alaſſio. Je mis 20 minutes à aller au pied de cette montagne & 15 à la monter.

Je vis à ſon pied des couches d'un ſchiſte brun, terne, à feuillets Schiſte argilleux calcaire. plans & très-minces, faiſant une efferveſcence très-vive avec les acides, & ne s'y diſſolvant cependant pas en entier; c'eſt un mélange de terre calcaire & d'argille.

Couches grès.

Plus loin, des breches grossieres, superposées à des grès durs, à grains fins. Enfin, à la cime, & sur-tout en descendant du côté de l'Est, les belles couches de grès que je venois observer.

La direction générale des plans de ces couches est du Nord au Sud de l'aiguille aimantée, & elles se relevent à l'Est, sous un angle qui, dans cette partie, n'excéde pas 10 à 15 degrés. L'épaisseur des couches varie ; les plus épaisses de celles qui sont distinctes & bien suivies, vont environ à 30 pouces ; on en voit aussi de très-minces, de deux à 3 lignes, par exemple, qui sont renfermées entre de beaucoup plus épaisses.

Description de ces [couches].

Leur matiere est un grès d'un gris blanc presque translucide qui prend à l'air une teinte fauve ; ce grès est quartzeux, son grain est d'un brillant vif, mais pas très fin ; ces grains adhérent si fortement entr'eux, qu'ils se rompent plutôt que de se séparer, & c'est delà que vient l'éclat de la cassure.

Quartz [dans] les [crev]asses.

Ce grès ne fait aucune effervescence avec l'esprit de nitre, & il n'y perd rien de sa cohérence. Son gluten paroît être quartzeux, & ce qui acheve de le prouver, c'est que les interstices des couches, les fentes des anciennes cassures & les anciennes gersures, sont tapissées de crystaux de roche exagones, souvent à deux pointes, le plus souvent transparens, & quelquefois aussi d'un blanc de lait presqu'opaque. On y trouve aussi du quartz en masse non crystallisé.

Et aussi [des] schistes [argi]lleux.

Les interstices des couches renferment aussi des lits minces qui n'excédent pas trois lignes d'un schiste argilleux gris, luisant, tendre, doux au toucher, qui exposé au chalumeau se boursouffle au premier coup de feu, & se change en une scorie verdâtre, luisante, si legere qu'elle surnage à l'eau, mais en même tems si réfractaire qu'elle refuse de se fondre ultérieurement. Ce schiste ne fait aucune effervescence avec les acides, mais il est souvent recouvert d'une poussiere jaunâtre qui s'y dissout avec bouillonnement.

§. 1371. J'ai dit que j'avois vu la breche calcaire superposée à ces grès, mais on la voit aussi située au-dessous d'eux, par exemple, au Nord-Est de l'église, & plus bas, on voit des bancs de grès reposer immédiatement sur des bancs d'une breche grossiere qui ne renferme que des fragmens calcaires arrondis, & un petit nombre de serpentines. Breche dessus & dessous ces grès.

Après avoir observé ces différentes couches, je descendis jusqu'au bord de la mer, en passant auprès d'une vieille tour qui est au-dessous de la chapelle de Sta. Croce, & j'arrivai aux ruines d'un petit fort, situé exactement à la pointe la plus avancée du promontoire que forme cette montagne.

En faisant cette descente on rencontre une quantité de grands blocs de grès & de breches confusément entassés, & on retrouve enfin les couches de grès, qui sont ici beaucoup plus inclinées qu'au haut de la montagne, quelques-unes même verticales. La direction de leurs plans paroît variée & irréguliere. Blocs coupés en cubes.

En passant entre ces blocs de breche, j'admirai quelques-uns d'entr'eux, d'une grandeur considérable, & taillés en cubes avec la plus parfaite régularité. Il y avoit même ceci de remarquable, c'est que l'action de la pesanteur qui avoit taillé ces cubes en rompant leurs couches, avoit coupé tous les cailloux des breches à fleur de la surface de la pierre, aussi nettement que si c'eût été une masse molle qu'on eût tranchée verticalement avec un rasoir.

Cependant parmi ces cailloux, la plupart calcaires, il s'en trouvoit de très-durs, de petrosilex, par exemple, même de jade, qui étoient tranchés tout aussi nettement que les autres.

Quelques-uns de ces blocs étoient recouverts d'une pierre calcaire bleuâtre, qui ayant été déposée sur la surface de la breche s'étoit inſinuée dans tous les interſtices des pierres arrondies dont la breche étoit compoſée, & prouvoit ainſi la molleſſe, & même la fluidité primitive de cette pierre calcaire.

<small>Point de quilles ſur cette ...</small>

JE revins d'Alaſſio en ſuivant conſtamment le bord de la mer, & en recherchant avec ſoin ſur le ſable & dans les algues rejetées par la mer, ſi je n'y verrois point de coquillages, mais je ne pus pas en trouver même les plus petits fragmens; obſervation que j'ai ſuivie depuis Porto-Fino; c'eſt-à-dire, ſur une côte de plus de 80 milles d'étendue. Si donc on rencontre des montagnes qui ne renferment pas des coquillages, on ne peut pas de cela ſeul, conclure qu'elles n'ont pas été formées par la mer.

<small>Excurſion au nord-oueſt d'Alaſſio.</small>

§. 1372. L'APRÈS-midi du même jour, comme notre felouque ne revenoit point, j'allai me promener ſur les derrieres de la ville d'Alaſſio, du côté du Nord-Oueſt; je ſuivis un chemin qui montoit en pente douce dans cette direction, & bientôt je rencontrai des bancs de la pierre calcaire bleuâtre, d'un grain fin, terne & preſque terreux, à rayure griſe, qui eſt ſi commun ſur cette côte.

PEU de tems après je rencontrai des ſchiſtes argilleux, tendres, feuilletés, à feuillets extrêmement tortillés, entrecoupés de veines de quartz; les uns étoient d'un gris fauve, parfaitement ſemblables à ceux que j'ai trouvés ſur le Mont St. Bernard, & décrit au §. 1000; d'autres, d'un gris bleu, noirâtre, moins doux au toucher, mais d'ailleurs de la même nature, & ne faiſant comme eux aucune efferveſcence avec les acides. Plus loin encore, je trouvai des bancs minces de pierre calcaire renfermés entre des couches minces des mêmes ſchiſtes argilleux. Ces bancs ſont verticaux & dirigés de l'Eſt à l'Oueſt.

<small>Couches diverſement inclinées & dirigées.</small>

JE revins enſuite ſur mes pas, lorſque je vis que j'avois dépaſſé la colline la plus voiſine de la mer, ſur laquelle j'avois deſſein de monter, & je gravis par un chemin très-rapide juſqu'à une hauteur que j'eſtime

d'environ

d'environ 200 toises. Je vis en montant plusieurs alternatives de la pierre calcaire bleue & des schistes argilleux ; près du sommet, je rencontrai des bancs du grès dur de Ste. Croce, fort inclinés à l'horizon, & courant exactement comme eux du Nord au Sud de l'aiguille aimantée, en montant du côté de l'Est. Au-delà de ces bancs j'en trouvai de pierre calcaire perpendiculaire à l'horizon, & courant de l'Est Nord-Est à l'Ouest Sud-Ouest.

Comme j'étois monté par le derriere de la colline, je la traversai vers le haut, & je descendis par sa face opposée ; là, je rencontrai de nouveau les bancs de grès durs, mais verticaux, courant de l'Est Sud-Est à l'Ouest Nord-Ouest ; & par conséquent dans une direction très-différente de ceux de l'autre côté ; & à angles droits des calcaires qui les environnent.

En continuant de descendre, j'observai des alternatives de pierres calcaires & de schistes argilleux, tout comme sur la face opposée de la montagne.

§. 1373. On voit ici, comme dans la plupart des observations précédentes, que les couches n'ont point, dans ces basses montagnes, une marche uniforme dans d'aussi grands espaces que sur les Alpes, & même sur le Jura ; les changemens de direction & d'inclinaison, sont en général plus fréquens & plus brusques dans ces montagnes peu élevées. Les causes qui ont modifié la situation, originairement horizontale des couches, ont eu besoin d'une énergie beaucoup plus grande pour agir sur de plus grandes masses, & ainsi leur effet a dû être uniforme dans de plus grands espaces. *Considération sur la fréquence de ces changemens.*

§. 1374. Le lendemain 14, notre felouque arriva enfin, & nous nous disposions à nous embarquer, pour aller éprouver la température de la mer, lorsque les pêcheurs les plus expérimentés nous en dissuaderent. *Courans qui s'opposent à notre expérience,*

Z

Ils nous aſſurerent unanimément, qu'après des pluies auſſi abondantes que celles qui venoient de tomber, les courans portent au couchant, avec une telle violence, que dans l'eſpace de 3 heures les pêcheurs perdent leurs hameçons; & qu'ainſi, comme nous étions obligés de laiſſer nos thermometres dans la mer, au moins pendant 12 heures, il étoit à peu près certain que nous ne pourrions point les retrouver. Nous y renonçâmes donc, & avec d'autant plus de regret, qu'ils aſſuroient qu'entre l'isle de *Gallinara* & le cap *delle Melle*, il y a une eſpece de grande vallée ſoumarine, nommée *il foſſo di dentro*, où nous aurions trouvé juſqu'à 250 braſſes, & qu'à 5 ou 6 milles en mer, vis-à-vis du cap, on trouve juſqu'à 400 braſſes; mais ils nous firent eſpérer qu'à Nice nous trouverions de grandes profondeurs ſans être expoſés à ces mêmes courans.

Quant à la raiſon de ces courans, on comprend qu'en général, dans les tems où la Méditerranée reçoit plus d'eau qu'il ne s'en évapore de ſa ſurface, cette eau doit ſe porter à l'Oueſt pour ſortir par le détroit de Gibraltar; il eſt auſſi évident que les courans qu'elle forme doivent être plus ſenſibles dans les détroits & vis-à-vis des caps, que dans le fond des golfes; mais enſuite les circonſtances locales qui modifient ces principes généraux & qui rendent les courans plus ou moins violens dans certains parages, nous ſont abſolument inconnues.

Déterminés à continuer notre voyage par terre, nous louâmes des mulets pour remplacer ceux de Gênes que nous avions renvoyés : la félouque alla ſans nous, porter notre bagage à Nice.

Monceaux de ſable accumulés par le vent ſous des formes régulieres.

§. 1375. A quelques minutes d'Alaſſio, on voyoit ſur le rivage des monceaux de ſable de dix à douze pieds de hauteur.

Ils avoient été accumulés par le vent de mer, & leur régularité étoit vraiment admirable; ces monceaux étoient compoſés de couches minces, continues & concentriques, comme des voûtes paraboloïdes superposées les unes aux autres ; ces voûtes étoient convexes du côté du ciel & du côté de la mer ; c'étoient donc de petites montagnes en pente douce du côté du vent qui les avoit formées, & escarpées du côté opposé.

J'ai déja fait, §. 1229, la même observation sur les terres & les graviers accumulés par le débordement des rivieres ; l'air & l'eau donnent donc la même structure aux montagnes formées par leurs dépôts.

Ce sable, observé au microscope, paroît en grande partie composé de grains de quartz, blancs ou jaunâtres. O ny voit aussi d'autres parties de différentes couleurs, dont quelques-unes sont calcaires & se dissolvent dans les acides ; enfin, il y des parties attirables à l'aiman, dont les unes paroissent des mines de fer grises ; les autres, des stéatites jaunâtres, demi-transparentes.

Les grains de quartz de ce sable sont tous ou presque tous anguleux ; souvent même on y reconnoît des indices de cryftallisation. Je suis bien porté à croire, comme M. de Luc, que les sables ne sont point tous des produits du brisement ou du détritus des pierres, mais qu'il y en a beaucoup qui sont le résultat d'une cryftallisation qui s'est opérée dans le sein des eaux. Je montrerai même ailleurs un sable quartzeux produit artificiellement par une opération de ce genre.

§. 1376. A un quart de lieue de la ville, on passe près de la chapelle de *la Madonna, di porto salvo*, bâtie sur un roc saillant hors de la mer. Ce roc est d'une pierre calcaire noirâtre, argilleuse, avec des veines de spath & de quartz. Ses couches, très-inclinées & relevées contre le Nord-Est, courent du Sud-Est au Nord-Ouest ; elles sont entremêlées de bancs de schistes argilleux, semblables à ceux que j'ai observés sur les derrieres d'Alassio. §. 1272.

D'Alassio à Andora. Calcaires.

Avant & après cette chapelle, on voit de grands amas de débris calcaires chariés par les torrens qui defcendent des montagnes & mêlés avec de la terre rouge, qui eft fi commune dans les Apennins.

On paffe enfuite au village de *Linguaggio*, à demi-lieue d'Alaffio; & là, on commence à gravir une montagne compofée d'un roc calcaire femblable à celui que je viens de décrire.

Après 40 minutes de montée, on arrive au haut de cette montagne, qui eft la continuation du cap *delle Melle*; elle eft encore des mêmes rochers, mais ces couches font diverfement inclinées.

<small>Jolie vue de la vallée d'Andora.</small> Peu après, en commençant à defcendre, on a une vue charmante de la vallée *d'Andora*, arrofée par le ruiffeau de ce nom, & entourée de collines couvertes d'oliviers, dont le verd bleuâtre eft agréablement coupé par le verd foncé des caroubiers, & par le verd plus clair des pins maritimes.

Une belle prairie avec un troupeau, n'eft pas une chofe commune dans ce pays; & d'un côté la mer & la rade d'Andora, de l'autre le village bâti fur la cime d'un pain de fucre, qui s'élève du fond de la vallée, & qui eft entouré d'arbres, placés comme fur des gradins autour de ce cône, achevent de décorer ce charmant tableau. Nous defcendîmes cette montagne en 25 minutes, & nous traverfâmes la petite riviere d'Andora & fon lit fablonneux, couvert de lauriers rofes.

<small>D'Andora à Oneglia.</small> §. 1377. Le chemin paffe enfuite fur des rocs calcaires, efcarpés au-deffus de la mer; & à ¼ de lieue d'Andora on rencontre des pierres qui font auffi calcaires, & qui fe divifent naturellement en fragmens de forme lenticulaires.

<small>Calcaires argilleufes à pieces détachées lenticulaires.</small> Cette pierre eft extrêmement remarquable : on y voit des pieces diftinctes, qui fouvent s'en féparent fpontanément : ces pieces font convexes des deux côtés, de forme fouvent lenticulaire, & quelquefois allongée : on en voit de très-grandes, même de plus de 6 pouces de

diametre. On prendroit d'abord cette pierre pour une breche, mais comme elle est toute homogene, comme la pâte qui lie ces grandes lentilles est absolument identique avec elles; il est évident que ce n'est point une pierre composée. Cette pierre, de même que les pieces qui s'en détachent, sont au-dehors comme au-dedans, d'un gris jaunâtre, leur surface extérieure, de même que leur cassure, a un grain fin & terreux; elle exhale une odeur argilleuse, mais ne happe point à la la langue: elle est assez tendre, fait une vive effervescence avec l'acide nitreux, mais elle laisse en arriere une partie assez considérable d'argille jaunâtre, non dissoute & incohérente. On pourroit être tenté de la considérer comme une pierre marneuse, mais elle est très-réfractaire, au lieu que la vraie pierre marneuse se fond avec facilité. J'ai trouvé à Gênes, près des carrieres de Carignan, *cave di Carignano*, une pierre dont les pieces détachées sont aussi lenticulaires; sa cassure, son grain & son odeur sont les mêmes, mais sa couleur est noirâtre; elle fait effervescence avec les acides & y devient friable, mais sans s'y déformer, & elle se fond au chalumeau avec une extrème facilité. Celle-ci donc mériteroit mieux le nom de marne pierreuse.

CETTE route passe ensuite sur des rocs d'une pierre calcaire mélangée d'argille & de sable; ces rocs prennent à l'extérieur une couleur jaunâtre, & une apparence sableuse, parce qu'ils contiennent du sable qui reste à la surface, tandis que les eaux dissolvent & entraînent les parties calcaires qui lient entr'eux les grains de quartz. J'ai vu au Buet des pierres de ce genre, §. 583.

Calcaires mélées de grains de quartz.

A une lieue & un quart d'Andora, ces rocs sont escarpés contre la mer; mais tout près de là, au pied de la même montagne, la mer baigne des couches de la même nature, & qui montent contre les terres.

UNE petite demie-lieue plus loin, on descend par un chemin rapide au village *Il Servo*, situé au bord de la mer. Les pierres arrondies par les flots font là presque toutes calcaires : on y voit quelques serpentines mais très-rarement, & point de pierres composées.

Montagne u cap de erthe. A une lieue de là on passe une montagne qui est la continuation du *capo di Bertha*. Cette montagne est toujours calcaire, & renferme des couches de la pierre lenticulaire que je viens de décrire. Cette pierre, qui m'avoit d'abord extrêmement frappé, devint ensuite si commune sur cette route, que je m'ennuyai de marquer sur mon journal les endroits où je la rencontrois.

Nous ne mîmes qu'un quart-d'heure à monter au haut de cette montagne, où le grand chemin est horizontal pendant quelque tems ; cependant la montagne est composée de pierres calcaires jaunâtres, très-inclinées qui montent contre le Nord. Plus loin, elles montent contre le Sud, & au pied de la montagne, contre la mer, elles montent contre l'Ouest.

De là, nous descendîmes à Oneille par une pente toujours calcaire. On sait que cette ville, & la principauté dont elle est la capitale, appartient au roi de Sardaigne, mais enclavée dans l'Etat de Gênes ; la ville a la structure, & ses habitans le dialecte & les mœurs de toutes celles de cette rive, ou *riviere* comme on l'appelle. Une seule rue, longue & étroite, formée par des maisons très-hautes, dont plusieurs sont grandes & régulieres. Nous mîmes 4 heures & demie à faire les 15 milles que l'on compte d'Alassio à Oneille. Nous fûmes reçus là avec beaucoup d'hospitalité par MM. Vieussieux, nos compatriotes. Leur maison de commerce établie à Oneille, depuis un grand nombre d'années, jouit dans tout ce pays d'une confiance & d'une considération bien rares & bien justement méritées.

D'Oneille à St. Remo. §. 1378. En sortant d'Oneille, on ne voit au bord de la mer que des cailloux calcaires ; & les 15 milles de route entre Oneille & St. Remo, où nous allâmes dîner, ne présentent rien d'intéressant : on voyage tantôt sur la greve, tantôt sur le penchant de collines composées de grès ou de pierres calcaires dans un état de deſtruction; la route mal affermie, ſauvage, ſans ombrage, ſans végétation n'offre rien qui intéreſſe l'eſprit, ou qui occupe agréablement la vue; la vallée *de Sabbia*, à trois lieues d'Oneille, bordée de collines cultivées, fait ſeule un moment de diverſion ſur cette ennuyeuſe route; mais près de St. Remo, la nature ſe ranime, on traverſe des jardins remplis d'orangers, de citronniers & de palmiers de la plus grande beauté. St. Remo, eſt en effet de tout l'Etat de Génes l'endroit le plus renommé pour les productions de ce genre; c'eſt-là que ſe prépare la meilleure eau de fleurs d'oranges, & la meilleure eſſence de citron.

Le ſeul endroit qui puiſſe intéreſſer le géologue eſt le cap de St. Remo, à demi-lieue à l'Eſt de la ville. En deſcendant la montagne qui forme ce cap, nous admirions la régularité des bancs dont elle eſt compoſée. Ce ſont des couches minces d'une pierre mélangée d'argille & de terre calcaire qui ſe décompoſent à l'air, mais qui ſont ſoutenus à intervalles égaux, par des bancs de grès, ou du moins, d'une pierre calcaire mêlée de ſable.

Ces bancs forment des arrêtes ſaillantes, qui ſe prolongent juſques dans la mer, & qui montrent même leur ſommités régulieres au-deſſus de la ſurface de ſes eaux. Leur direction eſt à peu-près du Nord au Sud, & elles montent contre le couchant.

§. 1379. De St. Remo, on vient en une heure au village *degli Oſpidaletti*; après avoir traverſé la montagne qui forme le cap de ce nom, & qui eſt encore compoſée de pierres calcaires & de grès. De St. Remo à Vintimille.

Là, vers les trois heures de l'après-midi, M. Pictet fit l'épreuve de la chaleur de l'air au ſoleil, en y agitant un petit thermometre de mercure. Il le trouva à 19, 2, chaleur bien forte, pour le 15 d'octobre, en raſe campagne, & par une forte biſe; mais il faut conſidérer que ſur cette côte, outre l'action directe du ſoleil, on a encore celle Chaleur de cette côte.

de ſes rayons réfléchis par la mer, & celle que reverberent les collines qui bordent cette plage du côté du Nord. Cette double réflexion explique pourquoi cette côte produit des fruits propres à des pays plus chauds que les plaines même des environs de Rome, qui ſont de pluſieurs degrés plus méridionales.

<small>Culture e palmiers.</small>

La petite ville de *Bordighera*, où nous paſſâmes après cette obſervation, ſuffiroit pour fournir la preuve de cette vérité, puiſqu'on y cultive une quantité de palmiers, dont on recueille les feuilles, que l'on envoie à Rome pour les cérémonies de la ſemaine ſainte.

Le cap de Bordighera, & le fond ſur lequel eſt bâti le village, ſont d'un grès groſſier en couches preſqu'horizontales. En deſcendant la pente rapide de cette ville, on a une vue très-étendue des bords de la mer, que l'on découvre juſqu'à Antibes.

On traverſe enſuite la belle plaine de *Nervi di ponente*. La riviere qui l'arroſe ne charie que des grès & des pierres calcaires.

En approchant de Vintimille, on paſſe ſous des rochers eſcarpés, compoſés de breches groſſieres, mêlées de ſable & peu cohérentes.

<small>Vintimille.</small>

On paſſe enſuite ſur un pont à demi ruiné, *la Roya*, qui eſt la plus grande riviere que l'on rencontre entre Gênes & Nice, & qui pourtant eſt très-peu conſidérable ; là, on a en face la vieille & pauvre ville de *Vintimille*, bâtie ſur la pente rapide d'une colline, dont les derrieres ſont des rocs nuds ou plutôt des falaiſes terreuſes, rongées à leur pied par la mer. Nous montâmes au haut de la ville, où étoit la chétive auberge où nous devions coucher ; je viſitai ces falaiſes, dont le haut eſt de breches groſſieres, & tout le bas d'argilles ſableuſes. On compte dix mille de St. Remo à Vintimille.

§. 1380.

§. 1380. En fortant de la ville on chemine fur le penchant d'une colline qui eft la continuation de celle fur laquelle la ville eft bâtie; mais au bout d'une petite demi-heure, on rencontre des couches de grès folides & verticales, courant de l'Eft Sud-Eft à l'Oueft Nord-Oueft.

De Vintimille à Bauffi-Roffi.

Un peu plus loin, la colline paroît compofée de calcaires argilleufes, en couches minces, dont l'enfemble paroît rayé, & forme un effet affez fingulier. Ces couches fe délitent & s'éboulent comme de l'argille pure.

On voit enfuite au fond d'un petit ravin, a fommité des tranches de couches calcaires folides, verticales & dirigées exactement comme les grès que je viens de noter.

Plus loin on en rencontre encore; puis des grès tendres toujours dans la même fituation; enforte que toutes les couches font verticales pendant près de trois quarts de lieue.

Cette partie de la route que nos muletiers nomment *Bauffi-Roffi*, eft extrêmement fauvage; elle paffe même pour être dangereufe, & le feroit réellement fi on la faifoit à cheval. Ce font des terres calcaires & argilleufes, abfolument incohérentes & en pente rapide au-deffus de la mer. Les eaux creufent dans ces terres tous les jours de nouveaux ravins, écornent & même fouvent entraînent en entier le fentier étroit & inégal qui porte ici le nom faftueux de grande route; & dans les endroits même où ce fentier n'eft pas emporté, les tournans courts entre ces ravins, le rendent également dangereux pour les mulets; parce que comme cet animal, fuivant fon habitude, fuit exactement le bord extérieur du chemin; la terre qui paroît folide manque fous fes pieds, & s'il tombe il eft perdu; il roule infailliblement dans la mer, fans que rien puiffe le retenir. Ces accidens font affez fréquens, il faut donc faire cette route à pied, & alors on ne court aucun rifque.

Bauffi-Roffi.

A a

Rochers marqua-cés.

§. 1381. Après ce mauvais chemin, on arrive au bord de la mer, où l'on passe sous un rocher de pierre calcaire compacte; le premier de ce genre que nous eussions vu depuis bien long-tems. Ce rocher qui surplombe tout près de la mer au-dessus du rivage, a sa surface rougie par une espece d'ochre ferrugineuse, mais l'intérieur est d'un gris qui tire sur le blanc; sa cassure est inégale, un peu écailleuse, translucide aux bords, parsemées de quelques points brillans, & sa dureté égale celle des beaux marbres compactes. Cette pierre ressemble parfaitement à celle qui forme la plus grande partie du Jura & des premieres chaînes calcaires de nos Alpes; elle se dissout avec une vive effervescencé dans l'acide nitreux, & ne laisse en arriere qu'une quantité presque inappréciable d'oxide jaune de fer. Les couches de ce rocher sont épaisses & peu distinctes, au moins sur la face qu'il présente à la mer.

Je desirois depuis long-tems de trouver au bord de la mer quelque rocher de ce genre, sur lequel l'impression des flots eut pu se conserver, au cas qu'anciennement ils l'eussent battue à une hauteur supérieure à celle du niveau actuel; je l'observai donc avec toute l'attention dont je suis capable.

Trous ronds semblables à des trous de pholades.

Le pied de ce rocher, dans l'endroit où passe le chemin, est élevé d'environ 20 pieds au-dessus de la surface actuelle de la mer. Là, on voit sa surface criblée de trous; les uns exactement arrondis, d'autres moins réguliers, de différentes grandeurs, depuis 1 ligne jusqu'à 2 pouces ½ de diametre & profonds souvent de plusieurs pouces. Comme ces trous auroient pu être l'ouvrage des pholades, j'y cherchai avec le plus grand soin des vestiges de ce coquillage, mais sans pouvoir en découvrir aucun. D'ailleurs ils ne sont pas intérieurement unis; je dirois presque polis comme ceux des pholades, & leur diametre ne va pas comme dans ceux-ci en s'agrandissant du dehors au-dedans. J'ajouterai, que j'ai vu des trous semblables dans des pierres de la même espece, situées dans des lieux où sûrement les pholades n'ont pu les ronger.

J'ai lieu de croire qu'ils sont produits par la décomposition des pyrites que renferment fréquemment les pierres de ce genre : l'acide engendré par cette décompofition corrode la pierre, & le fer précipité par cette diffolution, produit la couleur rouge que l'on voit à fa furface : ces trous ne prouvent donc rien relativement à la hauteur à laquelle les eaux de la mer ont pu anciennement baigner ce rocher.

§. 1382. MAIS en fuivant fon pied, j'y vis une caverne ouverte à fleur de terre du côté de la mer. Sa porte ou fon entrée avoit au moins 25 pieds de hauteur fur 22 de largeur, & fa profondeur étoit d'environ 100 pieds; la voûte eft également exhauffée jufqu'au fond, & ce fond eft exactement fermé : on n'y voit point, comme dans beaucoup d'autres cavernes, d'ouverture par laquelle les eaux de l'intérieur de la montagne aient pu y entrer & former enfuite la caverne, en excavant le rocher; cependant la voûte & les parois intérieures font par-tout arrondies : on voit encore au-dehors de la caverne, fur la furface du rocher, des cavités de même genre.

Cavernes multipliées fur la face de ce rocher.

On voit même au-deffus de cette caverne, environ à 70 pieds du niveau de la mer, une autre caverne qui fe préfente directement à la mer, & dont tous les contours font fi bien arrondis, qu'on ne peut guere douter qu'elle n'ait été creufée par l'action des vagues.

A quelques pas de là, on rencontre une feconde caverne, femblable à la premiere.

Un peu plus loin, on voit au haut du rocher une grande concavité, tournée du côté de la mer, dont le diametre, mefuré dans la la partie qui lui correfpond en bas, eft d'environ 100 pieds, & le haut a la forme d'une voûte où l'on croit voir encore les traces des ondes, qui paroiffent l'avoir formée.

Plus loin encore, on rencontre une troifieme caverne plus large, mais moins profonde que les deux premieres, & parfemée comme elles d'excavations arrondies.

Ensuite une quatrieme fort évasée & peu profonde.

Puis une cinquieme, d'environ 50 pieds de profondeur sur 35 à 40 d'ouverture.

Je me lassai de les compter, mais j'en vis d'autres encore toutes semblables aux premieres, & même jusqu'au haut du rocher, à une élévation de plus de 200 pieds au-dessus du niveau de la mer.

Ces cavernes paroissent avoir été creusées par la mer.

§. 1383. Comme toutes ces excavations, ont par le haut la forme de voûtes solides, qu'elles sont dépourvues de toute ouverture intérieure, & creusées sur la face verticale & même surplombante d'un roc sain, aussi dur que le marbre; elles ne sauroient être l'ouvrage des eaux pluviales. J'examinai avec le plus grand soin la surface intérieure de toutes celles qui étoient accessibles, pour voir si je ne trouverois point quelque indice qui prouvât que la substance du rocher se fût trouvée plus molle, plus destructible par places, & eût ainsi donné lieu à la formation spontanée de ces cavités; je la sondai en divers endroits avec le marteau; mais je trouvai par-tout le rocher également dur & homogene; je brisai même plusieurs pieces de ce même rocher sans pouvoir y découvrir aucun mélange d'une matiere plus tendre.

On demandera peut-être pourquoi ces excavations ne se voient que par places? pourquoi la mer n'a pas également rongé à le même hauteur toute la face de la montagne. Je répondrai, que quelques inégalités accidentelles suffisent pour déterminer le commencement d'une érosion, & que dès que ce commencement existe, les vagues réfléchies par les parois de la cavité naissante, agissent avec plus de force sur son intérieur, & l'augmentent par cela même de plus en plus.

Je me demandai aussi si ces cavernes ne pouroient point être un ouvrage des hommes, & si le tems n'auroit point détruit les vestiges de leur travail: en effet, si on les voyoit toutes à fleur de terre, ou peu élevées au-dessus du sol ; ce soupçon ne seroit pas sans fondement ; mais comme on les voit parsemées à des hauteurs différentes, & quelques-unes mêmes très-élevées sur la face verticale du rocher, on ne sauroit s'arrêter à cette idée ; d'ailleurs, on ne voit ni dans leur position, ni dans leurs formes aucune trace de symmétrie, ni d'ordre, ni de régularité, rien qui paroisse indiquer un but ou un usage déterminé.

Comme le bas de ce rocher forme un petit promontoire saillant dans la mer au-dessus du chemin, je descendis jusqu'au bord, pour observer le travail actuel des eaux sur ce même rocher, & j'y trouvai des cavités arrondies, semblables en petit à celles que je venois d'observer au-dehors.

Je regarde donc ces cavités comme l'ouvrage des eaux de la mer. Si cette conjecture est fondée, il faut que la mer ait été dans cet endroit d'environ 200 pieds plus haute, ou le rocher de 200 pieds plus bas qu'aujourd'hui.

En effet, le temple de Sérapis à Pouzzol, prouve que la mer a pu s'élever pour un tems, & se rabaisser ensuite, ou le terrein s'enfoncer & se relever ensuite.

Cette conjecture auroit acquis un nouveau degré de probabilité, si j'avois pu trouver dans quelqu'une de ces cavernes, quelque vestige du séjour de la mer, quelque lépas attaché au rocher, ou quelque pholade dans un de ces trous, ou au moins du sable ou des cailloux roulés ; mais je ne vis rien de pareil : il est vrai que dans celles de ces cavernes qui sont accessibles, on ne voit nulle part leur sol dans son état naturel : on a établi des fours à chaux dans les unes, & des entrepôts de divers objets dans les autres.

§. 1384. La ville de Menton est à 20 minutes de ces rochers ; avant *Menton!* d'y arriver, je revis des couches de pierre calcaire mêlée d'argile & de fable, verticales, dirigées du Sud-Eſt au Nord-Oueſt. Les approches de cette ville ſe ſignalent d'une maniere agréable par des jardins d'orangers & de citronniers, qui parfument l'air à une grande diſtance. Elle eſt conſtruite en partie ſur le bord de la mer, & en partie ſur le penchant d'une colline qui forme un promontoire. Nous nous y arrêtâmes pour faire rafraîchir nos mulets, afin qu'ils puſſent enſuite aller tout d'une traite à Nice. Il n'y a que deux lieues de Vintimille à Menton.

<small>Beau chemin de Menton à Monaco.</small>

§. 1385. En ſortant de la ville, on ſuit au bord de la mer une belle chauſſée, décorée d'une double allée de mûriers, luxe bien rare ſur cette rive; c'eſt l'ouvrage du prince de Monaco, qui a établi cette communication entre ſa capitale & la ville de Menton; cette chauſſée traverſe ainſi ſes Etats dans leur plus grande largeur : en ſuivant cette route on voit à ſa droite des montagnes aſſez hautes, qui paroiſſent toutes calcaires; leurs ſommités ſont aiguës; & une d'entr'elles a la coupe d'un chevron, forme fréquente dans les calcaires de nos Alpes.

A demi-lieue de la ville, on quitte pendant quelques momens le grand chemin pour prendre un ſentier plus court, qui paſſe ſur des calcaires molles & argilleuſes ; mais bientôt après on regagne la chauſſée, & on retrouve les calcaires compactes à couches épaiſſes, teintes en rouge par dehors, de la même nature que le rocher caverneux que je viens de décrire. Ici, le chemin eſt en terraſſe, ſoutenu par un mur aſſez élevé, dans une très-belle ſituation : on voit au-deſſous de ſoi des campagnes cultivées & couvertes d'oliviers, de vignes, & plus loin la ville de Monaco en perſpective.

En ſuivant cette route, à ¾ de lieue de Menton, on paſſe ſous des amas de débris de pierres calcaires & de grès arrondis, mal liés entr'eux, & qui forment ainſi une eſpece de breche tendre & groſſiere, dont l'origine paroît très-moderne.

§. 1386. Un quart de lieue plus loin, on quitte le chemin de Monaco, pour prendre un sentier à mulets qui conduit à *la Torbie*, montagne que l'on doit passer pour aller à Nice.   *Sentier qui monte à la Torbie.*

Après un petit quart de lieue de cette montée rapide, on voit au-dessus de sa tête des rochers élevés & escarpés, à la surface desquels sont des excavations ou de petites cavernes, dont l'origine m'a paru douteuse.

A 12 minutes delà, on passe sur des couches calcaires, argilleuses, tendres, blanches, relevées contre le Sud-Est; ensorte que les plans de leurs couches coupent à angles droits, ceux des couches de la même pierre dont j'ai parlé au paragraphe précédent.   *Couches calcaires argilleuses.*

Après 12 autres minutes de route, je vis à notre Midi, & presqu'à notre niveau, une montagne de pierre calcaire compacte, qui n'étoit pas éloignée, & dont les bancs réguliers montent contre la mer au Midi. Les montagnes qui dominent cette route au Nord-Est, au Nord, & même jusqu'à l'Ouest sont toutes de la même nature, & ont leurs bancs situés de la même maniere.

§. 1387. Je n'ai pu découvrir ni sur les faces escarpées de ces rochers, ni sous nos pieds aucun vestige de l'action, ou d'un séjour des eaux de la mer postérieur à la formation de la montagne, aucun galet, aucun gravier, aucune excavation.   *Nul caillou étranger charié par les eaux.*

On voit bien en divers endroits le rocher recouvert d'une breche calcaire assez solide; mais toutes les pieces de cette breche ont leurs angles vifs, & les breches de ce genre, que j'ai souvent observées, ne sont pas de beaucoup plus modernes que les montagnes qu'elles couvrent. Cependant, comme la route n'est point par-tout rapide, comme on y traverse des plateaux, même des enfoncemens, comme elle n'est point recouverte de débris qui cachent la surface du sol, si la mer ou les grands courans produits par la derniere révolution du globe étoient parvenus jufques-là, & qu'ils euffent laiffé des graviers ou des cailloux roulés, on en trouveroit, fur-tout lorfqu'on les cherche avec foin. Au refte, ce lieu n'eft pas le feul de cette côte où j'aie fait cette recherche, & le réfultat en a été conftamment le même; & on a vu, que même au bord de la mer, nous ne trouvions d'autres cailloux que ceux des montagnes voifines.

Au refte, la pierre de cette montagne, qui eft toujours d'une efpece de marbre groffier & compacte, eft prefque criblée de trous, du genre de ceux que j'ai attribués à des pyrites décompofées, & la furface eft auffi couverte de cette ochre rouge que j'attribue à la décompofition de ces pyrites.

Calcaires argilleufes perpofées à la calcaire pure.

DEMI-heure avant d'arriver au village de Torbie, on rencontre des couches minces argilleufes, qui paroiffent fuperpofées à la calcaire pure qui forme le corps de la montagne. On voit delà la ville de Monaco, bâtie fur un promontoire, élevé en forme de table & efcarpé de tous côtés. Une jolie vallée bien cultivée, conduit les yeux depuis les cimes arides que nous graviffions jufqu'à ce joli point de vue.

Torbie.

§. 1388. EN 2 heures ¼ de marche depuis Menton, on vient fous l'enceinte du petit village de *Turbie* ou *Torbie*, bâti fur le haut de la montagne qui lui a donné fon nom. Cette fommité, & prefque toutes celles que l'on voit jufqu'à Nice, font compofées de la pierre calcaire compacte que j'ai décrite.

CEPENDANT, à quelques minutes au-delà de Torbie, on rencontre encore des couches minces, d'une pierre calcaire argilleufe, femblable à celle des environs de Gênes, faifant efferveſcence avec les acides, mais fans y perdre fa forme, elle y devient cependant friable & tachante.

Hauteur & vue de ce paſſage.

A un quart de lieue de Torbie, nos muletiers nous affurerent que nous étions au plus haut de la montagne. M. PICTET obferva le barometre,

metre, & à notre grande surprise, nous ne le trouvâmes que d'environ
18 lignes ⅔ plus bas qu'au bord de la mer, ce qui ne donne qu'une
élévation de 249 toises.

Mais le point vraiment le plus élevé de ce passage, c'est la montagne d'Eze, que l'on passe après une heure ¾ de marche depuis le village de Torbie. Là, le baromètre, d'environ 20 lignes plus bas qu'au bord de la mer, indique une hauteur de 286 toises.

La vue de la Torbie est très-étendue du côté du Sud-Ouest. Le cap du St. Hospice, paroît former une longue pointe recourbée. Plus loin, à l'extrémité d'un autre promontoire, on voit le Fanal de Ville-Franche : on ne découvre pas la ville de Nice, qui est cachée par les montagnes, mais on voit le Var se jeter dans la mer : on voit encore au-delà les isles de Ste. Marguerite, & les montagnes du *Cap-Roux*, qui terminent cette perspective.

§. 1389. A demi-lieue de Torbie, nous remarquâmes au-dessus de nous, à droite, ou au Nord, des sommités calcaires escarpées contre le Midi, sur la face desquelles on voit des concavités, qu'au premier coup-d'œil on pourroit confondre avec celles qui m'ont paru formées par la mer, mais elles en différent essentiellement : ce sont des vuides formés par la chûte des couches, qui se sont écroulées parce qu'elles manquoient d'appui ; ces vuides, dans leur partie supérieure, sont recouverts par des plans nets & bien terminés. Ces plans sont d'autres couches qui étant plus solides ne sont pas encore tombées : tous les bords de ces vuides sont à angles vifs ; on n'y voit nulle part ces excavations arrondies & à bords émoussés qui caractérisent celles du voisinage de Menton ; leur origine paroît donc entièrement différente.

[Concavités produites par la chûte des couches.]

§. 1390. A une petite demi-lieue de ces cavités, on laisse à sa gauche le village d'Eze, *Isa*, bâti sur la cime d'un pain de sucre calcaire dont les couches presque horizontales & coupées presqu'à pic de tous

[Eze.]

les côtés forment un effet très-singulier. Les ruines d'un vieux château couronnent la pyramide, & le village bâti au-dessous lui forme une ceinture.

Avant d'y arriver, on rencontre des couches calcaires argilleuses qui courent de l'Est à l'Ouest : on en voit d'autres à ¼ de lieue au-delà d'Eze, qui sont bleuâtres, à feuillets minces, molles & presque friables ; elles sont soutenues de 2 en 2, ou de 3 en 3 pieds, par des couches plus épaisses ou plus solides, qui forment des saillies régulieres : ce sont aussi des pierres calcaires bleuâtres en-dedans, mais qui prennent à l'air une couleur jaunâtre. Ces couches sont toutes à peu près horizontales.

De-là jusqu'à Nice, je n'ai plus vu que la pierre calcaire compacte, seulement ai-je rencontré un peu au-delà du passage de la montagne d'Eze, quelques fragmens d'une belle pierre calcaire blanche, à grain très-fin & très-brillant, mais dont l'intérieur prend à l'air une couleur rouge briquetée.

Du haut de ce même passage, on voit au Nord quelques chaînes de montagnes qui paroissent toutes calcaires, & dirigées du Nord-Est au Sud-Ouest. Leurs cimes sont nues comme celles des Apennins ; mais on y voit plus de rochers à découvert, & les caracteres extérieurs d'une matiere plus dure.

En descendant à Nice, nous remarquâmes à l'Ouest des montagnes peu élevées, bien paralleles entr'elles, qui paroissent marcher du Nord au Sud ; elles s'abaissent toutes à une certaine distance de la mer, mais elles se relevent ensuite ; leur plus haute sommité forme le Cap-Roux.

Il paroît donc, comme je l'ai dit ailleurs, & comme j'en avois du haut de ces montagnes la preuve intuitive, que les Alpes se partagent en deux branches; que l'une de ces branches forme les montagnes de la Provence, & se termine dans la mer au Cap Roux; que l'autre branche forme les montagnes de la côte de Gênes, & va ensuite former les Apennins; & que le Var, Nice & sa petite plaine se trouvent dans le milieu de cette bifurcation.

On a dans cette descente des points de vue charmans sur Villefranche, son port, son fanal, sur la pointe du St. Hospice si singuliérement découpée; sur Nice, son riche & brillant bassin, ses beaux jardins, le Paillon qui les arrose, &c. Nous y arrivâmess en trois heures & demi depuis la Torbie.

NOTRE felouque nous avoit devancés, nous trouvâmes le patron qui nous attendoit à la porte de la ville, & qui s'étoit informé des endroits où la mer avoit la plus grande profondeur; il avoit même trouvé un pêcheur disposé à nous y conduire.

COMME le tems étoit beau, mais qu'il pouvoit changer, nous ne perdîmes pas un moment, & nous eûmes la satisfaction de poser avant la nuit nos thermometres dans la mer, à une profondeur plus grande que nous n'avions osé l'espérer.

CHAPITRE XVIII.

Recherches sur la température de la mer, des lacs & de la terre à différentes profondeurs.

1391. Les pêcheurs de Nice assurent que l'endroit où la mer est la plus profonde dans le voisinage de cette ville, est situé droit au Midi du cap, qui forme au levant l'entrée de la rade, & qu'ils nomment *Capo della Causa*.

Nos bateliers nous conduisirent droit à ce cap, & s'en éloignèrent ensuite d'environ une demi-lieue au Midi ; là, nous jetâmes la sonde, & comme nous trouvâmes 1800 pieds de profondeur, nous jugeâmes devoir être satisfaits, & nous y plongeâmes les thermometres avec les mêmes précautions que nous avions employées à *Porto-Fino*, §. 1351. Il étoit alors 6 heures 45 minutes du soir, & la température de la surface de l'eau étoit 16, 4.

Le lendemain, 17 octobre, nous allâmes les relever ; il étoit alors 7 heures 5 minutes du matin ; & ainsi ils avoient séjourné 12 h. 22 m. La température de l'eau à la surface étoit de 16, 3.

Il fallut 24 minutes pour les hisser, nous trouvâmes mon nouveau thermometre à 10 degrés 6 dixiemes, exactement comme à Porto-Fino, §. 1351. Le thermometre de M. Micheli, que j'ai décrit dans le premier volume, §. 35, se trouva brisé par la compression de l'eau, & le mien auroit eu infailliblement le même sort, si la grosse boule de cire dont il étoit entouré ne l'eut préservé de cette compression.

§. 1392. MAINTENANT, pour qu'on puisse juger du degré de confiance que mérite cette expérience, je dois rendre compte de la construction de mon thermometre & des expériences, par lesquelles je me suis assuré d'avoir atteint le but que je m'étois proposé en le construisant.

Thermometre construit pour cette expérience.

MON but étoit précisément opposé à celui qu'on se propose dans la construction des thermometres destinés à mesurer la chaleur de l'air. Dans ceux-ci, on desire qu'ils prennent le plus promptement possible la température du fluide qui les entoure. Au contraire, dans celui que je destinois à cette expérience, il falloit qu'il n'obéît, que le plus lentement possible, à l'action du fluide ambiant ; en effet, comme c'est la température du fond de la mer que l'on veut connoître, il faut que le thermometre, qui a pris cette température, n'en change pas, tandis qu'il traverse la masse d'eau, par laquelle il doit passer en revenant du fond à la surface.

D'APRÈS cette vue, au lieu de prendre un thermometre de mercure, j'en ai pris un d'esprit-de-vin, parce que ce dernier fluide est plus lent à changer de température ; & au lieu de faire ce thermometre le plus mince possible, je lui ai donné une grosse boule, & une épaisse enveloppe des matieres les moins conductrices, ou que la calorique traverse avec le plus de difficulté.

J'AI donc pris un thermometre d'esprit-de-vin de feu M. MICHELI du Crest, dont la boule a un pouce de diametre ; & M. PICTET a eu la bonté de le graduer avec le plus grand soin, comparativement à un thermometre de mercure, afin que sa marche fût exactement conforme à celle de ce dernier.

ENSUITE, comme les matieres inflammables sont au nombre de celles qui s'opposent le plus au passage du calorique, j'ai pris de la cire rendue ductile, par un mélange d'huile & de résine, & j'en ai formé à la boule de mon thermometre une enveloppe de trois pouces d'épaisseur, de façon que le centre de cette boule se trouvât au centre d'une boule de cire de 6 pouces de diametre. Enfin, pour contenir solidement cette cire, pour la mettre à l'abri des chocs, & pour défendre d'autant plus le thermometre de l'action de l'eau qu'il devoit traverser, j'ai renfermé cette boule dans une boite de bois concave, dont l'épaisseur est de 8 lignes, dans les endroits où elle est la plus mince, & cerclée d'une forte virole de fer, serrée par une vis ; j'ai serré cette vis tandis que la cire étoit encore molle, ensorte que celle-ci s'est adaptée parfaitement au bois & a même rempli les jointures de la boite.

Comme d'après cette disposition le tube du thermometre se trouve saillant au-dessus de cette boite, il falloit le défendre du danger des chocs.

Pour cet effet, je l'ai armé d'une espece de grillage formé par de gros fils de fer qui se réunissent par en haut à une boucle aussi de fer, dans laquelle on passe la corde destinée à suspendre le thermometre, lesté d'une masse de plomb suffisante pour le faire descendre au fond de l'eau.

Epreuves relatives à l'emploi de ce thermometre.

§. 1393. On comprend que comme ces enveloppes retardent la pénétration de la chaleur, il faut au thermometre beaucoup de tems pour prendre la température de l'eau dans laquelle il plonge. Il convenoit de rechercher par une expérience directe quel étoit précisément le tems nécessaire. Pour cet effet, j'ai pris un grand sceau, je l'ai rempli d'eau réfroidie par un mélange de glace, & j'ai suspendu le thermometre au milieu de cette eau, de maniere qu'il fût environné de toutes parts à peu-près de la même quantité d'eau ; j'ai eu soin d'ajouter de la glace à mesure qu'elle se fondoit, & d'agiter fréquemment ce mélange d'eau & de glace ; ensorte qu'au milieu du sceau, l'eau se maintient toujours à peu-près à deux degrés au-dessus de la congélation.

Lorsque je plongeai dans cette eau ce grand thermometre, il étoit à 14, 7, & il lui fallut 12 heures pour venir exactement au terme de l'eau qui étoit alors 2, 1.

J'ai répété de nouveau cette expérience, d'une maniere plus exacte ; j'ai enseveli mon grand thermometre sous la glace, dans le fond d'une glaciere ; au bout de 15 heures il étoit descendu à 0, 6 ; alors je l'ai suspendu au milieu d'un grand vase, dont la température étoit 10. Ce vase étoit placé dans une chambre, dont l'air étoit à 11 ; ainsi cet air tendoit à réchauffer l'eau, tandis que la masse froide du thermometre tendoit à la refroidir ; lorsque l'expérience fut assez avancée pour que le thermometre ne refroidit plus sensiblement l'eau, j'ouvrois la fenêtre, & l'air extérieur qui étoit plus froid que celui de la chambre, ramenoit l'eau à la température que je desirois ; j'avois aussi l'attention de mêler l'eau de tems en tems, afin que la chaleur fût par-tout la même. Avec ces soins je suis parvenu à maintenir la température de l'eau tellement uniforme, que pendant 13 heures que dura l'expérience, sa plus grande variation ne fut que de 0, 2, ou entre 9, 9 & 10, 1.

Je ne voulois pas seulement connoître le tems qu'il falloit à ce thermometre pour prendre la température de l'air ; mais je voulois encore connoître la marche des progrès de la chaleur.

Pour cet effet, je l'observois réguliérement de 20 en 20 minutes. Je ne donnerai pas ici les détails de cette marche ; je dirai seulement que pendant la premiere demi-heure, le thermometre ne monta que de 0, 1 ; qu'ensuite ses progrès augmenterent assez rapidement ; ensorte que sa plus grande variation en 20 minutes eut lieu après une heure & demie de séjour dans l'eau, & cette variation fut de 0, 75 ; dès-lors, elle diminua graduellement, & la derniere variation, au bout de 11 heures 50 minutes de séjour dans l'eau, ne fut en 40 minutes que de 0, 05, ou d'une 20me de degré.

Mais comme après avoir pris la température de l'eau de la mer, par un féjour tranquille au fond de cette eau, il falloit que le thermometre remontât rapidement au travers d'une eau dont le degré de chaleur pouvoit être différent; il falloit éprouver quel feroit l'effet d'un pareil mouvement pour changer fa température. Dans cette vue, tandis que l'eau à la glace, l'avoit fait defcendre à 2, 3 ; je l'agitai dans un grand réfervoir, dont l'eau étoit à 14. Je lui fis faire en 10 minutes, 170 ofcillations, chacune d'environ 6 pieds ; enforte qu'il parcourut dans ces 10 minutes, l'efpace d'environ 1000 pieds. Sa chaleur n'augmenta que d'une dixieme de degré; il vint de 2, 3 à 2, 4.

Il fuit delà que l'action de l'eau de la mer pour changer le degré de ce thermometre, tandis qu'il montoit du fond à la furface, à dû être abfolument infenfible : en effet, les expériences que j'ai rapportées dans le premier volume, §. 391, prouvent qu'à la profondeur de 150 pieds les variations des faifons n'influent prefque point fur la température des eaux, du moins de celles de nos lacs.

Mais comme les vagues & les courans ont dans la mer, plus de force que dans nos lacs, pour mêler les eaux de la furface à celles qui font plus profondes; doublons cette profondeur, & fuppofons que ce n'eft que depuis le 300e pied que regne une température égale à celle du fond, ou de 10, 6, & que dans cet efpace de 300 pieds, la chaleur augmente en progreffion arithmétique jufqu'à la furface, où elle étoit à 16, 4 ; la chaleur moyenne de ces 300 pieds auroit été plus grande qu'au fond de la moitié de la différence, ou de 2, 45. Or, puifque les 1800 pieds, depuis le fond jufqu'à la furface, ont été parcourus par le thermometre en 24 minutes; il lui a fallu 4 minutes pour parcourir les 300 pieds dont la température étoit différente; mais dans mon expérience, une différence de plus de 11 degrés n'a changé en 10 min. l'état du thermometre que d'une dixieme de degré. Donc une différence de 2, 45 pendant 4 minutes, ne peut avoir occafionné fur le thermometre qu'une variation d'une 112e de degré, quantité qu'on peut regarder comme nulle dans une obfervation de ce genre.

Et

Et lors même que depuis le fond jusqu'à la surface, la température de la mer, auroit été la même, le thermometre n'auroit varié que d'un dixieme de degré. Le parfait accord de l'expérience de Porto-Fino avec celle de Nice, quoiqu'à des profondeurs très-différentes, acheve de confirmer ces raisonnemens : on peut donc regarder comme un fait certain, que dans le golfe de Gênes, à une grande profondeur, la température des eaux s'éloigne infiniment peu de 10, 6 du thermometre de mercure divisé en 80 parties entre la glace fondante & l'eau bouillante à 27 pouces du barometre.

§. 1394. LE froid qui regne au fond de nos lacs, n'est donc point un phénomene universel, c'est un fait qui tient à des causes locales; mais ce fait est général pour tous les lacs de la Suisse, dont la profondeur surpasse 150 pieds.

Le fond de nos lacs est plus froid que le tempéré.

Nous l'avons observé, M. PICTET & moi, en 1779, sur les lacs de Geneve, de Bienne & de Neuchatel; mais depuis lors, j'ai confirmé cette observation sur sept autres lacs; savoir, ceux d'Annecy, du Bourget, de Thun, de Brientz, de Lucerne, de Constance & même sur le lac Majeur, qui, étant situé de l'autre côté des Alpes, en Italie, appartient à un climat beaucoup plus chaud que le nôtre.

COMME je ne suis point décidé à publier tous les voyages dans lesquels j'ai fait ces expériences, & qu'il sera d'ailleurs plus commode de les trouver rassemblées, je vais rapporter ici celles que je n'ai pas encore données; elles peuvent intéresser à plus d'un titre, parce qu'elles donnent en même tems & la mesure des plus grandes profondeurs connues de ces lacs, & la désignation des lieux où elles se trouvent.

§. 1395. L'ENDROIT du lac de Thun, que l'on me dit être le plus profond, est à demi quart de lieue au Nord du château de Spietz, vis-à-vis d'un rocher fameux, par le naufrage que firent là, il y a longues années BUOBENBERG & son épouse STRATZLINGEN, dont les familles

Lac de Thun.

actuellement éteintes, étoient des plus nobles & des plus anciennes du pays. Un tableau peint sur le roc, mais aujourd'hui presqu'entiérement effacé, représentoit sur le lieu même la fin tragique de ces deux époux.

C'EST environ à 500 pieds en avant du rocher que je posai mon thermometre, le 7 juillet 1783, à 6 heures 30 minutes du matin. La profondeur du lac se trouva de 350 pieds, sa température à la surface 14, 3, & celle de l'air 14, 6. Je relevai le thermometre à 8 h. 30 min. & je le trouvai à 4 degrés juste; la surface de l'eau étant à 15, 2, & celle de l'air à 16, 5.

Lac de Brientz. §. 1396. LE lendemain, 8 juillet, à 7 h. 15 m. du soir, je plongeai mon thermometre dans le lac de Brientz, à 3 ou 4 cents pas au Nord d'un promontoire qui est sur la côte opposée à la ville de Brientz, & vis-à-vis d'elle, près d'une belle cascade que forme un ruisseau nommé le Diesbach. La surface de l'eau étoit alors à 15, 5; l'air à 16, 5. La profondeur se trouva de 500 pieds. Le thermometre relevé à 9 h. 15 m. étoit à 3, 8, la surface de l'eau étoit à 16, l'air à 15, 5.

PENDANT que le thermometre étoit au fond du lac, j'allai éprouver la température du ruisseau qui s'y jette vis-à-vis de cette place, & je le trouvai à 10, 5. Le lendemain 9 juillet, à 7 h. ½ du matin, j'observai la température de l'Aar, la principale riviere alpine, qui se jette dans le lac de Brientz, & je le trouvai à 7, 5. Ce n'est donc pas cette riviere qui refroidit le fond de ce lac.

Lac de Lucerne. §. 1397. LE 28 juillet de la même année, à 4 h. 5 min. du soir, je plongeai le thermometre dans le lac de Lucerne, à une demi-lieue de Fluelen, où est le port d'Altorf, capitale du canton d'Uri. Pour désigner plus précisément la place, je dirai que c'étoit environ à 400 toises d'un moulin à scié qui est de l'autre côté du lac, vis-à-vis de Fluelen, sur la ligne qui joint la chapelle de Guillaume Tell avec ce moulin. Je trouvai là 600 pieds de profondeur. La température de la surface de l'eau étoit 16, 3; celle de l'air 18, 6. Le thermometre relevé à 6 h. 45 min., en 7 min. de tems, se trouva à 3, 9. La surface de l'eau étant alors à 16, 2, & celle de l'air 17.

§. 1398. CE fut le 25 juillet 1784, dans un voyage que j'eus le plaisir de faire avec mon ami, M. TREMBLEY, que je fis cette expérience sur le lac de Constance. Nous plongeâmes le thermometre à la moitié de la largeur du lac, entre Stadt & Merspurg. La profondeur se trouva de 370 pieds. La surface de l'eau étoit à 14, & l'air à 14 5. Le thermometre retiré à 10 h. 50 min. se trouva à 3, 4; la surface de l'eau étoit montée à 14, 5, & l'air à 16. — *Lac de Constance.*

§. 1399. Enfin celui de ces lacs qui doit le plus étonner, non qu'il soit plus froid, mais parce qu'il est sous un climat beaucoup plus chaud que les autres, c'est le lac Majeur. On voit sur ses bords des oliviers qui prosperent sans que rien les préserve des rigueurs de l'hiver ; des orangers & des citronniers en espaliers, qui en hiver ne sont garantis que par des paillassons ; cependant le thermometre plongé à 335 pieds de profondeur ne se trouva qu'à 5, 4; quoiqu'au moment de l'expérience à 8 h. ½ du matin du 19 juillet 1783, la surface de l'eau fût à 20, & celle de l'air à 18, 7 ; & après l'expérience, à 11 h. la surface de l'eau à 20, 3, & celle de l'air à 18, 3 ; l'air dans ce moment étoit rafraîchi par une petite brise qui venoit de se lever. (1) — *Lac Majeur.*

---

(1) M. le comte de MOROZZO a fait sur le lac Majeur des expériences semblables, mais dont le résultat a été différent. *Mém. de l'Académie de Turin*, 1788 & 1789, p. 309 & suiv. Il a trouvé auprès de l'Isola-Bella à 300 pieds de profondeur, le thermometre à 14 & demi.

Cette différence ne sauroit avoir d'autre cause que celle de nos appareils. M. MO-ROZZO employoit une espece de pompe à soupape, telle que celle que j'ai décrite dans le premier volume, §. 41. Mais j'ai abandonné l'usage de cet instrument comme peu sûr, soit parce que le métal qui forme la matiere de ces pompes est un corps trop conducteur du calorique ; soit aussi parce qu'il est à peu-près impossible de retirer ces pompes d'une eau très-profonde avec

L'ENDROIT où je plongeai le thermometre est vis-à-vis de la ville de Locarno, environ à 200 toises en avant d'une chapelle nommée la *Bardia*.

Résultat général.

§. 1400. VOILÀ donc 5 lacs dont je n'avois pas parlé, & si l'on y comprend ceux de Geneve, §. 44 & 397 ; de Neuchatel, §. 396 ; de Bienne, §. 400 ; d'Anneci, §. 1163, & du Bourget, §. 1170, ce seront dix lacs dans lesquels on a obtenu un résultat à très-peu près uniforme ; c'est-à-dire une chaleur de plusieurs degrés au-dessous du tempéré. Quelle peut être la raison de ce phénomene ?

Les eaux des neiges des Alpes sont-elles causes de ce froid ?

§. 1401. LA premiere qui se présente à l'esprit, c'est l'eau froide des neiges & des glaces fondues sur nos Alpes, qui se verse dans nos lacs, & cette eau peut y entrer, soit à découvert, soit par des conduits souterrains.

Ce n'est pas le froid des rivieres visibles.

CE ne peut pas être le froid des rivieres ou des eaux visibles qui se jettent dans ces lacs, puisque quelques-uns d'entr'eux ne reçoivent que des rivieres qui ne viennent point de montagnes couvertes de neiges

---

un mouvement assez égal pour qu'il n'y ait pas de secousse. Or, la plus légere secousse descendante, fait rouvrir les soupapes & introduit dans la pompe l'eau chaude des couches supérieures à la place de la froide qui venoit du fond. J'ai employé dans les lacs de grosses bouteilles de verre blanc fort épais, remplies d'eau, exactement bouchées, & qui renfermoient de gros thermometres à esprit de vin : à la faveur de la transparence du verre, j'observois ces thermometres dans la bouteille sans l'ouvrir & sans les en sortir. Cet appareil avoit besoin d'un séjour de 2 heures pour prendre la température de l'eau, & ainsi il n'étoit pas sensiblement affecté par la chaleur des couches qu'il traversoit en remontant. Dans le doute, il est clair que si deux thermometres sont bien gradués, & les miens l'étoient certainement ; celui qui rapporte du fond la température la plus différente de celle de la surface, est aussi celui qui a été le moins affecté par les couches supérieures, &, qui, par conséquent, mérite le plus de confiance. J'ose donc, malgré toute l'estime que méritent en général les expériences de M. le Comte MOROZZO, regarder les miennes comme bonnes.

en été, & n'ont aucune communication visible avec elles. Tels sont les lacs du Bourget, de Neuchatel, de Bienne.

D'autres, sont assez éloignés des montagnes neigées, pour que les rivieres qui en viennent ayent eu le tems de se réchauffer avant de méler leurs eaux à celles de ces lacs. Ainsi les lacs de Brientz & de Thun, formés successivement par l'Aar qui descend des Alpes, ne peuvent pas dériver leur froid de cette riviere ; puisque la température de l'Aar observée au-dessus du lac de Brientz, le matin avant que le soleil eût réchauffé ses eaux, étoit 7, 5, tandis que celle du fond du lac n'étoit que de 3, 8.

J'ai malheureusement oublié d'observer la chaleur de l'eau des autres rivieres Alpines, à leur entrée dans les lacs dont j'ai mesuré la température ; mais je ne doute nullement que leur chaleur ne soit de plusieurs degrés supérieure à celle des fonds de ces mêmes lacs.

D'ailleurs, lors même que les eaux de ces rivieres se trouveroient aussi froides & même plus froides que celles des fonds de ces lacs, s'il n'existoit pas une cause qui tint ces fonds constamment rafraîchis, si la température moyenne de la terre régnoit dans tout le bassin qui la renferme, cette eau perdroit bientôt sa fraîcheur lorsqu'elle se trouveroit renfermée entre l'eau de la surface, qui en été se réchauffe souvent au-dessus de 20 degrés, & les parois du bassin qui seroient entre 9 & 10.

Il me paroît donc démontré que le froid de l'eau des rivieres qui coulent à la surface de la terre & se jettent à nos yeux dans nos lacs, ne sauroit être la cause du froid qui regne au fond de ces lacs.

§. 1402. Mais si ce ne sont pas des eaux visibles ou superficielles qui produisent ce phénomene, ne seroient-ce point des eaux souterraines, Seroient-ce des eaux qui par dessous terre des eaux de neiges ou de glaces fondues, qui en s'infiltrant dans les crevasses des rochers, viendroient par des conduits souterrains se verser dans le fond de nos lacs.

CETTE explication ne peut pas, comme la précédente, se réfuter par des observations directes, peut-être même le manque d'explications plus plausibles, forcera-t-il à l'admettre ; je vois cependant contr'elle des difficultés bien spécieuses.

LA première, c'est la distance à laquelle quelques-uns de ces lacs se trouvent être des Alpes toujours couvertes de neiges. Le lac de Neuchatel, par exemple, est éloigné d'environ 12 lieues en ligne droite des Alpes neigées les plus voisines de lui, savoir de celles qui séparent le Simmenthal du Rhône.

OR, il est difficile de concevoir comment ces eaux souterraines, dont le froid au moment de leur départ, ne peut pas surpasser celui de la congélation, pouvoient parvenir à 12 lieues de distance avec un froid suffisant pour rafraîchir à 4 degrés tout le fond d'un bassin tel que celui du lac de Neuchatel.

JOIGNEZ à cela que le volume de ces eaux souterraines ne peut pas être bien considérable, puisque la Thielle, qui est la seule décharge des eaux de ce lac, n'est qu'une tres-petite rivière.

MAIS ce lac fournit encore une considération plus pressante. Celui de Brientz qui est tout-à-fait au pied des montagnes couvertes de neiges éternelles, ou qui du moins n'en est éloigné que de deux lieues, est à la température de 3 $\frac{5}{8}$; il n'est donc que d'une cinquieme de degré plus froid que celui de Neuchatel ; & cependant celui-ci est séparé des montagnes de neige par une distance six fois plus grande.

PEUT-ON supposer que si le froid des eaux qui viennent des Alpes étoit l'unique cause du froid du fond de ces lacs, un trajet six fois plus grand, un trajet de dix lieues plus long, ne les refroidit pas plus que d'une cinquieme de degré.

Enfin, si l'on considere que ce résultat a été à très-peu près le même dans les dix lacs, dont on a éprouvé la température, on ne pourra guere douter que si le froid du fond de ces lacs venoit de l'infiltration des eaux des Alpes, ce même froid ne doive également régner par dessous terre dans tout l'espace qui se trouve à la même distance de ces montagnes, & par conséquent à 10 ou 12 lieues en ligne droite de la chaîne neigée.

Mais si dans la chaîne des Alpes on considere la largeur de la partie de la chaîne qui est couverte en été de neiges ou de glaces, on verra qu'en soustrayant les vallées qui se débarrassent en été de leurs neiges, on ne pourra guere attribuer à cette bande neigée ou glacée, une largeur moyenne de plus de trois lieues en ligne droite.

Or, une grande partie de l'eau qui résulte de la fonte de ces neiges & de ces glaces, s'écoule sur la surface des montagnes, & forme les rivieres & les torrens des Alpes; il ne reste donc que la partie de cette eau qui s'infiltre dans les fentes des rochers, & il faudroit que cette partie pût refroidir, & la masse des montagnes qu'elle couvre, & en outre 12 lieues à gauche & 12 lieues à droite, en tout 27 lieues, & cela à une profondeur de 1200 toises dans les montagnes, & de 100 & même de 150 toises dans les plaines; c'est ce que je ne saurois concevoir.

Ce n'est pas que je nie qu'il ne puisse y avoir des eaux qui viennent des Alpes dans le fond de nos lacs; on assure qu'il y a dans les environs de Geneve des sources qui augmentent en été, dans le tems des fontes de neiges, & qui diminuent, ou même tarissent presqu'entiérement en hiver; mais aucune de ces sources n'est sensiblement plus froide que la température moyenne de la terre : bien loin donc de favoriser l'hypothese du refroidissement de nos lacs par la fonte des neiges Alpines, ces fontaines fourniroient une objection contre cette hypothese.

Sources qui changent de température dans un court trajet sous la terre.

§. 1403. ENFIN, si l'on n'a pas des données suffisantes pour calculer la quantité dont un courant d'eau plus chaud ou plus froid que la terre, change de température en coulant dans son intérieur, on a pourtant quelques observations qui prouvent que ce changement est sensible, même dans un trajet très-petit en comparaison de celui dont il est question. M. le D^r. BEAUVOISIN, dans son analyse des eaux d'Aix en Savoye, dit, qu'il a observé la température des eaux de St. Paul, dans la premiere caverne qui sort du réservoir naturel à ces eaux, & qu'il a trouvé dans ce réservoir l'eau plus chaude d'un degré qu'au tuyau d'où sort cette eau, quoiqu'il n'y ait que 20 pas de distance du réservoir à ce tuyau. Il ajoute que dans la 2de caverne, qui est à 200 pas au-dessus de la fontaine, les eaux font monter le thermometre à 38 degrés, tandis qu'au tuyau les eaux ne sont qu'à 35 degrés.

Exemple des eaux d'Aix.

Exemple d'une source froide qui vient d'un glacier.

MAIS j'ai observé moi-même un fait bien plus directement analogue à la question que nous agitons ici. On parle beaucoup à *Macugnaga*, au pied du Mont-Rose, d'une fontaine singuliérement froide, qui a sa source au-dessus du village; nous allâmes, mon fils & moi, voir cette fontaine; la situation en est charmante; elle sourd en bouillonnant avec force au milieu d'une prairie, auprès d'un joli bouquet de mélèzes; cette source est très-abondante, elle feroit tourner un moulin au moment où elle sort de terre; sa fraîcheur est vraiment remarquable, puisque sa température n'est que de trois degrés; mais si l'on considere que cette eau vient directement d'un des glaciers du Mont-Rose, cette température n'aura plus rien qui étonne : or, il est indubitable qu'elle vient d'un de ces glaciers, sa blancheur atteste son origine; cette blancheur est produite par un sable granitique, qui caractérise toutes les eaux des glaciers situées dans des montagnes de ce genre;

&

& comme le glacier auquel il est naturel d'attribuer son origine, n'en est éloigné que d'une demi-lieue au plus, & que cette eau a dû en sortir au terme de la congélation; il est clair qu'elle a perdu ses trois degrés de fraîcheur dans le trajet qu'elle a fait sous terre, & dans une terre qui certainement n'a pas le degré de chaleur de celle des plaines; comment donc les eaux des Alpes conserveroient-elles à 12 lieues de distance un degré de froid suffisant pour expliquer celui du fond de nos lacs?

Mais quelle explication subsistuera-t-on à celle que je crois avoir refutée; j'avoue que je n'en ai aucune qui me satisfasse.

C'est un grand problème à résoudre, & dont la solution conduira peut-être à des vérités nouvelles & inattendues.

§. 1404. Il existe un phénomene qui a de si grands rapports avec celui de nos lacs, qu'on ne peut que gagner à les étudier ensemble; c'est celui des cavités souterraines dont il sort en été des vents plus froids que la température moyenne de la terre. Ce singulier phénomene n'a point attiré l'attention des physiciens autant qu'il l'auroit mérité. L'abbé Nollet est le premier qui en ait parlé à l'occasion des caves froides du *Monte Testaceo* près de Rome; j'en ai ensuite dit un mot en décrivant les caves de Cesi dans l'Ombrie. *Journal de physique* 1776, page 29. *Vents souterrains plus froids que le tempéré.*

Dès-lors ce phénomene a constamment piqué ma curiosité; je n'ai négligé aucune occasion de l'étudier. Je donnerai donc ici, comme je viens de le faire pour les lacs, l'indication des lieux où je l'ai observé, & je finirai par dire ce que je pense de sa cause.

§. 1405. Je commencerai par les caves du Mont-Testaceo, qui les premieres ont fixé les yeux d'un observateur exact & attentif. L'abbé Nollet les observa dans son voyage en Italie. (*Acad. des sciences* 1749, p. 486) & trouva leur température de 9 degrés ½ le 9 septembre *Caves du Mont Tes. taceo.*

1749, après-midi, tandis que le thermometre en plein air étoit à 18; & il remarque avec raison, que leur fraîcheur est d'autant plus étonnante qu'elles ne sont point profondes; que l'on descend à peine pour y entrer, & que le soleil frappe pendant une grande partie du jour la porte par laquelle on y entre.

Je les trouvai plus fraîches qu'il ne les avoit trouvées, quoique je les visitasse dans une saison plus chaude, & j'en dirai la raison lorsque j'essaierai d'expliquer le phénomene. Le 1er. juillet 1773, l'air extérieur étoit à l'ombre à 20 degrés $\frac{1}{2}$; celui d'une de ces caves à 8; celui d'une autre à 5 $\frac{2}{3}$, & celui d'une troisieme à 5 $\frac{1}{4}$. Ces caves sont adossées à la montagne & occupent presque toute sa circonférence; celles où j'entrai sont au levant; les murs du fond sont percés de soupiraux par lesquels entre l'air froid qui les rafraîchit.

Cet air vient lui-même des interstices que laissent entr'eux les débris d'urnes, d'amphores & d'autres vases de terre cuite dont cette petite montagne paroît entiérement composée : j'allai jusqu'à sa cime, qui n'a que deux ou trois cents pieds de hauteur; j'y vis par-tout ces mêmes débris, & sans doute, c'étoit par quelqu'ordonnance de police qu'on les rassembloit dans ce lieu. Aujourd'hui, la police les y maintient; car ces caves sont si utiles & si précieuses, on craindroit si fort d'altérer leur qualité, qu'il est défendu de faire aucune excavation sur cette petite montagne, & même d'en labourer le terrain; & c'est vraiment un phénomene bien singulier, qu'au milieu de cette campagne de Rome, dont l'air est si brûlant & si étouffé en été, il se trouve une petite colline isolée, de la base de laquelle sortent de tous les côtés des courans d'air d'une fraîcheur extraordinaire.

Grotte d'Ischia. §. 1406. Il n'est pas moins singulier, que sous un climat encore plus méridional, & dans une isle comme celle d'Ischia, toute volcanique, toute remplie d'eaux thermales, il se trouve un vent frais, tel que celui que je viens de décrire. M. le chevalier Hamilton m'a dit, qu'il y

PROFONDEURS, Chap. XVIII.

avoit une grotte semblable à Ottaiano, au pied du Vesuve. Ces grottes ont même un nom qui sert à les désigner ; on les appelle des *Ventaroles*. Celle d'Ischia se nomme *Ventarola della Funera* : elle est au-dessous d'une petite chapelle dédiée à St. Antoine, qui est elle-même au-dessous de Casa-Monella. Le 9 de mars 1773, le thermometre à l'air, hors de la grotte étoit, à l'ombre à 14, & celui que je plaçai au fond de la grotte, à 6 ; & on m'assura qu'en été, dans les grandes chaleurs, je l'aurois trouvé beaucoup plus bas.

§. 1407. Les caves froides de St. Marin sont au pied de la colline de grès, sur laquelle est bâtie la capitale de cette petite république. Le 9 juillet 1773, vers les 3 h. de l'après-midi, le thermometre en plein air étoit à 13 degrés, & dans les caves à 6. Le sol de ces caves est élevé de 320 à 330 toises au-dessus de la mer. *Caves de St. Marin.*

§. 1408. Celle de Cesi sont situées dans la ville même de ce nom, qui est à 6 milles au Nord de Terni dans l'Etat Ecclésiastique ; celles que je vis étoient dans la maison de Don Giuseppe Cesi. Le froid de cette cave, vient comme dans celles que j'ai décrites, non de sa profondeur, mais d'un air froid qui sort par les crevasses d'un rocher, contre lequel elle est bâtie. Cet air sortoit avec tant de force lorsque j'y étois, qu'il éteignoit presque les flambeaux qui nous éclairoient ; & on assura que si la journée n'avoit pas été froide, comme elle l'étoit pour la saison, le vent auroit été beaucoup plus fort. En hiver, au contraire, le vent s'y engouffre avec violence, & d'autant plus que le froid est plus rigoureux. C'est ce qu'on a exprimé dans des vers latins que me fit lire le maître de la maison. *Caves de Cesi.*

> Abditus hic ludit vario discrimine ventus
> Et faciles miros exhibet aura jocos.
> Nam si bruma riget, quæcumque objeceris haurit.
> Evomit æstivo cum calet igne dies, &c.

Le maître de cette maison tire un grand parti de la fraîcheur de cette cave, non-feulement en y conservant des vins, des fruits, des provisions de toute espece, mais encore en conduisant cet air frais par des tuyaux jusque dans les appartemens. Des robinets placés à l'extrémité de ces tuyaux donnent à volonté la quantité de cet air frais qu'on desire. On a même poussé la recherche jusqu'à conduire cet air sous des guéridons dont le pied est percé; ensorte que les bouteilles posées sur ces guéridons sont continuellement rafraîchies par le vent qui en sort. Le jour où je fis l'épreuve de la température de ce vent souterrain, à l'entrée de la petite caverne d'où il sortoit, je le trouvai à 5 degrés $\frac{1}{4}$; tandis que l'air extérieur étoit à $14\frac{1}{2}$: c'étoit le 4 de juillet 1773 après-midi; on voit qu'effectivement cette journée étoit très-froide pour ce climat & pour cette faison.

Caves de Chiaven-

§. 1409. Les *Cantines*, comme on les appelle dans la Suisse italienne, ou caves froides de Chiavenne sont aussi adossées à un rocher qui est au Sud-Est de la ville. L'air froid entre dans les caves par les crevasses de ce rocher, dont la composition est d'une steatite durcie, tapissée en divers endroits d'asbeste & d'amianthe flexibles. Le 5 août 1777, à midi, le thermometre étoit dans ces caves à 6 degrés, tandis qu'à l'air extérieur il étoit à 17.

J'observerai en passant, que les pierres qui composent les montagnes d'où sortent ces vents froids, sont de nature très-différentes.

Cela répond à la demande que se faisoit à lui-même l'abbé Nollet, après avoir décrit les caves du mont Testaceo. " La terre cuite, dit-il, „ seroit-elle de nature à s'échauffer plus difficilement que les autres „ matériaux, ou bien les influences de l'athmosphere y causeroient-elles „ des refroidissement qui n'auroient point lieu ailleurs ? „ Il est certain que ce phénomene ne tient point à la nature de la terre cuite, puisque les vents froids de Cesi sortent d'une montagne calcaire; ceux de St. Marin d'un grès; ceux de Chiavenne d'une steatite, &c.

§. 1410. Mais je viens à celles de ces caves où j'ai trouvé l'air le plus froid, & que j'ai obfervées avec le plus de foin, ce font celles de *Caprino*, au bord du lac de Lugan, & vis-à-vis de cette jolie petite ville de la Suiffe italienne. Ces caves font fituées au pied d'une montagne calcaire, dont la pente très-rapide vient fe terminer auprès du lac & le ferre de très-près.

Caves de Caprino près de Lugan.

Avant d'y entrer on vous fait remarquer le vent froid qui fort par le trou de la ferrure, & qui eft fenfible même à 7 ou 8 pouces de diftance: quand on y entre, leur fraîcheur vous furprend, au point de vous donner la crainte d'en être incommodé; & quand on en reffort on croit entrer dans un four. Dans la premiere vifite que je fis à ces caves, le 29 juin 1771, le thermometre au fond de la cave defcendit à 2' degrés ⅔, tandis qu'en plein air, à l'ombre, il étoit à 21. La feconde fois que je les vis, le premier août 1777, le thermometre ne vint qu'à 4 & demi, tandis qu'à l'air il étoit à 18. J'expliquerai la raifon de cette différence.

Ce qu'il y a de remarquable dans ces caves, c'eft qu'elles ne font point profondes, elles ne font point creufées dans la terre, leur fol eft de niveau avec le terrein, le mur de face, & le toit font entièrement à l'air; il n'y a que le mur du fond, & une partie des murs latéraux qui foient enterrés dans le pied de la montagne. Ce pied eft tout couvert des débris anguleux de cette même montagne; & c'eft d'entre ces mêmes débris que fort le vent frais; mais il ne fort point de par-tout. Je vis, par un heureux hafard, conftruire une de ces caves; le maçon qui préfidoit à cette conftruction, me dit qu'il y avoit de l'art à trouver des emplacemens favorables, qu'il falloit chercher les endroits d'où fortoit le vent froid, & pratiquer enfuite dans le mur du fond, des foupiraux correfpondans aux endroits d'où fortoit ce vent; car c'eft par ces foupiraux que ces caves fe raffraîchiffent; on le fent en plaçant fa main devant leur ouverture, ou dans leur intérieur, & c'eft auffi là qu'il faut placer le thermometre pour trouver la plus grande fraîcheur,

On dit que c'est à des moutons que l'on est redevable de cette découverte. Un berger observa que pendant les grandes chaleurs, ses brebis alloient toutes mettre le nez contre terre de préférence sur certaines places; il y porta la main pour chercher la raison de cette préférence, sentit le froid qui en sortoit, & imagina d'y construire une cave. En effet, le vent frais se fait sentir même en plein air.

Dans cette cave que je vis construire, il n'y avoit encore que le mur du fond qui fût élevé, ensorte que sa face extérieure étoit absolument en plein air; cependant le thermometre, placé à l'entrée de ces soupiraux, étoit à 4 degrés. J'enfonçai le thermometre à 8 pouces de profondeur dans la terre du sol de cette cave ouverte; il étoit là à 7 degrés, & & posé sur le terrein même à 8; mais sur le pavé d'une cave fermée, il étoit à 5; j'ai déja dit, qu'à l'air libre, le thermometre à l'ombre étoit à 18.

Cet air froid n'a aucune qualité sensible différente de celle de l'air pur réfroidi au même degré, ni odeur ni saveur particuliere; il n'offense nullement la respiration. Il seroit cependant curieux de l'analyser.

Le constructeur de ces caves, qui me parut un homme très-intelligent, me dit, qu'il étoit bien persuadé que cet air froid venoit de l'intérieur de la montagne, & qu'il en sortoit par des crevasses cachées sous les débris; mais que cependant on n'avoit connoissance d'aucune caverne, ni d'aucune glaciere naturelle qui existât dans cette montagne, & où les neiges pussent s'accumuler pendant l'hiver; cette montagne n'est point non plus assez haute pour conserver des neiges visibles pendant l'été. Et il faut que la cause de ce phénomene soit très-étendue; car on m'assura qu'il y avoit de ces caves froides jusqu'à *Capo di Lago*, à 8 milles de Caprino, & même jusqu'à *Mendrisio* qui est encore une lieue plus loin. Il y en a même sur la rive opposée du lac. On dit aussi qu'il y en a sur les bords du lac de Come; & ce qui me le feroit aisément croire, c'est que j'ai trouvé l'eau de la fontaine intermitente de la maison de campagne de Pline, située, comme on le sait, au bord de ce lac, à 7 degrés & demi.

§. 1411. Je terminerai la description de ces caves par celle d'Hergiswell. J'eus beaucoup de plaisir à les voir, soit parce qu'elles sont très-bien caractérisées, soit parce que ce sont les seules que j'aie vues en-deçà des Alpes; c'est à M. le général Pfyffer que j'en dois la connoissance : il eut même la bonté d'y venir avec moi. Nous allâmes d'abord par terre à Winckel, village à une lieue de la ville de Lucerne; là, nous nous embarquâmes sur le lac, & en moins d'une demi-heure nous vînmes aborder auprès d'Hergiswell; ce village, qui appartient au canton d'Underwald, est situé au fond d'un petit golfe, & entouré de prairies & de vergers, dans un site extrêmement champêtre & romantique. A 10 minutes du village, au pied de la montagne, on trouve ces caves froides, qui ne sont autre chose que de petites huttes toutes en bois, excepté le mur du fond. Ce mur est comme à Lugan, appliqué contre les débris accumulés au pied du rocher. Les pierres dont ce mur est construit ne sont point liées par du mortier, & c'est par leurs interstices qu'entre dans la cave le vent froid ui sort des débris de la montagne.

Caves d'Hergiswell près de Lucerne.

Le 31 juillet 1783, à midi, le thermomètre à l'ombre, en plein air, étoit à 18, 3, & dans le fond de la cave à 3, 3. Le maître de la maison nous assura que le lait s'y conservoit pendant trois semaines sans se gâter, la viande un mois, & les cerises d'une année à l'autre. Auprès de cette hutte, il y en a une autre semblable, où l'on conserve de la neige, que l'on vend en été à Lucerne; mais dans celle dont j'observai la température il n'y avoit point de neige. A côté de la hutte & sous le même toit on faisoit du feu pour des usages domestiques, & on ne craignoit point que ce feu nuisit à la fraîcheur de la hutte. En hiver il gèle dans ces huttes un peu plus tard qu'en plein air, mais ensuite, à ce qu'on nous assura, plus fort qu'à l'air libre, sans doute à cause du courant que produit l'air qui rentre dans les cavités fouterraines.

La montagne qui domine ces caves eft calcaire : elle a fes couches efcarpées contre les caves & contre le Nord. Son nom eft *Renq*, fon pied s'avance dans le lac de Lucerne, où il forme un promontoire; c'eft une des bafes du mont Pilate, dont il fait partie. M. Pfyffer me dit que le lac eft très-profond auprès de ce rocher.

Au refte, il paroît que le vent froid fort là de plufieurs endroits; car au pied de la montagne, dans les environs, par-tout où on écartoit la terre qui recouvroit les débris du rocher, on fentoit à la main le vent froid qui en fort.

Doutes fur la température du globe.

§. 1412. Voilà donc des exemples bien répétés & bien variés d'une température plus froide que celle à laquelle on a donné le nom de *tempéré*, & qui regne au milieu même de l'été, foit au fond des lacs, foit au milieu des terres. J'avouerai franchement, que d'après ces obfervations, je vins à douter de la réalité de cette température moyenne que l'on attribue à la maffe entiere du globe; je penfai que peut être Vitaliano Donati fe feroit trompé, en affurant que le fond de la mer étoit à 10 degrés du thermometre, & qu'il auroit été induit en erreur par des thermometres trop aifément affectés par la chaleur des eaux voifines de la furface qu'ils traverfoient en revenant du fond; & que la température de la mer, fi elle étoit éprouvée par des moyens femblables à ceux que nous avons employés dans nos lacs, ne fe trouveroit pas fupérieure à la leur.

Ce fut pour vérifier d'une maniere bien certaine un fait fi important pour la théorie de la terre, que je pris tant de foins pour conftruire un thermometre qui pût me rapporter fidélement la température du fond de la mer; & en partant pour Gênes, je penchois fortement à croire que je trouverois le fond la mer fort au-deffous du tempéré.

§. 1413.

§. 1413. La théorie me fourniſſoit auſſi dès argumens favorables à ces doutes. En effet, à moins que l'on n'admette avec Deſcartes & Leibnitz que notre terre eſt un petit ſoleil encrouté, ou avec M. DE BUFFON qu'elle eſt une éclabouſſure de notre ſoleil, ou qu'on ne ſuppoſe dans ſon ſein quelqu'autre principe de chaleur, tout auſſi hypothétique & tout auſſi gratuit ; il faut bien reconnoître que la chaleur de notre terre n'a d'autre ſource générale & conſtante que celle du ſoleil, & que ſans l'action de cet aſtre elle ſeroit une maſſe glacée juſques dans ſon centre. Or, quelle certitude avons-nous que cette chaleur puiſſe pénétrer juſqu'au centre de la terre ; ce n'eſt pas la théorie du feu qui nous la donne, cette certitude.

Raiſon de théorie favorable à ces doutes.

CAR la théorie nous enſeigne que le feu ne pénétre les corps qu'en les dilatant, & que les parties des corps réſiſtent à cette dilatation, par leur inertie & par leur cohérence. Il ſuivroit de là, qu'à meſure que le feu ou le calorique pénétre une maſſe quelconque, la réſiſtance continuelle que lui oppoſent ces deux forces devroit diminuer graduellement ſon action. Ainſi en ſuppoſant que, ſuivant l'opinion reçue, l'action du ſoleil entretienne à la profondeur d'environ 80 pieds, une chaleur d'environ dix degrés, l'action de cette chaleur ne devroit pas ſe propager uniformément juſqu'au centre de la terre ; mais elle devroit au contraire diminuer graduellement ſuivant une progreſſion qui nous eſt inconnue ; & ainſi le centre de la terre ſeroit le point le plus froid du globe. Le froid du fond de nos lacs ſeroit une conſéquence naturelle de cette théorie, & quant aux mines profondes où l'on trouve de la chaleur, les minéraux ſuſceptibles de fermentation, & dont l'exiſtence ne ſauroit être révoquée en doute, en donneroient une explication ſuffiſante.

LES expériences que j'ai faites avec M. PICTET, à Nice & à Porto-Fino, ont un peu dérangé ce ſyſtéme, en montrant au fond de la mer une chaleur ſupérieure même au tempéré. On pourroit cependant encore éluder la conſéquence de ces expériences, en ſuppoſant qu'il exiſte

E e

dans la maſſe des eaux de la mer une fermentation lente & continuelle, qui eſt pour elle une ſource particuliere de chaleur, & l'on ne manqueroit pas de conſidérations qui viendroient à l'appui de cette ſuppoſition. Ce n'eſt que par des expériences nouvelles & bien faites dans des pays éloignés de la mer & des mines que l'on décidera péremptoirement cette queſtion. Je donnerai à la fin de ce chapitre une idée, & même un eſſai de ces expériences.

En attendant, je crois pouvoir affirmer qu'il n'y a aucun principe généralement reconnu qui puiſſe rendre une raiſon ſatisfaiſante du froid de nos lacs.

<small>Explications des vents froids ſouterrains.</small>

§. 1414. Mais quant au froid des caves, je crois que l'on peut l'expliquer par les faits & par les principes avoués de tous les phyſiciens.

Il faut ſuppoſer que l'air qui vient refroidir ces caves, étoit renfermé dans des cavités ſouterraines qui ne ſont pas aſſez profondes pour être inacceſſibles à la chaleur de l'été & au froid de l'hiver, mais qui le ſont cependant aſſez, pour que de l'été à l'hiver, leur température ne varie que de quelques degrés. Il faut ſuppoſer enſuite qu'après que cet air à été un peu condenſé par le froid de l'hiver, & que la chaleur de l'été commence à le dilater & à le faire ſortir, il eſt de nouveau refroidi par l'évaporation, en paſſant ou par des crevaſſes dont les parois ſont mouillées, ou par les interſtices d'un cailloutage humide.

L'existence de ces réſervoirs d'air acceſſibles au froid de l'hiver & à la chaleur de l'été, n'eſt point une hypotheſe; c'eſt une conſéquence immédiate du fait qu'atteſtent unanimément les poſſeſſeurs de ces caves froides; c'eſt que l'air en ſort en été, avec d'autant plus de force que la chaleur eſt plus grande, & y rentre en hiver, en raiſon de l'intenſité du froid.

La force réfrigérante de l'évaporation n'eſt pas non plus problématique ; cependant j'ai cru devoir confirmer & mesurer son efficace par une épreuve analogue à l'application que j'en fais à ce phénomene.

J'ai pris un tube de verre d'un pouce de diametre, je l'ai rempli de fragmens de pierre mouillée, & j'ai fait passer par ce tube le vent d'un gros soufflet comprimé avec force. L'air en sortant du soufflet avant d'avoir passé par le tube étoit à 18 degrés, & le passage par le tube le faisoit descendre à 15. En employant un ballon à deux becs, à moitié rempli de petits cailloux humides, & par lequel je faisois passer l'air, j'ai obtenu le même résultat ; c'est-à-dire, un refroidissement de 3 degrés ; mais lorsque je dirigeois le vent de ce même soufflet contre la boule d'un thermometre, enveloppée d'un linge mouillé, je le faisois descendre de 4 degrés ; j'ai ensuite perfectionné l'art de refroidir un thermometre par l'évaporation de l'eau. On peut le voir dans les notices des expériences que j'ai faites avec mon fils, sur le Col du Géant. *Journal de Physique*, mars 1789, page 162.

Je renfermois la boule d'un thermometre dans une éponge mouillée, que je faisois tourner à l'air avec beaucoup de vitesse ; j'ai obtenu ainsi dans des circonstances favorables un refroidissement de 9 degrés ; mais dans ces cas comme dans celui du vent dirigé contre la boule enveloppée d'un linge, c'est un air toujours nouveau, toujours également avide d'humidité qui frappe le thermometre, & qui produit ainsi continuellement une évaporation nouvelle ; au lieu que dans le cas de l'air qui parcourt les crevasses, ou les interstices d'un cailloutage humide, cet air se sature & devient ainsi incapable de produire une évaporation nouvelle : or, du moment où il est saturé, il ne gagne plus de fraîcheur, & même au contraire, comme les corps qu'il traverse sont plus chauds, il perd en partie la fraîcheur qu'il a gagnée ; & il la perdroit même entièrement s'il prolongeoit sa course au-delà d'un certain terme.

Je crois donc que l'évaporation ne suffiroit pas pour expliquer un refroidiſſement de 7 ou 8 degrés au-deſſous du tempéré, tel qu'on l'obſerve dans les caves de Lugan ; mais elle ſuffit pour expliquer un froid de 5 ou 6 degrés au-deſſous de ce terme, comme il l'eſt à Ceſi, à Iſchia, au mont Teſtaceo.

En effet, je ſuppoſe un grand réſervoir ſouterrain rempli d'air, & aſſez rapproché de la ſurface de la terre, pour que le froid de l'hiver le faſſe deſcendre de 3 degrés au-deſſous du tempéré, ou du 10ᵉ degré, & que les chaleurs de l'été le faſſent monter d'autant au-deſſus de ce terme.

Lorsque le froid aura pénétré ce réſervoir le plus poſſible, ſa température ſera de 7 degrés.

Ensuite lorſque la chaleur du printems commence à le dilater, ſa température s'élevera, je ſuppoſe juſqu'à 8, il commencera à ſortir, & l'évaporation diminuant ſa chaleur de 3 degrés, le réduira à 5 ; & ce ſera là ſon terme le plus froid. A meſure que les chaleurs de l'été pénétreront le réſervoir, la chaleur de l'air qui en ſort augmentera auſſi ; cependant elle ne ſurpaſſera jamais le tempéré, puiſque la plus grande chaleur du réſervoir ſera 13, & que l'évaporation la réduira à 10.

La comparaiſon de mes expériences, ſoit entr'elles, ſoit avec celles de l'abbé Nollet, prouve qu'effectivement la chaleur de ces vents frais augmente à meſure que la ſaiſon s'avance. En effet, l'abbé Nollet trouva les caves du mont Teſtaceo à 9, 5, le 9 de ſeptembre, tandis que moi je les trouvai à 5, 3 au premier de juillet. De même je trouvai les caves de Lugan à $4\frac{1}{2}$ le premier août, tandis que je les avois trouvées à $2\frac{1}{3}$ le 29 de juin.

Lorsque cet air a atteint ſon plus haut degré de chaleur, il doit demeurer pendant quelque tems dans une eſpece de ſtagnation ; après quoi le réſervoir commence à ſe refroidir & à pomper l'air extérieur :

Alors la fraîcheur de l'automne & les froids de l'hiver suffisent pour entretenir la fraîcheur des caves.

On voit par là qu'en supposant le tempéré à 10, le froid produit par l'évaporation de 3 degrés, & que la condition du problème soit que la chaleur de ces caves ne surpasse jamais 10 degrés, on ne peut pas expliquer un froid qui, en été, descende au-dessous de 5 degrés; car si l'on supposoit le réservoir d'air plus voisin de la surface, qu'il le fût par exemple assez pour que le froid de l'hiver le fit descendre à 5; alors, à la vérité, cet air refroidi encore par l'évaporation, sortiroit au printems à la température de 2 degrés. Mais aussi vers la fin de l'été, le réservoir monteroit à 15, qui diminués de 3 par l'évaporation, resteroient encore à 12, ou de 2 au-dessus de 10, ce qui est contraire à la condition prescrite.

Si donc on veut expliquer une fraîcheur plus grande que de 4 ou 5 degrés; telle que celle de Lugan & d'Hergifweil, & qu'on ne puisse pas supposer l'évaporation capable de produire dans ces circonstances un froid plus grand que de 3 degrés; il faut supposer que la température moyenne du réservoir est au-dessous de 10 degrés: or, cette supposition n'aura rien de forcé, du moins pour les pays voisins de nos Alpes, qui sont les seuls où l'on ait observé des caves aussi froides.

En effet, le froid des eaux profondes de ces lacs, où l'action de la même cause qui les refroidit, doit agir sur les réservoirs que la terre recéle dans leur voisinage. Si donc on suppose un réservoir affecté par ces causes réfrigérantes, & dont la température moyenne, au lieu d'être de 10 degrés, comme elle seroit ailleurs, ne soit que de 5; que le froid de l'hiver la réduise à 3: lorsque la chaleur du printems commencera à dilater cet air & à le faire sortir, il viendra à 4 ou à 5, mais l'évaporation le réduira à 1 ou à 2. A la fin de l'été la chaleur extérieure fera monter l'air du réservoir à 7, & l'évaporation le reduira à 4, ce qui est conforme à mes observations.

La principe de l'évaporation suffit donc pour expliquer le froid des grottes situées loin des Alpes, où le thermometre ne descend pas au-dessous de 5 degrés, & ce même principe combiné avec celui du froid, qui paroît propre aux pays voisins de nos lacs, explique le froid des grottes situées dans leur voisinage.

Objection prévenue.

§. 1415. Il y a cependant contre cette explication une objection que je ne me dissimule point, c'est que si l'air renfermé dans ces cavernes étoit déja humide, s'il étoit saturé d'humidité, il ne pourroit point produire d'évaporation, & par conséquent point de froid. Mais il est de fait, que les cavernes ne sont pas toutes humides, ou du moins, ne le sont pas constamment ; d'ailleurs, ces cavernes doivent être très-vastes, pour que la dilatation causée par une différence de chaleur d'un très-petit nombre de degrés, leur fasse fournir pendant tout l'été des courans d'air considérables. Par conséquent, il doit y entrer en hiver une grande quantité d'air ; & cet air qui y entre froid, & qui s'y réchauffe, doit acquérir une grande force dessicative, & ainsi dessécher leurs parois ; d'ailleurs la chaleur du printems qui le dilate le dessèche en même tems. On peut donc supposer qu'il doit être assez sec pour produire une évaporation qui le refroidisse de 3 degrés.

Le phénomene ne peut pas s'expliquer sans recourir à l'évaporation.

§. 1516. M. du Carla, avec qui j'ai conversé sur ce phénomene, croyoit que même sans évaporation, l'air qui sortiroit des cavernes vastes, mais peu profondes, suffiroit pour tout expliquer ; & il est vrai qu'il expliqueroit bien le froid des caves au printems. Et vraiment si l'on suppose une caverne assez peu profonde, pour qu'en hiver l'air y descende de 6 degrés au-dessous du tempéré, il pourra en sortir au printems avec une température qui ne sera que de 4 ou 5 degrés au-dessous de la congélation. Mais ensuite en été, il faudra que le réservoir se réchauffe de 6 degrés au-dessus du tempéré, & on ne pourra plus expliquer comment l'air qui en sort maintien la température des caves toujours au-dessous du tempéré.

Or, on a vu qu'au 9 de septembre, l'abbé Nollet, trouva celles du mont Testaceo, à 9 degrés ½. Il faut donc nécessairement recourir au froid produit par l'évaporation.

§. 1417. Mais pour acquérir des lumieres plus certaines sur la cause de ce phénomene, il faudroit des observations répétées au moins deux ou trois fois par mois, pendant toute une année, sur la température de ces caves, comparée avec celle de l'air extérieur. Je suis persuadé que d'après les données qui résulteroient de ces observations, on parviendroit à déterminer avec assez de précision, non-seulement la cause générale du phénomene, mais encore bien des détails & des particularités de cette cause; & cette espérance seroit encore mieux fondée, si aux observations thermométriques, on en joignoit sur le volume du vent frais qui entre dans ces caves & sur son degré d'humidité. On pourroit déterminer ainsi la capacité & la profondeur moyenne de ces réservoirs souterrains. Il seroit même à souhaiter qu'on y ajoutât quelques épreuves eudiométriques.

Observations à faire.

§. 1418. Je terminerai ce chapitre en exposant quelques expériences faites par un procédé nouveau, sur la température interne de la terre. Les connoissances que l'on croit avoir acquises sur cette température, par les observations que l'on a faites dans les puits & dans les caves, ne m'ont jamais pleinement satisfait. Je sais bien que l'air renfermé dans des cavités souterraines, dont la profondeur égale ou surpasse 80 pieds, ne ressent à peu près point les influences des variations des saisons. Mais cela ne nous apprend pas qu'elle est exactement la profondeur de la couche de terre où cessent ces influences. En effet, l'air considéré en lui-même, est meilleur conducteur du calorique que la terre; & de plus sa fluidité favorise tellement le mélange de ses parties, que lorsqu'on mesure la température d'une couche d'air dans un puits, on n'a point, ni même à peu près, la chaleur de la couche de terre correspondante à cette couche d'air, mais seulement une espece inconnue de moyenne entre la température des couches supérieures & celle des inférieures.

Incertitude sur la profondeur où regne un degré constant de chaleur.

Procédé nouveau pour la chercher.

§. 1419. J'ai donc cherché le moyen de connoître avec précision le degré de chaleur d'une couche donnée : ce moyen est fort simple ; il suffit de le chercher pour le trouver ; c'est d'enfoncer dans cette couche un thermometre, préservé de maniere que le degré de chaleur qu'il a pris dans la terre ne change point pendant qu'on le retire & qu'on l'observe : & comme on peut le retirer & l'observer fort vîte, cela n'est pas difficile.

J'ai pris un piquet de bois de 15 lignes de diametre, & de 6 pieds & quelques pouces de hauteur , j'ai fait loger dans l'intérieur de ce piquet deux thermometres, l'un à l'extrémité du piquet, l'autre à deux pieds plus haut ; vis-à-vis des divisions de chacun de ces thermometres j'ai fait pratiquer une porte que je puis ouvrir, pour voir le degré où est le thermometre sans découvrir la boule ; & celle-ci est noyée dans le bois, & de plus entourée de cire ou de coton, ce qui la rend difficilement accessible à l'impression de l'air. Pour introduire ce piquet dans la terre, j'ai une tariere en fer de 7 pieds de longueur, & de très-peu plus grosse que le piquet. On enfonce celui-ci au moment où la tariere a fait son trou. Il faut que le piquet séjourne dans la terre environ pendant une heure, pour que les thermometres qu'il renferme prennent exactement la température de la couche correspondante.

Mais j'ai observé que quand le trou est nouvellement fait, il faut y laisser le piquet pendant 3 ou 4 heures, parce que le frottement qu'éprouve la tariere réchauffe un peu, & elle & la terre ; il faut donc attendre l'écoulement de cette chaleur artificielle.

Cette obligation de laisser le piquet 3 ou 4 heures dans la terre, oblige en même tems de donner au trou dans lequel on le place une profondeur au moins de trois pieds. Si le thermometre étoit plus voisin de la surface, on auroit lieu de craindre qu'un changement dans la température de l'air extérieur n'en produisît aussi dans la température de la couche de terre qu'on éprouve. Voici sur quoi je fonde cette crainte.

crainte. M. MAURICE obſerve avec beaucoup de régularité, depuis 3 ans, des thermometres dont les boules ſont conſtamment enfoncées dans la terre à différentes profondeurs, depuis 3 pieds juſqu'à la ſurface. Or, il a vu le thermometre enfoncé à 3 pieds, varier quelquefois de deux degrés dans 24 heures.

IL eſt vrai que c'eſt là le *maximum* des variations dans cet eſpace de tems, & il eſt vrai encore que ces variations ſe font dans les trois pieds les plus près de la ſurface, & ainſi les plus expoſés à l'influence de l'air extérieur. Cependant cela prouve qu'il faut craindre cette influence.

MAIS lorſqu'au fond d'un creux déja profond on fera un trou de trois pieds de profondeur, on n'aura pas lieu de craindre, que dans l'eſpace de 3 ou 4 heures le thermometre, placé au fond de ce trou, ſoit affecté par l'air extérieur, ſur-tout, ſi l'on ne choiſit pas, pour cette expérience, le moment où l'air ſubit ſes plus grandes variations. On pourra donc ſe flatter que le thermometre rapportera la vraie température qui regne dans la terre à la profondeur à laquelle on l'a plongé.

EN effet, comme le piquet remplit exactement ce trou nouvellement fait dans la terre, il doit prendre dans chacune de ſes parties la température de la couche de terre correſpondante, d'autant que le bois étant un conducteur de la chaleur plus imparfait que la terre même; la température des couches ſupérieure & inférieure, ne peut point ſe communiquer au travers de ſa ſubſtance.

§. 1420. MON appareil pour ces expériences, exécuté par M. PAUL, étoit prêt dès le commencement de février de l'année 1785, & j'eſpérois de profiter d'une occaſion où l'on creuſeroit quelque puits profond pour enfoncer mon piquet garni de thermometres. Mais, je n'ai pas été averti à tems, tantôt il s'eſt élevé quelqu'autre empêchement.

Ire. expérience ſur la température intérieure de la terre.

Enfin, lorsque je suis venu à traiter ce chapitre, j'ai résolu de ne plus attendre & de faire faire, auprès de chez moi, un grand trou uniquement destiné à cette expérience.

Le moment même m'a paru favorable après une saison aussi marquée par sa chaleur & par sa sécheresse que l'été de 1791.

Il étoit intéressant de savoir à quelle profondeur avoit pénétré cette chaleur extraordinaire.

J'ai choisi, pour faire ce creux, un champ de ma campagne de Conche qui est située au bord de l'Arve, à $\frac{3}{4}$ de lieue au Sud-Est de Geneve. Ce champ fait partie d'un plateau élevé de 91 pieds au-dessus de la surface moyenne des eaux de l'Arve en été, & à 215 toises au-dessus de de la mer. Rien ne le commande à une assez grande distance.

La terre de ce champ, jusqu'à la profondeur de 30 pieds où je suis parvenu, & même vraisemblablement plus bas, est une argille extrêmement compacte, qui renferme çà & là des cailloux & du gravier, non point par lits, mais disséminés & empâtés dans la substance de l'argille.

Pour juger de l'influence que les variations de l'air extérieur exerceroient sur les premieres couches de la terre pendant le cours de mon expérience, je fis faire dans le même champ, à 20 pieds de distance de mon creux, un trou de 30 pouces de profondeur, & d'un pouce & un quart de diametre, & j'éprouvai de tems en tems, suivant mon procédé, la température de la terre à cette profondeur.

Du 9 au 12 d'octobre, cette température fut presque sans variation de 12°, 6; on peut donc regarder sûrement ce degré de chaleur comme celui qui régnoit alors dans ce genre de terrein à la profondeur de 30 pouces.

En creusant plus profondément je trouvai que la chaleur alloit en croissant jusqu'au quatrieme pied, où elle étoit à 12, 75. Elle continua uniformément à ce terme jusqu'au 7me. pied, & au-delà du 7me. elle commença à décroître; je trouvai,

Le 10 d'octobre, à . 9 pieds, 2 pouces, 12, 30 degrés.
Le 12 . . . . . 10 p. . . 7 p. . . . 11, 90.
Le 14 . . . . . 14 p. . . 9 p. . . . 10, 70.
Le 15 . . . . . 18 p. . . 10 p. . . . 9, 75.
Le 16 . . . . . 19 p. . . 8 p. . . . 9, 60.

En continuant de creuser au-dessous de 20 pieds, je trouvai la température de plus en plus froide; à 26 pieds 4 pouces, elle étoit de 8, 8. Mais je ne puis pas compter sur l'exactitude de ces dernieres expériences, parce qu'on rencontra une couche, où le gravier empâté d'argille forme une masse si dure & si compacte, qu'on ne pouvoit avancer qu'avec une extrême lenteur. Puis il survint des pluies froides qui refroidirent le fond du creux, & qui durent influer sur les couches inférieures; c'est une expérience à répéter dans une autre saison.

§. 1421. Mais pour suivre ces expériences avec plus de facilité, j'ai établi l'appareil que je vais décrire. Après avoir conduit mon creux jusqu'à la profondeur de 29 pieds ½, avant d'y rejeter la terre que j'en avois sortie, j'y ai placé verticalement un cylindre de bois, percé suivant sa longueur d'un trou de 2 pouces ½ de diametre, & fermé par le bas. Ce tuyau forme ainsi une espece de puits de 29 pieds six pouces de profondeur. Trois cylindres de bois solides, unis par des anneaux de fer, remplissent toute la capacité de ce tuyau, n'ayant de jeu que ce qu'il en faut pour qu'on puisse les retirer & les enfoncer sans trop de difficulté.

Autre appareil destiné aux mêmes recherches.

Ces cylindres construits comme le piquet du §. 1419, portent des thermometres noyés dans leur intérieur à différentes hauteurs; l'un à 11 p. 2 p. 6 lign. de la surface; l'autre à 21 p. 1 p. 6 lign.; le troisieme, à 29 p. 6 p. Ces thermometres doivent, par les raisons que j'ai déja énoncées, me rapporter fidélement la température de la couche de terre qui leur correspond.

Le terrein dans lequel j'ai fait cette expérience avoit à quelques égards des avantages décidés. Sa nature argilleuse & extrêmement compacte s'opposoit à tout paſſage de courans d'eaux souterreines, capables de porter là, une température étrangere à celle du lieu même.

Je suis donc assuré, d'avoir là le degré de chaleur propre à ce genre de terrein ; mais auſſi cette même nature de terrein a rendu l'excavation plus lente & plus dispendieuse.

Expérience faite à l'aide d'une sonde.
§. 1422. J'avois auſſi fait construire une sonde sur le modele de celle qui est décrite dans les Mémoires de la Société Economique de Berne, pour l'année 1760. J'esperois que lorsque j'aurois amené mon creux à une certaine profondeur, j'irois plus loin encore avec cette sonde, & qu'ainſi j'introduirois mes thermometres fort avant dans la terre.

Mais cette sonde n'a jamais pu pénétrer dans ce genre de terrein ; la tarriere même des fonteniers étoit souvent arrêtée, & je ne pouvois l'enfoncer aux trois ou quatre pieds néceſſaires pour mon expérience, qu'après avoir rompu les cailloux qui s'oppoſoient à son paſſage, avec un cylindre de fer trempé par le bout, & qu'on chaſſoit à grands coups de marteau.

Cette sonde n'éprouve pas par-tout la même résistance : j'ai trouvé à Frontenex, à demi-lieue au Nord-Est de Geneve, un terrein sabloneux, dans lequel elle est entrée avec beaucoup de facilité jusqu'à la profondeur de 30 pieds.

Les barreaux de cette sonde n'ont qu'un pouce de diametre ; le trou qu'elle fait n'a donc qu'un pouce, & comme les cylindres de bois par le moyen desquels j'y introduis mes thermometres, le rempliffent prefqu'entiérement, l'influence de l'air peut y être regardée comme nulle.

J'espérois donc d'obtenir de là un réfultat intéreffant; mais d'autres obftacles vinrent m'empêcher de recueillir le fruit de mon travail. Ce fable, à la profondeur de 15 pieds au-deffous de la furface, contenoit de l'eau, & cette eau lui donnoit une telle mobilité, que d'abord les thermometres que j'efpérois d'introduire dans le trou fait par la fonde, à 30 pieds, ne purent pénétrer qu'à 23. Enfuite ce fable les comprima tellement, que quand je voulus les retirer, les liens quoique très-forts qui uniffoient entr'elles les baguettes de bois, par le moyen defquelles j'avois enfoncé les thermometres, fe rompirent, & laifferent mes thermometres perdus dans la terre. J'ai trouvé dans un autre endroit un fable peu argilleux qui ne contient point d'eau, & où les trous faits par la fonde fe confervent très-bien; mais on y rencontre de tems en tems des cailloux; on en avoit caffé deux ou trois en levant la fonde & en la rabaiffant avec force; mais à 12 pieds 4 pouces $\frac{1}{2}$ on en rencontra un qu'il fut impoffible de percer; & d'autres effais faits dans d'autres places du même terrein furent encore moins heureux. Dans ce trou de douze pieds 4 pouces $\frac{1}{2}$, le thermometre fe trouva le 19 octobre, à 10, 85; & le 31, malgré les pluies froides, il n'avoit baiffé que d'un $\frac{1}{4}$ de degré, il étoit à 10, 6.

Mais je le répéte, ce ne font là que des ébauches, dont l'unique but eft de découvrir les vrais moyens de connoître les couches de la terre à différentes profondeurs.

§. 1423. Les obfervations que j'ai faites fur les thermometres que je tiens dans un tuyau de bois de 29 pieds $\frac{1}{2}$ de profondeur, m'ont cependant déja donné un réfultat qui me paroît nouveau & intéreffant. J'obferve depuis trois ans la marche de ces thermometres. Les détails de ces obfervations, & des réfultats que l'on peut en tirer, font trop étendus

Réfultat nouveau.

pour trouver leur place dans ce voyage; je dirai feulement, que la profondeur de 29 pieds ½, même dans une maſſe de terre compacte, n'eſt point fuffifante pour ne pas reſſentir l'influence des faifons. J'y ai obſervé une variation de 1, 2. Dans le cours de ces trois ans, le terme le plus élevé du thermometre du fond a été 8, 95, & le plus bas 7, 75. Mais il faut fix mois pour la pénétration de cette influence; car chaque année le maximum de chaleur n'arrive au fond qu'aux environs du folftice d'hiver, & celui de froid aux environs du folftice d'été. Si donc l'on ne confidéroit que le thermometre du fond, on pourroit croire que la chaleur & le froid du dehors produifent des effets contraires en-dedans; mais la marche des thermometres intermédiaires démontre, que ce fingulier contraſte eſt l'effet de la lenteur avec laquelle fe fait la communication du dehors au-dedans. Il fuit de là néceſſairement qu'il exiſte une profondeur plus grande, où l'on trouveroit l'inverfe de l'inverfe; c'eſt-à-dire, la directe; où les *maximum* de chaud & de froid arriveroient dans les faifons correfpondantes; & ainfi en s'approfondiſſant on trouveroit des alternatives de directes & d'inverfes, avec des variations toujours plus petites, jufqu'à la profondeur où l'influence deviendroit abfolument nulle,

CHAPITRE XIX.
DE NICE A FRÉJUS.

§. 1425. J'AI dit que le 17 octobre au matin, nous relevâmes, M. Pictet & moi, les thermometres que nous avions posés la veille dans la mer vis-à-vis de Nice ; pressés par le tems à cause des onze jours que la pluie nous avoit fait perdre à Gênes, nous repartîmes sur-le-champ & nous vînmes coucher à Antibes. Nous fîmes en poste, & souvent en courant la nuit, le reste de notre voyage jusqu'à Geneve. Je n'aurois donc point complette mes observations géologiques sur cette route, si je ne l'avois faite que cette fois ; mais comme j'en avois vu assez pour y prendre beaucoup d'intérêt, je retournai à Nice au printems de 1787. J'observai avec soin, en allant & en revenant, les montagnes qui bordent la route, & je fis même quelques excursions sur des montagnes plus éloignées. Je puis donc donner sur cette partie de la Provence des notices dont j'ose garantir l'exactitude. *Introduction.*

§. 1426. ON connoît la situation de la ville de Nice, au fond d'un golfe ouvert au Midi, & fermé au Nord & à l'Ouest. *Nice.*

DE hautes montagnes la défendent des vents du Nord : des collines plus basses entourent de plus près le petit bassin qui renferme la ville & ses jardins, y concentrent les rayons du soleil, & y font régner un printems perpétuel. Aussi les personnes délicates, qui craignent les rigueurs de l'hiver préférent-elles avec raison ce séjour à celui de toutes les villes situées sur cette côte en deça des grandes Alpes.

LE célebre littérateur de Berlin, M. SULZER, passa par raison de fanté à Nice l'hiver de 1776. Là, il obferva régulièrement le thermometre à l'air & à l'ombre, au lever du foleil, à fon coucher & à midi, depuis le 2 décembre 1775, jufqu'au 23 mars 1776; il rapporte ces obfervations dans fon voyage, pages 251, 261. *J. G. Sulzers Tagebch einer von Berlin nach den mittäglichen Ländern von Europa gethanen Reife, Leipfick, 1780, 8°.*

J'AI été curieux de calculer les moyennes de ces obfervations faites à l'ombre, pour qu'on puiffe les comparer avec des obfervations correfpondantes dans d'autres pays.

	Therm. de Facen.	Therm. de Réaumur.
Le matin.	44, 32.	5, 48.
A midi.	55, 97.	10, 65.
Le foir.	49, 06.	7, 58.

Hiftoire d'un clou trouvé dans une pierre.

§. 1427. LES montagnes des environs de Nice font toutes calcaires; les collines font ou calcaires ou de cailloux roulés. On prétend avoir obfervé, dans une pierre détachée de ces montages, un phénomene géologique affez remarquable pour que je doive en rendre compte.

PRÈS de l'entrée du port de Villefranche, à une lieue à l'Eft de Nice, on a entaffé dans la mer pour rompre l'effort des vagues de grands blocs de pierres tirées des montagnes voifines. Des dails fe font nichés dans ces pierres qui font de nature calcaire. On dit qu'il y a 17 ou 18 ans, qu'en rompant un de ces blocs pour en tirer ces coquillages, on trouva dans l'intérieur de la pierre, un clou de cuivre bien caractérifé, à tête quarrée, comme ceux qu'employoient les anciens, & avec fa pointe un peu recourbée. M. le SUEUR, conful de France à Nice, amateur très-inftruit d'Hiftoire-Naturelle, m'attefta en 1787 la vérité de ce fait. Le clou eft perdu, on n'a pas non plus confervé la pierre dans laquelle il a été trouvé; mais des témoins dignes de foi, affirment cette découverte. Si le clou avoit été trouvé dans une fente

de

de la pierre il n'y auroit rien eu là d'étrange; fi même on l'avoit trouvé dans une infiltration, ou dans quelque efpéce de concrétion qui fe fût formée dans une crevaffe, ou dans un vuide de la pierre, cela ne changeroit rien non plus aux idées reçues fur les époques relatives de la formation des montagnes & des ouvrages de l'art. De même fi l'on avoit pu fe tromper & prendre pour un clou une pyrite qui auroit eu la forme d'un clou, où que ce foit qu'on l'eût trouvée, on n'auroit pu en tirer aucune induction nouvelle. Mais un vrai clou de cuivre, malléable, portant l'empreinte du marteau ou les traces de la lime, trouvé dans l'intérieur d'un bloc parfaitement fain de la montagne de Villefranche, & tel qu'il foit certain que ce clou y a été renfermé dans le tems même de la formation de cette montagne, prouveroit un fait bien important, c'eft que les hommes ont exifté fur la terre, & y ont cultivé les arts dans une époque antérieure à celle que nous leur attribuons communément.

Au refte, M. Sulzer, que j'ai déja cité, rapporte le même fait dans fon voyage, page 184, mais d'une maniere fort différente. Il dit que le clou avoit été trouvé dans une couche d'argille, interpofée entre deux pierres dans une carriere, & que ce clou avoit laiffé fon empreinte dans l'une des pierres; l'hiftoire faite ainfi, n'a rien de merveilleux; il n'y a que l'empreinte laiffée par ce clou dans la pierre qui ait quelque chofe de remarquable; mais c'eft une de ces circonftances qu'il eft facile de mal voir, ou d'exagérer: cependant M. le Sueur affuroit que M. Sulzer avoit été mal informé, & que fa tradition étoit la bonne. En attendant qu'on ait fur ce fait les détails qui feuls pourroient le rendre concluant; je ne crois pas qu'il puiffe renverfer les idées reçues & en autorifer de nouvelles.

M. le Sueur m'affura encore qu'il s'étoit convaincu d'après des indices certains, que dans les environs de Nice, la mer avoit plufieurs fois changé de hauteur, en s'élevant au-deffus de fon niveau actuel & en fe rabaiffant enfuite. Les détails bien circonftanciés de ces indices feroient certainement d'un bien grand intérêt pour les géologues.

De Nice Antibes.

§. 1428. En sortant de Nice & presque dans la ville même, on traverse le ruisseau du *Paillon*, & ensuite le fauxbourg qui a pris le nom de *Fauxbourg des Anglois*, à cause de la quantité de maisons que les Anglois y possèdent, ou y louent. Tout ce fauxbourg rempli de jardins, seroit délicieux à traverser, sans les murs qui en dérobent la vue. Ensuite en passant au bord de la mer, on laisse du côté opposé le pied de plusieurs collines qui se terminent là, & qui paroissent composées de sable & de cailloux roulés. On entre ensuite dans des prairies, & delà dans un joli bois qui borde le Var. En sortant du bois on guée avec plus d'ennui que de danger les bras nombreux de ce vilain torrent. Je ne vis dans les cailloux qu'il roule que des pierres calcaires ou des grès ; mais M. le Sueur m'assura qu'il y avoit ramassé des laves & des porphyres. Il n'y avoit point trouvé de granits. En passant la riviere, on voit du côté de sa source de belles cimes couvertes de neige qui font partie des hautes Alpes.

Des bords du Var on monte au village de St. Laurent, le premier de la France sur cette route. Ce village donne son nom à des vins muscats fort estimés. Le vignoble, de même que le village, sont situés sur une colline toute de sable & de cailloux roulés. Deux ou trois autres collines que l'on traverse sont aussi composées des mêmes matieres. C'est ce que l'on voit sur-tout en passant au-dessous du village de Cagne, à ¾ de lieue de St. Laurent. On trouve là le chemin coupé à pic, à la profondeur de 15 à 20 pieds dans des lits de sable ou de cailloux roulés qui montent doucement vers l'Est. On rencontre le long de cette route de très-beaux aloës, *agave americana*, qui croissent en plein air sans soin & sans culture. La ville de Cagne & son château, entouré de créneaux, forment un joli point de vue sur le haut de la colline, tandis que le bas est arrosé par un ruisseau bordé d'arbres & de prairies.

A une petite demi-lieue au-delà de Cagne, & après avoir passé le pont du *Loup*, on voit une breche sur laquelle passe le chemin. Cette breche est composée de débris calcaires souvent anguleux, liés par une pâte qui est aussi calcaire. Ces rochers sont les premiers que l'on rencontre depuis Nice.

On voyage ensuite au bord de la mer. Entre les cailloux roulés, ceux qu'on y trouve les plus nombreux sont les quartz, puis les pierres calcaires, puis les grès; enfin les pierres de corne ou hornblendes schisteuses. Ces grès sont fréquemment mêlés de mica, mais on n'y voit point de schistes micacés proprement dits, non plus que de granits.

Cailloux des bords de la mer.

On y rencontre des cailloux blancs dont il est difficile de décider si ce sont des quartz grenus ou des grès, & qui à leur surface ont des trous de la grandeur d'un pois ou d'une lentille. Lorsqu'on casse la pierre, on voit dans l'intérieur, non des trous, mais des taches de couleur de rouille, où les grains de la pierre séparés par une ochre ferrugineuse, ont entr'eux moins de cohérence. Si cette ochre vient d'un fer spathique décomposé comme cela est vraisemblable, il n'en reste plus d'intact dans la pierre, car elle ne fait nulle part effervescence avec les acides.

Un petit quart-d'heure avant d'arriver à Antibes, on passe auprès du *Fort-quarré*, construit sur un rocher qui s'avance dans la mer.

Fort quarré sur breche calcaire.

Je quittai la grande route pour aller observer ce rocher; je le trouvai composé de débris calcaires de diverses grandeurs, on en voit de très-petits, & on en voit aussi d'une toise de diametre. Ils sont presque tous anguleux, & liés par une pâte calcaire, qui, en quelques endroits, ne paroît qu'une espece de tuf très-tendre.

§. 1429. Arrivé à Antibes, je profitai de deux heures de jour qui restoient pour aller voir le rocher sur lequel est bâtie l'église de Notre-

Notre-Dame de la Garde.

Dame de la Garde. Cette églife eſt tout près d'Antibes en ligne droite; mais il faut ¾ d'heures pour y aller, à caufe des détours forcés par les finuofités de la mer. En y allant, les premiers rochers que l'on obferve au bord de la mer, tout près de la ville, font calcaires, tendres jaunâtres ; leur caffure eſt grenue & prefque matte. Cette pierre eſt remplie de coquilles de très-petites cames marines ; un peu plus loin, on trouve des bancs très-épais de grès bruns ou violets, compofés ici de fable ou de débris de porphyre ; là, d'une fubftance argilleufe plus fine & plus compacte.

On voit auffi dans quelques-uns de ces bancs de grès, des fragmens, & même des blocs très-confidérables de grès du même genre.

En approchant du pied du rocher de Notre-Dame, on trouve la pierre calcaire compacte, femblable à celle du Jura, elle eſt fréquemment criblée des trous ordinaires à cette pierre. Les couches ne font pas diftinctes ; en général, elles paroiffent fort en défordre, on les voit verticales en divers endroits. La vue que l'on a du rocher où eſt fituée l'églife eſt raviffante ; à l'Oueſt les isles, le golfe, Nice, Antibes ; & au Nord, les hautes Alpes couvertes de neiges qui couronnent des côteaux verds bien cultivés, & rappellent ainfi agréablement les vues des environs de Geneve.

d'Antibes
à Cannes.

§. 1430. Peu après être forti d'Antibes en allant à Fréjus, on monte une petite colline, dont la bafe du côté d'Antibes, ne préfente que du fable & des cailloux roulés ; mais l'on trouve au haut des grès couleur de lie, auxquels fuccédent des rochers, qui n'ont que la confiftance du tuf.

En redefcendant cette colline on admire fa fertilité ; elle eſt couverte d'oliviers, de figuiers, de vignes fous lefquelles on voit du bled qui réuffit parfaitement à leur ombre.

On entre enfuite dans une petite plaine bordée, d'un côté par la mer,

& de l'autre, par des collines que je crois la continuation de celles de fchiftes micacés que l'on rencontre bientôt après : au moins les murailles qui bordent le chemin font-elles prefqu'entiérement conftruites de ce genre de pierre.

Le terrein devient enfuite inégal & inculte, mais parfemé de pins maritimes, fous lefquels croiffent des arboufiers, des myrthes, des romarins & une quantité de bruyéres auffi jolies que variées.

Là, on trouve, d'abord des grès jaunâtres & des blocs de fchiftes micacés, tantôt libres, tantôt enclavés dans les grès; on voit enfuite cette même roche fchifteufe former le corps de la colline, & recouverte çà & là de ces mêmes grès & de ces mêmes blocs. Cette colline primitive eft dirigée du Nord au Sud; mais les feuillets tortueux & incohérens de la roche micacée qui la compofe ne manifeftent aucune direction conftante.

J'aurois defiré trouver le paffage entre les calcaires fecondaires qui renferment le baffin de Nice, & les roches primitives dans la région defquelles nous venions d'entrer; & j'ai cherché, mais inutilement, ce paffage les trois fois que j'ai fait cette route; fans doute, il eft mafqué par les débris, les grès & les tufs que nous avons traverfés depuis Antibes.

§. 1431. Nous vînmes dans une heure ¾ d'Antibes à Cannes; cette ville eft bâtie fur le bord de la mer, & compofée de deux ou trois rues, habitées prefqu'uniquement par des matelots et des pêcheurs. Après avoir paffé entre la mer & la ville, on tourne un roc élevé qui forme un promontoire, fur lequel font fitués le château & l'églife; je montai jufqu'au haut de ce rocher, & je trouvai que la tour de l'églife repofoit fur une belle roche feuilletée rouge, brillante, compofée de mica & de quartz. On voit auffi cette roche le long du grand chemin, qui a même été en partie coupé dans fa fubftance. En faifant le

Cannes.

tour du haut de la colline, je trouvai par-tout cette même roche; mais dans des situations différentes: ici horizontales, là inclinées, là tortueuses.

Hermitage de St. Cassien. DELÀ, on descend dans une plaine au milieu de laquelle est une colline charmante, couverte d'un mélange de pins, de cyprès & d'ormeaux, tous de la plus grande beauté: & sur la cime de la colline, au milieu de ces arbres, un hermitage nommé *St. Cassien*. Au pied de la colline coule la *Siagne*, dans de belles prairies ombragées de saules & de peupliers; par dessous les arbres on apperçoit la mer, & dans les éclaircis tout le golfe de la Napoule & les isles Sainte Marguerite. C'est un site vraiment délicieux. La vallée ouverte au Nord, laisse voir la ville de Grasse & la chaîne calcaire qui la domine.

Minelle. DANS une heure 10 min. nous vînmes de Cannes à *Minelle*, maison de poste de la *Napoule*; c'est une maison solitaire, entre la montagne & le bois, un vrai repaire de voleurs, où le courier de Rome avoit été dépouillé peu de tems avant notre passage.

Grès divers avec de la BALDOGUE. §. 1432 BIENTÔT après on commence à monter sur des bancs épais & redoublés de grès, tantôt violets & tantôt gris, les uns homogenes, les autres mélangés de pierres de divers genres, mais tous des montagnes du voisinage; savoir, de schistes micacés & de porphyres.

ON trouve aussi entre ces grès des couches d'une argille verdâtre non effervescente, mêlée de couches interrompues d'un beau spath calcaire blanc, crystallisé en rhomboïdes.

ON descend, puis on remonte, & on trouve alors des grès rougeâtres mêlés de taches vertes; ces grès sont composés si exclusivement de sable porphyrique & de débris de porphyre, que l'on a de la peine à décider si ce n'est pas un porphyre tendre qui tombe en décomposition. Les taches vertes sont d'une substance terreuse, très-fine & très-

tendre, un peu graſſe au toucher, qui ſemble s'être infiltrée dans les
fentes & dans les cavités intérieures de la pierre. Elle eſt aſſez réfractaire, mais ſe fond cependant en un verre noir & brillant. C'eſt évidemment la *Grunerde* de Werner, ou la terre verte du mont Baldo. Je
la nomme *Baldogée*. Il y a même là de ces grès porphyroïdes, dont
la pâte eſt en entier de cette terre verte.

§. 1433. On trouve enſuite les ſchiſtes micacés qui, ici tombent
en décompoſition, & dans ces ſchiſtes des veines de quartz, qui ont
l'œil bleuâtre de la calcédoine; mais leur caſſure eſt brillante, écailleuſe & n'a point la ſcintillation de la calcédoine.

Schiſtes micacés avec filon de granit.

On trouve auſſi dans ces ſchiſtes de grands & beaux filons, & même
des couches de granit compoſé d'aſſez gros grains de feldſpath rougeâtre, de lames très-brillantes de mica blanc, & de parties de quartz
blanchâtre, un peu gras. On y voit auſſi des parties confuſément cryſtalliſées de ſchorl noir. Ce ſchorl montre bien au chalumeau le caractere diſtinctif de ſon genre; il ſe gonfle beaucoup au premier coup de
feu, mais demeure enſuite très-réfractaire. On ne diſtingue pas bien
d'abord la ſituation des couches de ces ſchiſtes; mais un peu plus loin
on reconnoît clairement qu'elles ſont verticales, & qu'elles courent du
Nord Nord-Eſt au Sud Sud-Oueſt; de même que la montagne dont
elle font partie. Enſuite les grès cachent pendant quelques tems ces
ſchiſtes micacés, après quoi ils reparoiſſent à découvert.

§. 1434. En continuant d'avancer, on rencontre un banc d'une pierre
qui me paroît être une variété de la ſerpentine grenue de Notre-Dame
de la Garde. §. 1342.

Serpenti-
ne grenue.

Elle eſt extérieurement d'un gris noirâtre, & d'un grain groſſier
& ſans éclat; ſes fragmens ſont polyhedres, mais n'affectent aucune
figure régulière, ſa caſſure vers les bords, où a pénétré l'action de l'air,
eſt tout-à-fait terreuſe, ſans éclat & même un peu jaunâtre. Dans le

milieu de la pierre sa cassure est d'un noir tirant sur le verd, inégale, terreuse encore, mais cependant avec quelques petites écailles & quelques petits grains translucides & un peu brillans. Elle est plus tendre & plus pesante que le marbre, se raye en gris, exhale une odeur de terre, & se fond au chalumeau en un verre noir & brillant. Cette pierre forme une couche de 4 pieds d'épaisseur qui passe sous le chemin, & se continue au-dessus & au-dessous en marchant parallelement aux feuillets de la roche micacée : elle paroît donc lui être contemporaine.

Fin des schistes micacés.

§. 1435. Les schistes micacés continuent ensuite, ici rougeâtres, là noirâtres, ici solides ; là tombant en ruine ou se résolvant en poussiere ; tantôt à découvert, tantôt masqués par des grès, & fréquemment entre-coupés par des filons de quartz ou de granit. Ils ne finissent qu'à demi-lieue avant qu'on arrive à l'Esterel, auprès de la sommité la plus élevée que l'on traverse dans cette poste, & après laquelle on fait une grande descente pour remonter ensuite à l'Esterel.

Commencement des porphyres.

§. 1436. Là donc se terminent les roches feuilletées, & commencent les rochers de porphyre. Les premiers qu'on rencontre sont d'une couleur de lie de vin claire. Ils sont si disposés à se rompre en fragmens polyhedres, qu'on a de la peine à voir leur grain, parce que le marteau les divise presque toujours par des fissures qui ne présentent que des surfaces planes, altérées par l'infiltration de l'air & de l'eau. Ces surfaces ont constamment un aspect terreux. Leur couleur varie entre les nuances du jaune, & du lie de vin plus ou moins foncé. Dans les cassures proprement dites, où l'on voit bien clairement l'intérieur de la pierre, la cassure de la pâte est assez égale, point écailleuse, mais d'un grain fin & sans aucun éclat, sa dureté varie ; en général, elle en a assez pour donner de vives étincelles, mais quelquefois elle en a moins. Au chalumeau elle se fond avec difficulté (0, 15) en un verre sans couleur parsemé de petites bulles. Je la considere comme une espece de pétrosilex primitif.

primitif. Les parties étrangeres que renferme cette pâte, font, 1°. des grains de quartz, presque toujours transparents & sans couleur, & dont la cassure est un peu conchoïde ; 2°. du feldspath rhomboïdal, souvent un peu rougeâtre, quelquefois tombant en décomposition. On y voit aussi, mais rarement, des grains d'une substance noire dont la cassure a un grain fin peu brillant, & quelquefois irisée, d'une forme irréguliere, parsemée de petites cavités, lesquelles sont çà & là tapissées intérieurement d'une substance blanchâtre. Ces parties noires se fondent, quoiqu'avec peine, en une scorie noire & brillante. Quelquefois aussi la pâte même est parsemée de cavités irrégulieres, tapissées de petits cristaux. Toutes ces parties étrangeres à la pâte du porphyre, y sont quelquefois si clair semées, que l'on en rencontre des morceaux d'un ou deux pouces de diametre, où la pâte seule semble former toute la pierre ; ailleurs ils sont plus rapprochés.

Quant à la structure des rochers de ce porphyre, elle est, pour ainsi dire, impossible à déterminer. La disposition de cette pierre à se diviser en fragments terminés par des faces planes, fait que l'on voit des fentes dans toutes les directions imaginables ; & lors même que l'on en voit quelques-unes de suite marcher parallelement entr'elles, on n'ose point prononcer que ce soient de véritables couches.

§. 1437. L'Esterel est un hameau de deux ou trois maisons, dans un lieu élevé & sauvage ; cependant une jolie prairie & des bois au-dessous, me rappelloient avec plaisir les habitations de nos hautes Alpes. J'y ai dîné une fois, & j'y ai été beaucoup mieux que les apparences extérieures n'auroient donné lieu d'espérer. *L'Esterel.*

Un peu au-dessus de l'Esterel, on rencontre dans le grand chemin, d'abord des fragments, & ensuite des couches d'une roche assez singuliere. *Porphyre à base de serpentine.*

L'aspect extérieur des fragments naturels de cette pierre, est d'un brun noirâtre & terreux ; cette apparence est l'effet d'une décomposition qui pénétre environ à demi ligne dans la pierre ; mais la cassure intérieure est d'un noir tirant sur le verd d'un éclat scintillant, un peu grenue & un peu écailleuse. Ses fragmens sont médiocrement aigus & un peu translucides sur leurs bords. Au premier coup-d'œil la pierre paroît homogene; mais quand on l'obferve attentivement, & sur-tout à la loupe, on y diftingue des cryftaux lamelleux très-brillants, dont les lames paroiffent rhomboïdales. Ces cryftaux paroiffent des parallelipedes minces & alongés : lorfqu'il s'en rencontre plufieurs de fuite caffés par la tranche, cela donne à l'intérieur de la pierre un afpect fibreux. Quand on regarde contre le jour des lames très-minces de ces cryftaux, on les voit parfaitement tranfparentes & fans couleur; mais plus épaiffes, elles paroiffent d'un verd de porreau. Ces cryftaux font durs, & c'eft à caufe d'eux que la pierre donne du feu contre le briquet; mais la pâte qui les réunit eft d'un noir foncé, tirant cependant fur le verd, grenue, tendre, & rayant en gris. Cette pierre agit fortement fur le barreau aimanté.

Au chalumeau, les parties non cryftallifées fe fondent, quoiqu'avec peine, en un verre tranfparent & un peu bulleux; mais les parties cryftallifées font très-réfractaires; au refte, ces parties font tellement entrelacées, qu'il eft difficile d'obtenir des fragments de pâte fans mélange de cryftaux. Je n'ai pu découvrir dans cette pierre aucune autre partie étrangere. La décompofition fuperficielle paroît avoir plus d'action fur la pâte que fur les cryftaux; elle les affecte cependant auffi, en leur donnant une teinte jaunâtre & louche. Je regarde le fond comme une efpece de ferpentine grenue, & les cryftaux comme une efpece de rayonnante *ftrahlftein* de WERNER. C'eft donc un porphyre à pâte de ferpentine.

Je ne pus pas démêler la ftructure de ces rochers; ils fe divifent en grandes pieces polyhedres irrégulieres, qui par leur couleur noirâtre, ont une apparence tout-à-fait bafaltique. (1)

---

(1) M. de FAUJAS a obfervé ces rochers & il les confidere comme des Trapps. *Effais fur l'Hiftoire Naturelle des rochers de Trapp*, p. 48. Mais la defcription qu'on vient de lire, prouve qu'il n'exifte entre ces deux genres qu'une reffemblance fuperficielle.

§. 1438. En continuant de monter, on rencontre des grès & des poudingues : ceux-ci font compofés de fragmens prefque tous anguleux de roches micacées, femblables à celles de Cannes, de porphyres femblables à ceux de ces montagnes, & de quartz. Les couches montent au Nord-Eft. Si donc leur fituation n'a pas changé depuis le moment de leur formation; il faut que le courant qui les a dépofé vint du Sud-Oueft. Et fi d'un côté la forme anguleufe des fragments dont ces poudingues font compofés, prouve qu'ils ne viennent pas de bien loin; de l'autre il eft bien certain que ce ne font pas non plus des fragments agglutinés de cette même montagne, puifque cette montagne ne préfente ni rochers, ni fragments de fchiftes micacés.

Grès & poudingues.

§. 1439. A une petite demi-lieue au-deffus de l'Efterel, je rencontrai, fur les bords du chemin, beaucoup de fragments de trois pouces jufqu'à un pied de diametre, d'une pierre brune poreufe, dont les trous arrondis font remplis d'une pouffiere noirâtre, qui falit les doigts. Je ne pus point trouver le rocher d'où ces fragmens avoient été détachés; mais quand on confidere leur nombre, & fur-tout lorfqu'on réfléchit qu'on ne voit là aucun caillou étranger au pays, on doit croire qu'ils ont été détachés des hauteurs qui dominent cette partie de la route. Au premier afpect, je pris ces fragments pour des laves, mais je fuis enfuite revenu de cette idée; & comme les environs de Fréjus préfentent beaucoup de pierres du même genre, qui ont quelques caracteres extérieurs des pierres volcaniques, & que l'on a généralement regardées comme telles, j'ai cru devoir traiter avec foin, & dans un article feparé §. 1444, la queftion de leur origine. C'eft donc là, que je renvoie ce qui concerne celle dont je viens de parler.

Pierre qui reffemble à une lave.

§. 1440. D'abord après ces fragments, je trouvai des roches d'un porphyre verdâtre au-dehors, mais dont l'intérieur avoit la pâte lie-de-vin de ceux que j'ai déja décrit; enfuite on ne voit plus de rochers, mais feulement des fragments de porphyre; puis les rochers reparoiffent, & la pâte du porphyre varie toujours dans les nuances du jaune au violet pâle.

Continuation des porphyres.

Haut du passage. A ¾ de lieue de l'Esterel, on arrive au plus haut point du passage, le chemin est là coupé entre des rocs de porphyre tendre, à fond jaunâtre. Ces rocs sont divisés par des fentes verticales qui affectent fréquemment des directions paralleles.

Là, elles marchent à peu près de l'Est à l'Ouest ; mais comme cette pierre est toujours sujette à se diviser en fragments polyhedres, je n'oserois point prononcer que ce sont là exactement les couches de ce rocher.

C'est dans la partie du chemin du côté d'Antibes, qui précéde immédiatement le plus haut point du passage, que les voyageurs sont le plus fréquemment arrêtés par les voleurs.

Le grand chemin est là entiérement à découvert, dans un long espace renfermé entre des pointes saillantes sur lesquelles les voleurs placent des sentinelles. Ils laissent avancer les voyageurs à peu près jusqu'au milieu de l'espace renfermé entre ces deux pointes, & là, les voleurs embusqués dans le bois, fondent sur eux & les dépouillent ; tandis que leurs sentinelles veillent à ce que la maréchaussée ne vienne pas les surprendre. Dans ce cas là, un coup de sifflet ou un autre signal convenu, les avertit, & ils s'enfuyent dans les bois. Il est impossible de les y atteindre, non-seulement c'est un taillis très-épais, mais le fond de ce taillis est rempli de gros blocs de pierre ; il n'y a là ni chemin ni sentier ; & à moins de connoître l'intérieur du bois comme les voleurs le connoissent, on ne peut y pénétrer qu'avec une lenteur & une difficulté extrême. Lorsque nous fîmes cette route, M. Pictet & moi, le courier de Rome qui voyageoit de compagnie avec nous, nous fit voir les débris de la malle du courier précédent, qui peu de jours auparavant avoit été dépouillé dans cette place. Ce bois qui porte le nom de l'Esterel, & que la fréquence des événements de ce genre rend si redoutable, est peuplé de pins & de lièges, sous lesquels croissent des arbousiers, des cistes, des bruyeres, &c. Il s'étend jusqu'à la mer, dans un espace de trois à quatre lieues de long sur une ou deux de large. Tout cet espace, entiérement inculte, est le refuge des forçats qui s'échappent des galeres de Toulon, pépiniere de tous les brigands du pays.

§. 1441. APRÈS avoir passé la pointe la plus élevée de cette route, on descend du côté de Fréjus. Le porphyre forme toujours le corps de la montagne ; mais on le retrouve fréquemment recouvert par des bancs de grès, de sable & d'argille de différentes couleurs, jaunes, verds, violets ; le banc supérieur est ordinairement très-épais, les autres sont plus minces ; tous sont paralleles entr'eux, & descendent comme la montagne, du côté du Sud & du Sud-Ouest.

<small>Grès superposés aux porphyres.</small>

§. 1442. EN continuant de descendre, on trouve des bancs d'une espece remarquable de grès argilleux qui deviennent ensuite très-communs sur cette route. Cette pierre, à la surface de ses couches, ou de ses autres divisions naturelles, a un aspect terreux, gris, brun ou rougeâtre ; elle se casse en fragments indéterminés. La cassure est d'un gris tirant un peu sur le verd ; un peu translucide dans les angles ; son grain est fin, écailleux, presque sans éclat, à l'exception de quelques petites parties très-brillantes qui sont des lames de mica blanc.

<small>Grès fin argilleux.</small>

ELLE se raye en gris blanchâtre ; elle exhale une forte odeur d'argille ; elle est compacte, assez tenace, & donne du feu contre l'acier.

ON voit dans l'intérieur quelques gersures tapissées de rouille & quelques grains de quartz, ou blanc, ou rougeâtre, plus gros que celui qui forme le fond de la pierre. On y distingue aussi quelques grains de feldspath.

CE grès ne fait aucune effervescence avec l'esprit de nitre, & n'y souffre aucune altération. Au chalumeau, il ne change pas d'aspect, seulement il blanchit un peu, se vernit & montre aux angles quelques bulles transparentes.

Vue en descendant de la montagne.

§. 1443. APRÈS un quart-d'heure de descente, on découvre toute la vallée de Fréjus, avec son golfe, la vallée de St. Raphël dans une jolie situation; la mer couverte de bateaux, plusieurs promontoires jusqu'à celui de St. Tropez, le bourg de Roquebrune, la chaîne des montagnes primitives qui passe à Vidauban, & qui est séparée de celles-ci par la vallée de l'Argens, & à l'Ouest & au Nord-Ouest les chaînes calcaires.

CET aspect est très-agréable & très-varié; on voit cependant avec peine la quantité de terres incultes que présente toute la masse de montagnes & de vallées que l'on découvre à droite & à gauche du chemin. Ce ne sont pas même des bois, mais des bruyères, parsemées de quelques arbrisseaux & de quelques pins rabougris qui couvrent ces vastes solitudes, vrais repaires de brigands & de bêtes sauvages.

EN descendant cette montagne, on revoit quelquefois les porphyres dont elles est composée; mais ces porphyres sont souvent masqués, tantôt par des grès, tantôt par des poudingues grossiers, composés de débris de porphyre. On y voit aussi des couches de spath calcaire opaque & coloré par le fer. Toutes ces couches descendent au Sud-Ouest en suivant la pente de la montagne.

Roche glanduleuse.

§. 1444. Au bas de la grande descente & avant une petite montée qui lui succede, je remarquai que le roc sur lequel passe le grand chemin, est composé d'une pierre parsemée de trous plus ou moins grands; les uns vuides, les autres pleins de spath calcaire cryftallisé. Je pris d'abord cette pierre pour une lave, mais après l'avoir examinée avec plus de soin, j'ai rectifié ce premier apperçu, & je la regarde comme une roche glanduleuse, ou *mandelstein* des Allemands.

CETTE pierre est au-dehors d'un brun noir, & a une apparence terreuse. Sa cassure est d'une couleur plus claire & un peu moins terreuse: elle n'a cependant aucun éclat, si ce n'est celui que lui donnent quelques particules clair femées qui paroiſſent de mica. Sa rayure eſt d'un gris blanchâtre, ſon odeur fortement terreuſe, ſa dureté eſt médiocre, elle ne donne que rarement des étincelles contre l'acier.

Au chalumeau, elle eſt aſſez réfractaire, elle ſe couvre cependant d'un verre noir, & l'on peut en former un globule égal à 0, 45, qui répond au degré 126 du thermometre de Wedgewood. Ce globule ne paroît point homogene.

Cette pierre n'agit point ſur l'aiguille aimantée avant d'avoir été calcinée, mais les parties qui ont ſubi l'action de la flamme ſont attirées par l'aimant. Cette pierre eſt donc évidemment une argille endurcie par le fer, & mêlée de quelques parties de mica & de quartz.

Quant à ſes cavités, elles ſont inégales, elles ont depuis demi ligne juſqu'à un pouce de diametre. Les petites ſont rondes, les grandes ſont des ovales alongés, dont les grands diametres ſont à peu près paralleles entr'eux, & à la direction des couches de la pierre. On en voit au-dehors de vuides, d'autres qui ſont remplis de ſpath, ou en tout ou en partie. Ce ſpath eſt du ſpath calcaire mêlé de fer, connu ſous le nom de *fer ſpathique*; à l'air & dans les cavités les plus proches de la ſurface, il ſe décompoſe & il n'en reſte qu'une pouſſiere brune, noirâtre, qui crue, n'eſt pas attirable à l'aimant, mais qui le devient par la calcination; dans l'intérieur, les grains de ſpath ſont blancs, brillants & rempliſſent exactement les cavités; mais ils n'ont par leur ſtructure intérieure aucun rapport avec ces cavités; ils ne ſont ni compoſés de couches concentriques à la courbure de la cavité, ni de rayons qui tendent à ſon centre. On diroit que d'un grand morceau de ſpath rhomboïdal, on a ſéparé une petite piece de maniere à remplir exactement la cavité qui la renferme.

En avançant vers Fréjus, on trouve pendant quelques tems ces roches glanduleuſes, cachées par des couches horizontales de grès argilleux que j'ai décrit plus haut §. 1442, leſquelles ſont recouvertes par un autre grès de couleur de lie de vin, compofé entiérement de fable porphyrique.

§. 1445. Ensuite, après avoir monté la petite éminence qui fuccede à la grande defcente, je rencontrai de nouveau des fragments épars de la pierre glanduleufe que je viens de décrire, & je réfolus de m'arrêter pour chercher & obferver avec foin les rochers d'où venoient ces fragments.

Un peu après avoir paffé la marque qui indique le milieu du 63ᵉ. mille, & par conféquent, environ à 62400 toifes d'Aix, le grand chemin traverfe un petit vallon dirigé du Nord au Sud : là, tout au bord du chemin, du côté du Nord-Oueft, je vis des maffes de pierre adhérentes au fol ; ces maffes formoient une efpece de bourrelet élevé de quelques pieds au-deffus du fol. La figure de ce bourrelet étoit une portion de cercle, & comprenoit un peu moins du quart d'une circonférence. Rien n'étoit plus naturel que de confidérer ce bourrelet, comme le refte des bords d'un cratere ; l'intérieur de l'efpace qu'avoit dû renfermer ce cratere, & dans lequel paffe un ruiffeau, étoit rempli de ces roches glanduleufes, en maffes plus ou moins grandes.

Enfin, en fuivant la pente du ruiffeau, je trouvai dans le fond de fon lit, une épaiffe couche, d'une pierre compacte & pefante, d'un gris noirâtre, pointillé de blanc. Préoccupé d'idées volcaniques, je regardai cette pierre comme une lave folide, & il me paroiffoit conforme à ce que j'avois vu en Auvergne & en Italie, que les laves poreufes fuffent fuperpofées à des laves plus dures & plus compactes.

Mais lorfqu'à tête repofée, j'ai examiné les échantillons que j'avois rapportés de toutes ces pierres ; j'ai reconnu premierement que la pierre poreufe, eft comme je l'ai dit, non une lave mais une roche glanduleufe.

§. 1446.

A FRÉJUS, Chap. XIX.

§. 1446. QUANT à la pierre compacte, je vais la décrire, & on verra qu'elle n'a point non plus les caracteres d'une lave.

Roche compacte mélangée d'argille, de fer spathique & d'un autre spath.

SA surface extérieure est brune, raboteuse ; elle a un aspect terreux, sa cassure est d'un gris noirâtre, inégale & d'un grain grossier ; elle brille par place d'un éclat spathique & lamelleux ; dans d'autres endroits, on y voit de petits amas d'ochre brune, ferrugineuse, & quelquefois cette ochre est recouverte d'une lame très-mince & très-brillante de fer qui a l'éclat métallique. Sa rayure est mêlée de blanc qui vient du spath, & de rougeâtre qui vient de l'ochre. Elle est assez dure, mais sans donner cependant d'étincelles ; elle est aussi assez pesante : son odeur est fortement terreuse. Dans l'acide nitreux, les parties spathiques se dissolvent avec effervescence ; mais lorsque l'acide à extrait à froid toutes ces parties, on voit qu'il reste encore une grande quantité de parties brillantes, lamelleuses, rhomboïdales, qui ont beaucoup de ressemblance avec le spath fluor, jaunâtres, presque transparentes, l'œil un peu gras, tendres, & qui se fondent au chalumeau en un verre demi transparent, verdâtre, gras, luisant, & un peu bulleux. Ces caracteres ne s'éloignent pas beaucoup de ceux du spath fluor ; cependant lorsque j'ai comparé au chalumeau du spath fluor avec les cryftaux que renferme cette pierre, j'ai trouvé quelques différences. Ces cryftaux ne donnent point de lueur phosphorique, ils sont moins fusibles, & donne un verre plus compacte & plus transparent. La pâte non cryftallisée de cette pierre exposée au chalumeau, se recouvre, sans se fondre, d'un verre noir ; elle est ensuite attirable à l'aimant tandis que la pierre crue ne l'est pas.

J'AI dit que cette pierre n'est pas poreuse, cependant en observant avec soin les échantillons que j'en ai rapportés, j'ai observé une seule cavité, un peu plus grande qu'un pois, & qui est remplie de fer spathique, blanc, soluble, avec effervescence, semblable en tout à celui de la roche glanduleuse. Dans le reste de la pierre, les cryftaux de fer spathique sont dispersés, & pour ainsi dire engrenés dans la pâte argilleuſe, comme le quartz ou le feldſpath dans un granit; enſorte qu'on doit la conſidérer comme une roche compoſée, de la claſſe des glanduleuſes ou amygdaloïdes.

En continuant de ſuivre le lit du ruiſſeau, je trouvai des bancs de poudingues groſſiers aſſis ſur la roche que je viens de décrire. Ces poudingues ſont compoſés de fragments anguleux de porphyre, de quartz & des grès argilleux, que j'ai décrit plus haut.

Quand on ſort de ce vallon pour aller à Fréjus, on voit des bancs conſidérables de la roche glanduleuſe. On en revoit encore ſous le chemin auprès du 61ᵉ mille.

Ces roches ont été priſes pour des laves.

§. 1447. J'arrivai de bonne heure à Fréjus, & comme M. Darluc dit dans ſon Hiſtoire Naturelle de la Provence, tome III, p. 317: *que cette ville eſt conſtruite ſur le cratere de quelque volcan éteint*; je fis le tour de la ville pour chercher les traces de ce volcan. Il eſt bien vrai que la ville eſt bâtie ſur une petite éminence au milieu d'une plaine un peu inégale; mais dans tout le terrein qui l'entoure & qui lui ſert de baſe, je ne vis rien qui eût l'apparence volcanique, ſi ce n'eſt des roches argilleuſes à glandes de fer ſpathique exactement ſemblables à celles que j'ai décrites.

Et il paroît bien que ce ſont ces roches que M. Darluc & M. de Lamanon, cité par M. Darluc, ont appellées *des pierres ſoufflées*, & qu'ils diſent que l'on trouve juſqu'à une lieue au-delà de Fréjus, au Nord, au bas des montagnes de l'Eſterel.

D'ailleurs, la ville paroît bâtie ſur des bancs de grès de diverſes qualités & de diverſes couleurs; les foſſés, qui ſont très-profonds, ſont entiérement creuſés dans ces grès.

Je terminerai ce chapitre par la deſcription de deux pierres remarquables que j'ai trouvées aux environs de Fréjus.

À FRÉJUS, Chap. XIX.

§. 1448. L'une est un porphyre qui, à ce que je crois, n'a encore été décrit par aucun lithologiste. J'en trouvai un fragment au bas de la montagne de l'Esterel ; ce fragment étoit arondi, & avoit environ quatre pouces de diametre. *Porphyre à cryſtaux de feldſpath bleu.*

Extérieurement la pâte de ce porphyre est d'un brun qui tire sur le violet, raboteuse, parsemée de quelques cavités, & son aspect est terreux & sans éclat. Au-dedans cette pâte a la couleur du chocolat, son grain est très-fin, un peu brillant, sa cassure est très-fine, presque matte, quoiqu'un peu scintillente, & tire un peu sur le conchoïde. Elle est dense, fort dure, sensiblement plus que le porphyre ordinaire, l'acier au lieu de la rayer, y laisse sa propre trace comme du crayon.

Les grains que renferme cette pâte sont fort nombreux & de grandeurs inégales : les plus grands ont trois lignes de longueur, sur une largeur d'une ou deux lignes ; on en voit aussi de beaucoup plus petits ; leur forme générale est celle d'un parallelipede alongé, mais suivant la maniere dont ils se présentent, & quand leurs angles sont émoussés, ils paroissent plus ou moins arrondis. Tous sont brillants d'un éclat vitreux, très-vif ; quelques-uns paroissent d'un bleu changeant en violet extrêmement beau & velouté comme celui de la plus belle pierre de Labrador.

Ces couleurs brillent sur-tout au soleil ; mais on les voit cependant très-bien à l'ombre & même aux lumieres : lorsqu'on détache ces cryſtaux de la pâte qui les lie, on voit qu'ils sont parfaitement transparents, comme le cryſtal le plus net ; leur cassure est plane & lamelleuse dans un sens, & conchoïde dans l'autre ; c'est dans ce sens que ces cryſtaux donnent leur belle couleur, car quand on les voit sur le plat des feuillets, leur éclat n'est coloré que quand la séparation imparfaite des lames fait paroître les couleurs que l'on voit entre des lames de verre, & dont l'immortel Newton a tiré des inductions si intéressantes.

Au chalumeau la pâte est très-réfractaire; elle se fond cependant en perdant sa couleur & en donnant le verre bulleux des pétrosilex; les grains colorés sont aussi très-réfractaires; on parvient cependant à les fondre en un verre parfaitement transparent & parsemé de quelques bulles.

Si l'on trouvoit cette pierre en grandes masses, on pourroit en faire de très-beaux ouvrages, & sûrement elle ne vient pas de loin; car on ne rencontre sur cette route que des cailloux détachés des montagnes voisines.

Variolite pétrosiliceuse.

§. 1449. L'AUTRE pierre que je vais décrire faisoit partie d'un mur de clôture des environs de Fréjus, comme ce mur tomboit en ruine, je n'eus aucune peine à l'en détacher. Elle paroît avoir été, sinon taillée, du moins cassée, de maniere à former un parallelipede de 5 pouces sur 4 & sur 3.

CETTE pierre est composée de couches paralleles, les unes vertes, les autres d'un violet jaunâtre. Dans toutes ces couches sont renfermés des grains ronds de différentes grosseurs, depuis celle d'un grain de mil jusqu'à celle d'un pois.

LA pâte verte est d'un verd foncé, tirant sur la merde d'oie: elle est presque translucide, son grain est fin, un peu écailleux & un peu brillant; elle est dure; l'acier en tire des étincelles; elle se laisse cependant entamer par la lime. Au chalumeau elle paroît très-réfractaire: cependant les très-petits fragments blanchissent sur leurs bords, s'y fondent avec quelques bulles, mais le milieu paroît noir, brillant, & a un aspect métallique. Cette pâte n'est attirable à l'aimant ni avant ni après avoir souffert l'action du feu. Je la considere comme un pétrosilex; mais sur la derniere limite qui sépare cette pierre du silex au moins par rapport à la fusibilité.

LA pâte dont les couches alternent avec celle de la verte, sont d'un violet clair, tirant un peu sur le jaune, un peu translucide sur les bords, d'un grain fin & brillant ; fa dureté eft à peu près la même que celle de la pâte verte. Elle eft auffi réfractaire, à peu près au même degré ; mais les parties qui ne fe fondent pas, ne prennent pas comme dans celle-là, l'œil noir & métallique ; au contraire, elles y blanchiffent. Cette pâte forme une beaucoup plus grande partie de la pierre que la verte ; mais ce qu'il y a de remarquable, c'eft qu'au milieu des couches de la pâte violette, on trouve çà & là des endroits où la verte femble s'être moulée entre les grains ronds dont je vais parler.

Ces grains, vus par dehors, font d'un gris qui tire fur le violet, leur furface eft mamelonnée & peu brillante ; en-dedans, leur caffure montre quelques points brillants.

Ces grains font les uns homogenes, & compofés de filets qui tendent de la circonférence au centre ; d'autres, font compofés de couches concentriques avec des filamens qui ne vont que de la circonférence jufqu'à l'extérieur du noyau ; & ce noyau, d'une couleur plus obfcure, ne préfente aucun filament ; d'autres enfin, font vuides au milieu, & on y voit briller des pointes de petits cryftaux. Leur dureté eft la même que celle de la pâte. Toutes les parties de ces grains font plus fufibles que la pâte qui les renferme & donnent auffi le verre blanc & bulleux du pétrofilex.

Ces grains portent donc l'empreinte de la cryftallifation & paroiffent avoir été formés en même tems que la pâte qui les lie.

CHAPITRE XX.

Montagnes de la Sainte Beaume & du Cap Roux.

Introduction. §. 1450 J'AI dit, que M. PICTET & moi, dans notre voyage de 1780, nous avions été obligé, de revenir de Nice à Geneve, avec beaucoup de précipitation, & qu'ainsi nous n'avions pu faire aucune excursion.

J'EUS plus de tems dans mon second voyage; après avoir traversé, entre Fréjus & Antibes, ce rameau des Alpes qui parcourt du Nord au Midi, la Provence orientale, je desirois de voir l'extrêmité de ce même rameau, dans l'endroit où il pénetre le plus avant dans la mer.

ON me dit à Fréjus, que la meilleure route pour y parvenir, étoit de passer par l'Hermitage de la Sainte Beaume, qui est situé assez haut sur la pente de la montagne. Je fis ce petit voyage le 26 avril 1787; ce moment étoit favorable, parce que pour attirer les pélerins qui vont là en dévotion au premier de mai, l'hermite a soin de réparer à l'avance le chemin ou plutôt le mauvais sentier qui conduit à son hermitage.

Plaine de Fréjus. EN sortant de Fréjus, on tire d'abord à l'Est, en traversant une petite plaine toute d'alluvions ou de dépôts qui s'étend jusqu'à la mer, & qui est extrêmement fertile.

A demi-lieue de la ville on laisse à sa droite le village de *St. Raphaël.*

ON traverse ensuite un petit bois de pins, dans lequel on trouve des fragmens de porphyre, la plupart arrondis, & des couches de grès, ou gris ou violets, qui montent doucement du côté de la mer.

& dont les matériaux font par conséquent venus de l'intérieur des terres.

§. 1451. A une bonne lieue de Fréjus, on traverse un petit ruisseau sur lequel sont les ruines du moulin de *Vaulongue*. On monte de là sur des champs un peu élevés au-dessus du ruisseau, & que mon guide nommoit la *Moraine de Motan*.

Pierres poreuses. Leur description.

JE trouvai ces champs couverts d'une pierre poreuse d'une nature très-différente de celles que j'ai décrites dans les paragraphes précédents. Extérieurement elle est d'un brun tirant plus ou moins sur le rouge, inégale & caverneuse. Cette couleur pénètre dans l'intérieur; mais en devenant par gradations plus claire & mélangée de jaune, de blanc & de violet; sa cassure est très-inégale, presque matte & terreuse. On reconnoît dans cette pierre des fragments de porphyre violet, à grains de feldspath blanc; ces fragments sont empâtés dans un sable de la même substance, & fondus ensuite ensemble. Cette pierre n'agit sur l'aimant ni avant ni après sa calcination : elle est parsemée de trous irrégulié-rement arrondis, les plus grands de 4 à 5 lignes de diametre, qui ne renferment ni fer spathique ni la poussiere ferrugineuse qui reste après sa décomposition. On observe ces trous, non seulement dans la pâte informe de la pierre, mais encore dans les fragments de porphyre que cette pâte renferme. Ces trous ont leur surface intérieure inégale & raboteuse; quelques-uns sont vuides, d'autres tapissés, d'autres remplis d'une substance blanchâtre ou jaunâtre, informe, de la nature du feldspath, mais moins dure, & qui n'est cependant pas de la zéolite.

J'AI trouvé un fragment du même genre sur la pente du chemin qui monte de Fréjus à l'Esterel.

MAIS pour revenir aux champs qui sont couverts de fragments de cette pierre poreuse, je dirai qu'on n'y voit aucune apparence ni de

256 *MONTAGNES*

cratere, ni de courant de laves. J'en fis le tour, & je trouvai la pente douce qui les entoure, de même que les champs du voisinage, composés, ou du moins entiérement recouverts de ces grès bruns, argilleux qui sont si fréquents dans ce pays.

Conjecture sur leur nature.
§. 1452. D'APRÈS la description de ces pierres, je ne crois pas qu'on puisse douter que le feu n'ait agi sur elles ; cependant je ne crois pas que ce feu soit celui des volcans. En effet, comment concevoir un volcan, proprement dit, dont l'action auroit été limitée à la surface d'un terrein si peu étendu, & qui n'auroit produit ni courant, ni élévation, ni cratere.

JE croirois plutôt que ces pierres ont subi l'action de l'inflammation de quelque couche superficielle de charbon de pierre. Ce qui confirmeroit cette conjecture, c'est que la matiere de ces pierres n'est point une de ces substances qui habitent, au moins sous cette forme, les entrailles de la terre; c'est un de ces poudingues porphyriques que nous avons vus si souvent à la surface de ces montagnes & des plaines adjacentes.

J'AJOUTERAI, que l'existence des mines de charbon dans ces contrées, n'est pas une supposition gratuite, puisqu'on en exploite à deux lieues au Nord de St. Raphaël. DARLUC, *tom. III, p.* 321.

Rocher de porphyre.
§. 1453. A deux lieues de Fréjus, on passe dans un petit vallon, où est une petite chaumiere, & autour d'elle, un peu de terrein cultivé, chose bien rare dans ces tristes solitudes. Je vis là les premiers rochers qui soient bien sûrement de porphyre ; mais leur structure ne se manifeste pas clairement.

QUANT à la nature de ce porphyre, elle est à peu près la même que celle de la montagne de l'Esterel. §. 1436.

A 12 minutes delà, je traversai le ruisseau d'Agaï sous une montagne assez

aſſez haute, marquée ſur la carte, ſous le nom de *Raſteu*, mon guide la nommoit le *Reſteu d'Agaï*. Cette montagne eſt de porphyre rouge ; on y diſtingue des couches minces, verticales, aſſez régulieres, qui courent du Nord-Eſt au Sud-Oueſt. Ce porphyre reſſemble auſſi à ceux de l'Eſterel ; mais il renferme beaucoup plus de cryſtaux de feldſpath & de grains de quartz ; ceux-là opaques & d'un rouge pâle, ceux-ci tranſparents & ſans couleur.

§. 1454. EN traverſant l'Agaï, & en cheminant ſur ſes bords, que je ſuivis aſſez long-tems, je trouvai pluſieurs fragments de pierres ſemblables à des laves. La ſubſtance de la plupart de ces fragments, étoit ſemblable à celle des pierres que j'ai décrites §. 1444. Les unes montroient dans un même morceau, des trous, les uns vuides, d'autres pleins de fer ſpathique, d'autres enfin remplis de la pouſſiere ferrugineuſe, que laiſſe le fer ſpathique en ſe décompoſant ; d'autres avoient tous leurs trous vuides, & la plupart alongés dans une même direction, ce qui leur donne une reſſemblance de plus avec la lave coulée ; mais la parfaite reſſemblance de leur pâte avec celle des autres amygdaloïdes de ces contrées, m'engage à les conſidérer comme étant de la même nature & nullement volcaniques. Ici même, j'en voyois un motif de plus. Un de ces morceaux à cavités vuides & alongées, & à pâte d'argille durcie par le fer, renfermoit des fragments de porphyre à angles vifs, parfaitement intacts, & que certainement le feu n'avoit point altérés. Il ſeroit donc difficile de concevoir que cette pâte argilleuſe & très-réfractaire eût été fondue & ſoufflée ſans que ces porphyres euſſent ſouffert aucune altération.

Pierres poreuſes non volcaniques.

CES pierres furent les dernieres de ce voyage qui euſſent quelque reſſemblance avec les laves. Je conclus donc que dans les montagnes de l'Eſterel, de Fréjus, de la Sainte Beaume & du Cap Roux, je n'ai vu aucune pierre que l'on puiſſe, avec certitude, donner pour volcanique.

K k

De l'A-
aï à l'Her-
mitage.

§. 1455. Depuis l'Agaï jufqu'à l'Hermitage, dans l'efpace d'une lieue & demie, je ne vis que des porphyres, recouverts çà & là de grès plus ou moins argilleux. On monte ainfi par des bois de pins, d'arboufiers, de chênes verds & de bruyeres, dans de parfaites folitudes, fans rencontrer & même fans appercevoir ni habitation ni terrein cultivé, quoique l'on foit fur le penchant d'une montagne d'où l'on découvre une affez grande étendue de pays.

Cependant les productions de l'Hermitage prouvent qu'il ne feroit pas impoffible de cultiver fur ces côteaux au moins de la vigne, fi le défaut d'arrofemens s'oppofe à toute autre culture.

Fontai-
nes & jar-
dins du
vallon de
l'Hermita-
ge.

§. 1456. Je mis 3 h. & ½ de Fréjus à cet Hermitage, fitué dans un vallon que barre par le haut une montagne élevée. On eft agréablement furpris de trouver là deux belles fontaines qui jailliffent à plein tuyau une eau claire & fraîche, à l'ombre d'un grouppe de beaux arbres, châtaigniers, noyers, cerifiers & figuiers. Les jardins ne font pas moins de plaifir, & quoique le goût moderne réprouve tout ce qui eft régulier; cependant un peu d'art & de fymmétrie, fait un agréable contrafte avec la trifte & fauvage nature de ces montagnes, & les allées droites de ces jardins, placées en étageres couvertes de berceaux de vignes, & terminées par des niches creufées dans le rocher, firent fur moi l'impreffion la plus agréable. L'avant dernier hermite avoit mis par fon travail ce petit manoir dans l'état le plus floriffant. Le vin & les fruits qu'il y recueilloit fuffifoient non-feulement à fon ufage, mais lui fervoient encore à fe procurer, par des échanges, tout ce qui pouvoit lui être néceffaire. Son fucceffeur au contraire, l'avoit laiffé dépérir ; mais celui que j'y trouvai en 1787, M. Calvi de Menton, travailloit de toutes fes forces à le réparer.

Quoiqu'il me femblât que j'avois beaucoup monté pour parvenir à l'Hermitage, cependant quand j'obfervai le barometre, je vis que je n'étois élevé que de 96 toifes au-deffus de la ville de Fréjus, qui ne l'eft elle-même que de 15 au-deffus de la mer.

J'avois donc encore beaucoup à monter pour atteindre la cime du rocher qui faisoit le but de mon voyage. Mais la plus grande difficulté étoit de la reconnoître du fond de l'espece de cul-de-sac dans lequel nous étions engagés. J'espérois quelques renseignements de l'hermite, mais il n'en savoit pas plus que moi ; il ne connoissoit que les hauteurs voisines de sa demeure. Il voulut cependant m'accompagner, dans l'espérance qu'il pouvoit au moins guider mes pas jusqu'au pied des hautes cimes.

§. 1457. Nous montâmes d'abord par une pente rapide, couverte de petits débris anguleux de porphyre. Ces porphyres sont rougeâtres, assez semblables à ceux du Rasteu d'Agaï, §. 1453 ; mais souvent les cryftaux de feldspath qui entrent dans leur composition se détruisent à l'air, & la pierre paroît alors poreuse à sa surface. Quelquefois même la fréquence de ces cavités donneroit à la pierre l'apparence d'une lave, si la forme quarrée de ces trous ne constatoit pas leur origine.

Cimes qui dominent le cap Roux

Nous mîmes demi-heure à gravir au haut du col qui sépare les sommités que je desirois d'atteindre. On se trouve là au pied d'un roc élevé, de forme à peu-près cylindrique, escarpé & inaccessible, qui se nomme *le Fénier*.

Là, nous croyions que la cime la plus élevée étoit à notre droite, ou au Midi du Fénier, nous fîmes avec beaucoup de peine le tour de sa base, sur des débris de porphyre, couverts d'une broussaille très-haute & très-forte, nous parvînmes ainsi sur une cime nommée la *Latte*, où l'on tient en tems de guerre un signal & des védettes, parce que l'on découvre de là une grande étendue de mer.

Mais lorsque nous y fûmes, nous vîmes que ce n'étoit point la plus haute, quoique ce fut bien celle que j'avois en vue, & qui de Fréjus paroît plus élevée, parce qu'elle en est plus proche. Il fallut donc descendre, traverser encore une fois ces horribles broussailles, & avec plus de peine encore qu'en allant, parce que le bon hermite qui vouloit abfolument me fervir de guide, fe trompa, & nous enfonça dans le plus épais du bois. Nous mîmes ainfi près de deux heures à faire ce trajet & à monter à la cime; qui du haut de la Latte nous avoit paru la plus élevée. Mais au moins ne fûmes-nous pas trompés dans notre attente. Cette fommité étoit vraiment la plus élevée & la plus avancée dans la mer. La beauté de fa fituation me dédommagea d'ailleurs amplement de mes fatigues. Je voyois delà, comme fous mes pieds, une prodigieufe étendue de côtes, depuis le cap du St. Hofpice, vis-à-vis de Villefranche, jufqu'au cap Taillat; les isles de Lérins, Antibes, le golfe de la Napoule, celui de Fréjus. Il étoit intéreffant pour la géographie phyfique de fuivre la chaîne calcaire qui part de Nice, paffe au-deffus de Graffe, fe prolonge à l'Oueft & renferme la maffe de montagnes primitives qui s'étend depuis Cannes jufqu'à Hieres; l'œil fe repofoit avec plaifir fur la riche & fertile vallée qui fépare ces deux ordres de montagnes; mais fe relevoit enfuite avec admiration fur les cimes neigées des hautes Alpes qui couronnent au Nord tout cet amphitéâtre.

Ni l'hermite ni mon guide, ne favoient donner un nom à cette fommité; mais je crois qu'il faut la nommer *la montagne du cap Roux*, puifqu'elle eft, comme je l'ai dit, de toutes les cimes de cette côte la plus avancée dans la mer. La montagne de l'Efterel nous paroiffoit bien un peu plus élevée, mais elle eft beaucoup plus avant dans les terres.

J'observerai à cette occafion que la carte d'Antibes qui forme le N°. 148 des cartes détaillées de l'Académie, place le cap Roux à l'Eft de la Napoule, tandis que la carte des triangles qui a dû fervir de bafe aux cartes détaillées, place ce même cap directement au Sud de la Napoule. Les autres cartes, celle Delamarche p... e... que j'ai fous les yeux, & celle de *Robert de Vaugondy*, placent auffi ce cap comme il l'eft dans la carte des triangles. D'ailleurs l'hermite nous dit que dans les anciens actes sa chapelle portoit le nom de *Notre-Dame du cap Roux*. Je crois donc que cette cime mérite bien le nom que je lui ai donné. Au reste, si elle domine toutes ses voisines, ce n'est pas que sa hauteur absolue soit bien considérable; car je n'y trouvai le barometre que d'environ 18 lignes plus bas qu'à Fréjus, ce qui me donna 236 toises au-dessus de cette ville, & ainsi 251 au-dessus la mer.

§. 1458. Ces trois sommités, sur deux desquelles je montai, & dont je côtoyai la troisieme, & tous les rochers que je rencontrai dans ce trajet, sont du même porphyre rouge que j'ai déja décrit ; toutes les roches que l'on voit du haut de ces cimes jusqu'à leur pied dans la mer, & en général toute cette côte, paroissent être de la même pierre & sont au moins de la même couleur; c'est donc à bien juste titre que ce cap porte le nom de *cap Roux*.

<small>Tous ces rochers sont de porphyre.</small>

Quant à leur structure, j'ai toujours les mêmes raisons pour ne point oser la décider trop affirmativement; cependant je trouvai très-fréquemment des divisions que l'on pourroit considérer comme des couches. Ces divisions paralleles entr'elles, & quelquefois verticales & arquées, courent du Nord-Est au Sud-Ouest, ou du Nord Nord-Est au Sud Sud-Ouest. C'est sur-tout la cime de la Latte qui les présente dans cette situation. Car la plus haute & celle à laquelle je donne le nom du cap Roux, ne les a pas si bien prononcées, & leur direction est différente; elles courent de l'Est Nord-Est, à l'Ouest Sud-Ouest; & j'en vis ensuite dans une autre montagne au Nord de celle-ci, dont la situation étoit la même.

Accoutumé aux plantes des cimes froides de nos montagnes, j'étois étonné de voir celle-ci couvertes *arboufiers*, d'*ilex*, de *cistes*, de *stéchades*, d'*afphodeles*, & de trouver le *laurier tin* fleuri à côté de de notre *amélanchier*. Je trouvai dans les bois au-dessous de l'Hermi-mitage, la *tulipe sauvage*, que je n'avois jamais vue auparavant.

Retour à l'hermitage par la chapelle.

§. 1459. Pour ne pas faire deux fois le même chemin, je tirai au Nord & je revins à l'Hermitage, en passant par la chapelle. En faisant cette route je vis des couches de porphyre parfaitement décidées & bien suivies ; si ce n'est que quelquefois deux couches contiguës se réunissent & se confondent en une seule. Mais cela même prouve que ces divisions ne sont point produites par des affaissements, car cet accident n'est point l'effet de la soudure de deux couches originairement distinctes ; c'est une division contemporaine au rocher, & qui s'est opérée dans le tems même de sa formation. Tandis qu'une couche se forme par une suite de cryftallifations & de dépôts homogenes, s'il se précipite quelque matiere étrangere qui interrompe la continuité, il naîtra de là une séparation ; la couche paroîtra double dans le lieu où s'est faite cette précipitation, tandis qu'elle sera simple dans tout le reste de son cours. Ce phénomene est assez fréquent dans les couches des roches primitives ; il est plus rare, mais il n'est pourtant pas sans exemple dans les secondaires.

En descendant, je vis la chapelle qui fait l'objet de la dévotion des pélerins ; elle est assez élevée au-dessus de l'Hermitage, d'où l'on y va par un sentier rapide & par des escaliers taillés dans le roc. C'est une grotte formée par la nature dans l'intérieur de la montagne, & où l'on dit qu'à vécu St. Honoré. On montre même dans un espece de réduit, au fond de cette grotte, le rocher sur lequel il dormoit, & où l'on croit voir encore l'empreinte de son échine, de sa tête & de ses pieds.

On voit dans le porphyre du rocher où est la chapelle, & sur-tout entre la chapelle & l'hermitage des couches très-décidées, planes, verticales qui courent du Nord-Est au Sud-Ouest.

Retour Fréjus.

§. 1460. Je revins de l'Hermitage à Fréjus comme j'étois allé, en 3 h. $\frac{1}{2}$ & par le même chemin ; je n'avois pas le tems de prendre une route plus longue, & je desirois d'avoir assez de jour pour observer avec soin les champs couverts des pierres poreuses que j'ai décrites §. 1451.

En fortant de ces montagnes de porphyre, je confirmai l'obfervation que j'avois faite ; dès l'entrée, c'eft que le quartz y eft beaucoup plus rare que dans celles de granit & de fchiftes micacés ; je n'y ai pas vu un feul filon de quartz ; je n'en ai trouvé qu'un feul fragment & quelques cryftaux, gros comme des têtes d'épingles, qui tapiffoient la furface d'un fragment du rocher de la Latte.

§. 1461. Je terminerai ce chapitre par la defcription de deux pierres ; l'une eft une efpece de porphyre affez fingulier, dont je trouvai un fragment au pied du Fénier. Sa pâte eft d'un verd d'olive, prefque translucide, fa caffure a un grain très-fin, un peu écailleux, elle eft médiocrement dure, ne donne point de feu contre l'acier, & fe laiffe rayer en gris. Cependant elle eft extrêmement réfractaire, il faut le feu le plus vif du chalumeau pour que les plus petits éclats donnent quelqu'apparence de fufion ; mais elle y perd fort aifément fa couleur, & y devient blanche. Les grains que renferme cette pâte font du quartz tranfparent, & du feldfpath d'un rofe pâle. *Porphyre à pâte verte.*

J'en trouvai auffi d'autres dont la pâte étoit comme paîtrie d'un mélange de cette même pâte verte, & de la pâte rouge ordinaire des porphyres de ces montagnes, puis une efpece de jafpe rubané, que l'on trouve en divers endroits de ce pays, & en particulier entre Fréjus & la Ste. Beaume.

§. 1461. A. Je décrirai encore une efpece de jafpe rubanique. *Jafpe rubané.*

Ses couleurs font ternes, alternant par bandes irrégulieres foiblement prononcées, paffant du gris jaune au violet brun & au violet bleuâtre. Le deffus & le deffous des couches de cette pierre, eft une argille terreufe affez tendre ; mais l'intérieur eft un vrai jafpe, dur, donnant du feu contre l'acier. Sa caffure eft affez égale, prefque matte, à petites écailles, tendant un peu au conchoïde ; fes fragments irréguliers, affez aigus, un peu translucides aux bords, fa fufibilité 0,2 en verre blanc & bulleux, & par conséquent dix fois plus grande que celle du jaspe rubané jaune & verd de Sicile, qui n'est que 0,02 ; mais qui donne un verre semblable. Les couches de ce jaspe sont assez modernes, puisqu'on les trouve superposées à celles de grès qui recouvrent les porphyres.

CHAPITRE

CHAPITRE XXI.
DE FRÉJUS A HYERES.

§. 1462. A une lieue de Fréjus, on traverse le village du Puget, situé sur un terrein élevé au milieu d'une grande plaine. Cette plaine est par-tout couverte de couches à-peu-près horizontales de ces grès violets, qui depuis Antibes ne nous ont presque pas quittés. Ces grès renferment fréquemment des débris de porphyre, & des fragments d'autres grès. Village & plaine de Puget.

Je fus frappé de la ressemblance de ces débris violets & des especes de poudingues formés par leur réunion, avec les pouzzolanes & les tufs violets des catacombes de Rome. Cette ressemblance m'engagea à les examiner de très-près & à plusieurs reprises; mais je reconnus que cette ressemblance ne soutenoit pas un examen réfléchi

Ces couches sont réellement toutes composées de sable & de fragments de pierres qui n'ont point éprouvé l'action du feu; on ne peut y découvrir ni ponces, ni laves, ni aucun ingrédient de la vraie pouzzolane.

Dans les murs des maisons de Puget, on remarque beaucoup de pierres poreuses semblables à des laves, & qui paroissent être des roches glanduleuses semblables à celles que j'ai décrites dans le chapitre précédent.

De ce village à celui du *Muy*, dans l'espace de deux lieues, on roule presque continuellement sur les bancs de grès, alternant avec des bancs d'argille, & leur inégale destruction produit dans le grand chemin, des inégalités bien fatigantes pour les voitures & pour les voyageurs.

<small>Chaîne des Maures.</small> §. 1463. Vis-à-vis du Muy, du côté de la mer, se termine par de beaux escarpements, une suite de montagnes qui fait partie de la chaîne des *Maures*. M. D'Arluc, dit que ces montagnes sont vitrescibles, c'est-à-dire qu'elles sont composées de roches dont le quartz fait un des éléments. Cette montagne a bien effectivement l'aspect d'une montagne primitive. La riviere & le vallon de l'Argens passent à son pied & la séparent de celle de Fréjus.

En passant cette riviere, on voit qu'elle a son lit à 15 ou 20 pieds de profondeur dans les grès violets; ils sont là disposés par bancs réguliers qui descendent doucement au Sud-Est.

<small>Porphyres de Vidauban.</small> §. 1464. Ces mêmes grès continuent jusques auprès de *Vidauban*. Là on voit sortir de terre de petits rochers de porphyre, dont la pâte forme une partie si peu considérable, qu'on a de la peine à la voir entre les grains de feldspath dont elle est remplie; on la distingue cependant par places, sa couleur est vineuse, & sa nature à-peu-près la même que celle des porphyres de l'Esterel. Mais ici le feldspath est moins coloré, ses grains sont presque tous blanchâtres opaques, & cependant brillants. On y voit aussi quelques grains de quartz gris demi transparent.

Après avoir traversé la ville, on trouve encore des porphyres, mais leur aspect est fort différent, leur pâte est d'un gris roux ou tirant sur le violet, d'un grain grossier, terreux & sans éclat. Elle est opaque, tendre, & paroît peu compacte comme si c'étoit une espece de tuf.

On n'y voit cependant ni trous, ni pores vuides, seulement y a-t-il des

parties brunes décomposées devenues comme terreuses, & qui ont l'aſ‑
peƈt feuilleté & comme ſpongieux. Les cryſtaux de feldſpath ſont petits,
roſes ou blancs, opaques, brillants. Ceux de quartz ſont auſſi rares,
gris & demi-tranſparents. Au chalumeau, la pâte devient blanche, &
prend un grain fin & brillant. Ses angles ſe fondent, quoiqu'avec
peine, en un verre parſemé de petites bulles. Je conſidere cette pâte
comme un feldſpath terreux.

L'intérieur de ce porphyre ne reſſemble point mal à celui de cer‑
taines laves des collines Euganéennes & à la pierre du Puy du Dôme
en Auvergne. *Voyez* les §§. 228. & 229. Je ne ſerois donc pas étonné
qu'il ſe trouvât des Naturaliſtes qui rangeaſſent cette pierre au nom‑
bre de celles qui ont ſouffert l'aƈtion des feux ſouterreins.

La poſſibilité de ce doute m'inſpira de l'intérêt pour ces rochers; je
m'arrêtai à Vidauban pour obſerver avec ſoin leur ſtruƈture. Dans ce
deſſein je les ſuivis aſſez loin en remontant un petit vallon qui ſe
prolonge à l'Eſt de la ville. Je paſſai d'abord auprès d'une petite baſ‑
tide nommée Gotheride, & enſuite au travers d'une forêt de ſapin.

Le porphyre forme un monticule qui ſe prolonge dans cette vallée,
& ſuit ſa direƈtion.

Les fiſſures, je n'oſe pas dire les couches de la pierre, coupent
pour la plupart à angles droits la direƈtion de la vallée; elles marchent
du Nord au Sud, mais ſans trop de régularité.

Les flancs de ce monticule de porphyre ſont recouverts de grès,
& les montagnes qui bordent la vallée, paroiſſent auſſi compoſées ou
du moins recouvertes de ces mêmes grès. Je ne pus découvrir, ni là,
ni dans les environs, aucun veſtige, ni de cratère, ni de courant de
lave, ni aucune pierre qui portât l'empreinte de l'aƈtion du feu.

Colline pyramidale e Ste. rigite.

§. 1465. On voit cependant à un quart de lieue au Midi de la ville une colline remarquable par son isolement, & par la régularité de sa forme pyramidale. La proximité de ces porphyres & sa parfaite ressemblance avec diverses collines certainement volcaniques de l'Auvergne, telles que les *Trois Pucelles*, me donnerent la curiosité de l'observer de près. Je la montai d'un côté & la redescendis de l'autre; mais sans y voir la moindre apparence volcanique. Sa hauteur est d'environ 500 pieds; elle est en entier composée de bancs de grès à-peu-près horizontaux, les uns violets, d'autres blanchâtres. Les couches les plus basses sont remplies de fragments, la plupart de roches micacées, mais aussi de porphyre, & de grès d'une formation antérieure. Entre ces bancs de débris, j'en observai un d'une espece de grès plus solide que les autres, & tout rempli de grains de feldspath. Pour peu que la pâte de ce grès fût plus fine & mieux liée, on pourroit le prendre pour un porphyre, & alors on affirmeroit qu'on a trouvé un porphyre de formation nouvelle.

Les bancs les plus élevés de cette colline, depuis la moitié en sus, ne contiennent aucun fragment. Je trouvai au sommet une petite plate-forme gazonnée, où paissoit un âne attaché à un piquet qui en occupoit le centre. J'y vis aussi la chapelle & la méchante statue de Ste. Brigite & le prêtre qui desservoit cette chapelle. On a au reste une très-jolie vue des bords de cette plate-forme.

On ne sauroit supposer avec quelque espece de vraisemblance que cette colline d'une forme réguliere, & composée de bancs réguliers & horizontaux, ait été soulevée des entrailles de la terre. Elle ne peut pas non plus avoir été formée dans cet état d'isolement. Il faut donc que les bancs qui l'unissoient aux montagnes voisines, & ceux qui par des pentes douces formoient sa liaison avec les plaines, aient été renversées & entraînées.

Sans doute cette espece de noyau se sera trouvé plus dur, & aura mieux réfifté à l'érofion des eaux, & des autres agents qui ont détruit fes alentours.

§. 1466. En approchant du *Luc*, on voit le long de la route des fragments de pierres calcaires, qui prouvent le voifinage des montagnes de ce genre. En effet la colline au Nord de cette petite ville eft compofée de ce genre de pierre, dont la nature eft ici à-peu-près la la même qu'à Menton, §. 1381., & où l'on voit auffi beaucoup de trous arrondis. Le Luc.

En faifant la route de Fréjus au Luc, on eft affecté douloureufement de la pâleur & de l'air maladif des habitants de la campagne & de leurs enfants. Le pays eft très - plat, on y voit des prairies un peu marécageufes, couvertes le matin, en automne, d'un épais brouillard. Ces exhalaifons font indubitablement la caufe de l'altération de l'air & de la fanté. En revanche, ce pays eft extrêmement fertile, fes productions font abondantes & vigoureufes. Les oliviers n'occupent pas comme dans la Riviere de Gênes, des terreins qui leur foient uniquement deftinés; on les voit plantés dans les vignes, & fur-tout dans des vignes alignées, dont les intervalles font occupés par des champs : & la terre de ces champs eft fi meuble, que deux ânes fuffifent pour la labourer, avec une charrue fi légere, qu'après le travail, l'un de ces ânes, ou le laboureur lui-même l'emporte fur fon dos.

§. 1467. Au Luc, le chemin fe divife en deux branches, dont l'une conduit à Hyeres & l'autre à Aix. A une lieue & demie du Luc, en fuivant celle d'Aix, on trouve le village de Gonfaron, derriere lequel eft une colline remarquable; fa bafe repofe fur des couches de grès violets, & cette bafe eft elle-même compofée de couches horizontales ou alternatives de grès violets & de grès argilleux verdâtres. Le haut de cette colline eft calcaire, enforte que la pierre calcaire repofe fur ces grès. Calcaires fur grès violets.

C'est à Gonfaron que ce fait s'obferve le plus commodément ; mais ce n'eft pas là feulement, car depuis Gonfaron jufques au Luc, & même depuis le Luc jufques auprès de Vidauban, on peut fuivre ces grès couronnés de pierres calcaires. Cette obfervation eft importante. En effet, comme la pierre calcaire a été formée fous les eaux de la mer, fa pofition fur ces grès prouve que ceux-ci exiftoient avant elles, & que par conféquent les courants qui les ont chariés & accumulés étoient des courants de la mer.

La régularité des bancs de ces grès étoit déja un indice de cette origine : car les eaux qui coulent à la furface de la terre, n'accumumulent point leurs dépôts avec cette régularité.

§. 1468. Du Luc à Hyeres par Pignans, Cuers, Souliers, on ne voit rien qui intéreffe la minéralogie ; feulement en arrivant à Hyeres, on voit au couchant de cette ville le grand chemin coupé dans des fchiftes argilleux, jaunâtres, tendres, mêlés d'un peu de mica & dont les feuillets plans montent doucement du côté de l'Eft.

Hyeres.

J'arrivai à Hyeres en 1787, par une belle foirée du mois d'avril, & je fus enchanté de la fituation de cette ville, ou plutôt du fauxbourg où eft la charmante auberge du St. Efprit. Nous avions là fous nos fenêtres des jardins d'orangers chargés de fleurs & de fruits, & animés par nombre de roffignols. Une pente donce conduit l'œil jufques à la mer, & cette pente eft couverte, d'abord de jardins, puis d'oliviers, & enfuite de peupliers & d'autres arbres.

Les isles d'Hyeres meublent & varient l'afpect de la mer, & des collines boifées à droite & à gauche encadrent ce charmant tableau.

L'air eft en hiver un peu moins doux à Hyeres qu'à Nice. Les orangers en préfentent la preuve, les hivers rigoureux leur font beaucoup plus de mal à Hyeres. Les étrangers trouvent auffi à Nice, plus de reffource pour la fociété, mais en revanche les environs d'Hyeres font charmants, & les promenades en font extrêmement champêtres & variées.

CHAPITRE XXII.

COUP-D'OEIL SUR LA PRESQU'ISLE DE GIENS ET SUR L'ISLE DE PORQUEROLLES.

§. 1469. Dans la matinée du 22 avril 1787, je fis au bord de la mer, auprès de l'étang du Pefquier, différentes expériences fur les propriétés de l'air comparativement à celles que je me propofois de tenter fur la cime du Mont-Blanc. Je trouvai là un terrein bas & horizontal, très-favorable à ces expériences. J'en rendrai compte ailleurs.

Etang du Pefquier, cailloux roulés.

Ensuite je traverfai en ¼ d'heure l'ifthme qui fépare cet étang de la mer. Les cailloux roulés que je trouvai fur cet ifthme étoient de quartz fragile, de quartz gras, de grès & d'une roche plus facile à décrire qu'à nommer.

Sa furface extérieure eft prefque noire, d'un grain affez fin, médiocrement liffe & brillant. Sa caffure eft d'un noir plus foncé que les dehors, & préfente un grain affez groffier, brillant & écailleux. La loupe y fait appercevoir quelques indices de cryftaux lamelleux. Cette pierre eft dure, donne du feu à l'acier, & fe laiffe pourtant rayer en gris. Elle agit fur l'aiguille aimantée, de même que le verre qu'elle donne au chalumeau. Ce verre eft noir, brillant & compacte. On y diftingue des parties verdâtres demi tranfparentes, qui me feroient foupçonner que les parties fpathiques que l'on démêle dans cette pierre, de même que fa rayure grife, viennent d'un mélange semblable à celui de la pierre que j'ai trouvée auprès de Fréjus, & que j'ai décrite §. 1446.

Cailloux roulés feulement au bord de la mer.

J'OBSERVAI en montant à Giens, & j'ai depuis lors généralifé cette obfervation dans les environs d'Hyeres & dans fes isles, que dès qu'on s'éleve à huit ou dix pieds au-deffus du niveau de la mer, on ne trouve plus du tout de cailloux roulés, mais feulement des fragments anguleux des rochers du voifinage. Ce fait eft important & remarquable à divers égards.

Prefqu'isle de Giens, roche micacée.

§. 1470. Du bord de la mer, on monte en huit ou dix minutes au château qui eft au haut de la colline de Giens.

LÀ, en commençant à monter, on trouve d'abord des roches micacées jaunâtres, dures, abondantes en quartz. Leurs couches inclinées, montent du côté du Sud. Ces couches font coupées par des fentes verticales fouvent paralleles entr'elles, & courant de l'Eft à l'Oueft.

ON obferve dans cette roche des futures, des nœuds & des couches interrompues de quartz, ici blanc, là jaunâtre, ailleurs paroiffant tendre à la nature du jafpe.

VERS le haut de la colline, les couches fe réuniffent, & deviennent enfin verticales fons le château de Giens.

ARRIVÉ au château, je demandai l'agent du Seigneur. On m'avoit dit à Hyeres qu'il falloit m'adreffer à lui pour avoir des bateliers fûrs, mais occupé à vendre du vin, il ne voulut pas fe mêler de mon affaire. Je pris donc au hafard ceux des pécheurs qui voulurent bien me promettre de me promener autour des isles pendant le refte de la journée. Ces pécheurs n'avoient pas trop bonne mine, l'un d'eux me dit fort naïvement, pendant que nous étions en mer, qu'il trouvoit le

métier

métier de pêcheur bien rude, mais que pourtant il s'y tenoit, parce que quand on se hasardoit à gagner sa vie d'une maniere un peu plus prompte, on étoit tout de suite pendu ou envoyé aux galeres. Graces à cette crainte, ces gens me conduisirent fort bien, & je n'eus point lieu de m'en plaindre.

§. 1471. Il fallut aller par terre s'embarquer à la Madrague, au Nord de la presqu'isle. En y allant, & tout près du port, je me détournai un peu sur la gauche, pour observer dans un champ, un rocher isolé de 20 à 25 pieds de hauteur. Ce rocher est de quartz, mais d'une espece douteuse; sa surface extérieure est jaunâtre, un peu lisse & douce au toucher, mais pourtant moins que celle du quartz gras proprement dit. Il se casse en fragments souvent rhomboïdaux, & cette forme est déterminée par des fentes remplies de points ferrugineux, qui en se décomposant colorent en rouge les parois de ces fentes. La cassure vraie de la pierre présente un grain fin, blanc, scintillant & d'assez grosses écailles. On y remarque par places des veines minces & irrégulieres de mica jaunâtre & brillant. Ce mica paroît prouver que ce quartz a été formé comme ceux du paragraphe précédent, dans une roche micacée, & que sa dureté l'a fait survivre à la destruction de cette roche. *Rocher de quartz.*

§. 1472. Embarqué à la Madrague, je fis voguer à l'Ouest pour faire le tour de la presqu'isle. Les premieres côtes que je vis en suivant cette direction, présentent des rocs peu élevés, dont les couches sont diversement inclinées, tortueuses, de schistes qui paroissent argilleux, les uns dans un état de décomposition, les autres plus solides. *Côtes de la presqu'isle. Schistes.*

A 24 minutes de la Madrague, nous doublâmes un cap, & en tournant au Midi, nous passâmes sous un roc élevé, nommé *la Bouche*. On voyoit là plusieurs grottes creusées par les vagues, dans un schiste gris, dont les couches paroissoient horizontales.

A 12 minutes de là nous doublâmes le cap de *Scampebarjou*, composé de pierres calcaires compactes, bleuâtres, en couches minces, coupées par des veines de spath blanc. Huit minutes plus loin, nous doublâmes la pointe du *Pignet*, composée de rocs de la même nature, dont les couches sont relevées à l'Ouest.

De là nous revînmes au Levant, pour suivre les côtes de la presqu'isle, & je fis aborder au *fond du Pignet*, pour observer de près la qualité de la pierre.

Il y a là un petit port creusé par la nature, entre des rochers qui sont séparés par un vuide de deux à trois toises. Les rochers au Levant sont d'un schifte argilleux noir ou ardoise compacte, non effervescente, gersée en divers endroits par la décomposition des pyrites qu'elle renferme. Les couches de ce schifte sont tourmentées & mêlées de quartz.

Les rochers à l'Ouest sont d'une pierre calcaire grenue, d'un gris bleuâtre, d'un grain médiocrement grossier & assez brillant, avec des veines de spath blanc, mélangé de quartz. Ces veines sont inégalement épaisses, mais toutes parallèles aux couches de la pierre ; celles-ci sont tourmentées comme celles du schifte argilleux.

Cette pierre calcaire contient de l'argille, mais beaucoup moins que la plupart de celles de la côte de Gênes ; car, celles-ci conservent leur forme dans l'eau forte, au lieu que celles de Giens s'y dissout en entier, à la réserve d'un petit sédiment noirâtre.

Petites Isles.

§. 1473. Delà, nous mîmes à la voile, nous passâmes devant les isles du *Grand Ribaud* & du *Petit Langoustier*, dont les côtes escarpées paroissent composées de schiftes semblables à ceux que je viens de décrire.

Isle de Porquerolles.

§. 1474. Au bout d'une petite demi-heure de navigation, nous vînmes aborder à *l'isle de Porquerolles*, au-dessous du Fort du *Grand Langoustier*.

Je montai au fort, que je trouvai bâti fur des fchiftes argilleux femblables à des ardoifes; les uns gris, les autres noirs, tendres, mêlés de rognons & de feuillets de quartz. Leurs couches font verticales & courent du Nord Nord-Ouest au Sud Sud-Est.

Je fis enfuite le tour du fort, en fuivant les finuofités de la côte, dont la direction générale eft au Sud-Eft. Je trouvai là des roches fchifteufes, dont les feuillets bien paralleles entr'eux, n'ont pas plus d'un quart de ligne d'épaiffeur. Ces feuillets font alternativement blancs & gris, ce qui donne à cette pierre, vue fur la tranche, l'œil d'une étoffe rayée très-fine. La partie grife eft un mica très-brillant, difpofé par couches dont la furface eft fillonnée de ftries très-fines, paralleles entr'elles, & dont la direction eft la même dans toutes les couches. La partie blanche eft un quartz arenacé très-fin.

Schifte micacé d'une ftructure remarquable.

Je fuivis ainfi pendant près de trois quart-d'heures le bord efcarpé & dentelé de la mer, en montant de cime en cime, & je vis par-tout des fchiftes, qui fouvent tomboient en décompofition. Leurs couches font, ou verticales, ou très-inclinées en montant au Midi, & la direction de leurs plans eft conftamment de l'Eft à l'Oueft. Ceux du Fort font les feuls d'une certaine étendue que j'aie vu différemment dirigés.

Je voulois aller plus loin, mais le patron de la barque me rappella, en m'avertiffant que le vent alloit changer, & que fi nous ne partions pas fur-le-champ, nous ne pouvions pas retourner à Giens.

Je me rembarquai donc, nous paffâmes à l'Eft de l'isle du *Grand Ribaud*, tout près de la *Tour-Fondue*, où eft, à ce que m'affurerent les pêcheurs, une fource d'eau douce. Ce fait eft bien remarquable dans une isle auffi petite, ou plutôt fur un écueil aride & inhabité; il faut néceffairement que cette fource vienne de la terre-ferme, en paffant

Source remarquable.

par-deſſous la mer. Les couches du rocher de cette isle ſont toujours dirigées de l'Eſt à l'Oueſt.

Le vent qui s'étoit effectivement renforcé, nous jetoit avec violence contre les côtes méridionales, eſcarpées & inabordables de la preſqu'isle de Giens ; deux fois nous fûmes obligés de revirer de bord & de prendre le large, pour n'être pas briſés contre ces rochers. J'eus ainſi, & plus que je ne l'aurois deſiré, la facilité de les obſerver en divers endroits. Ils me parurent en général de la même nature que ceux que j'avois obſervé ailleurs & leurs couches dans la même ſituation.

Nous abordâmes enfin au Sud-Eſt du château de Giens, après avoir été horriblement ballotés par les vagues ; & delà je revins à Hyeres fort tard & très en peine de l'inquiétude que je craignois d'avoir cauſée. En effet, le vent avoit paru à Hyeres encore plus violent & plus dangereux que je ne l'avois éprouvé.

Réſumé de cette excurſion.

§. 1475. J'aurois aimé à voir les autres isles, & à voir mieux celles que je n'avois qu'entrevues. Je rapportai cependant de cette petite excurſion, la ſatisfaction de ſavoir que la preſqu'isle de Giens, l'isle de Porquerolles, les petites isles intermédiaires ſont toutes de ſchiſtes, ou micacés, ou argilleux, ou calcaires, tous primitifs ou ſur le paſſage des primitifs aux ſecondaires, & dont les couches, à quelques exceptions près, ont toutes la même direction de l'Eſt à l'Oueſt.

J'eus auſſi le plaiſir de recueillir dans cette excurſion, pluſieurs des jolies plantes que M. Gerard à décrites dans ſa Flore Provençale, & dont M. Darluc à donné le catalogue dans le troiſieme volume de ſon ouvrage, page 258.

CHAPITRE XXIII.
MONTAGNE DES OISEAUX.

§. 1476. On a pu voir en divers endroits de ces voyages, l'empressement avec lequel je recherche les occasions d'observer des *passages*, où les lieux dans lesquels des rochers d'une nature différente sont appliqués ou superposés les uns aux autres. Je crois que c'est dans ces passages que l'on peut le mieux étudier les causes des révolutions par lesquelles la nature a cessé de produire des montagnes d'un certain genre, pour venir à en produire d'un genre différent. Je me flattois d'avoir trouvé une de ces occasions dans une montagne peu éloignée d'Hyeres. M. Darluc dit, tom. III, p. 242, que la montagne de *Carquairanne* est calcaire à l'Ouest & vitrescible à l'Est. Il devoit donc y avoir là un de ces passages, & je desirois de l'observer. Malheureusement qu'à Hyeres, où j'étois, on ne connoissoit point de montagnes de ce nom. On connoissoit bien le village de Carquairanne, qui est à 2 ou 3 lieues au Sud-Ouest d'Hyeres; mais comme ce village est au fond d'un bassin entouré de montagnes, on ne savoit point à laquelle d'entr'elles on avoit donné son nom.

Motifs de cette excursion.

Je fus donc réduit aux conjectures, & comme on voit d'Hyeres une montagne qui paroît la plus élevée dans cette direction, & au pied de laquelle on me dit qu'étoit situé le village de Carquairanne, je résolus d'y aller. Sa cime, un peu escarpée, me paroissoit évidemment calcaire. Je pensai donc que ce seroit à son pied oriental que je trouverois les rocs vitrescibles, & qu'ensuite en marchant à l'Ouest, je viendrois aux rocs calcaires que je voyois. On ne savoit point à Hyeres le nom de cette montagne, mais j'appris ensuite sur le lieu même qu'elle s'appelloit *la montagne des Oiseaux*.

D'Hyeres à la montagne des Oiseaux.

§. 1477. JE fis cette petite courfe le 24 avril 1787, avec mon fils cadet.

Nous fuivîmes pendant 20 minutes le chemin du village de *Notre-Dame*, là, nous commençâmes à monter une colline à l'Eft de la montagne des Oifeaux ; enfuite après avoir fuivi pendant un demi quart d'heure un chemin pavé de grès violets & de pierres calcaires, nous prîmes un fentier qui conduifoit droit à ma montagne.

BIENTÔT après être entré dans ce fentier, on paffe auprès d'une carriere d'une efpece de marbre compacte & groffier, dont on fait à Hyeres beaucoup d'ufage dans l'architecture. On ne tarde pas enfuite à voir à découvert le roc calcaire dont la montagne eft compofée.

IL eft là recouvert de ces breches calcaires que j'ai fi fouvent obfervées fur les montagnes de ce genre. Nous mîmes une bonne demi-heure à monter fur un col, fitué à l'Eft de la cime de la montagne : le fond de ce col, de même que les hauteurs à droite & à gauche, font toujours calcaires.

Rocher compofé de boules de fpath calcaire.

§. 1478. EN montant de ce col à la cime, je remarquai dans le roc calcaire de la montagne, un hémifphere de quinze à dix-huit pouces de diametre, compofé en entier de fpath calcaire difpofé par couches concentriques, & chacune de ces couches formée par un affemblage d'aiguilles convergentes vers le centre de la maffe. Je crus d'abord que cela étoit accidentel ; mais en continuant de monter, je vis avec bien de la furprife, que toute la montagne jufqu'à fa cime, eft compofée de boules de fpath dont la ftructure eft à peu près la même. Leur volume differe, les plus grandes ont 2 ou 3 pieds de diametre ; les plus petites 2 à 3 pouces. On en voit auffi d'une forme alongée, mais toujours les couches font concentriques, & compofées de parties convergentes au centre ou à l'axe de la maffe. Quelquefois auffi ces couches, quoique concentriques font ondoyantes ou feftonnées. Souvent ces boules, grandes & petites, s'entremêlent & se grouppent sous des formes bizarres; & cependant l'ensemble de ces boules est disposé par couches assez régulieres, peu inclinées, montant au Nord ou au Nord-Est.

La substance du spath qui forme ces boules est jaune de miel ou blanc jaunâtre translucide, & son grain est très-brillant. Les interstices des boules sont remplis d'une matiere moins dense, souvent caverneuse & d'un tissu plus grossier, mais dont la nature est essentiellement la même.

§. 1479. On ne peut pas méconnoître dans ces formes l'ouvrage de la cryftallisation; on voit des stalactites, des géodes, présenter des structures semblables, mais une montagne entiere composée d'un assemblage de ces cryftallisations, est un phénomene très-extraordinaire.

Considérations sur ce phénomene.

M. Daubenton a donné des idées très-ingénieuses sur la formation des pierres de ce genre. *Journal de médecine, tome II, p. 103 & suiv.*

Il suppose qu'un mouvement de l'eau circulaire & rapide, faisant tourner en rond quelques corps pierreux qui y sont plongés, si cette eau est chargée de molécules pierreuses, ces molécules s'attacheront à ces corps & formeront autour d'eux des couches concentriques.

On sait, & je l'ai vu moi-même aux bains de St. Philippe en Toscane, qu'il y a des concrétions telles que les pisolites & les dragées de Tivoli, qui se forment de cette maniere. Mais pour des masses de deux à trois pieds de diametre on a de la peine à concevoir que leur rotation ne les usât, ou ne les diminuât pas au lieu de les augmenter. D'ailleurs, il n'est pas démontré que dans un fluide tranquille ou mu en ligne droite, il ne puisse pas se former des cryftallisations globuleuses. Cependant quoique je présente ces doutes, je suis fort éloigné de repousser l'idée de M. Daubenton.

Ce genre de cryftallifation a lieu dans des matieres de divers genres, je l'ai obfervé dans les globules de différentes efpeces de variolites. Mais on voit fur-tout cette ftructure très-diftincte dans ces finguliers granits de Corfe, qu'a décrit M. Besson, *Journal de Phyfique* 1789. *T. II. p.* 121.

Je poffede moi-même de très-beaux morceaux de ces granits, qui m'ont été donnés par M. le Chevalier de Sionville, qui, le premier en a fait la découverte; je l'avois fait deffiner & graver, je me propofois d'en donner la defcription, lorfque je me vis prévenu par M. Besson. Cependant comme j'avois fait graver en même tems d'autres pierres fingulieres, que M. de Sionville avoit auffi découvertes, je ne renonce pas à l'idée de les publier un jour.

Vue de la montagne es Oifeaux.

§. 1480. Nous ne mîmes que 23 minutes, du col au haut de la montagne, elle n'a donc qu'une petite heure de montée en tout, & par conféquent environ 200 toifes au-deffus de la mer. Cependant la vue dont on jouit de fa cime eft réellement magnifique : du côté de la mer à droite, Toulon, fa rade & des côtes encore plus éloignées fourmillant de batimens de toutes grandeurs & de toute efpece ; à gauche, la rade de Hyeres, fes isles, fon étang. Du côté de la terre, la riche vallée de Cuers & des trois Souliers, la plus fertile contrée de la Provence, la ville d'Hyeres en amphithéâtre au pied d'une colline, couronnée par un rocher pittorefque, fes beaux jardins, fes falines : ce bel enfemble préfentoit le fpectacle du plus grand appareil & de la plus grande force maritime de la Méditerranée, & en même tems du canton le plus fertile, fous le climat le plus beau & le plus doux de la terre ; il rappelloit ainfi les pouvoirs réunis de la Nature & de l'homme, & les idées de la puiffance & du bonheur, dont cet être feroit fufceptible, s'il favoit jouir de fes biens. Pour le naturalifte, cette fituation eft auffi intéreffante. On voit la chaîne des collines primitives d'Hyeres paffer au Nord de cette montagne, & marcher de l'Eft l'Eſt à l'Oueſt, direction d'autant plus remarquable, que c'eſt la direction générale des couches dans les isles d'Hyeres.

Or, c'eſt un fait aſſez général dans les Alpes, & qu'il y a du plaiſir à vérifier dans leur dernier rameau, que les couches marchent presque toujours ſuivant la direction générale des chaînes ou des ramifications des chaînes dont elles font partie.

Il eſt auſſi curieux de voir cette même chaîne primitive renfermée entre deux chaînes calcaires. Savoir, au Midi, la montagne des Oiſeaux, & ſes attenantes; & au Nord, la chaîne qui paſſe au Nord de Soulier & de Toulon. Ces entrelacements de montagnes primitives entre les ſecondaires, de même que ceux des ſecondaires entre les primitives, que nous avons ſi ſouvent obſervés dans les Alpes, prouvent encore que les Géologues ont eu bien raiſon de rejetter, ou de n'admettre qu'avec beaucoup de réſerve cette ancienne diviſion de notre globe en bandes, ſableuſe, calcaire, ſchiſteuſe & vitreſcible.

§. 1481. Nous avions là ſous nos pieds, au Sud-Oueſt, le village de Carquairanne, & nous voyions à l'Oueſt de ce village une montagne que j'ai ſu enſuite être celle dont parloit M. Darluc, & qui avoit été le premier but de cette courſe; j'avouerai même que quand j'ai relu l'endroit où M. Darluc en parle, j'ai vu que j'aurois dû comprendre que cette montagne étoit ſituée entre ce village & Toulon. Comme je l'ignorois encore, je m'obſtinois à chercher dans la montagne des Oiſeaux le contact que je deſirois de voir entre les calcaires & les primitives. J'eſpérai de trouver ce contact au pied de cette montagne, dans une ſaillie qu'elle forme au Nord-Oueſt du côté de la chaîne primitive, dont j'ai parlé dans le §. précédent.

Deſcente de la montagne.

Je deſcendis donc obliquement du côté du Nord-Oueſt par un joli bois de pins, & je vins paſſer à la baſtide de M. Bernard, ſituée dans un vallon d'oliviers & entourée de collines calcaires.

Tout près de cette baftide, à droite du chemin qui conduit à Hyeres, je vis exploiter une carriere d'un marbre groffier noirâtre, du même genre que celui que j'avois obfervé de l'autre côté de la montagne, §. 1477.

<small>Chapelle & vallon de St. Jean.</small>

§. 1482. Bientôt après je remarquai, du côté du Nord, une petite éminence couverte d'une roche qui me parut primitive. Le payfan qui nous accompagnoit, nous dit qu'une petite chapelle, bâtie fur cette éminence portoit le nom *de St. Jean*. J'allai donc à cette chapelle au travers d'un petit vallon couvert d'oliviers. Après avoir traverfé ce vallon, je commençai à monter, & comme je cherchois toujours à voir le roc caché par la terre végétale, je découvris dans un foffé des couches d'un fchifte affez remarquable.

<small>Schifte argille, quartz & mica.</small>

La furface extérieure de ce fchifte, confidérée fur le plan des feuillets, eft d'un jaune qui tire fur le brun; elle eft fillonnée de ftries longitudinales qui lui donnent l'apparence d'une planche de bois de chêne parfemée de quelques nœuds, les uns plus bruns que le refte de la furface, les autres blancs. En l'obfervant de près, on y diftingue un grand nombre de petites lames brillantes de mica blanc, le refte n'a aucun éclat, mais n'a cependant pas l'afpect terreux. Confidérée fur les tranches des feuillets, la furface extérieure préfente des rayes de différentes couleurs, blanches, grifes, rouffes, épaiffes d'une ligne; leur grain eft affez fin & comme fableux. Mais la caffure fraîche ne préfente point de rayes, elle eft grife & uniforme : en l'obfervant à la loupe on y diftingue de très-petits grains, les uns gris, les autres blancs, fans éclat, & d'autres brillants & micacés. Cette pierre eft tendre & fe raye en gris, elle ne donne point d'étincelles contre l'acier, à moins qu'on ne frappe les petits nœuds blancs quartzeux qu'elle renferme, car les nœuds bruns font tendres, & fe rayent en brun rougeâtre. La pierre exhale une forte odeur d'argille.

Au chalumeau, les grains gris, de même que les nœuds bruns, fe changent en une fcorie noire fortement attirable à l'aimant; les grains blancs ne fe fondent point. La pierre crue n'agit point fur l'aiguille aimantée.

Ce fchifte eft donc compofé d'argille ferrugineufe, de mica & de quartz. Il paroît que fes feuillets font inégalement chargés de grains de quartz, & que la pluie entraînant une partie de la terre argilleufe difperfée entre ces grains, fait paroître ces feuillets plus ou moins blancs, fuivant qu'ils font plus ou moins quartzeux. C'eft là l'origine des rayes que l'on voit fur les tranches qui ont été expofées aux injures de l'air.

Il eft vraifemblable que ce fchifte forme un des paffages que je cherchois entre la pierre calcaire de la montagne des Oifeaux & la roche quartzeufe du haut de la colline de St. Jean, je ne trouvai aucun autre intermédiaire; il eft vrai qu'on ne revoit le roc nud qu'au haut de la colline : on monte par des terres incultes couvertes de fchiftes & parfemées de cailloux quartzeux & autres, tous de nature primitive. Ces cailloux font tous anguleux, fuivant l'obfervation générale que j'ai confignée dans le §. 1469.

§. 1483. Je mis environ deux heures à venir de la carriere, §. 1481. à la chapelle de St. Jean. On trouve là de grands blocs, les uns adhérents au fol, & les autres libres; leur nature eft affez finguliere. *Quartz fchifteux noir.*

Leur furface extérieure eft en général d'un noir qui tire fur le bleu; mais on y voit auffi des veines & des taches blanches ou rouffes. Ses fragments naturels femblent affecter une forme rhomboïdale. Dans fa caffure, elle eft d'un gris bleuâtre foncé & prefque mat, à petites écailles, fon grain eft médiocrement fin & parfemé de points brillants, que l'on feroit tenté de prendre pour du mica, mais qui font réellement des grains de quartz blanc qui fe détachent du fond noir, & en effet les rayes blanches de la pierre qui font aussi de quartz, sont en entier composées de ces grains brillants.

Dans la plupart des morceaux de cette pierre, sa cassure semble compacte & uniforme, dans d'autres elle est obscurément feuilletée.

Ces feuillets sont difficiles à appercevoir, ils sont inséparables, plans & paralleles aux couches du rocher. Cette pierre est dure, donne beaucoup d'étincelles, mais pourtant une pointe d'acier trempé, la raye un peu en gris blanchâtre ; sa densité paroît à-peu-près la même que celle du quartz, au chalumeau elle blanchit, mais sans se fondre, même aux angles les plus vifs.

Les couches de cette pierre sont souvent très-minces, on en voit qui n'ont qu'une ligne, mais on en trouve aussi qui ont plus d'un pied. La surface de ces couches est souvent comme vernissée, d'une couche extrêmement mince, d'un mica gris noirâtre & brillant, mais à l'air ce vernis se détruit & le quartz paroît pur ; on ne voit ce mica que sur les surfaces des couches qui n'ont pas été exposées à l'air.

Cette roche contient, comme je l'ai dit, des veines & des futures fréquentes de quartz blanc, grenu, & l'on en trouve même des couches entieres d'une épaisseur considérable.

La situation des couches varie. Près de la chapelle, les rochers qui adhérent au sol ont leurs couches à-peu-près horizontales ; mais dans les parties les plus orientales de la colline, on les voit se relever contre le Nord sous un angle de 40 à 50 degrés. Leurs plans courent donc encore de l'Est à l'Ouest, comme la plupart de celles des isles d'Hyeres. On les voit là coupées par des fentes à-peu-près perpendiculaires à leurs plans, assez parallèles entr'elles & courant du Nord Nord-Ouest au Sud Sud-Est.

En descendant cette colline, au Nord, du côté de ses escarpements, je trouvai au bas, des couches d'un schiste micacé jaunâtre, à-peu-près semblables à celles que j'avois observées du côté du Midi, §. 1482.

Cette colline est isolée de toutes parts, car le vallon couvert d'oliviers que je traversai, la sépare de la montagne calcaire des Oiseaux; & une autre vallée couverte de champs & de jardins, la sépare de la chaîne primitive d'Hyeres.

§. 1484. Au reste, les mêmes quartz schisteux & noirâtres qui composent la cîme de cette colline, composent aussi la cime de la colline située au-dessus de la ville d'Hyeres du côté du Nord. Colline d'Hyeres.

C'est une situation charmante que celle du rocher & des ruines du château qui couronnent cette colline. J'ai donné ailleurs une idée de la vue qu'on a du côté de la mer. Au Nord, sur les derrieres, on voit un pays boisé, sauvage qui forme un contraste piquant avec le riche & magnifique étalage du côté méridional. C'est un objet de promenade qui convient très-bien aux convalescents qui passent l'hiver à Hyeres; le sentier qui y conduit leur paroîtra d'abord un peu roide, mais par cela même il exercera & augmentera leurs forces.

Mais je reviens aux rochers qu'on y observe. J'ai dit qu'ils ressemblent à ceux de la colline de St. Jean. On y trouve aussi d'autres rocs noirs remplis de mica & de hornblende. Cette hornblende a tous les caracteres de son genre; elle est noire, luisante, lamelleuse, striée, d'un œil un peu gras, elle se raye en gris, & se fond au chalumeau en un émail noir & luisant attirable à l'aimant, tandis que la pierre crue ne l'est pas.

La situation des couches des rochers de cette colline n'est pas partout bien prononcée. C'est à l'extrémité orientale de sa cime qu'elle est le plus réguliere. Là, les couches courent de l'Est-Nord-Est à l'Ouest

Sud-Oueſt, en ſe relevant du côté du Midi. Leur direction eſt donc à-peu-près la même que ſur la colline de St. Jean; mais elles ſe relevent du côté oppoſé.

En deſcendant cette même colline, du côté de l'Eſt, je trouvai vers le haut de la ville, des couches d'un ſchiſte aſſez reſſemblant à celui de St. Jean, §. 1482, mais plus gris, plus argilleux, plus tendre, & ſe réduiſant preſqu'en terre. Ce ſchiſte eſt ſuperpoſé à des ardoiſes noires & luiſantes.

D'Hyeres à Toulon, on compte trois lieues qui ne préſentent rien d'intéreſſant pour le minéralogiſte.

CHAPITRE XXIV.

MONTAGNE DE CAUME ET VOLCANS ÉTEINTS DU BROUSSANT ET D'EVENOS.

§. 1485. Les volcans éteints de la Provence ont été rendus célebres par les lettres de M. Bernard : par ce qu'en ont dit M. de Dolomieu & M. Darluc, & plus récemment par les descriptions de M. Barbaroux. Cependant je desirois, en traversant la Provence, d'y jeter moi-même au moins un coup-d'œil. Et comme M. Darluc, d'après le témoignage de M. de Lamanon, dit qu'on voit des volcans éteints au Brouffant & au Reveft, auffi bien qu'à Evenos, (T. III. p. 241.) je résolus dans mon voyage de 1787, de faire depuis Toulon une courfe dans ces trois endroits.

Introduction.

§. 1486. Je pris le 20 avril à Toulon une voiture légere, & je me fis conduire au Reveft, qui eft à deux petites lieues au Nord de la ville ; ce village eft bâti fur une éminence, compofée de pierres calcaires & de grès, ces deux genres de pierres font les feuls que l'on voie fur la route de Toulon au Reveft. Je ne pus découvrir fur cette route, ni auprès du village, aucune pierre que l'œil le plus prévenu en faveur des volcans pût regarder comme volcanique.

Le Reveft

Je remarquai cependant au Nord-Ouest du Reveft, fur le penchant d'une montagne calcaire, des couches d'un brun rougeâtre, qui auroient fort bien pu être des laves, & qu'il convenoit de voir de près. Je penfois que de-là je pourrois monter fur la cime de la montagne & revenir par les villages de Brouffant & d'Evenos. Pour cela il me faldoit un guide. La porte ouverte d'une maifon, laiſſoit voir une famille de payſans occupés à déjeûner. J'entrai, & je leur expoſai ce que je deſirois. Mon air étranger, & ce deſſein d'aller au travers des montagnes, de préférence aux grandes routes; cette curioſité pour des pierres de nulle valeur, tout cela leur paroiſſoit ſuſpect; cependant le maître de la maiſon, qui étoit un bon laboureur, me dit, aſſeyez-vous là, mangez avec nous un morceau de merluche, après quoi nous verrons ce que nous aurons à faire : j'acceptai ſon offre; nous fîmes la converſation de bonne amitié, & il finit par me dire qu'il connoiſſoit fort bien le pays, & même un peu les pierres, & que quoiqu'il eût d'abord penſé à m'indiquer un autre guide, il viendroit lui-même avec moi. Cette rencontre fut très-heureuſe; car j'eus dans cet homme un excellent guide, & d'une très-bonne converſation; ſon nom eſt *Eſprit Jean du Reveſt*.

J'envoyai ma chaiſe m'attendre à Ollioules, & je partis à pied avec mon conducteur.

Grès & path brun rougeâ- ce.

§. 1487. Nous montâmes à l'Oueſt Nord-Oueſt ſur des rocs calcaires, & nous vinmes en ¾ d'heures à une baſtide du quartier *de Crué*. De-là nous tirâmes droit au Nord, & nous atteignîmes bientôt des bancs épais un peu inclinés, d'un gris brun rougeâtre. Ce ſont les bancs que j'avois vu du Reveſt; leur couleur obſcure aura trompé M. de LAMANON, qui ſans doute ne ſera pas allé les obſerver de près. C'eſt d'après cette apparence trompeuſe qu'il aura ſuppoſé des volcans au Reveſt; car non-ſeulement je n'en rencontrai aucun indice, non-ſeulement je n'en vis aucun des hauteurs d'où j'embraſſois tout le baſſin du Reveſt; mais mon guide m'aſſura de la manière la plus poſitive qu'il n'en exiſtoit point; & il s'y connoiſſoit très-bien, non qu'il ſût ce que c'étoit que des volcans, mais ce que nous appellons laves, il le nommoit *pierre moreſque*; les premières que nous rencontrâmes au-deſſus du Brouſſant, il les nomma ſur le champ, & il me répéta alors

que

que dans toutes les montagnes qui entourent le baſſin de Reveſt il n'y avoit pas une ſeule pierre de ce genre.

Quant à ce grès, dont la couleur rembrunie pouvoit donner de loin l'idée d'une lave, il eſt compoſé de grains de quartz blanc aſſez gros, mêlés d'une eſpece d'ochre rouge, & le tout lié par un gluten calcaire. L'acide nitreux diſſout ce gluten; alors le ſable quartzeux tombe incohérent au fond du vaſe, tandis que l'ochre rouge demeure ſuſpendue dans la liqueur, & finit auſſi par s'y affaiſſer. Les gens du pays donnent à ces grès le nom de *pierre colombare*.

Entre les couches de ce grès, j'en trouvai une d'un pouce & demi d'épaiſſeur, de ſpath calcaire qui étoit auſſi d'un brun rougeâtre, & confuſément cryſtalliſé en grandes lames. Ce ſpath ſe diſſout avec une vive efferveſcence dans les acides, & laiſſe en arriere, de même que les grès, la terre rouge & ſubtile à laquelle il doit ſa couleur.

§. 1488. En continuant de monter, nous atteignîmes le pied d'un rocher calcaire très-eſcarpé, nous ſuivîmes le pied de ſes eſcarpements, & nous arrivâmes ainſi à la jonction de ce roc avec les grès. Je vis là les couches calcaires repoſer immédiatement ſur celles de grès, ſans aucun intermédiaire viſible; mais ici ce grès n'eſt plus rouge qu'à ſa ſurface, l'intérieur eſt d'un blanc jaunâtre, compoſé de grains de quartz & de quelques cryſtaux de ſpath calcaire tirant un peu ſur le rouge. Jonction des grès & des calcaires.

§. 1489. Nous ſuivîmes le pied du rocher juſques à ſa face ſeptentrionale pour trouver un endroit ou l'on pût l'eſcalader. Nous rencontrâmes enfin un couloir rapide, par où nous montâmes. J'étudiois en montant la ſtructure de ce roc calcaire, mais il étoit ſi tourmenté, qu'on avoit bien de la peine à la déterminer. Montée par roc calcaire.

Ici, je voyois des fentes paralleles entr'elles, qui auroient fort bien

O o

pu faire croire que les couches étoient verticales; plus loin, je rencontrai de grandes aſſiſes peu inclinées qui avoient auſſi l'apparence de couches, & c'eſt cette derniere ſtructure qui me parut la plus probable, ſur-tout quand je conſidere les couches horizontales du grès ſur lequel repoſe indubitablement ce rocher.

Je vis auſſi en divers endroits les breches calcaires, que je regarde comme le produit de la derniere révolution de notre globe. Elles repoſent là ſur la ſurface de la pierre calcaire homogene.

Nous parvînmes par ce couloir ſur un plateau élevé, mais qui n'eſt pourtant pas le plus élevé de la montagne; nous continuâmes de monter du côté du couchant, & nous rencontrâmes encore des couches horizontales de grès repoſant ſur la pierre calcaire, & c'eſt pourtant de celle-ci qu'eſt compoſée la cime de la montagne. Une petite crête pyramidale, qui de loin paroît d'un accès difficile, mais ſur laquelle on monte pourtant ſans peine, forme le point le plus élevé. Ce fut là que je m'arrêtai pour obſerver le barometre, & l'aſpect général de cette partie de la Provence.

Cime de Caume, au point de vue. §. 1490. La montagne, dont cette crête forme la cime, s'appelle en patois Provençal *Caoumé* : mais mon guide diſoit qu'en françois il faut prononcer *Caume*, ſon nom n'eſt pas écrit ſur la carte de l'Académie, mais elle y eſt très-bien indiquée. C'eſt une petite chaîne qui court de l'Eſt Sud-Eſt à l'Oueſt Nord-Oueſt, & qui ſépare le village *du Reveſt* de celui de la *Vignaſſe*.

Mon obſervation du barometre, donne à cette cime 408 toiſes au-deſſus du ſol de la ville de Toulon : elle paroît la plus élevée de toutes celles des environs, excepté celle de *Coudon* au-deſſus de Soliers. On y jouit d'une vue extrêmement étendue, mais celle du côté de la mer eſt la ſeule qui puiſſe plaire. En effet, tous les derrieres ſont couverts de rocs pelés, ou tout-à-fait blancs comme de la craie, ou parſemé de quelques taches noirâtres, que forment de petits bouquets de pins, ou d'arbriſſeaux toujours verds. Ces rocs nuds n'ont rien de grand ni de pittoreſque, leurs cimes ſont ondées, & leurs formes foiblement prononcées. Mais du côté de la mer, la vue eſt de la plus grande beauté. Les côtes, profondément découpées, forment une quantité de golfes, de promontoires, des isles, des preſqu'isles, qui préſentent un ſpectacle infiniment varié. On a ſous ſes pieds la ville de Toulon, dont on détaille toutes les dépendances; ſon arſenal, ſon chantier, ſon port, ſes deux rades; au Couchant, le grand golfe de la Ciotat; au Sud-Eſt, la rade d'Hyeres & ſes isles, & la mer fourmillant de bâtiments, forment le ſpectacle le plus animé, le plus varié & le plus magnifique.

J'avoue, que malgré ma prévention pour nos montagnes, je trouvois cette ſituation plus belle que tout ce que j'avois vu juſques alors. J'eus cependant un plaiſir très-vif à voir les cimes neigées de nos Alpes terminer mon horizon, depuis le Nord-Eſt juſqu'au Nord; & le Mont-Blanc, que je n'attendois pas là, mais que je crus reconnoître, & qui faiſoit alors l'objet de mon ambition & même un des motifs de ce voyage, me cauſa une émotion ſinguliere.

§. 1491. Après ce coup-d'œil général, j'obſervai la ſituation des eſcarpements. J'avois au-deſſous de moi, au Midi la montagne blanche & pelée que l'on voit au Nord & au Nord Nord-Eſt au-deſſus de Toulon. De la cime de Caume, on la voit relever ſes couches contre le Nord, & cependant vue de Toulon, elle paroît les relever contre le Midi.

Situation des eſcarpements.

Mais ce ſont deux chaînes très-rapprochées, qui ſe tournent le dos, phénomene ſingulier dans une maſſe auſſi étroite. Mon guide la nommoit *Montagne de Faron*, & c'eſt bien ſous ce nom qu'elle eſt marquée ſur la carte. La montagne de Coudon, de laquelle j'ai déja parlé, & qui est aussi marquée sur la carte à l'Est Sud-Est de celle de Caume, est aussi escarpée au Nord.

Au Sud Sud-Est, je remarquai une montagne que mon guide nommoit *Quatre heures*, & que je n'ai pas trouvée sur la carte : elle paroît cylindrique, & ses couches semblent se relever de tous les côtés, comme si elles convergeoient vers le bas de l'axe du cylindre, mais c'est peut-être une illusion qui se dissiperoit si on l'observoit de près.

Les autres montagnes éloignées n'ont pas des escarpements assez prononcés, pour qu'on puisse avec certitude les déterminer à cette distance. Quant à celle de Caume, sur laquelle j'étois, ses couches se relevent du côté du Sud-Est : sa nature est calcaire, elle est blanchâtre, d'un grain assez grossier, ici écailleuse, là lamelleuse, comme du spath confusément crystallisé. Elle contient beaucoup de débris de coquillages, que l'on ne voit pas dans la cassure fraîche de la pierre, mais qui se manifestent sur les faces qui ont été long-tems exposées à l'air. Ces débris sont trop incomplets pour qu'on puisse déterminer le genre des coquillages auxquels ils ont appartenus ; tout ce qu'on en peut dire, c'est qu'il paroît qu'ils étoient bivalves. Une singularité de cette pierre, c'est que l'air & l'eau la décomposent de maniere qu'elle demeure hérissée de petites arêtes tranchantes, qui coupent les souliers & déchirent les mains, si l'on s'y accroche. On ne voit là que très-peu de plantes ; des buissons bas & piquants de *tragocanthe*, couverts, mais absolument couverts de coccinelles à sept points noirs. On y voit aussi des buissons de *tithymale à fleurs pourpres*.

Réflexions sur la stérilité de ces montagnes

§. 1492. En général on est étonné, je dirai même attristé de la stérilité de ces montagnes. C'est un aspect très-singulier que de voir du haut de cette cime, tous les bords de la mer jusques à une ou deux lieues, au plus, dans les terres, entourés d'une zone de la plus belle verdure, & l'intérieur des terres couvert de rochers blancs qui présentent l'image de la plus triste stérilité. On assure cependant qu'autrefois ces mêmes montagnes étoient couvertes de forêts, que les anciens titres en font la mention la plus expresse & la plus détaillée, mais qu'elles ont été détruites par des abattis & des défrichements inconsidérés. La destruction de ces forêts est un grand mal pour le pays, non-seulement à cause de la disette des combustibles, mais à cause de celle des pâturages, & parce que les eaux des pluies n'étant ni retenues, ni ralenties par aucuns végétaux, elles se rassemblent avec une extrême promptitude, & donnent aux torrents une violence destructive & indomptable.

D'un autre côté, ces rocs pelés ne fournissant point d'exhalaisons, ne présentant point aux nuages une surface fraîche qui les retienne & qui pompe leur humidité, ces montagnes n'alimentent ni des sources, ni des ruisseaux qui les fertilisent, & ne fournissent pas non plus à l'air la matiere des pluies douces & des rosées. On n'a que l'alternative de la sécheresse qui brûle, ou des averses qui ravagent : ce mal ne seroit peut-être pas sans remede, puisqu'on voit sous le climat encore plus chaud de l'Italie & de la Sicile, les laves du Vésuve & de l'Etna, se recouvrir d'une végétation nouvelle; mais il faudroit pour cela ne pas troubler la nature dans son travail. Elle produit suivant la qualité du sol & la température de l'air, des plantes qui pour croître, n'exigent presque point de terre; comme ces *tragacanthes*, ces *tithymales* dont je viens de parler, & outre cela des genets épineux, des *schistes*, & sur-tout des *lavandes* : les débris de ces plantes abandonnées à elles-mêmes, se résoudroient en terre, & ainsi peu-à-peu il se reformeroit assez de terre végétale pour produire des pins & de nouvelles forêts. Mais le paysan Provençal, actif & pressé par le besoin du moment, arrache toutes ces plantes à mesure qu'elles croissent; il fait du feu avec les plus ligneuses, & il se sert des autres pour litiere, ou pour les faire pourrir & les répandre sur ses champs. Il interrompt donc le travail de la nature, & ses montagnes se dessèchent toujours de plus en plus. S'opposer à l'extirpation de ces plantes sembleroit une barbarie; ce seroit pourtant l'unique, absolument l'unique moyen de rappeller fur ces montagnes la verdure, les bois & tous les biens qui en découlent.

Vapeur ſingulière.

§. 1493. Avant de quitter cette cime, je décrirai un phénomène météorologique qui m'étonna beaucoup, quoique peut-être n'eût-il pas été remarqué par un phyſicien moins attentif à tout ce qui tient à l'état de l'air & des vapeurs. On ſait que les vapeurs ſont ordinairement plus denſes à l'horizon, & que le ciel paroît d'autant plus beau & plus clair qu'on l'obſerve plus près du zénith. Ici, au contraire, je voyois la ſurface de la mer parfaitement nette, même à la plus grande diſtance, & au travers d'un air pur & ſans vapeurs; mais ſi de l'horizon je relevois graduellement les yeux, je voyois la vapeur d'autant plus denſe, que je la conſidérois plus près du zénith; c'étoit comme un voile d'un gris foncé, qui auroit été ſuſpendu à la voûte du ciel, & qui ſeroit allé en s'éclairciſſant par gradation juſques à la hauteur de mon œil, où il auroit fini; cependant il n'y avoit au ciel aucun nuage, & le ſoleil que je voyois à midi du côté de la mer, brilloit du plus grand éclat. Ce phénomene n'étoit viſible qu'au-deſſus de la mer; car au-deſſus des terres l'air paroiſſoit pur, clair, & à l'horizon, & dans des régions plus élevées. J'avois le baromettre à 25 pouces 6 lignes $\frac{1}{2}$, le thermometre à 11, mon hygrometre à 70, & mon électrometre à 2,4. Il ſouffloit un petit vent de mer. C'eſt la premiere & ſeule fois que j'aie vu ce phénomene; je ne ſais ſi c'eſt une illuſion optique, ou s'il exiſtoit réellement une vapeur qui demeuroit ſuſpendue au-deſſus de la mer, tandis que la chaleur des terres la faiſoit diſſoudre dans l'air ſitué au-deſſus d'elles. Mais comment auſſi cette vapeur ne terniſſoit-elle pas l'éclat du ſoleil que je voyois au-deſſus de la mer? C'eſt aux obſervateurs qui habitent les bords de la mer, & qui montent quelquefois ſur des montagnes élevées au-deſſus de ſes bords, à éclaircir ces doutes & à expliquer le phénomene.

Deſcente au Brouſſant.

§. 1494. Après avoir paſſé une heure avec bien de l'intérêt ſur cette cîme, nous longeâmes la montagne, en descendant obliquement du côté du Couchant. Nous traversâmes la continuation des couches de grès que nous avions rencontrées en montant, & nous vînmes dans 1 heure ¼ à la maison la plus orientale du village de Broussant. Nous mourions de faim & de soif; mon guide assuroit que nous ne trouverions rien au village, & que notre unique ressource étoit de tenter, si dans cette maison, qui avoit l'air d'une bonne ferme, on voudroit, ou par intérêt, ou par humanité, nous donner quelques rafraîchissements. Nous heurtâmes; une dame, jeune & jolie se mit à la fenêtre, & répondit à notre humble requête, qu'elle nous donneroit volontiers ce qu'elle avoit chez elle, des œufs, du pain, du vin, si nous lui donnions notre parole d'honneur de ne pas mettre le pied dans sa maison, & de manger à l'ombre d'un meurier qui en étoit proche, ce qu'elle nous enverroit par sa servante. Nous donnâmes notre parole, elle tint la sienne, elle vint même sur le seuil de sa porte nous entretenir avec beaucoup de vivacité & de gaieté, pendant que nous buvions à sa santé le vin qu'elle nous avoit envoyé. Nous nous séparâmes avec toutes les apparences d'une satisfaction réciproque; mais sans qu'il eût été question d'enfreindre la condition qu'elle nous avoit imposée.

EN général, les Provençaux que j'ai eu occasion de voir dans la campagne, un peu loin des villes & des grandes routes, m'ont paru se défier beaucoup des étrangers dans le premier moment; mais ensuite, lorsqu'ils ont reconnu qu'ils n'avoient rien à en craindre, ils se montrent obligeants & officieux; je n'ai jamais eu qu'à m'en louer. M. SULZER leur rend le même témoignage, il dit (p. 172) qu'il a trouvé le paysan Provençal incomparablement plus doux & plus honnête que celui du Brandebourg. Il est vrai qu'il faut savoir le prendre; mais au reste, la maniere qui réussit avec un paysan qui ne dépend point de vous, & à qui vous avez un service à demander, est à-peu-près la même par-tout. Il faut l'aborder avec un air d'égalité & de franchife, qui ne fente ni la hauteur, ni une politeffe affectée ; la hauteur le révolte, & l'affectation du contraire lui infpire de la défiance.

<small>Vue des volcans de Brouffant & d'Evenos.</small>

§. 1495. Comme en revenant de Marfeille à Toulon, j'avois vu le château d'Evenos, je le reconnus en defcendant de la cime de Caume, & je vis en même tems que les laves fur lefquelles eft bâti ce château, fe voient auffi fur toutes les cimes d'une chaîne de petites montagnes femblables à celle qu'il couronne. Cette chaîne s'étend au Nord-Oueft d'Evenos dans l'efpace d'environ deux lieues. Des hauteurs de Caume, je voyois la paroiffe du Brouffant renfermée dans un baffin, bordé au couchant par cette chaîne, & de tous les autres côtés par des collines de grès & de pierres calcaires. Je crois donc que dans le voifinage du Brouffant, il n'y a pas d'autres montagnes volcaniques que celles de cette chaîne.

<small>Monticules à l'Oueft du Brouffant.</small>

§. 1496. Je ne pouvois pas parcourir toutes ces montagnes, parce que je devois rentrer le même jour à Toulon ; je réfolus pourtant d'en voir la plus grande partie. Dans ce deffein, je traverfai le village du Brouffant, je vins au ruiffeau du même nom à l'Oueft du village, & je remontai enfuite ce ruiffeau du côté du Nord, jufqu'à ce que j'arrivaffe au pied d'une des buttes volcaniques dont ce ruiffeau arrofe les bafes. En côtoyant ce ruiffeau, je le vis d'abord couler entre des bancs de grès horizontaux, recouverts par la pierre calcaire, & en remontant le long du lit du ruiffeau, je perdis de vue les grès qui s'enfonçoient fous la terre calcaire, tandis que celle-ci paroiffoit feule au jour. La bafe de la colline que je montai, paroiffoit donc entièrement calcaire ; mais au-deffus de cette pierre calcaire je retrouvai d'autres grès, & au-deffus de ces grès, des laves indubitables, violettes, extrêmement poreufes, femblables à celles que l'on trouve au-deffous d'Evenos, & que je décrirai plus loin. Au-deffus de ces laves, la colline étoit couronnée par des maffes d'une pierre compacte irrégulièrement divifée par des fentes à peu près verticales. Je mis une bonne demi-heure demi-heure depuis le ruisseau pour atteindre la cime de cette colline; j'observai cette cime avec le plus grand soin, mais je ne pus y découvrir aucun vestige de cratere ni de coulées ou de courants de laves.

Les rochers qui la couronnent, & qui par leurs fissures se rapprochent des basaltes, sans en avoir pourtant la régularité, sont une pierre d'un genre très-singulier & fort différent des basaltes noirs proprement dits.

§. 1497. Cette pierre, au premier coup-d'œil, paroît compacte; cependant quand on l'observe avec soin, on voit dans son intérieur quelques trous arrondis qui ont été remplis en tout ou en partie.

Description de la roche qui couronne ces collines.

La surface extérieure qui a été exposée aux injures de l'air, est d'un brun noirâtre, & d'un aspect terreux sans aucun éclat. Ses fragments ne présentent aucune forme déterminée. Sa cassure est d'un gris obscur & mélangé. Son tissu est bien de ceux que M. Werner nomme schisteux cachés, car on ne le reconnoît pour schisteux que quand on le considere dans la direction de ses feuillets, & ceux-ci sont minces, de demi-ligne à un quart de ligne d'épaisseur, droits & inséparables les uns des autres.

En observant cette pierre avec attention, on y distingue trois substances parfaitement différentes; le fond de la pierre qui est d'un gris noirâtre, des parties d'un jaune sulfureux, pâle, & des cryftaux d'un éclat vif & métallique.

Le fond de la pierre, vu à l'œil nud, paroît d'un gris cendré, d'un grain fin, sans éclat; mais vu à une loupe de 5 à 6 lignes de foyer, il paroît composé de grains anguleux, brillants & translucides. Ce fond est demi dur, se raye en gris, donne au souffle une odeur argilleuse, au chalumeau il paroît assez réfractaire, & se fond pourtant en un verre verd de bouteille, enfumé, brillant, compacte & translucide.

Ce fond agit sur l'aiguille aimantée, avant & après sa calcination.

Les parties d'un blanc sulfureux, marquent la séparation des feuillets qui forment le fond de la pierre: elles remplissent les petits interstices de ces feuillets & quelques cavités arrondies qui s'y trouvent: elles ont très-peu d'éclat, un grain médiocrement fin, qui paroît ou lamelleux ou fibreux. J'ai trouvé dans les cavités de la pierre quelques aiguilles isolées de cette substance crystallisée. Une de ces aiguilles, observée au microscope, avoit une 15e de ligne de largeur, sur une longueur 5 ou six fois aussi grande; elle étoit d'un jaune citrin, demi transparente, de la forme d'un prisme rectangulaire à angles vifs, dont deux faces opposées étoient un peu plus grandes que les deux autres. Ce prisme étoit terminé par une pyramide quadrilatere très-courte dont le sommet étoit tronqué par un plan perpendiculaire à l'axe.

La surface du prisme étoit sillonnée de stries fines & longitudinales. Ce cryftal étoit tendre, fragile, & ses fragments paroissoient affecter une forme rhomboïdale. On observoit outre cela à la surface de ce prisme des tubercules noirs hémisphériques dont le diametre n'étoit que la huitieme de celui du cryftal, & qui paroissoient une substance absolument différente. Cette substance jaune se fond aisément au chalumeau en un verre jaunâtre & transparent. Elle paroît n'être dissoluble ni dans l'eau, ni dans les acides, c'est vraisemblablement une espece de zéolite.

On voit de plus dans cette pierre de petits cryftaux polyhedres, qui brillent d'un éclat très-vif & métallique; tantôt comme celui de l'acier poli; tantôt comme de l'acier revenu au bleu. Je n'ai pu déterminer la forme de ces cryftaux; mais je suis au moins assuré que ce ne sont pas des octaëdres, parce que celles de leurs faces que l'on distingue sont des rhombes, & non point des triangles; mais ce qu'ils ont de remarquable & qui est cause qu'on ne peut point les séparer de la pierre,

ET VOLCANS ÉTEINTS, Chap. XXIV.

c'eſt que leur intérieur eſt entiérement décompoſé en une pouſſiere brune incohérente ; il n'y a que leur ſurface, ou plutôt une pellicule infiniment mince, qui ait l'éclat métallique. Cette pellicule ſe rompt avec la plus grande facilité, & ſes débris ſont attirables à l'aimant.

§. 1498. Après avoir obſervé cette cime, j'en redeſcendis pour obſerver une ſommité ſemblable qui la ſuivoit au Sud-Eſt. En deſcendant, je trouvai d'abord les grès, puis au-deſſous des grès une gorge calcaire, qui ſépare les deux ſommités. Je montai ſur cette ſeconde ſommité & je la trouvai couronnée par une pierre de la même matiere que celle que je viens de décrire ; j'irois même juſqu'à dire que c'étoit abſolument la même, ſi ce n'eſt qu'elle paroiſſoit un peu plus compacte. *Autre monticule ſemblable au précédent.*

Je parcourus ainſi cinq ou ſix mamelons de cette chaîne, tous ſemblables entr'eux, tous couronnés par cette eſpece de baſalte.

§. 1499. Je dis *cette eſpece de baſalte*. Car enfin ce ne ſont point des baſaltes ordinaires, leur matiere differe beaucoup de celle des baſaltes proprement dits, & s'ils ſont diviſés par des fentes verticales, ils ne le ſont point en colonnes régulieres. *Ces roches ne paroiſſent pas avoir été fondues.*

Mais quelque ſoit le nom que l'on donne à leur ſubſtance, je ne crois point qu'elle ait été fondue. Les cellules arrondies & très-peu nombreuſes que l'on y obſerve, ne ſuffiſent point pour prouver la fuſion ; le tiſſu ſchiſteux à feuillets droits, fins, réguliers, paroît démontrer que cette ſubſtance a été formée dans l'eau par dépoſition ou cryſtalliſation confuſe. Et il paroît inconteſtable, que ſi elle avoit été fondue poſtérieurement à ſa formation, la fuſion auroit dérangé l'ordre de ces feuillets.

§. 1500. En Suivant un petit chemin qui côtoye à l'Eſt cette petite chaîne calcaire à mamelons baſaltoïdes, & qui conduit à Evenos, *Calcaire marneuſe.*

MONT DE CAUME

on voit à sa droite, entre le chemin & ces collines, des couches verticales d'une pierre marneuse, qui diffère de celle que M. WERNER a décrite sous le nom de *Verhärteter Mergel*, *Versuch*, p. 72.

SA surface est d'un gris blanchâtre & terreux. Elle se casse en fragments irréguliers, dont les angles sont tranchants & un peu translucides sur leurs bords. Sa cassure est d'un gris bleuâtre, presque mat, parsemée cependant de quelques petites parties brillantes, compacte, nullement écailleuse, ni fibreuse, ni schisteuse. Elle est très-fragile, d'une pesanteur médiocre, un peu plus qu'à demi dure, donnant quelques étincelles contre l'acier: elle se raye en gris blanchâtre, & humectée par le souffle, elle a l'odeur argilleuse. Elle fait une vive & forte effervescence avec l'eau forte, cependant elle y conserve sa forme; mais le résidu est friable, & se résoud entre les doigts en une poudre grise impalpable.

AU chalumeau, les éclats très-fins de cette pierre acquièrent un peu de transparence & se vernissent en partie, mais ne se fondent pas.

MON guide donnoit à cette pierre le nom de *pierre du soleil*, parce qu'elle s'éclate & se divise à l'air.

DE l'autre côté du chemin, à gauche ou à l'Est, on voit des couches d'une pierre tout-à-fait tendre & argilleuse, qui se décomposent entièrement à l'air, mais qui sont verticales comme les précédentes.

Évenos. §. 1501. DANS ce même chemin, à cinq minutes au Nord du château d'Évenos, on passe sur des boules basaltiques, composées de couches concentriques, d'un pied à 18 pouces de diamètre. Je présume qu'elles sont de la même nature que les rochers basaltiques qui couronnent ces collines; mais malheureusement je n'en suis pas assuré, n'en ayant pas détaché d'échantillon.

ET VOLCANS ÉTEINTS, Chap. XXIV.

J'ARRIVAI au château, après avoir suivi pendant une heure & demie la chaîne calcaire, sur un des mamelons de laquelle il est situé; j'observai avec un singulier plaisir la pierre basaltoïde sur laquelle repose la partie septentrionale de ce château. Sa nature est absolument la même que j'ai observée & décrite au §. 1498 ; même tissu schisteux, mêmes parties constituantes, mêmes cryſtaux ferrugineux ; elles sont aussi divisées par des fentes à peu près verticales, mais il leur manque aussi la régularité des formes nécessaires pour mériter vraiment le nom de *basaltiques*.

Du château, je descendis au grand chemin de Marseille, aussi vite qu'il me fut possible, dans la crainte de trouver les portes de Toulon fermées, & ainsi je vins dans une heure à Ollioules, où je fus heureux de trouver mon cabriolet, car à pied, je n'aurois certainement pas pu entrer.

Je ramassai au-dessous d'Evenos, diverses pierres poreuses, que je vais décrire.

§. 1502. LE fond ou la pâte de ces pierres est d'un violet foncé, leur cassure présente un grain fin & terreux, presque sans éclat. En l'observant attentivement, on reconnoît que ce fond n'est pas homogene, on y distingue des parties noires & d'autres rougeâtres, entremêlées, en forme de vermicelles ou de sinuosités arrondies & parsemées de quelques points brillants. Les trous ou cellules, se rencontrent plus fréquemment dans la partie rougeâtre; cette partie contient aussi moins de points brillants, & son grain est plus grossier & plus inégal; l'une & l'autre se fondent avec quelque peine; c'est-à-dire, du 110 au 120 degré, en un verre compacte & noirâtre; mais la partie rouge est la plus fusible, & donne le verre le moins opaque.

Pierres poreuses d'Evenos.

LES cellules de ces pierres sont généralement ou rondes, ou de formes tortueuses, dont les contours sont arrondis ; les unes, & c'est le plus grand nombre, sont vuides, & leur surface intérieure est tantôt blanchâtre & terreufe, tantôt d'un gris tacheté de points brillants; d'autres font à moitié pleines d'une terre fine, friable; ici, d'une couleur fauve; là, d'un rouge de fanguine; mais cette poudre, quelle que foit fa couleur, expofée à la flamme du chalumeau, fe change en une fcorie verdâtre, demi tranfparente, non attirable à l'aimant. Cette poudre n'eft donc point, comme dans les pierres glanduleufes de Fréjus, §. 1439, un réfidu de fer fpathique décompofé. D'ailleurs, on ne trouve point de fer fpathique dans les pierres poreufes d'Evenos.

Ces pierres renferment çà & là des fragments de quartz blanc, plus ou moins étonnés ou fendillés; ici, c'eft du *quartz fragile*; là, du *quartz gras*, qui a un peu l'œil de la calcédoine. Et ce font bien des quartz & non point des efpeces de frittes ou de verre volcanique; car ils ont la dureté, l'infufibilité & tous les caracteres du quartz & non point ceux des frittes.

Quant au feldfpath, je n'en ai point trouvé, mais j'y ai vu du fpath calcaire, non point réuni par infiltration dans des cellules arrondies, mais occupant des places quarrées, ou du moins anguleufes; enforte que je le crois emprifonné dans ces pierres lors de leur formation, plutôt qu'engendré par infiltration dans des cavités préexiftentes. Au refte, ces fpath ne paroiffent point calcinés, ils font une vive effervefcence avec les acides.

Quelques-unes de ces pierres font affez dures, elles donnent quelques étincelles contre l'acier; cependant la lime les entame avec facilité.

Les plus dures, telles que celle que je viens de décrire, agiffent affez fortement fur l'aiguille aimantée; celles qui font plus tendres & qui ont un afpect terreux, n'exercent prefque aucune action fur l'aimant; mais toutes, lorfqu'elles ont été calcinées par la flamme du chalumeau, font attirées avec beaucoup de force.

Doute fur leur nature.

§. 1503. D'après cette defcription impartiale, je laiffe aux Minéralogiftes à décider fi ces pierres méritent le nom de *laves*, ou fi ce font des efpeces d'amygdaloïdes. Ce que je puis dire de certain, c'eft que leur pâte eft une argille durcie par le fer, réfractaire, & de la nature de celle des amygdaloïdes de Fréjus, §. 1444; mais celles d'Evenos font beaucoup plus poreufes, ne renferment point de fer fpathique, & permettent un doute qui ne feroit pas raifonnable fur celles de Fréjus.

Il paroît, par les deux Mémoires de M. BARBAROUX, fur le Volcan de la Courtine & fur celui de Ste. Barbe. *Journal de phyfique de feptembre* 1788, *& de juillet* 1789, qui appartiennent à ce même canton, que leurs laves font beaucoup plus variées que celles de ceux du Brouffant & d'Evenos.

CHAPITRE XXV.

DE TOULON A MARSEILLE.

§. 1504. Nous vîmes, M. Pictet & moi, en 1780, & je revis ensuite avec un nouvel intérêt en 1787, une partie de ce que le port & l'arsenal de Toulon renferment d'intéressant pour les voyageurs. Ces objets ne sont point du ressort de cet ouvrage.

Colline, fort de Malgue. Mais je dirai un mot du rocher sur lequel est situé le fort de la *Malgue*. Ce fort est construit sur une colline à l'Est de Toulon. Cette colline est en entier composée d'une argille schisteuse, grise, tendre, semblable à celle que j'ai observée à la Buffe & à la Bouquette, §§. 1217 & 1337. Les feuillets de ce schiste sont souvent tortillés ou en zigzag, quelquefois verticaux; ils sont mêlés de veines de quartz, & même de feuillets plus ou moins épais de cette substance.

Les schistes de l'isle de Porquerolles, ne différent pas essentiellement de ceux-ci, que je regarde aussi comme primitifs. Il paroît donc que la même chaîne primitive continue au Midi le long de cette côte, & qu'elle passe par dessous les montagnes calcaires que l'on voit au Nord de Toulon.

Couches calcaires en sens contraires. §. 1505. En allant de Toulon à Marseille, on traverse, à demi-lieue de Toulon, une colline calcaire, dont les couches très-inclinées courent du Sud Sud-Est au Nord Nord-Ouest en se relevant contre l'Est. La direction des plans de ces couches, coupe donc presqu'à angles droits, celle de la chaîne blanche & pelée que l'on voit au Nord de Toulon,

Toulon, & que j'ai décrite, §. 1491., sous le nom de montagne de Faron.

§. 1506. A une lieue de Toulon, on passe au village d'Ollioules, situé au pied d'une montagne qui le défend des vents du Nord, & qui réfléchit sur ses jardins assez de chaleur pour que les orangers y puissent croître en pleine terre. Cet endroit est le dernier de cette route où l'on voit ce bel arbrisseau passer l'hiver en plein air; car à Marseille, quoique de bien peu plus au Nord, on ne le voit plus que dans des vases, qu'il faut tenir à l'abri pendant les froids.

Ollioules & Vaulx d'Ollioules,

En sortant d'Ollioules, on observe des couches toujours calcaires, qui montent au Nord Nord-Est. A un quart de lieue d'Ollioules, on entre dans un défilé étroit, tortueux & sauvage, entre des rochers arides, taillés presqu'à pic., & de nature calcaire. Ce défilé se nomme les *Vaulx d'Ollioules*. Il a dix ou douze minutes de longueur.

§ 1507. C'est auprès de l'entrée de ce défilé que sont situées deux des montagnes volcaniques, découvertes par M. Berard. *Recherches sur les volcans éteints par M. de Faujas, p. 436.*

Volcans d'Ollioules.

Ce sont celles dont M. Barbaroux a donné, dans le Journal de physique, les descriptions que j'ai citées dans le chapitre précédent. L'une à droite, en allant à Marseille, ou à l'Est, est le *volcan de la Courtine*, l'autre à l'Ouest, est celui *de Ste. Barbe*. Enfin, lorsqu'on est près de sortir du défilé, on découvre sur la droite, au Nord, ou au Nord-Est, sur la cime d'un rocher, le château d'Evenos, §. 1502, on distingue même les basaltes noirâtres qui leur servent de base, & on trouve le long du chemin, au-dessous de ce château, de même que dans ses murs, des blocs & des débris des laves que j'ai décrites. On distingue aussi au Nord d'Evenos quelques-uns de ces monticules ou mamelons volcaniques, semblables à celui d'Evenos, & dont j'ai aussi parlé.

Roches sillonnées par les eaux.

§. 1508. En sortant des vaulx d'Ollioules, on voit d'abord à gauche, puis à droite du chemin, des sillons creusés par les eaux sur les bases des rochers taillés à pic. Ces sillons sont indubitablement les traces des courants d'eau qui ont autrefois rempli toute la largeur de ce défilé.

Sont-ce ces eaux qui ont creusé ce défilé, ou ont-elles seulement élargi une grande crevasse produite par des causes souterreines? Ce dernier sentiment me paroît le plus probable. En effet, quoique l'on voie dans ces montagnes des couches horizontales, on voit cependant aussi dans le voisinage de cette chaîne volcanique des rochers calcaires, dont les couches sont ici brisées, là inclinées en sens contraires, ailleurs verticales, & quelquefois entiérement oblitérées.

Roches de grès blanc.

§. 1509. Lorsqu'on est entiérement sorti du défilé, la montagne, à gauche ou à l'Ouest continue, & au-delà d'un petit vallon qui descend en pente rapide dans le grand chemin, on voit une suite de rochers blancs, dont toutes les sommités arrondies, ressemblent de loin à des œufs ou à des boules entassées. Ce sont des grès composés de gros grains de quartz, transparents, & si peu cohérents, qu'ils sont presque tous friables. Les eaux des pluies & les vents même abattent leurs angles, & leur donnent ces formes arrondies. On n'y voit aucun indice de couches, mais en revanche on en voit qui sont coupés par des fentes verticales qui les divisent en colonnes semblables à celles des basaltes, mais beaucoup plus grandes; j'en remarquai une prismatique exagone, parfaitement réguliere.

§. 1510. A trois quarts de lieue de ces grès, on traverse le long & sâle village de *Béausset*. De-là on descend & on passe un ruisseau; puis on monte par une pente rapide une montagne assez élevée, dont les couches montent au Nord-Est. Ces couches sont aussi calcaires; cependant vers le bas, on voit des bancs d'argile qui renferment des rognons calcaires alongés & alignés, dont l'aspect est fort singulier.

Cette montagne est couverte de bois, qui se nomment les bois de *Cujes*, & qui de même que ceux de l'Esterel sont mal famés, par la crainte des voleurs. Ces bois sont de pins maritimes, sous lesquels croissent des arbustes toujours verds, & sur-tout des romarins en très-grande quantité.

De-là on vient à Cujes. Cette petite ville est située à l'extrémité d'une petite plaine ovale entourée de montagnes, & dont le fond presqu'horizontal doit avoir été anciennement le fond d'un lac.

En sortant de cette plaine, on traverse un défilé semblable à celui d'Ollioules; les couches de ces rochers calcaires sont à-peu-près horizontales, & souvent coupées par des fentes verticales.

§. 1511. Peu au-delà de ce défilé, les voyageurs curieux doivent quitter la grande route, & se faire conduire au château de Gémenos, fameux par ses jardins, & sur-tout par ses eaux, dont l'abondance & la beauté sont vraiment admirables. Les massifs d'arbres & d'arbustes, heureusement mélangés de guainiers, d'arbousiers, de lauriers tins, de rosiers, que nous vîmes tous en fleurs au mois d'avril, faisoient, au milieu des eaux, un effet vraiment délicieux, & qui au centre de cette aride Provence, sembloient être l'ouvrage des Fées. *Gémenos. Belles eaux.*

§. 1512. Peu après être entrés dans le chemin qui conduit à Gémenos, on voit des rochers calcaires en couches à-peu-près horizontales, & remarquables par des fentes verticales très-répétées, qui traversent plusieurs couches de suite, & qui sont assez régulieres pour qu'un œil inattentif les prit elles-mêmes pour des séparations de couches. *Fentes verticales remarquables.*

En allant de Gémenos à Marseille, on rejoint la grande route trois quartz-d'heure avant d'arriver à Aubagne.

§. 1513. Là le pays s'ouvre, les montagnes s'abaissent, on ne voit *d'Aubagne à Marseille* plus devant foi que des collines, qui font toutes ou de rocs calcaires, ou de galets arrondis.

Une partie de la route que l'on fait en côtoyant le ruiffeau de Veaune eft extrêmement agréable; ce ruiffeau eft bordé de prairies dignes de rivalifer avec celles de la Suiffe, & de beaux arbres qui croiffent en maffifs fur fes bords.

Mais en approchant de Marfeille, les chemins remplis de pouffiere, entre des jardins il eft vrai, mais des jardins clos de murs, annoncent d'une maniere défagréable l'excès de la richeffe & de la civilifation.

<small>Cabinet Hiftoire aturelle e Marille.</small> §. 1514. Dans mon voyage de 1787, j'eus le bonheur de faire à Marfeille la connoiffance de M. Grosson, fecretaire de l'Académie; il eut la bonté de me faire voir l'obfervatoire, & de me montrer le Cabinet de l'Académie, qui renferme d'heureux commencements d'une collection d'Hiftoire Naturelle de la Provence. Je vis là des laves des volcans éteints de cette province, & en particulier de celui de Beaulieu, qui fera le sujet d'un chapitre de ce voyage. M. Grosson, qui le premier a obfervé ce volcan, me donna des directions & des recommandations qui faciliterent cette petite excurfion.

<small>Site favorable à des xpériences au bord e la mer.</small> §. 1515. Je donnai auffi une matinée de mon féjour à Marfeille à des expériences au bord de la mer, relatives à celles que je devois faire fur le Mont-Blanc. Le lieu que l'on me confeilla comme le plus propre à faire tranquillement & folitairement ces expériences eft fur la plage voifine du village *de Bonneveine* fitué à $\frac{3}{4}$ de lieue au Sud de Marfeille. Je paffai, pour arriver à cette plage, par les jardins & par une belle prairie, qui dépendent du château Borelli. La fituation en eft très-favorable, mais je fus contrarié par un *miftral*, ou vent du Nord-Oueft d'une violence horrible. Je fis cependant quelques expériences dont je rendrai compte ailleurs.

Je ne vis là au bord de la mer, d'autres cailloux roulés que des pierres calcaires, à l'exception d'un seul pétrosilex; je n'y vis non plus aucun coquillage. Sans doute ce n'étoit pas là que Milon s'amusoit à en ramasser pendant son exil à Marseille, quand il dit ce mot si connu sur la belle harangue que Cicéron avoit prononcée pour sa défense.

Au reste le château Borelli mérite l'attention des étrangers, par la grandeur & l'élégance de ses appartements & par la richesse avec laquelle ils sont meublés.

§. 1516. Mais pour un amateur des beautés naturelles, la course la plus intéressante à faire de ce côté de Marseille, c'est celle de Notre-Dame de la Garde, à un quart de lieue au Midi de la ville. C'est une colline qui n'est pas bien élevée, mais d'où cependant l'on découvre une grande étendue de terres & de mers, & d'où l'on signale l'arrivée des vaisseaux & leur départ. *Notre-Dame de la Garde, belle situation.*

La vue du haut de la plate-forme, qui couronne cette colline, est vraiment magnifique; Marseille en est assez proche, pour que son port rempli de vaisseaux, & la ville qui embrasse toute sa circonférence, produisent de-là le plus grand effet: puis ses bastides innombrables, dont les murs qu'on domine n'offusquent plus la vue, & qui dans la belle & riche vallée qu'arrose le Veaune, paroissent comme autant de carreaux d'un immense jardin; puis la mer & ses nombreuses isles, & les bâtiments à la voile qui peuplent & animent ses eaux; ses rivages découpés sous les formes les plus variées; & enfin des montagnes, qui bien que peu élevées, présentent, sur-tout au Sud, un effet pittoresque. Tout ce grand ensemble forme un des plus beaux aspects maritimes que j'aie eu le bonheur de voir.

§. 1517. Quant à la forme & à la situation des montagnes que l'on découvre de ce belvédère, on n'en tire pas beaucoup d'instruc- *Montagnes que l'on voit de Notre-Dame.*

tion. On voit à la vérité, au Nord de la vallée de Veaune, une chaîne affez bien fuivie, mais peu élevée, qui court de l'Eft à l'Oueft parallelement à cette vallée. Cette chaîne eft calcaire, la partie orientale paroît avoir fa cime efcarpée contre le Sud, mais fa partie occidentale, qui forme le bord feptentrional du grand golfe compris entre le *Cap de la Couronne* & celui *de la Croifette*, préfentent des couches, dont les plans paroiffent fe relever contre l'Eft, & couper ainfi à angles droits ceux des couches de la partie orientale.

CETTE même vallée du Veaune, eft bordée au Midi par une fuite de montagnes qui ne font pas parallèles à la chaîne feptentrionale, mais qui fuivent différentes directions, & dont les efcarpements font auffi différemment fitués.

JE n'entrerai pas dans de plus grands détails, je me contenterai de dire, qu'on ne voit aucune régularité, aucune loi générale, ni dans la direction des couches, ni dans la fituation de leurs efcarpements.

MAIS cette irrégularité même, eft un fait qu'il n'eft pas inutile d'avoir obfervé; & j'en conclurois du moins, que dans ces montagnes baffes, fans fuite, fans uniformité, je ne faurois voir un lien qui uniffe les Alpes aux Pyrenées.

QUANT à leur nature, elle eft en général calcaire, entremêlée de couches de grès, comme je l'ai obfervé fur les montagnes de Caume & ailleurs.

LA montagne même de Notre-Dame, d'où je faifois ces obfervations, eft auffi calcaire; c'eft un marbre compacte & groffier, affez dur dans fon genre, qui paroît affez ancien, mais qui renferme pourtant çà & là quelques débris de coquillages marins.

MAIS on fait à Marfeille un grand ufage d'une pierre de taille, dont les carrieres font au Cap Couronné qui eft auffi calcaire, & qui paroît d'une formation bien plus moderne. Elle eft blanche, poreufe, tendre, & cependant d'un très-bon ufage pour l'architecture. Elle paroît compofée de débris de coquillages & de coraux, dont les interftices ont été incomplettement remplis par une infiltration calcaire dont l'afpect eft fcintillant, & d'un grain très-fin. On y voit auffi des coquilles entieres, des cœurs ftriés très-bien confervés, des huitres & d'autres bivalves.

CHAPITRE XXVI.

DE MARSEILLE A AIX.

De Marseille au in.

§. 1518. En sortant de Marseille, on traverse des bancs de grès inclinés & descendant au Nord. Ensuite le chemin passe, tantôt sur des couches calcaires, tantôt sur des poudingues grossiers & peu durs, où les roues des énormes rouliers de Provence avoient creusé des ornieres, qui en 1787, rendoient ce chemin un des plus pénibles & des plus dangereux de la France. On étoit étonné de voir une des villes les plus commerçantes de l'Europe, annoncer ses approches d'une maniere si peu favorable au commerce.

A une lieue de la ville, on a du haut d'une colline, dans un endroit nommé la *Viste*, une très-belle vue de Marseille, de son port & de ses environs.

Dans mon premier voyage, avec M. Pictet, une secousse violente qu'imprima à notre voiture la chûte d'une de ses roues dans une de ces horribles ornieres, la froissa tellement, qu'à peine pût-on la conduire jusqu'au village de *Notre-Dame*, situé à une lieue de la poste du Pin.

Il fallut envoyer à Marseille chercher une autre roue, & comme il étoit nuit & que la roue ne pouvoit revenir que le lendemain, le curé de Notre-Dame, M. Moutte, nous offrit très-obligeamment des lits, que nous acceptâmes avec beaucoup de reconnoissance.

A une lieue de Notre-Dame, on traverse de belles couches d'une
pierre

pierre calcaire compacte; je dis belles, parce qu'elles sont planes, fermes, bien suivies, & paralleles entr'elles. Les premieres montent au Nord-Ouest, celles qui suivent montent plus directement au Nord. De-là, en trois-quarts d'heure, on vient à la porte du Pin, après avoir traversé encore une chaîne calcaire qui s'étend assez loin à l'Est, où elle montre quelques escarpements relevés contre le Nord. Cette chaîne renferme quelques cimes hautes & escarpées, comme le *Pilon du Roi*. Elle se prolonge aussi à l'Ouest de la grande route, mais en s'élargissant beaucoup.

§. 1519. A une petite demi lieue de la poste, auprès du 6ᵉ. mille, on traverse des bancs de poudingues peu cohérents, composés de fragments arrondis de pierres calcaires, de grès & de pétrosilex reposant sur des argiles, ici rougeâtres, là blanchâtres. *Du Pin à Aix.*

On descend ensuite, en traversant des couches calcaires inclinées en sens contraire du terrein; celui-ci descend au Nord, tandis que les couches y montent.

On passe ensuite devant le château d'Albertas, décoré de belles plantations. Nous le vîmes au mois d'avril, présenter un heureux mélange d'arbres chargés de fleurs, des *lilas*, des *maronniers*, des *guainiers*.

Dès-lors, & même dès le Pin, le pays s'ouvre, & ne présente plus du côté du Couchant aucune montagne élevée. Les collines mêmes sont assez basses pour que toute l'étendue que l'on découvre de ce côté-là mérite le nom de plaine. C'est cette plaine ou cette grande vallée, qui sépare la chaîne des Alpes de celle des Cevennes.

La ville d'Aix se montre de loin assise sur la pente douce & méridionale d'une petite colline. On voit au Levant de la ville la montagne de Ste. Victoire, qui se prolonge de l'Est à l'Ouest, en présentant du côté du Sud fes rocs calcaires nuds, & efcarpés. On peut voir fa defcription dans le *Chap.* IX. du *T.* I. de l'ouvrage de M. DARLUC.

AVANT d'arriver à Aix, on a une longue defcente, où le chemin coupé dans les terres eft bordé par des couches de galets calcaires & de terres rouges. Ces couches defcendent au Nord comme le chemin.

A la porte même de la ville, on voit des carrieres d'une pierre jaunâtre très-tendre, qui paroît de formation nouvelle.

CHAPITRE XXVII.
EXCURSION AU VOLCAN DE BEAULIEU.

§. 1520 Beaulieu, eft un château fitué à trois petites lieues au Nord-Oueft de la ville d'Aix en Provence. M. Grosson, fecretaire de l'Académie de Marfeille, eft le premier qui ait obfervé auprès de ce château les traces d'un ancien volcan. *Journal de Phyfique, T. VIII. p. 228.* C'eft auffi lui, qui me fit voir à Marfeille les laves qu'il en avoit rapportées, & qui m'infpira le defir de l'obferver. Je fis cette petite excurfion le 4 de mai 1787. M. de Joinville, vifita enfuite ce même volcan au mois de janvier 1788., & il en donne une defcription très-détaillée & très-inftructive dans le Journal de Phyfique de la même année; il y joignit même une carte topographique. On trouve dans cette defcription des obfervations intéreffantes, qui, je l'avoue, m'avoient échappé, & en particulier fur l'origine volcanique des argilles de Cabane; mais en revanche j'eus le bonheur d'obferver quelques faits dont M. de Joinville n'a pas parlé. Je donnerai donc la notice de mon excurfion, dans l'efpérance qu'elle fournira quelques matériaux de plus pour l'hiftoire, ou plutôt pour l'étude de ces curieux objets de recherches & de méditations.

Introduction.

§. 1521. Comme je voulois aller par un chemin & revenir par un autre, je pris pour aller le meilleur, quoiqu'un peu plus long; c'eft le chemin qui conduit à *Rogne*. En revenant, je paffai par *Cabane*.

Route de Beaulieu.

Ce chemin de Rogne, monte d'abord pendant près de trois quarts-d'heure, & fur cette route on rencontre des bancs horizontaux d'une pierre calcaire crayeuse, avec des rognons de silex, comme sur la route des Platrieres; j'en parlerai dans le chapitre suivant.

On descend ensuite, & on vient passer devant le château ruiné de *Puyricard* que l'on laisse à droite. De-là on suit encore pendant ¾ d'heure le chemin de Rogne, après quoi on quitte ce chemin pour prendre une traverse à droite ou à l'Est. On fait ensuite un quart de lieue dans cette traverse, sans voir autre chose que des rocs calcaires nuds & pelés, sans aucune apparence volcanique; mais alors, auprès d'un hameau nommé *Brest*, je commençai à voir le long du chemin des fragments épars de pierres noires, compactes, vraiment basaltiques.

Delà, en allant au château, je passai auprès d'une muraille séche dans laquelle, outre les pierres calcaires & les pétrosilex naturels à ces collines, on voyoit des laves de différentes especes, & des poudingues composés d'un mélange de laves, de pierres calcaires & de silex.

Courants de lave près du château.

§. 1521. Dans l'avant-cour du château, on voit les couches des laves qui se montrent à la surface du terrain, & qui paroissent avoir coulé en venant du côté de l'Est. Plus à l'Est, vis-à-vis du château, on avoit rompu la surface de ces laves, & on les avoient soulevées & renversées, comme si on avoit eu le dessein de les mettre sous les yeux de l'observateur. J'eus beaucoup de plaisir à les observer, j'y trouvai des accidents intéressants, des laves à grandes cellules dont l'intérieur étoit rempli, & plus souvent tapissé par infiltration de spath calcaire cryftallisé en rayonnant vers le centre des cellules : des fragments d'argille blanche enclavés dans la lave poreuse, & enfin quelques nids, même de 4 pouces de diametre, d'une substance rouge, enclavés aussi dans la lave poreuse, & qui mérite d'être décrite.

Substance mélangée que renferment ces laves.

§. 1522. Cette substance est d'un rouge de brique vif, fendillée, peu cohérente, dissoluble en partie & avec effervescence dans les acides.

DE BEAULIEU, Chap. XXVII.

Lorsqu'on l'examine avec soin, l'on reconnoît qu'elle résulte du mélange confus de cinq substances différentes.

1°. Du spath calcaire confusément crystallisé en grains qui ont jusques à une ligne de diametre, teints en rouge plus ou moins foncé. — 1. Spath calcaire.

2°. Une terre d'un rouge de brique vif, qui colore le spath, résiste aux acides, & se fond au chalumeau en un émail noir, opaque & fortement attirable à l'aimant. — 2. Terre rouge ferrugineuse.

3°. Des fragments d'une ligne au plus, d'une pierre que je considere comme une espece de rayonnante. Elle est d'un verd de bouteille clair, & demi-transparente, sa cassure paroît unie & brillante sur la face des lames dont elle est composée, mais scintillante & fibreuse sur la tranche de ces lames. Elle raye le verre, mais elle est assez fragile. Elle se fond aisément, & sans se boursouffler, en un verre du même verd & de la même demi-transparence, parsemé de quelques bulles peu nombreuses ; sur la pointe de sappare, ce verre coule & pénétre entre les fibres. — 3. Rayonnante fusible.

4°. De petites masses d'une à deux lignes, anguleuses, d'un noir foncé, translucide aux très-fins bords, à cassure brillante & conchoïde & qui ont ainsi les caracteres d'une obsidienne ou d'un verre volcanique, mais qui étant aussi réfractaire que le quartz, prouvent que c'est une variété de silex, quoique plus brillant dans sa cassure que la pierre à feu ordinaire. — 4. Silex noir.

5°. De petits nids de la substance ferrugineuse, couleur de souffre que je décrirai au §. 1524. — 5. Mine de fer couleur de souffre.

§. 1523. Au Midi du château, je retrouvai les bancs de lave à la surface du terrain, & je les suivis à-peu-près dans cette direction jusques à une petite éminence, qui est à 50 ou 60 pas du château, & — Emplacement présumé du cratere.

fur laquelle croiffent des chênes verds, maigres & clair-femés. Là, les laves fe perdent fous les bancs d'une pierre blanchâtre, qui forme les cinq ou fix pieds les plus élevés de cette éminence. M. de JOINVILLE croit que la fommité de cette colline a été celle d'un cratere, d'où ces laves font forties, & que la pierre blanche, formée après l'éruption, a comblé & a même recouvert l'orifice du cratere.

licicalce. §. 1524. LES bancs fupérieurs de cette pierre me parurent calcaires, compactes, mais les plus bas, ceux qui fe rapprochent le plus de l'orifice fuppofé du cratere, font d'une fubftance que l'on a confondu avec le pétrofilex, mais qui en differe par des caracteres effentiels. Je la nomme *Silicicalce*, parce qu'elle eft compofée de filice mélangé de terre calcaire.

SA couleur eft d'un blanc qui tire, dans quelques échantillons, fur le gris, dans d'autres fur le roux. Sa caffure eft parfaitement conchoïde, évafée, liffe, mais fans éclat & d'une pâte fine. Elle ne peut point être qualifiée d'écailleufe, quoique l'on y voie par places quelques grandes écailles. Ses fragments font tranchants & translucides fur leurs bords. Elle eft un peu plus que demi-dure, ne fe laiffant que peu ou point rayer par une pointe d'acier, & donnant, quoique rarement, quelques étincelles.

ELLE fait avec les acides une foible & longue effervefcence; elle y perd une grande partie de fa dureté, mais pourtant pas au point d'y devenir friable ni tachante, & fes bords y deviennent plus translucides.

RÉDUITE en poudre & digérée dans l'acide nitreux, elle perd les 45 centiemes de fon poids, & le réfidu d'un beau blanc & vraiment filiceux, fe diffout avec effervefcence dans l'alkali minéral. Elle eft froide au toucher: fa pefanteur fpécifique eft 2,301.

Au chalumeau, elle commence par décrépiter en peu, puis elle se fond en bouillonnant en une fcorie blanche & bulleufe, dont la fufibilité exprimée par un globule égal à 0,8, répond au 71ᵉ. degré du thermometre de Wedgewood, mais les fragments minces qui ont été digérés dans l'acide nitreux, font beaucoup plus réfractaires, parce qu'ils ont perdu la terre calcaire, principe de leur fufibilité. On ne peut en former que des globules égaux à 0,04 correfpondant au degré 1426 de Wedgewood.

On voit quelques petits nœuds de pierre à fufil, difféminés dans l'intérieur de cette pierre, & fa furface eft fréquemment couverte de jolies dendrites noires.

J'ai déja dit que les Naturaliftes ont confondu les pierres de ce genre avec les petrofilex, & fpécialement avec le *petrofilex æquabilis* de Wallerius. Mais fes propriétés font trop remarquables, & trop différentes de celles du petrofilex fecondaire ou *hornftein* de Werner, pour ne pas former un genre féparé. (1)

Au refte, il faut bien diftinguer l'efferverfcence qui vient de la terre calcaire difféminée entre les élémens, comme dans la filicicalce, de celle qui vient de parties calcaires accidentellement renfermées entre les feuillets, ou dans les veines des petrofilex fecondaires, qui ont une forme veinée ou fchifteufe.

Tout près delà, dans les champs, on trouve des fragments de pierre calcaire compacte, commune, *dichter kalkftein* de Werner, remplie de coquillages marins, & fur-tout de vis ou ftrombites tuberculés. On voit auffi fréquemment dans ces mêmes pierres des veines de pierre à fufil.

---

(1) Je crois qu'il faut rapporter à ce genre la pierre connue à Rome fous le nom de *Selce de Medrid*. Petrini Gabinetto mineralogico. T. I. p. 161.

Mine de fer jaune non décrite.

§. 1524. A. Sur la pente méridionale de cette petite colline, où l'on suppose qu'a été le cratere de l'ancien volcan, je trouvai de petits amas d'une substance presque pulvérulente, translucide, d'un beau jaune de soufre, & qui ressemble si fort au soufre, que l'on trouve sublimé dans les crevasses du Vésuve & de la solfatarre, que son incombustibilité put seule me persuader que ce ne fût pas la même substance.

Cette poudre, à la loupe, paroît mélangée de grains transparents blancs, ou de grains demi-transparents, d'un jaune citrin ou sulfureux; ni les uns ni les autres ne paroissent affecter de forme reguliere. Les grains blancs sont de spath calcaire, dissolubles dans l'esprit de nitre; les jaunes paroissent un minéral ferrugineux d'une espece particuliere; car, quoiqu'ils n'agissent point sur l'aiguille aimantée quand ils sont cruds, cependant lorsqu'ils ont été exposés à la flamme du chalumeau, ils sont attirés avec tant de force qu'ils s'élancent contre le bareau aimanté à plus d'une ligne de distance; ce degré de chaleur leur ôte leur transparence & les couvre d'un émail noir & brillant.

Comme cette substance est assez tendre, je pensai que ce seroit peut-être un sel, je le mis en décoction dans l'eau distillée; mais elle ne parut point s'y dissoudre, & cette eau éprouvée ensuite avec le prussite ne donne aucun indice de fer. Elle est aussi indissoluble dans l'acide nitreux, tandis que le fer spathique s'y dissout avec effervescence.

J'ai retrouvé cette même substance dans les cellules d'une lave du même volcan, où elle est mêlée avec du spath calcaire. Ce spath blanc demi-transparent, crystallisé en rhomboïdes applatis, se décompose en partie, & laisse en arriere cette espece de sable de couleur citrine, dont quelques-unes des cellules de la lave paroissent remplies. Je fis dissoudre dans l'acide nitreux une de ces glandes spathiques qui remplissoit une des petites cellules de la lave. Une petite quantité de ces grains jaunes demeura non dissoute, & le prussite versé sur

la

la diſſolution, la colora fortement en bleu. Ce ſeroit donc là une eſpece particuliere de fer ſpathique.

§. 1525. Après avoir obſervé les alentours de la colline, où l'on a cru qu'étoit un des crateres du volcan de Beaulieu, je m'acheminai du côté du village de Cabane. Je vis ſur cette route des champs abſolument couverts de débris de baſaltes, au point d'en être noirs; j'en trouvai même des fragments, où l'on voyoit des indices de formes régulieres, l'un entr'autres étoit une portion de priſme triangulaire rectangle, l'autre montroit des couches concentriques, & ce n'étoit point de ces boules formées par la décompoſition des laves, dont parle M. de Joinville dans ſon Mémoire, ſous le N°. 10. Celle-ci eſt une pierre noire, compacte, dure, nullement décompoſée, parfaitement ſemblable aux boules vraiment baſaltiques de l'Auvergne & du Vivarais. Dans tous ces fragments, les ſurfaces qui ont été expoſées aux injures de l'air, ſont d'un brun qui tire ſur le gris, leur aſpect eſt terreux & ſans aucun éclat. Les caſſures ou félures qui n'ont pas été expoſées au contact immédiat de l'air, ſont couvertes d'une eſpece d'efflorescence jaunâtre qui reſſemble à un lichen, mais c'eſt une ſubſtance vraiment minérale, qui, vue à la loupe, paroît brillante & tranſparente, mais ſans forme réguliere viſible. Elle ne fait point d'effervescence avec les acides, & au chalumeau elle ſe fond au premier coup de feu, en un verre jaune doré, tranſparent & un peu bulleux.

Fragments de baſaltes noirs.

La caſſure fraîche des baſaltes, eſt d'un noir foncé qui tire ſur le bleu, écailleuſe & brillante par places quand on la voit au ſoleil. Elle ſe raye en gris, & exhale après le ſoufre une odeur argileuſe.

Cette pierre eſt peſante, la flamme du chalumeau la fond aiſément en un verre noir & brillant. Elle agit fortement ſur l'aiguille aimantée, ſur-tout les morceaux qui ont une forme réguliere.

CETTE pâte noire renferme une grande quantité de cryſtaux, ici épars, là raſſemblés par petits paquets, de cette pierre dure d'un verd jaunâtre qu'on appelloit autrefois chryſolite, mais à laquelle M. WERNER a donné le nom *d'olivine*. On y voit auſſi quelques points & quelques taches blanchâtres, qui ſe diſſolvent avec efferveſcence dans les acides.

J'AI cru devoir, par une deſcription détaillée, conſtater la dénomination de *baſaltes* que je donne à ces pierres; parce que M. de JOINVILLE dit expreſſément, p. 30. *que parmi les laves de Beaulieu on ne trouve point de baſaltes*. Vraiſemblablement ceux des champs de Cabane, & ceux qu'en arrivant je trouvai auprès de Breſt ne ſe ſont pas préſentés à lui.

MAIS d'où viennent-ils ces baſaltes? En les ſuppoſant volcaniques, ce dont je doute beaucoup, leur poſition ne permet pas de ſuppoſer qu'ils ſoient ſortis du même cratere que les laves de Beaulieu. Il faudroit ſuppoſer qu'il y a eu quelque part plus haut, du côté de l'Eſt, une autre bouche à préſent cachée par la pierre calcaire, & d'où il eſt ſorti un courant conſidérable, auquel eſt due l'origine de ces baſaltes; c'eſt auſſi le ſentiment de M. GROSSON.

Rien ne trouve que le volcan ait pas été ſumarin.

§. 1526. L'EXISTENCE de ces baſaltes, détruit une des raiſons qu'avoit M. de JOINVILLE, pour croire que lors de l'éruption du volcan de Beaulieu, la bouche de ſon cratere étoit hors de l'eau.

L'AUTRE argument qu'il emploie en faveur de cette opinion, ſavoir la non-exiſtence de la zéolite dans ſes laves, ne me paroît pas plus déciſif. Il eſt bien vrai que je n'y en ai point trouvé; mais cela ne forme qu'une preuve négative, que pourra détruire un obſervateur plus attentif, ou plus heureux que nous. D'ailleurs, quand il ſeroit certain qu'il n'exiſte point de zéolite dans ces laves, & que la zéolite ne ſe forme dans les laves que ſous l'eau de la mer, il ne s'enſuivroit pas de-là que la zéolite se trouve dans toutes les laves soumarines, & que sa non-exiftence démontre qu'une lave a été vomie hors de l'eau.

§. 1527. Comme j'ai décrit avec soin les basaltes de ce volcan, je dois aussi donner en peu de mots les caracteres généraux de ses laves poreuses.

<small>Caractere des laves poreuses.</small>

La plupart prennent à l'air une couleur rembrunie & une surface terreuse, tandis qu'au-dedans leur couleur est d'un gris tirant sur le violet clair, & leur caffure liffe, un peu vitreuse, quoiqu'avec peu d'éclat. Leur rayure est gris de lin, leur dureté médiocre, & l'odeur argilleuse. Elles agissent sur l'aiguille aimantée, & se fondent au chalumeau en un émail noir, brillant, translucide en couleur de colophane, dont la fusibilité exprimée par un diametre égal à 0,8. répond au 71e. degré du thermometre de Wedgewood; mais il y en a de plus réfractaires qui ne sont fusibles qu'au 105. degré.

Les cellules de l'espece la plus poreuse sont rondes, si nombreuses qu'on a de la peine à distinguer les cloisons qui les séparent; les plus grandes n'excédent guere 2 lignes, & leurs interstices sont occupés par d'autres graduellement plus petites.

Leur intérieur est tapissé d'une couche très-fine d'une matiere blanche terreuse, qui dans quelques-unes se laisse enlever par les acides, & dans d'autres leur résiste. Celles dont cette substance a été enlevée, présentent dans leur intérieur des surfaces brunes d'un grain fin, & peu brillant, mais pourtant pas vernissé.

Au reste, j'en ai décrit une comme échantillon, car on en voit des variétés innombrables.

§. 1528. Le morceau le plus remarquable, l'unique dans son genre, <small>Lave</small>

mpofée
cryftaux
liés de
dfpath.

que j'aie trouvé parmi les laves poreufes de Beaulieu, eft un affemblage de cryftaux liés par une efpece de pâte grife & argilleufe. Ces cryftaux font blancs, brillants, opaques, & leur tiffu paroît lamelleux; leur forme eft celle d'un prifme quadrangulaire rectangle à angles vifs & à côtés égaux.

Ces prifmes font très-alongés, & leur côté n'a guere que demiligne de largeur, tandis que la longueur eft 15 à 16 fois auffi grande; chacun eft coupé à fon extrémité par un plan un peu oblique à fon axe.

Ces cryftaux font grouppés & entrelacés entr'eux dans toutes les directions imaginables, & font beaucoup plus abondants que la pâte qui les lie. Ils fe fondent comme le feldfpath bien pur, en un verre parfaitement tranfparent, fans couleur & parfemé de quelques bulles.

La pâte grife, attire l'aiguille aimantée, même avant fa calcination; & le feu la change en un émail noir.

Les cellules de cette efpece de lave, ne font pas très-nombreufes; les plus grandes ont trois à quatre lignes de diametre, & fouvent les extrémités ifolées des cryftaux font faillantes dans leurs cavités.

Poudinje remarıable.

§. 1529. Je trouvai, comme M. de Joinville, des efpeces de poudingues compofés de fragments de lave poreufe. Mais ce qui me parut le plus remarquable dans ce genre, ce font des morceaux mélangés de lave poreufe violette, & de pierre calcaire blanche & compacte.

On voit là des fragments de lave entiérement enveloppés par la matiere calcaire, & ifolés au milieu d'elle.

Quelques-uns de ces fragments, font extrêmement anguleux, avec des pointes aiguës, & des angles rentrants. Cependant la pierre calcaire les embraſſe de toutes parts, & remplit toutes leurs cavités extérieures.

Il faut donc néceſſairement que ces morceaux de lave ſoient ſurvenus pendant la formation de la pierre calcaire, & qu'ils aient été dépoſés dans un tems où celle-ci étoit aſſez molle pour ſe mouler ſur leur forme, & pourtant aſſez ferme pour qu'ils y demeuraſſent ſuſpendus ſans gagner le fond par leur peſanteur.

Je n'entrerai pas dans de plus grands détails; il ſeroit mal-adroit de répéter ce que M. de Joinville a dit mieux que je ne ſaurois le dire.

§. 1530. Mais ce dont je ne ſaurois me taire, ce qui a fait ſur moi une impreſſion ineffaçable, c'eſt la beauté, je dirai la magnificence des ombrages qui ſont auprès du château de Beaulieu. *Magnifiques ombrages.*

Je n'ai vu nulle part de plus grands & de plus beaux arbres, former un maſſif plus impoſant & d'une plus grande fraîcheur. Ce ſont ſur-tout des peupliers blancs qui forment ce bel enſemble, je ne crois pas qu'il en exiſte ailleurs d'auſſi majeſtueux. Leurs tiges coloſſales & leurs branches vigoureuſes & bien diſtribuées, couvertes d'une écorce blanche & brillante, portent juſques au ciel la maſſe énorme de leurs rameaux, & donnent l'idée de la végétation la plus forte que l'imagination puiſſe ſe figurer. Un ruiſſeau d'une eau vive & claire, & deux grandes pieces d'eau, l'une renfermée ſous ces ombrages, & l'autre dans une prairie voiſine, ſont avec le ſoleil de la Provence, les ſources de ces admirables productions.

On ne trouve pas là le faſtueux étalage des jets-d'eau de Gémenos, qui annonce l'art, qui avertit de la dépenſe, qui effraye par l'idée de l'entretien: Beaulieu paroît en entier l'ouvrage de la Nature.

Il semble qu'au milieu de ces rochers blancs & arides qui font craindre qu'elle n'ait perdu sa force productive, elle ait voulu donner une preuve étonnante de son activité. Et ce ne sont pas seulement des végétaux que la Nature produit dans ce bois délicieux, mais une foule innombrable d'oiseaux, & sur-tout de rossignols, attirés par ces ombrages & par ces eaux, si rares dans ce pays brûlant, célèbrent à l'envi ce délicieux séjour. Les jardins de Gémenos semblent avoir été arrangés pour promener une cour nombreuse & brillante : le massif de Beaulieu semble être créé pour la retraite & les méditations d'un philosophe.

J'ai trouvé la cour du château de Beaulieu, élevée de 90 toises au-dessus du sol de la ville d'Aix, & celle-ci de 104 toises au-dessus de la mer.

CHAPITRE XXVIII.

PLATRIERES D'AIX ET AUTRES CARRIERES D'ICTYOPÉTRES.

§. 1531. A trois-quarts de lieue d'Aix, sur la route de Lambesc, au haut d'un chemin en pente rapide, qui se nomme *la montée d'Avignon*, sont les *Platrieres* ou carrieres de gypse, dans lesquelles on trouve des *Ictyopétres*, ou des pierres qui renferment des empreintes, & même des squelettes de poissons. M. DARLUC en a donné la description dans son *Histoire Naturelle de Provence*, T. I. p. 46. Je rapporterai cependant en peu de mots ce que j'y ai observé.

Carrieres de gypse.

LE 14 avril 1787, je descendis avec mon fils cadet, dans la plus élevée de ces carrieres, dite *carriere de Louis*, du nom du paysan qui la fait exploiter.

ON descend dans l'intérieur de la montagne par des marches irrégulieres, dont la hauteur moyenne est d'environ 6 pouces. Nous comptâmes 110 de ces marches, & nous rencontrâmes.

1°. Une argille feuilletée & tendre.
2°. *De la pierre blanche.*
3°. *L'argille dure.*
4°. *La pierre noire.*
5°. La pierre schisteuse qui renferme les empreintes, & à laquelle les carriers donnent aussi le nom *de pierre noire*.
6°. Le gypse ou *platre*.
7°. *La pierre froide.*

PLATRIERES

Les noms en italiques sont ceux des carriers. Je vais décrire briévement ces différentes substances.

Marne schisteuse.

L'argille, N°. 1, est une marne schisteuse; ses feuillets sont minces, planes, sa couleur d'un brun isabelle; elle se brise entre les doigts, se divise spontanément dans l'eau en feuillets extrêmement minces, mais n'y tombe pas en poudre comme les vraies marnes. Elle fait avec les acides une vive effervescence, mais n'y perd pas non plus entiérement sa forme, il en reste toujours quelques feuillets entiers.

La pierre blanche.

La *pierre blanche*, N°. 2, est une espece de craye, mais dont la cassure est moins compacte & plus inégale que celle de la craye proprement dite. Elle est aussi un peu plus dure & moins tachante. Elle se dissout avec effervescence & même avec beaucoup d'écume dans l'acide nitreux, en laissant en arriere une assez grande quantité d'argille d'un gris brun. Elle n'en contient cependant pas assez pour se résoudre spontanément dans l'eau, comme le font les marnes.

La pierre froide.

L'*argille dure & la pierre froide*, N°. 3 & 7, ont entr'elles une très-grande ressemblance; leur couleur est d'un blanc grisâtre : elles se cassent en fragments irréguliers, dont les angles sont médiocrement aigus. La forme de la cassure tire un peu sur la conchoïde, sa surface est compacte, terreuse, un peu lisse, mais sans aucun éclat; ces pierres ne tachent point; elles sont cependant moins dures que le marbre & ne happent que très-peu à la langue : elles sont sensiblement froides au toucher, & c'est sûrement de là que l'une d'elle a tiré son nom.

L'une & l'autre se dissolvent avec effervescence & avec beaucoup d'écume dans les acides.

Elles laissent beaucoup d'argille non dissoute, & le N°. 3 plus que le N°. 7.

La

La *pierre noire* N°. 4, paroît sous différentes formes ; ici, c'est une marne schisteuse parfaitement semblable au N°. 1, mais mêlée çà & là de crystaux romboïdaux, de sélénite. *Fraueneiss de Werner.* La pierre noire.

Outre cela elle est entremêlée de couches extrêmement fines, même de moins d'un quart de ligne, de pierre blanche crayeuse, dont le grain est là plus fin que dans les endroits où elle est en masse. Cette pierre, lorsqu'elle est seche, paroît avoir quelque consistance ; mais si on en met un petit morceau en contact avec de l'eau, au moment même & comme par une espece de répulsion, les couches d'argile se séparent en feuillets aussi minces que des feuilles de papier.

Les feuillets blancs se séparent ainsi des argilleux, mais sans se subdiviser, & ils se dissolvent en entier & avec effervescence dans l'acide nitreux.

La pierre schisteuse où sont les empreintes, N°. 5, est d'un gris fauve ; ses feuillets sont plans, très-minces, même de moins de demi-ligne ; leur cassure tire sur le terreux, & n'a presque aucun éclat. Cette pierre est tendre, se raye en une couleur un peu plus claire que celle du fond ; elle est un peu tachante, exhale, quand on la racle, une odeur légérement bitumineuse, & après le souffle argilleux. Lorsqu'elle a séjourné dans l'eau, quelques-uns de ses feuillets se délitent, & elle y devient molle & flexible. Schiste à ictyopetres.

Dans l'acide nitreux elle se dissout avec une effervescence écumeuse, en laissant beaucoup d'argile en arriere.

Au chalumeau, le premier coup de feu la rougit au-dehors, & la noircit au-dedans ; une chaleur plus vive la blanchit d'abord, & enfin la fond en une scorie blanchâtre remplie de très-petites bulles.

C'est évidemment le *bituminöser Mergelschiefer de Werner.*

Les poissons imprimés sur ces pierres paroissent couchés sur le côté dans la situation qu'ils auroient s'ils étoient morts sur la place qu'ils occupent. Les empreintes sont applaties, c'est-à-dire, qu'on n'y voit point de concavité ou de vuide qui indique la place qu'occupoient les chairs du poisson; mais toutes les vertebres & les arrêtes de la queue & des nageoires sont très-profondément imprimées dans la pierre, & même presque toujours entiérement conservées. Les vertebres & les arrêtes ont leur surface noirâtre, mais l'intérieur est translucide & d'une couleur foncée de succin. Elles se dissolvent avec une très-lente effervescence, mais entiérement dans l'acide nitreux. Exposées au chalumeau, elles commencent par se noircir en exhalant l'odeur de la corne brûlée, puis elles blanchissent; lorsqu'elles sont devenues parfaitement blanches, elles montrent leurs fibres longitudinales, que leur transparence empêchoit de voir, & les parties les plus isolées de ces fibres se vitrifient quoiqu'avec peine, en une scorie très-blanche & un peu bulleuse.

Quant aux especes de poissons, M. Darluc dit, *tome I*, p. 49, qu'on y trouve des *malarmacs*, dont les analogues ne vivent point dans les mers de la Provence, des *mulets barbus*, des grandes *dorades*, des *loups*, des *merlans*.

Empreinte de feuilles de palmiers.

§. 1532. Mais j'y ai vu aussi, & j'en ai même rapporté une empreinte, que je crois être d'une feuille de palmier.

Ce sont des rayons divergents dont le centre manque aussi bien que l'extrémité opposée. Ces rayons ont dix pouces dans leur plus grande longueur; on ne peut pas juger de celle qu'ils auroient eue du côté où ils divergent; mais du côté du pédoncule, ou de celui où ils tendent à se réunir, il paroît qu'ils auroient eu encore trois pouces de plus.

Les côtés ou les nervures de la feuille ont environ une ligne de largeur dans la partie où elles sont les plus convergentes, & environ le triple dans celle où elles divergent le plus. Outre ces nervures, on diſtingue des ſtries longitudinales très-fines & très-ſerrées, mais on ne peut en voir aucune tranſverſale.

Les carriers croient que c'étoit la queue de quelque grand poiſſon; mais je ne ſaurois admettre cette opinion, parce qu'on n'y voit aucune trace de vertebres, comme on en voit dans les queues de poiſſon même beaucoup moins grandes, & parce que ces nervures ſont beaucoup moins ſaillantes que les nervures d'une grande queue. Enfin, la couleur de cette empreinte eſt d'un brun noirâtre au lieu d'être d'un brun doré, comme celle des poiſſons.

Immédiatement au-deſſous du ſchiſte où ſont ces empreintes, on trouve le gypſe, & au-deſſous du gypſe la pierre froide que j'ai décrite plus haut.

En continuant de creuſer au-deſſous de la pierre froide, on retrouve encore l'argille noire renfermant des cryſtaux de ſélénite, puis de nouveau le gypſe. M. Darluc dit, qu'en creuſant plus bas, on trouve encore de nouvelles couches de gypſe, mais les empreintes de poiſſon ne ſe répétent point; les mineurs le diſent, comme M. Darluc, on n'en voit qu'au-deſſus de la premiere couche de pierre à plâtre.

§. 1532 A. Cette pierre n'eſt point de plâtre pur, elle eſt compoſée de couches minces & alternes, les unes d'un gris mat & blanchâtre, qui ſont de la pierre calcaire crayeuſe que j'ai décrite plus haut; les autres d'un gris brun, qui ſont du gypſe, lamelleux & aſſez brillant. L'épaiſſeur de ces couches varie depuis un quart de ligne juſqu'à 3 ou 4 lignes. Elles ſont ſouvent irrégulieres, quelquefois ondées & même recourbées comme celles des albâtres. *Gypſe mêlé de craye.*

§. 1533. Comme j'ai obſervé avec ſoin la carriere d'Oeningen, auprès du lac de Conſtance, & que cette carriere renferme auſſi des em- *Carriere d'Œningen.*

preintes de poisson, j'en donnerai ici la description. Je pense que les géologues verront avec plaisir le rapprochement de ces deux médailliers de la Nature.

J'ALLAI visiter cette carriere avec mon ami, M. TREMBLEY, le 26 juillet 1784. Nous partimes à pied de Stein, petite ville du canton de Zurich, située sur le Rhin. De là, en remontant la rive droite du Rhin, ou plutôt du lac de Zell ou lac inférieur, nous vînmes en demi-heure au village d'Oeningen, près duquel est une abbaye de Bénédictins du même nom, dépendante de l'évêché de Constance. Nous prîmes dans ce village un tailleur de pierre pour nous conduire à la carriere. Nous mîmes une petite heure du village à la carriere, en nous élevant au-dessus de la rive droite du lac, mais sans nous en écarter beaucoup.

LA carriere que les gens de l'endroit nomment *Bübeltz*, est située au sommet d'une colline qui se prolonge à l'Ouest, suivant la direction du lac & du Rhin. On l'avoit d'abord attaquée plus au Midi; mais à mesure qu'on en tire les pierres, on comble les parties épuisées, & on poursuit les fouilles en avançant du côté du Nord, & en l'exploitant entiérement au jour.

LA terre végétale qui recouvre les premieres couches de pierre est blanche, argilleuse. Au-dessous d'elle on trouve :

Grès tendre.

I°. UNE couche épaisse d'un pouce d'un grès grisâtre, très-fin & très-tendre, composé de très-petits grains de quartz, blancs, transparents, à angles vifs, & de lames de mica blanc & brillant; le tout est uni par un mélange d'argille & de terre calcaire.

Argille terne.

II°. 4 pouces d'une argille informe, effervescente.

Argille feuilletée.

III°. 2 pieds 2 pouces d'une argille feuilletée très-tendre, mêlée de pierre calcaire.

Les interstices des feuillets de cette argille sont en quelques endroits enduits d'une substance brune, noirâtre, sans éclat, susceptible de s'enflammer en répandant une forte odeur d'asphalte.

Les couches mêmes où l'on ne distingue pas cette substance, exposées à la flamme, répandent, mais sans s'enflammer, une forte odeur du même genre. Le grès N°. 1, ne donne point cette odeur non plus que l'argille, N°. 2.

Dans d'autres interstices des feuillets de cette même argille, cette substance brune est réunie en petits amas de la forme d'une lentille; là, elle est luisante, & sa cassure a la couleur & l'éclat du charbon de pierre.

On voit enfin sur les plans de ces mêmes feuillets de petits corps gris de forme lenticulaire, d'un quart ou d'un tiers de ligne de diametre dont la surface est luisante; ici, concave; là, convexe, qui ressemblent si parfaitement à de petites coquilles bivalves, que j'ai eu de la peine à me convaincre que ce n'en étoit pas, & que c'étoit seulement une argille très-tendre qui en se desséchant avoit pris cette forme.

IV°. Sous ces argilles on trouve une couche d'un pied, d'un schiste calcaire d'un gris jaunâtre entremêlé de feuillets argilleux d'un gris obscur. Ce schiste, lorsqu'on le chauffe, répand aussi une odeur bitumineuse.

V°. On trouve ensuite 8 pieds de schistes à feuillets très-minces, alternant avec des couches d'argille tendre, non feuilletée, tantôt friable, tantôt un peu plus cohérente. Ces alternatives finissent par une couche argilleuse.

Les cinq especes ou variétés de pierre & de terre que je viens de décrire, & dont l'ensemble forme une épaisseur de 11 à 12 pieds, sont appellées, par les carriers Allemands, le *caht*. Mon guide traduifoit ce mot par celui de *vilenie*, parce que cela n'eft d'aucun ufage pour l'architecture.

Il m'affura que l'on n'y trouvoit non plus aucune empreinte ni d'animaux ni de plantes ; & effectivement, nous en épluchâmes une très-grande quantité avec beaucoup de foin fans pouvoir en découvrir aucun veftige.

VI°. Ce qui fuit eft la bonne pierre, & c'eft auffi celle où fe trouvent les empreintes.

Il y en a une épaiffeur de 12 pieds ; les couches fupérieures font très-épaiffes : favoir, la premiere de trois pieds, la feconde d'un pied & demi, la troifieme, de trois pieds.

Les couches inférieures qui forment encore une épaiffeur de 4 pieds & demi font minces, mais fermes, folides & fi parfaitement planes, qu'elles fervent à paver des églifes, fans qu'il foit néceffaire de les égaler.

Au refte, les divifions des couches que j'appelle épaiffes font un peu arbitraires, & l'on auroit peut-être pu en affigner d'autres ; cependant elles font indiquées par une matiere brune divifible en feuillets très-minces qui les fépare.

Cette fubftance eft un peu inflammable, & répand, quand elle brûle, une forte odeur de bitume. Elle a auffi, quand on la frotte, même à froid, une odeur affez forte qui reffemble à celle de la pierre puante.

La pierre même, dans les caffures de fes tranches, préfente des furfaces inégales, terreufes, d'une couleur fauve blanchâtre, fans aucun éclat. Des rayes droites de différentes nuances, indiquent le tiffu fchifteux de la pierre ; & en effet, on la divife aifément en dalles planes, dont les furfaces font affez unies. C'eft en la divifant ainfi qu'on met au jour les empreintes de feuilles, de coquilles, d'infectes, d'amphibies & de poiffons qu'elles renferment. On voit outre cela, épars dans fa fubftance, de petits filaments noirs & brillants, qui paroiffent être des fibres de plantes changées en charbon de pierre. Cette pierre eft tendre, elle tache en gris & fe raye auffi en gris ; & cependant elle eft auffi fonore qu'une brique bien cuite. Elle donne une odeur légérement bitumineufe, & humectée avec l'haleine, celle de l'argille ; mais quand on la chauffe, l'odeur de bitume eft très-forte. Elle happe affez fortement à la langue : auffi après une effervefcence vive & écumeufe, laiffe-t-elle en arriere dans l'acide nitreux, une quantité confidérable d'argille brune ; cependant elle n'en contient pas affez pour fe réfoudre dans l'eau ; elle y devient un peu plus tendre mais non pas friable.

Sous ces 12 pieds de bonne pierre il y en avoit encore 4 pouces de médiocre qui fervoit de plancher à la carriere & qu'on n'exploitoit point, & au-deffous recommençoit le feuillets tendre & inutile qui ne renferme aucune empreinte.

Le barometre, obfervé au haut de la carriere, donne 100 toifes d'élévation au-deffus du niveau du Rhin à Stein.

Les corps organifés dont on a trouvé des empreintes dans cette carriere font très-variés ; la collection qu'en a formée à Zurich, M. le Docteur LAVATER, frere du célebre phyfionomifte, eft également riche & intéreffante. Son favant poffeffeur voulut bien me la faire voir & me communiquer quelques-unes de fes obfervations générales.

Il dit que les poiffons que l'on trouve entiers dans leurs empreintes font tous d'eau douce ; mais qu'on y a trouvé quelques fragments, & fur-tout des mâchoires de poiffons marins. On y trouve auffi des crabes parfaitement conservés & indubitablement marins. Les empreintes d'insectes sont très-variées & très-nombreuses. La plupart sont aquatiques; mais il y en a aussi de terrestres, & même de pays plus chaud que les environs d'Œningen, comme la Mante, *Mantis religiosa*. Il en est de même des feuilles; la plupart sont d'arbres, ou de plantes aquatiques, roseaux, saules, peupliers, &c.; mais aussi de poiriers, pommiers, de frênes & même de noyers, chose bien remarquable, puis qu'aujourd'hui le noyer ne croît point naturellement en Suisse ni en Allemagne. -

Depuis lors, M. le Docteur Lavater a eu la bonté de m'envoyer la note suivante des poissons, dont les empreintes ont été reconnues dans la collection d'Œningen, que possede M. son frere,

Petromyzon fluviatilis.
Murœna anguilla.
Cottus gobio.
Pleuronectes rhombus.
Scomber trachurus.
Triglia cataphracta.
. . . Lucerna.
Cobitis tænia.
. . . barbatula.
Salmo fario.
Esox lucius.
Clupea harengus.
. . . alosa.
Cyprinus brama.
. . . phoxinus.
. . . dobula.
. . . carassius.
. . . blica.
. . . bipunctatus.

Cyprinus amarus.
. . . lisella.
. . . cephalus.
. . . rutilus.
. . . grislagine.
. . . alburnus.
. . . leuciscus.
. . . tinea.
. . . nasus.
. . . carpio.
. . . gobio.

§. 1534.

§. 1534. UNE autre fameuse carriere d'ictyopetres, est celle du mont Bolca, à 20 milles de Vérone. Je ne l'ai pas vue, mais j'en ai des empreintes ; elles sont sur une pierre calcaire schisteuse qui ressemble assez à celle d'Œningen ; cependant plus dure, moins argilleuse, donnant aussi & même plus décidément une odeur de bitume quand on la racle, & sur-tout quand on la chauffe.

Ictyopetres du M. Bolca.

§. 1535. MAIS ce n'est pas seulement sur des pierres schisteuses de ce genre que se trouvent des empreintes de poissons ; on en voit aussi sur des pierres calcaires compactes, de la nature du marbre & sur des ardoises.

Collection de M. Seguier.

M. SEGUIER de Nîmes, cet homme aussi célebre par ses connoissances que recommandable par sa rare modestie & par l'extrême bonté de son caractere, possédoit la plus belle collection d'ictyopetres qui ait jamais existé. Il pensoit à publier ses recherches sur cet objet intéressant : il me fit voir, en 1776, les dessins qu'il avoit faits lui-même de tous les poissons & de tous les fossiles du Véronois. Il me dit que sa collection d'empreintes de poissons, recueillie avec tant de soin, & de pays très-éloignés les uns des autres, ne renfermoit que 83 especes différentes. Les empreintes du Véronois n'en renfermoient que 33, la plupart des mers adjacentes, deux du Brésil & deux inconnues.

IL auroit été bien à souhaiter que l'Académie de Nîmes, à laquelle cet excellent homme avoit donné en mourant ses manuscrits, son cabinet, sa bibliotheque & même sa maison, eût fait imprimer les ouvrages qu'il a laissé en manuscrit. Cette Académie auroit fait ainsi un beau présent au monde savant, & auroit donné en même tems un témoignage bien mérité de sa reconnoissance pour son bienfaiteur.

Cependant il paroît que depuis M. SEGUIER, on a fait dans le mont Bolca de nouvelles découvertes. M. H. SÉRAPHIN VOLTA, affirme que

Découvertes plus récentes.

dans les empreintes de poiſſon que renferme cette montagne, on a reconnu.

27 eſpeces des mers d'Europe.
39 des mers d'Aſie.
3 de la mer d'Afrique.
18 de l'Amérique méridionale.
11 de l'Amérique ſeptentrionale.
7 des eaux douces de différentes parties du monde.

105 en tout.

Bibliotheca Phyſica d'Europa, T. XII.

Eſſai explication.

§. 1536. Il eſt très-remarquable, que les empreintes, & en général les reſtes des poiſſons foſſiles, quoiqu'ils ne ſoient pas abſolument rares, le ſoient cependant beaucoup plus que ceux des coquillages ; enſorte qu'on n'en rencontre que dans quelques carrieres privilégiées. Il n'eſt pas moins remarquable, qu'en revanche les carrieres où en trouve en contiennent une grande quantité, & qu'on les voie diſpoſés comme par couches dans une épaiſſeur de pierre aſſez conſidérable.

Je ſerois diſpoſé à croire que les carrieres qui en renferment ont été anciennement le fond de quelques grands lacs ; ici, d'eau douce ; là, d'eau ſalée, ſujets à ſe vuider & à ſe remplir alternativement. Lorſque ces réſervoirs ſe vuidoient, les poiſſons réfugiés dans l'endroit le plus profond, demeuroient enſevelis dans la vaſe, qui ſe durciſſoit après cela par le deſſéchement & conſervoit leurs empreintes.

Ensuite l'eau rentroit dans ces réſervoirs, y ramenoit de nouveaux poiſſons, qui reſtoient à leur tour empriſonnés dans la vaſe, après que le réſervoir s'étoit vuidé de nouveau.

Cette hypotheſe explique comment on trouve quelquefois dans la même carriere des poiſſons d'eau douce & des poiſſons de mer.

En effet, il est possible que par quelque révolution, un lac d'eau douce soit envahi par les eaux de la mer ; & il est également facile d'imaginer des causes par lesquelles les eaux de la mer abandonnent un réservoir qui est ensuite occupé par les eaux douces.

On comprend enfin pourquoi l'on ne trouve pas des squelettes de poissons sur tous les terreins qui ont été des fonds de mer. Les poissons qui meurent naturellement dans l'eau se gonflent par la putréfaction & s'élevent à la surface. Ils sont brisés par le mouvement des vagues, dévorés ou dépecés par d'autres poissons ou par des animaux qui se développent dans leurs chairs. Les cartillages qui unissent leurs vertebres se dissolvent ; leurs os se dispersent & deviennent méconnoissables. Au contraire, de la maniere dont j'explique le phénomene ; lorsque les lacs se desséchent, la vase où les poissons s'ensevelissent tient leurs parties réunies ; ensorte qu'on retrouve dans cette vase de très-petits poissons, & même des insectes extrêmement délicats auxquels il ne manque aucune de leurs parties. (1)

---

(1) Dans le moment où je corrigeois l'épreuve de cette feuille, j'ai vu annoncer dans un Journal un Mémoire de M. RA- MATUELLE, sur les plâtrieres d'Aix. J'ai cherché ce Mémoire, mais je n'ai pas pu m'en procurer la lecture.

CHAPITRE XXIX.
D'AIX A AVIGNON.

Introduction. §. 1537. Dans mon voyage de 1787, je vins de Geneve en Provence, en suivant depuis Lyon jusqu'à Avignon la rive gauche du Rhône. Mais en revenant, je passai par Arles, & je suivis depuis Tarascon jusqu'à Tournon la rive droite de ce fleuve. Je rapporterai en peu de mots ce que ces deux routes m'ont présenté de plus intéressant pour la géologie.

Bancs crayeux avec silex & petrosilex. En suivant la *montée d'Avignon*, un peu au-dessus des Platrières que j'ai décrites dans le chapitre précédent, on voit le long du grand chemin des couches horizontales d'une pierre calcaire blanchâtre qui alternent avec des lits d'une terre de la même couleur. Ces bancs de pierre renferment dans le milieu de leur épaisseur, une autre pierre, dans laquelle sont contenus des noyaux de silex.

Chacun de ces bancs, dont l'épaisseur varie depuis un pouce jusqu'à 5 ou 6, est donc composé de trois substances différentes; 1°. La pierre blanche. 2°. La pierre brune. 3°. La pierre à fusil.

La pierre blanche N°. I. forme le dessus & le dessous de chaque banc; elle est calcaire, d'un blanc tirant sur le roux; elle se casse en fragments irréguliers, raboteux, à angles obtus; sa cassure présente un mélange de grains plus ou moins petits, informes, terreux & sans aucun éclat. Elle est rude au toucher; tache un peu les mains; elle est tendre, mais cependant moins que la craye. Elle differe donc de celle-ci par un peu plus de dureté & par un grain plus grossier. Elle se dissout dans les acides avec beaucoup d'effervescence, & laisse en arriere un petit sédiment argilleux.

La pierre brune (II), qui occupe le milieu des couches de cette espece de craye, est d'un brun isabelle clair, elle se casse en fragments conchoïdes à bords tranchants, & dont les angles & les éclats minces sont translucides ; sa cassure est compacte, écailleuse, à écailles, les unes très-fines, d'autres assez grandes. Son éclat est foible, un peu scintillant, sa rayure est d'un gris blanchâtre, sa dureté un peu plus grande que celle du marbre, quoiqu'elle ne donne point d'étincelles contre l'acier. Dans les endroits où elle confine avec la pierre crayeuse, elle se fond par nuances avec elle. Au chalumeau elle se change, quoiqu'avec peine, en une scorie d'un beau blanc, parsemée de petites bulles, dont la fusibilité, exprimée par un globule égal à 0,3, correspond au 189e degré de Wedgewood.

Elle fait effervescence avec l'acide nitreux en donnant beaucoup de petites bulles ; & un morceau d'une ligne d'épaisseur, après y avoir séjourné pendant vingt-quatre heures, se trouve avoir perdu beaucoup de sa dureté, sur-tout à sa surface ; il tache même un peu en fauve & se brise entre les doigts, sans cependant s'y réduire en poudre. Alors sa fusibilité n'est que 0,13, ou 581e. degré de Wedgewood.

D'après ces caractéres, c'est une espece de la pierre que j'ai décrite au §. 1524, sous le nom de *silicicalce*.

Les noyaux (III) renfermés dans cette pierre brune, sont de couleur fauve, translucides, durs, leur cassure parfaitement conchoïde, lisse en quelques endroits, un peu écailleuse en d'autres, ayant en un mot tous les caracteres de la vraie pierre à fusil, ou du *feuerstein* de Werner.

Ces noyaux de pierre à fusil, sont dispersés dans la pierre brune ;

cependant ils occupent plus fréquemment le deſſus ou le deſſous de la couche de cette pierre, & ils ſe trouvent ainſi contigus, d'un côté à la pierre blanche crayeuſe, & de l'autre à la ſilicicalce. On voit auſſi diſperſés çà & là, dans le corps de la pierre crayeuſe, quelques petits filex, & quelques petites ſilicicalces qui ne ſont point des fragments, mais des pieces formées dans les places qu'elles occupent.

Ces obſervations & ces expériences, me paroiſſent prouver que ces eſpeces intermédiaires que l'on a quelquefois donné comme des paſſages d'un genre à l'autre, ou comme des pierres calcaires à demi métamorphoſées en filex, ne ſont ſouvent que des mélanges méchaniques d'un genre avec un autre. On voit ici que la terre calcaire a conſervé dans ce petroſilex toute ſa ſolubilité dans les acides, & que lorſqu'on l'a extraite du mélange, ce qui reſte ſéparé du fondant qui la rendoit fuſible, demeure réfractaire comme le filex pur.

Je puiſerai encore dans cette pierre un exemple de l'inſuffiſance des caracteres extérieurs d'une pierre pour déterminer ſa nature, & même pour déterminer ſeulement ſi elle eſt ſimple ou compoſée. En effet, dans la ſilicicalce, les parties calcaires ne ſont point combinées avec les ſiliceuſes, puiſque l'acide nitreux les extrait avec efferveſcence ſans détruire l'aggrégation de la pierre. Elles ſont donc ſeulement interpoſées entre les éléments ſiliceux; cependant l'enſemble qui en réſulte, obſervé même avec une forte loupe, paroît abſolument homogene, & doit par conſéquent, d'après la regle de la nomenclature lithologique être conſidéré comme une pierre ſimple.

Si donc on doit beaucoup de reconnoiſſance à M. Werner, pour avoir donné aux caracteres extérieurs toute la perfection dont ils étoient ſuſceptibles, il ne faut négliger aucun des moyens qui peuvent nous donner, ſur la nature & ſur la compoſition des corps, des lumieres que nos ſens ſeuls ſont incapables de nous fournir.

On revoit fréquemment sur cette route, entre Aix & Lambesc, ces mêmes silex renfermés dans la pierre calcaire crayeuse.

§. 1538. Du haut de la montée d'Avignon jusqu'à la poste de St. Cannat, on voyage sur des plateaux élevés & composés de couches calcaires horizontales, extrêmement stériles, & sur lesquelles je n'ai point vu de cailloux roulés. Plaines calcaires stériles.

En approchant de Lambesc, on monte des couches calcaires dont on suit la pente, & on descend ensuite rapidement à la ville, en suivant aussi des couches inclinées, situées en sens contraire des précédentes. Cette colline a donc la forme d'un dos, ou d'un chevron, forme assez fréquente dans les montagnes calcaires. Colline calcaire en chevron.

Entre Pont-Royal & Senez, on voit à sa droite, ou à l'Est, une double chaîne calcaire peu élevée & assez uniforme, qui court de l'Est Sud-Est à l'Ouest Nord-Ouest, en relevant ses escarpements du côté du Midi. Cette situation ou celles qui en approchent, sont celles que l'on retrouve le plus fréquemment dans ce pays.

Cependant on voit auprès d'Orgon, des rocs escarpés du côté de l'Est. Ces rocs sont calcaires, & renferment beaucoup de pétrifications, où je distinguai des gryphites & de petites numismales.

§. 1539. A deux lieues & demie d'Orgon l'on rencontre la Durance. Il faut la passer sur un bac, & cette opération donne le tems d'observer & de recueillir les cailloux roulés que charie ce torrent, trop célèbre par ses inondations & ses ravages. Cailloux roulés de la Durance.

Voici la description des plus remarquables d'entre ceux que j'y ai ramassés.

1°. Variolite, *pierre à picot, pierre de la petite-vérole.* Cette pierre est très-connue, elle l'étoit même des anciens. *Histoire Naturelle du* Variolites

Dauphiné, par M. de FAUJAS, T. I. p. 245. On la distingue ordinairement des autres pierres de ce genre, en joignant à son nom celui de *la Durance*, parce que c'est sur les bords de cette riviere qu'on la trouve le plus fréquemment & de la plus belle qualité. On a beaucoup varié sur la nature de la base de cette pierre. M. FERBER paroît avoir rencontré le plus juste, lorsqu'il a dit, que cette base étoit la même que celle de *l'ophite* ou *serpentino verde antico* des Italiens.

Pâte de la variolite.

EN effet, le serpentin antique, lorsqu'il est roulé, prend au-dehors une surface luisante & douce au toucher comme les beaux échantillons de cette variolite. Les pâtes de ces pierres se cassent l'une & l'autre en fragments de formes indéterminées, à angles vifs, translucides sur leurs bords; leur cassure est écailleuse à écailles extrêmement fines, demi-transparentes & blanchâtres, qui semblent être des grains différents du fond. Ce fond est d'un verd qui tire sur le noir presque sans éclat, l'une & l'autre sont dures, donnent beaucoup de feu contre l'acier, & se laissent pourtant un peu entamer à la lime. Leur toucher est froid : la densité de l'ophite est de 2,972, celle de la variolite 2,934, suivant M. BRISSON. On peut donc les regarder comme égales.

LA différence la plus marquée que j'aie pu trouver entre ces deux pierres, est celle de leur action sur l'aiguille aimantée. La pâte de l'ophite l'attire avec force, au lieu que celle de la variolite ne l'attire que foiblement. Mais au chalumeau, l'une & l'autre se fondent en un émail noir & brillant, également attirable à l'aimant.

D'APRÈS ces caracteres, qui sont très-tranchés, & qui ne conviennent à aucun autre genre de pierre, je crois qu'on devroit donner à cette pierre le nom *d'ophibase* ou *de base de l'ophite*. Dans le premier volume de cet ouvrage, note du §. 185, je l'avois nommée schorl en masse, & j'avois suivi en cela WALLERIUS, qui avoit bien reconnu

que

que cette pierre qu'il nomme *bafaltes folidus*, formoit la pâte du porphyre verd.

Mais comme le nom de fchorl rappelle toujours des pierres cryftallifées, & que d'ailleurs cette pierre a dans fes qualités chymiques quelques différences d'avec les fchorls, il vaut mieux lui donner un nom propre & indépendant.

Les grains de la variolite font d'une forme plus ou moins arrondie, inégale & comme mamelonnée par dehors; leur diametre varie depuis 5 ou 6 lignes jufqu'à ¼ de ligne. Leur couleur eft d'un blanc verdâtre, leur caffure préfente des lames triangulaires qui convergent au centre des grains; leur couleur eft affez brillante, mais leur éclat a quelque chofe de gras; ils font un peu moins que demi-tranfparents. Leur dureté paroît la même que celle du fond de la pierre; du moins dans les plus belles variolites, où par le frottement les grains ne s'ufent ni plus ni moins que le fond; mais dans celles dont la pâte eft moins fine, les grains s'ufent moins, & paroiffent faillants à la furface. Ils réfiftent auffi mieux que le fond à la décompofition, ils demeurent faillants à la furface de celles dont la pâte fe décompofe.

Ses grains.

On voit quelques-uns de ces grains entourés de deux zones, l'une blanche, l'autre verte, qui prouvent que la cryftallifation du grain a été interrompue, mais qu'enfuite elle a repris fon cours.

Ces globules, expofés à la flamme du chalumeau, fe fondent en un verre blanchâtre & un peu bulleux, qui a auffi l'œil gras de l'intérieur des globules.

Les cryftaux que renferme l'ophite ou porphyre verd opaque, ont en tout les mêmes qualités, le même œil gras, la même tranflucidité, le même degré de fufibilité : ils n'en différent que par leur forme qui eft parallélipede rhomboïdale, tandis qu'elle eft globuleufe

X x

dans les variolites. Puis donc que les cryftaux de porphyre font inconteftablement du feldfpath, ceux de la variolite doivent être auffi rangés fous la même dénomination. On voit dans le fpath calcaire les mêmes différences de formes, qui n'empêchent point une dénomination commune.

J'AJOUTERAI, que d'après les caracteres que j'ai établis, §. 1304. C, ces grains doivent être rapportés à l'efpece de feldfpath à laquelle j'ai donné le nom de *gras*.

<small>Variétés de cette terre.</small>

LA defcription que je viens de donner de cette variolite, ne convient qu'aux variétés dont la pâte eft la plus dure, car on en voit dont la pâte prefque tendre, foit naturellement, foit par décompofition a en-dehors une apparence terreufe. (1) Dans celles-ci, comme je l'ai dit, cette pâte s'ufe, & les grains dont la dureté eft à-peuprès toujours la même, demeurent extrêmement faillants.

ON en voit auffi qui ne renferment prefque point de grains, quelques-unes même qui n'en renferment point du tout, & que l'on reconnoît à leur pâte, qui eft conftamment la même.

ENFIN on trouve des poudingues compofés de fragments de variolites, les uns roulés, d'autres anguleux, réunis par une pâte bien remarquable.

CETTE pâte eft compofée de la matiere de la bafe & de celle des grains de la variolite; c'eft-à-dire de feldfpath blanc gras, & d'ophibaze. Ces deux fubftances font mêlées & entrelacées comme le feroient

---

(1) M. DORTHÈS a fuivi les changements de couleur que fubiffent les variolites en fe décompofant. Elles paffent du verd foncé au jaune par le violet, le rouge & l'orangé. En même tems elles perdent leur dureté, & prennent une odeur d'argille. *Journal de Phyfique* 1786. *T. I. p.* 460

deux matieres visqueuses que l'on auroit mêlées en les pétrissant ensemble en différents sens, car la pâte de feldspath ne donne là aucun indice de cryſtalliſation.

Il faut donc que des maſſes de variolites aient été rompues, que quelques-uns de leurs fragments aient été arrondis, & que ces fragments arrondis, mêlés avec d'autres qui ne l'étoient pas, aient été réunis dans le lieu même où ſe formoit la variolite, & dans des circonſtances qui s'oppoſoient à la cryſtalliſation néceſſaire pour la formation des grains.

Au reſte, on voit ſouvent dans ces variolites, des grains réunis, comme ceux d'une petite-vérole confluente. Ce phénomene n'eſt pas favorable à l'hypotheſe de M. D'Aubenton, §. 1479, qui les ſuppoſe formés chacun à part dans des eaux tournoyantes.

Si on n'en voyoit que deux ou trois réunis de cette maniere, on pourroit croire qu'ils ont tourné enſemble; mais comme l'on en voit ſouvent de longues files, où chaque grain conflue avec ceux qui le touchent, cette ſuppoſition eſt difficile à admettre.

Ils ne paroiſſent point non plus comprimés comme ils le ſeroient, s'ils avoient été appliqués les uns contre les autres, après leur formation, mais ils ſont fondus enſemble comme des cryſtaux, qui ſe réuniſſent dans le liquide où ils ſe forment.

On voit fréquemment dans la pâte de ces variolites, des grains de pyrites ſulfureux & brillants. On ſait que M. de la Tourette y a trouvé des lames d'argent natif. *Journal de Phyſique. T. IV. p.* 320.

On y voit auſſi des cryſtaux de ce ſchorl verd du Dauphiné, que je nomme delphinite. On y trouve enfin fréquemment de petits cryſtaux, qui paroiſſent être de hornblende.

Porphyre rd. §. 1339. B. *Porphyre verd.* La pâte de ce porphyre approche auſſi de celle de l'ophite ; ſa couleur eſt cependant moins belle : c'eſt un verd qui tire ſur le gris foncé : elle prend auſſi au-dehors une ſurface moins unie & moins douce au toucher. Du reſte, ſa caſſure & ſa dureté ſont les mêmes, mais elle eſt un peu plus réfractaire, & le verre qu'elle donne eſt moins dur & moins opaque. Les petits fragments de ce verre ſont cependant attirés par l'aimant.

Les cryſtaux de feldſpath que renferme ce porphyre, ſont comme dans l'ophite, des priſmes obliquangles alongés, d'un blanc qui tire un peu ſur le verd, d'un éclat gras & laiteux, leur caſſure eſt plus compacte, & préſente des lames plus épaiſſes que le feldſpath commun.

Porphyre rouge. §. 1339. C. *Porphyre rouge.* La pâte de ce porphyre eſt de celles que je nomme *petroſilex primitif.* Dans les cailloux roulés, ſa ſurface eſt aſſez unie, preſque douce au toucher. Elle ſe rompt en fragments irréguliers à angles aſſez vifs, preſqu'opaques ſur leurs bords. Sa caſſure eſt écailleuſe à écailles très-minces, qui vues au microſcope, paroiſſent demi-tranſparentes & blanchâtres, tandis que le fond eſt d'un rouge veineux aſſez foncé.

Cette pâte eſt plus que demi-dure, elle donne du feu au briquet, & cependant elle ſe laiſſe rayer en roſe par une pointe d'acier. Elle ſe fond avec peine au chalumeau en un verre demi-tranſparent, gris & bulleux, mêlé de quelques points rembrunis, qui ſont attirables à l'aimant.

Les grains ſont de feldſpath, blancs, jaunâtres, rarement cryſtalliſés avec régularité, & de la nature graſſe des précédents.

Porphyre noir. §. 1339. D. *Porphyre noir.* La pâte de celui-ci eſt d'un beau noir foncé tirant un peu ſur le bleu, ſa ſurface extérieure eſt aſſez unie & preſque douce au toucher. La caſſure finement écailleuſe, comme celle des précédents; mais sa dureté un peu moins grande, quoiqu'elle donne quelques étincelles. Elle est encore plus réfractaire; la flamme du chalumeau ne fait que la blanchir & l'émousser un peu sur les bords les plus minces.

Les grains d'un blanc un peu verdâtre n'ont aucune régularité; ils sont empâtés dans le fond noir de la pierre, sous toutes sortes de formes. Leur cassure est le plus souvent écailleuse : on y voit cependant quelques indices du tissu lamelleux du feldspath, & c'est aussi comme dans les autres du feldspath gras.

§. 1539. E. *Porphyre brun.* Sa pâte brune, grossiere, d'un aspect terreux, est cependant assez dure. Les grains rarement réguliers, sont d'un feldspath gras, un peu compacte & d'un verd d'œillet. Porphyre brun.

§. 1539. F. *Porphyre gris* à pâte de petrosilex, d'un gris verdâtre, renfermant une quantité de cryftaux de feldspath gras de la même couleur, quoiqu'un peu plus blancs, quelques pyrites & quelques points noirs ferrugineux. Porphyre gris.

§. 1539. G. *Schifte porphyrique* à pâte noirâtre couleur de fer, à cassure écailleuse & brillante, dure, contenant des cryftaux de feldspath sec blanc, opaque, qui se gonfle & se fond aisément au chalumeau, & d'autres cryftaux de hornblende d'un verd noirâtre assez dur. Porphyre schisteux.

§. 1539. H. *Lave rouge porphyrique.* La forme de cette pierre étoit applatie, triangulaire, avec ses angles & sa surface usés par le frottement. Cette surface est d'un rouge violet, pâle, sans éclat, avec des taches jaunes, irrégulieres, & parsemée de trous arrondis, très-nombreux & très-petits. Elle se casse en fragments irréguliers, dont les bords un peu déchirés, sont à angles vifs très-translucides. Sa cassure est à écailles très-fines & médiocrement brillantes, les parties jaunes fondues & empâtées dans le fond rouge, présentent les mêmes appa- Lave porphyrique.

rences. Les unes & les autres font très-dures, donnent beaucoup d'étincelles, & ufent la lime, bien loin de s'en laiffer entâmer. On y apperçoit quelques parties brillantes, qu'on prend d'abord pour du mica. Mais en les obfervant avec une forte loupe, j'ai reconnu que c'étoient des lames vitreufes d'une extrême fineffe.

Les cellules de cette lave font vuides, rondes, très-nombreufes, mais très-petites; les plus grandes égalent à peine un quart de ligne. Ce qui caractérife encore l'action du feu, c'eft qu'il y a des endroits où les cellules alongées donnent à la pierre une apparence fibreufe, & indiquent la direction dans laquelle a coulé la lave; cette direction eft la même par-tout, & parallele aux deux grandes faces de la pierre.

Elle eft cependant extrêmement réfractaire; le feu le plus vif du chalumeau ne fait que la blanchir par places, & émouffer les angles vifs des plus petits fragments. Mais le grand fcrutateur des volcans, M. de Dolomieu, nous a familiarifés avec l'idée, fi contradictoire en apparence, d'un feu plus foible que celui de nos lampes & de nos fourneaux, & qui pourtant fait couler des pierres que ces lampes & ces fourneaux ne peuvent pas mettre en fufion.

J'ai appellé cette lave porphyrique, parce que fa pâte paroît être, comme celle de divers porphyres, un petrofilex primitif. De plus, on y reconnoît çà & là, quelques faces lamelleufes qui indiquent des cryftaux de feldfpath.

Jade.

§. 1539. I. Cette pierre prend au-dehors, en fe roulant, une furface unie, luifante, un peu graffe au toucher. Sa caffure eft extrêmement écailleufe, & fes écailles petites, nombreufes, demi-tranfparentes, femblent des grains ou de mica, ou de fable. Il faut une forte loupe pour diffiper cette illufion. Sa couleur eft d'un verd d'olive dans quelques endroits, & dans d'autres de la même pierre elle eft d'un violet pâle.

Elle donne beaucoup de feu contre l'acier, & se laisse pourtant entâmer un peu à la lime, très-tenace ou difficile à casser & assez pesante. Elle se fond au chalumeau en un verre noir luisant; & cette couleur vient de quelques atomes de mine de fer, que l'on apperçoit disséminés dans sa substance.

§. 1539. K. La plupart des granits proprements dits, que l'on trouve roulés sur les bords de la Durance, ont leur feldspath couleur de chair, & de la qualité de ceux que j'ai nommés secs. Ils se fondent assez aisément au chalumeau en se gonflant, non point autant que ceux auxquels M. de Dolomieu attribue avec tant de vraisemblance l'origine des pierres ponces, mais pourtant d'une maniere très-sensible. On en voit aussi dont le feldspath est blanc, quelquefois même un seul morceau en renferme de ces deux couleurs. Le quartz de ces granits est pour l'ordinaire blanc, demi-transparent. Quelquefois au lieu de mica, ces granits renferment de la pierre de corne verte & tendre, dont les parties discernables sont de petites lames concaves d'un côté, & convexes de l'autre. C'est la *chlorite* de Werner. Elle se fond en un émail noir brillant & attirable à l'aimant.

Granits proprement dits.

§. 1539. L. J'ai retrouvé là une espece de granit qu'on voit fréquemment dans les cailloux roulés des environs de Geneve, & qui me fournit l'occasion de relever une des erreurs que renferme l'énumération de ces cailloux dans le premier vol. de ces voyages. Ce granit n'est composé que de deux élémens, de parties blanches & de parties noirâtres. Le mélange de ces deux parties, lorsque leurs couleurs sont bien tranchées, & qu'elles ont l'une & l'autre un certain degré de dureté, forme une très-belle pierre, dont les anciens ont fait souvent usage, & qui est fort connue en Italie, sous le nom de *granitello*. J'ai dit dans la description que j'en ai donné, §. 138. que les parties blanches de ce granit sont du quartz; & Wallerius l'avoit

Granit d'hornblende & de feldspath.

dit avant moi, en les nommant *granites quartzo albo & bafalte nigro compofitus. Sp. 200. vaza.*

MAIS j'ai reconnu que ces parties blanches font du feldfpath en maffe, qui ne montre que très-rarement des traces de fa cryftallifation lamelleufe, & qui par-tout ailleurs a une caffure inégale, peu brillante, un peu tranflucide fur fes bords, & d'un très-beau blanc de lait, ou tirant quelquefois un peu fur la couleur de rouille. Il fe fond au chalumeau en un verre demi-tranfparent & bulleux.

L'AUTRE élément de ce granit eft de la hornblende d'un noir foncé tirant fur le verd. Ce granit eft la *fienit* de WERNER.

<small>Schiftes des mêmes éléments.</small> ON trouve auffi fur les bords de la Durance des fragments roulés d'un fchifte compofé des mêmes éléments, *fienitfchiefer* de WERNER.

<small>Granit de de & -de maragdite.</small> §. 1539. M. JE revis là, avec plaifir, un granit compofé de j de & de fmaragdite lamelleufe grife, femblable à celui dont j'avois trouvé des rochers à Mufinet & fur la côte de Gênes, §. 1313. A. & 1362.

DANS celui de la Durance, la fmaragdite eft cependant plus tendre & plus fufible, la flamme du chalumeau la réduit aifément en une fcorie noire & brillante. Elle fe rapproche donc plus de la hornblende.

<small>Grès erds.</small> §. 1539. N. PARMI ces cailloux roulés, j'ai trouvé un morceau non roulé, mais à angles vifs, d'une pierre que je ne faurois confidérer que comme un grès, quoiqu'elle differe beaucoup des grès ordinaires. Sa furface extérieure eft raboteufe, terreufe, brune; on y diftingue quelques fragments de quartz, la plupart arrondis; cette pierre fe caffe en fragments irréguliers & tranflucides fur leurs bords. On y diftingue une pâte qui en fait le fond; cette pâte eft d'un verd grifâtre, fa caffure eft écailleufe, peu brillante, fe raye en blanc, & blanchit

au

au chalumeau fans y fouffrir prefqu'aucune fufion. Dans cette pâte font renfermés des grains de quartz, la plupart arrondis, d'autres anguleux, les plus gros comme de petits pois, les plus petits prefqu'invifibles. L'enfemble de cette pierre eft dur, très - cohérent, & donne beaucoup de feu contre l'acier. Elle ne fait aucune efferveſcence avec les acides. C'eſt donc un grès lié par un petrofilex primitif.

§. 1539. O. POUDINGUE compofé de fragments de petrofilex noir fecondaire, les uns arrondis, les autres anguleux, liés par une pâte de grès, dont les grains font unis par un gluten argilleux, ferrugineux & calcaire. Poudingue de petrofilex.

§. 1539. P. PIERRE calcaire grife, à caffure compacte, écailleufe, qui renferme de petits ftrombites liffes, d'une ligne à une ligne ½ de longueur, vuides, difféminés dans fa fubftance. Calcaire compacte coquillére.

§. 1539. Q. AUTRE calcaire à caffure grenue & un peu caverneufe, compofée en entier de la réunion de ftrombites liffes de 6 à 10 lignes de longueur, remplis de fpath calcaire en très - petits cryftaux. Calcaire grenue coquillére.

§. 1539. R. AUTRE calcaire compacte, fauve, du genre de celle qui eft peinte dans *Knorr Sammlung der Merekururdick. T. I, Pl. VII. a f. 8.*, mais les lignes rembrunies de la mienne fe coupent & fe croifent fous différents angles. Calcaire compacte rayée.

§. 1540. VOILÀ les cailloux les plus remarquables que j'aie ramaffés fur les bords de la Durance, dans deux promenades dont ces cailloux étoient le but. Il y avoit outre cela beaucoup de pierres calcaires communes, des quartz, des ferpentines, des grès, des poudingues, &c. &c.

Origine ces cailloux.

On demandera maintenant si tous ces cailloux sont des fragments des rochers du haut Dauphiné où la Durance prend sa source. Je répondrai par la négative: quelques-uns sans doute en viennent; M. de Faujas dit qu'il a trouvé auprès du village de Servieres, les rochers d'où viennent les variolites. Mais plusieurs de ces cailloux ont été transportés d'ailleurs & par des routes différentes. Les grandes révolutions du globe ont charrié & déposé des cailloux de différents genres, dans les vallées & dans les plaines que traverse la Durance; ce torrent à entraîné les sables & les terres qui étoient mêlés avec ces pierres, les a mises à découvert, & les a ensuite roulées, transportées & mélangées.

Chartreuse de Bonpas.

§. 1541. En cherchant ces cailloux, je remontai la Durance jusqu'auprès de la Chartreuse de *Bonpas*, située sur sa rive droite au pied d'une colline; cette colline n'est composée que de bancs de grès tendres, dont on voit en divers endroits les tranches coupées au-dessus de la chartreuse.

De la Durance à Avignon.

§. 1542. Les trois-quarts de lieue qui séparent Avignon des bords de la Durance, sont une plaine extrêmement fertile & bien cultivée. On ne voit là aucun caillou roulé; le limon que le Rhône, dans ses grands débordements, a déposé sur ces terres les a nivelées & fertilisées, en recouvrant les pierres que les anciennes révolutions avoient charrié là, comme sur les autres plaines de ce pays.

Avignon. Beau point de vue.

§. 1543. On connoît la situation de la ville d'Avignon, les superbes ombrages qui l'entourent, sur-tout du côté du Rhône, mais ce qui m'a frappé le plus, c'est la vue dont on jouit du haut du rocher calcaire sur lequel est bâti le château. On a là sous ses pieds le Rhône, qui, divisé en plusieurs bras tortueux, forme un nombre d'isles couvertes d'arbres & de la plus belle verdure. Il semble que ce sont plusieurs rivieres, qui ici se réunissent, là se séparent pour se rejoindre encore, & s'entrelacer de mille manieres différentes. On découvre au Couchant des plaines cultivées à perte de vue, & à leur entrée la ville de Villeneuve, qui, située sur la rive escarpée du Rhône forme un effet très-agréable : à l'Est les Alpes de la Provence, & au Midi la ville d'Avignon, dont on embrasse toute l'étendue ; ses beaux quais, ses belles promenades, & le bac du Rhône, qui dans un beau jour de fête fourmillent de monde, & sont encore animés par le son du tambourin & par les danses gaies de la Provence.

CHAPITRE XXX.
EXCURSION A VAUCLUSE.

§. 1544. Ce fut en 1776, que j'allai viſiter cette célebre fontaine, dans un voyage de plaiſir & d'étude, que je fis avec ma famille au travers des volcans de l'Auvergne & d'une partie de la France méridionale.

Avignon l'Iſle. En faiſant cette route, on traverſe à l'Eſt d'Avignon une plaine en pente preſqu'inſenſible, dont la partie la plus baſſe & la plus voiſine du Rhône eſt belle & fertile, mais qui en s'éloignant devient ſtérile & pierreuſe.

Variolites de la Durance. Entre les cailloux roulés, je trouvai pluſieurs variolites ſemblables à celles de la Durance; mais quelques-unes, altérées par l'action de l'air & de l'eau, avoient leur ſurface terreuſe, même juſqu'à une certaine profondeur, & comme rouillée. (Voyez ſur la décompoſition des variolites, le Mémoire de M. Dorthès. *Journal de Phyſique T. XXVIII, p.* 460.)

Calcaire gros grains. A une lieue d'Avignon, on laiſſe à ſa droite des carrieres d'une pierre calcaire blanche fort tendre, compoſée de grains, les uns arrondis, les autres oblongs, d'autres irréguliers, d'une à deux lignes de diametre, à couches concentriques, & réunis par une eſpece de tuf poreux.

A un quart de lieue de ces carrieres, on traverſe un beau & grand village nommé *Morieres*. Là le terrein s'éleve insensiblement, & bientôt on arrive au pied d'une colline, sur laquelle il faut monter par un chemin rapide, rempli de cailloux roulés. Cette colline est couverte de vignes & d'oliviers. On descend ensuite à *Châteauneuf*, & la route jusqu'à l'Isle, qui est de deux lieues, passe sur des sables argilleux qui la rendent très-fatigante.

Les environs de la petite ville de *l'Isle*, réellement située dans une isle que forme la Sorgue, & environnée des bras bordés d'arbres de cette jolie riviere, ont été justement célébrés.

§. 1545. De l'Isle à Vaucluse, on compte deux petites lieues. On traverse d'abord une plaine couverte de prairies, puis des champs fertiles plantés de mûriers, puis des vignes & des oliviers, qui croissent sur des débris calcaires. Mais dans quelques endroits ces débris sont si abondants, que les terres ne sont ni ne peuvent être cultivées. On passe ensuite sur des rochers couverts de ces mêmes débris. {De l'Isle à Vaucluse.}

Un quart-d'heure avant d'arriver au village de Vaucluse, on entre dans un vallon tortueux, qui arrosé par les eaux vives & claires de la Sorgue, est extrêmement agréable.

Les premiers rochers que présente ce vallon, sont composés de couches minces d'une pierre calcaire à gros grains, qui alternent avec des couches de grès plus minces encore. Les grains ou parties discernables de la pierre calcaire, sont composés de feuillets planes, lisses, & de forme rhomboïdale. Ceux du grès, liés entr'eux par un gluten calcaire, sont composés de parties, les unes anguleuses, les autres arrondies de quartz blanc transparent, & de stéatites jaunâtres ou verdâtres demi-transparentes. {Couches alternatives de grès & de calcaire.}

§. 1546. On trouve ensuite des rochers de pierre calcaire compacte, dans lesquels on voit des veines & de beaux noyaux de petrosilex {Petrosilex à couches concentriques.}

secondaires, *Hornſtein de Werner*. Ces petroſilex ſont diſpoſés ſur des lignes paralleles entr'elles & aux couches de la pierre. Il y en a de très-grands, d'un pied & plus de diametre, ſur cinq à ſix pouces d'épaiſſeur : car leur forme eſt génëralement comprimée, à bords arrondis, avec une écorce griſe dont l'aſpect eſt terreux. Quelques-uns de ces noyaux ſont compoſés de couches concentriques ; les unes brunes, les autres griſes. Les brunes ſont d'une pierre tranſlucide d'un brun de café foncé, d'une caſſure qui approche de la conchoïde, preſque liſſe & très-peu écailleuſe. Les griſes ſont preſqu'opaques & ont une caſſure très-écailleuſe à groſſes écailles. Les unes & les autres donnent beaucoup de feu contre l'acier ; mais les brunes ſont plus dures & réſiſtent à la lime, au lieu que les griſes ſe laiſſent entamer ; cependant les unes & les autres ſe fondent, quoiqu'avec quelque peine, en une ſcorie blanche & bulleuſe. Trempées dans l'acide nitreux, les unes & les autres donnent beaucoup de petites bulles, mais les griſes plus que les brunes ; après une longue digeſtion dans cet acide, les couches griſes ſe trouvent blanchies juſques à la profondeur d'une demi ligne ; là, leur caſſure eſt plus terreuſe, & elles ſont plus tendres, mais cependant toujours fuſibles au chalumeau. Les couches brunes ſont moins altérées, mais elles le ſont cependant un peu ; ces deux variétés méritent bien le nom de *petroſillex ſecondaire*, mais dans un état de paſſage à la ſilicicalce, §. 1524.

Vis agaṭiſées.

§. 1547. En approchant de Vaucluſe, ces gros nœuds diſparoiſſent, mais on voit à fleur de terre des couches minces de ſilex, dans leſquelles j'ai trouvé de jolies hélicites ou vis agathiſées.

Si je dis agathiſées, c'eſt pour me ſervir de l'expreſſion reçue par les amateurs des foſſiles, car cette ſubſtance n'eſt point une véritable agathe ; c'eſt-à-dire, une calcédoine : elle a bien la demi-tranſparence & la dureté de la calcédoine, mais elle n'en a ni la caſſure ſcintillante ni l'infuſibilité ; ſa caſſure eſt un peu écailleuſe, & ſes petits éclats ſe fondent au chalumeau en un verre bulleux.

Quelques-unes de ces petites vices ont leur teſt ou leur coquille blanche & encore calcaire, tandis que l'intérieur eſt rempli de petroſilex exactement moulé dans ſa cavité, mais il y en a auſſi dont le teſt même eſt devenu petroſilex.

Au reſte, on ſait que ce n'eſt pas là une tranſmutation, mais ſeulement une tranſpoſition. La terre calcaire ne ſe change pas en ſilex, mais elle eſt ſucceſſivement entraînée & remplacée par des parties ſiliceuſes.

On trouve auſſi de petites hélicites avec leurs coquilles blanches & vuides, renfermées dans la pierre calcaire compacte & griſe de ces rochers.

§. 1548. Quand on eſt arrivé au village de Vaucluſe, il faut, pour aller à la ſource, paſſer la Sorgue ſur un pont trop étroit pour les voitures. Il y a un quart de lieue de chemin par un ſentier étroit, ſur des rocailles briſées, un peu fatigantes pour les pieds délicats des Dames, mais elles peuvent trouver au village des ânes très-doux qui leur facilitent cette petite courſe. En allant, on côtoye la Sorgue, ou l'eau de la ſource, qui roule & ſe briſe en écume ſur des rochers couverts de mouſſe. D'autres ſources ſortent du roc de deſſous le ſentier & viennent en bouillonnant joindre leurs eaux à celle de la Sorgue. *Source de Vaucluſe.*

La ſource eſt au fond d'une vaſte & profonde caverne, au pied d'un rocher élevé & taillé à pic, qui fait partie d'une enceinte en demi-cercle de rochers auſſi eſcarpés. Les ruines de l'ancien château, ſitué ſur la cime d'un roc en pain de ſucre; d'autres rochers auſſi iſolés, taillés comme de hautes tours, & par derriere une autre enceinte de rochers caverneux, forment un enſemble infiniment ſauvage & pittoreſque.

Dans le moment où nous vîmes la ſource, elle étoit médiocrement haute; elle s'échappoit du fond de ſon réſervoir par des ouvertures invifibles; mais quand elle eft dans toute fa force, ces ouvertures ne lui fuffifent pas. Elle fe verfe par-deffus les bords de la caverne & forme ainfi une belle cafcade, qui va fe joindre aux eaux échappées par le bas. Les rochers fur lefquels gliffe cette cafcade étoient donc à fec quand nous vîmes la fource, mais ils étoient tapiffés d'une mouffe verte qui croît fur un fond de *lac lunæ* ou terre calcaire en farine que les eaux y ont dépofée. On nous confola de n'avoir pas vu la cafcade, en nous difant, que quand la fource fe verfe par-deffus les bords de fon réfervoir, on ne voit pas la belle caverne chambrée & tortueufe dans laquelle ce réfervoir eft renfermé.

On nous montra dans l'appartement de M. de CAUMONT, feigneur de Vauclufe, les portraits de Pétrarque & de Laure.

Le poëte a une belle tête, pleine d'expreffion & de feu. Laure a de beaux traits, mais beaucoup de roideur.

Les rochers qui forment l'enceinte de la fource, & qui, en barrant le fond de la vallée, lui ont mérité le nom de *Vauclufe*, font tous calcaires.

Leurs couches en général font à peu-près horizontales ; on en voit cependant çà & là, qui font diverfement, & je crois accidentellement inclinées.

CHAP. XXXI.

CHAPITRE XXXI.

D'AVIGNON A MONTELIMAR.

§. 1549. Les 18 lieues de route entre Avignon & Montelimar ne préfentent rien de bien intéreffant pour le minéralogifte, auffi les parcourerons-nous avec rapidité.

En général, le terrein eft couvert jufqu'à une grande profondeur, de cailloux roulés qui le rendent triftement ftérile & monotone, excepté dans les endroits où les alluvions du Rhône ou de quelqu'autre riviere ont recouvert ces cailloux de fable ou de limon. Ainfi les environs d'Avignon font très-fertiles, parce qu'étant bas, le Rhône, dans fes inondations, les a engraiffés de fon limon. Mais entre Sorgue & Bedarides, le chemin paffe fur une hauteur qui n'ayant reçu aucune alluvion, ne montre que ces vilains cailloux. On defcend enfuite, & en approchant de Bedarides & jufqu'au-deffus de Courthézon, les terres fertilifées par la Louvere, ne laiffent prefque plus voir de cailloux roulés. Mais on les retrouve fur la colline de Courtheron, & enfuite prefque fans interruption jufqu'à Orange.

A demi-lieue au Sud-Oueft de Courthézon, on trouve un petit lac d'eau falée; je ne l'ai pas vu, mais M. Guettard en donne la defcription dans fa Minéralogie du Dauphiné, *t*. I, *p*. 187. Il nomme même quelques plantes maritimes qui croiffent fur les bords de ce lac, quoiqu'il foit à 20 lieues de la mer la plus voifine, & qu'on ne trouve point de plante de ce genre dans les pays intermédiaires.

La grande route de Courthézon à Orange, est sur un plateau élevé, couvert de cailloux roulés, au point qu'en bien des endroits on est forcé de laisser le terrein en friche. Cependant auprès d'Orange, d'industrieux cultivateurs ont enlevé ces cailloux en les entassant sous la forme de bancs élevés de 5 à 6 pieds, & le peu de sable & de terre qui se trouvoit dans leurs interstices, rassemblé au fond des tranchées que forme l'enlevement des cailloux, permet d'y planter de la vigne.

Je dis que c'est le sable & la terre contenus dans les interstices de ces cailloux qui se rassemblent lorsqu'on les enleve; car dans cette opération on n'atteint point la bonne terre; en effet, dans les coupures ou naturelles ou artificielles du sol, on voit que le lit de ces cailloux qui recouvre le pays est d'une très-grande épaisseur.

Nature de ces cailloux. §. 1550. Ces cailloux sont presque tous d'un quartz dur, fragile, écailleux, qui ressemble beaucoup à un grès dur tel que celui de Sta. Croce, §. 1370. En effet, il est difficile de prononcer si c'est un grès ou un quartz grenu.

Dans quelques endroits de ces cailloux, on voit des solutions de continuité, & les contours arrondis de quelques gros grains; mais dans d'autres endroits du même caillou on croit voir la pierre absolument en masse & sans parties discernables. Ces vuides remplis d'air peuvent tromper, & faire croire que certains fragments font effervescence lorsqu'on les plonge dans un acide; mais ils sont réellement indissolubles, & même une longue digestion dans l'acide nitreux ne diminue point leur cohérence. Leur couleur la plus ordinaire est grise, blanchâtre, souvent rouillée à l'extérieur; mais on en voit aussi de jaunes, d'orangés & même d'un assez beau rouge.

Parmi ces cailloux de quartz, on voit quelques fragments de bazalte noir de la même nature que ceux de Rochemaure en Vivarais, & qui en viennent très-vraisemblablement. Et ce n'est pas seulement à la furface du terrein que l'on trouve ces fragments de bazalte. On en voit auffi dans les couches les plus profondes de ces amas de cailloux. Ce n'eft donc pas le Rhône actuel qui les a tranfportés là; ils y font venus par les révolutions beaucoup plus anciennes qui ont accumulé ces cailloux.

On voit auffi parmi ces cailloux roulés quelques petites pierres calcaires, & en particulier quelques amas de ftrombites, tels que ceux que j'ai trouvés fur les bords de la Durance. §. 1539. Q.

§. 1551. Je me fuis fouvent demandé d'où a pu parvenir cette immenfe quantité de cailloux de quartz que l'on trouve accumulés dans la vallée du Rhône, depuis les plaines qui font entre Lyon & le Jura, jufqu'à Avignon & plus bas encore; car ces mêmes quartz font, comme je le dirai ailleurs, au moins les fept huitiemes des cailloux roulés qui couvrent la grande plaine de la Crau. L'origine de ces cailloux de quartz eft d'autant plus difficile à déterminer, que dans toutes les montagnes qui bordent le Rhône, & même dans les chaînes attenantes à ces montagnes, on n'en connoît aucune d'une certaine étendue qui foit en entier de cette pierre, ni même des grès durs non effervefcents. *Doutes fur l'origine de ces quartz.*

On voit bien auprès de la ville d'Orange & ailleurs fur cette route, des couches & même des collines de grès, mais ces grès font beaucoup plus tendres, d'un tout autre grain, & liés par un gluten calcaire qui fe laiffe diffoudre par les acides avec une vive effervefcence.

Je demande donc fi ces grès ne feroient point les débris de quelques montagnes renverfées & brifées par les dernieres révolutions de notre globe. Ce qui donneroit quelque probabilité à cette conjecture, ce font les rochers culbutés de grès durs non effervefcents que M. Guettard a obfervés en montant de Pierre-Latte à St. Paul trois châteaux. *Minéral. du Dauphiné*, pag. 161. Comme ces rochers font dans un état de deftruction, il eft bien poffible qu'il en ait exifté d'autres qui font abfolument détruits.

D'Orange Donzere. §. 1552. A deux lieues d'Orange, on passe devant la petite ville de Mornas, & l'on voit au-dessus de la ville des rochers escarpés, composés de couches horizontales, que M. GUETTARD dit être calcaires, *N°. p.* 179. Mais à Montdragon qui n'est pas loin de là, on en trouve qui sont de grès tendres à gluten calcaire.

Un peu au-delà de Montdragon, la route s'éloigne des rochers, & on voyage dans une plaine de sable & de cailloux roulés, désignée par M. GUETTARD sous le nom de *bassin de Donzere & de Montdragon*. Cette plaine ou cette vallée, est bordée à l'Est par les basses montagnes du Dauphiné, & à l'Ouest par le Rhône, au-delà duquel s'élevent les montagnes du Languedoc.

Pierre-latte. Au milieu de cette plaine, à 4 lieues de Montdragon, on trouve une ville dominée par un rocher isolé, dont la cime applatie, a fait donner à cette ville le nom de *de Pierre-Latte* ou *Pierre-Large*. M. GUETTARD dit que ce rocher est de nature calcaire, & il est vrai que la pâte en est calcaire : mais cette pâte renferme aussi beaucoup de gros grains roulés de quartz & de petrosilex, mélangés avec des débris de coquillages.

Colline de Donzere. Le bassin se termine à Donzere, qui est bâtie au pied d'une colline sur laquelle passe le grand chemin. Cette colline a pour noyau un rocher calcaire mêlé des débris de coquillages. On ne voit ce rocher à découvert que vers le haut de la colline, où ses couches assez inclinées, montent du côté du Sud-Ouest ou du Sud-Sud-Ouest. Mais dans le bas de la colline, des deux côtés, & sur-tout du côté du Midi, ou de Donzere, ce rocher est masqué par un entassement de cailloux roulés disposés par couches. Dans quelques-unes de ces couches, ces cailloux englutinés entr'eux, forment une espece de poudingue grossier. On voit là clairement que ce rocher existoit avant la débacle qui a charrié ces cailloux, & qu'en rallentissant le courant, il a causé leur accumulation.

§. 1553. APRÈS avoir passé cette colline, on se trouve dans un bassin à fond plat, semblable au précédent. M. GUETTARD l'a décrit dans la *Minéralogie du Dauphiné*, p. 106 & *suiv.* sous le nom de *bassin de Montelimar*. Il est aussi bordé à l'Est par des collines peu élevées, mais qui s'élevent graduellement en s'approchant des Alpes. A l'Ouest, il est borné par le Rhône, au-delà duquel on voit les montagnes du Vivarais former une chaîne assez uniforme, d'environ 200 toises de hauteur, en se terminant du côté du fleuve par des escarpements assez rapides. On commence à distinguer les buttes noires basaltiques de Roche-Maure, mais on les voit encore mieux lorsqu'on a passé Montelimar.

Bassin de Montelimar.

DANS sa description du bassin de Montelimar, M. GUETTARD observe trois objets intéressants pour les Minéralogistes.

Objets intéressants dans ce bassin.

PREMIÈREMENT, les débris de basalte, en second lieu les fragments de tripoli que l'on trouve mêlés parmi les cailloux roulés, & enfin des geodes, ou comme il les appelle, des bezoards ferrugineux qui se trouvent dans des carrieres de sable. Je n'ai point vu ces geodes, ainsi je n'en parlerai pas ; mais je dirai un mot des basaltes que j'ai vus, & je m'arrêterai un peu plus sur le tripoli.

§. 1554. ON est étonné de trouver des fragments de basalte sur la rive gauche du Rhône, & même à plus d'une lieue de distance de ses bords, lorsqu'on sait qu'il n'existe sur cette rive, ni volcans, ni montagnes basaltiques. Et ce ne sont pas seulement des débris, mais des colonnes ou des fragments de colonnes, du poids de plusieurs quintaux.

Fragments de basalte.

M. GUETTARD cherche à expliquer ce fait, en prouvant que le Rhône a passé autrefois beaucoup plus près de Montelimar qu'il ne fait aujourd'hui, & peut-être même à l'Est de cette ville. Mais cette fuppofition, lors même qu'on l'admettroit, ne nous aideroit point à comprendre comment les bafaltes du Vivarais, qui fe feroient alors trouvés à une lieue de diftance du Rhône auroient pu rouler, non-feulement jufqu'à Montelimar, mais même fort à l'Eft de cette ville, & beaucoup au-deffus de fon niveau. Il eft bien plus vraifemblable, que lors de la grande débacle, les eaux qui defcendoient avec une grande violence par-deffus les montagnes du Vivarais, ont entraîné ces bafaltes jufques dans les lieux où on les trouve. En effet, il faut un courant beaucoup plus grand & plus puiffant que celui du Rhône, pour les avoir portés à des hauteurs, que le Rhône n'a fûrement jamais pu atteindre. C'eft bien auffi le fentiment de M. de Faujas.

Au refte, quoique l'on trouve de ces fragments de bafalte jufqu'à une demi-lieue au Nord de Montelimar, ils font cependant beaucoup plus fréquents au Midi, & on en voit à de beaucoup plus grandes diftances. Ce qui prouve que le courant qui les entraînoit defcendoit dans cette direction.

Tripoli de Montelimar.

§. 1575. Les fragments de tripoli fe trouvent auffi épars dans les cailloux roulés des environs de Montelimar. Celui que j'ai trouvé à tous les caracteres extérieurs que M. Werner attribue à cette fubftance, fous le nom de *trippel*. Sa couleur eft d'un roux tirant fur le fauve; il eft un peu plus dur & plus rude au toucher que celui de Corfou, mais fa caffure eft également terreufe, & tache un peu le drap contre lequel on le frotte.

Comme je cherchois à connoître la raifon de fa légereté, je l'obfervai au grand jour & avec une forte loupe, je vis qu'il étoit criblé d'une quantité de trous extrêmement petits. Les plus grands n'ont qu'une dixieme de ligne de diametre, & il y en a de dix fois plus petits. Ces trous font parfaitement cylindriques, ils paroiffent, ou ronds, ou elliptiques, ou en gouttieres, fuivant que la caffure de la pierre les préfente coupés perpendiculairement, obliquement, ou parallelement à leur axe; leurs parois intérieures paroiffent liffes & compactes. On en voit qui ont dans leur intérieur un axe cylindrique libre, qui ne touche nulle part les parois du cylindre qui les renferme. Sans doute cet axe eft adhérent au fond du cylindre, mais je n'ai point pu obferver les extrêmités de ces cylindres creux; ils s'enfoncent dans la pierre, où ils fe croifent fous toutes les directions imaginables, & on ne voit point comment ils fe terminent. Cette fubftance ne paroît fubir aucune altération dans l'acide nitreux. La flamme du chalumeau blanchit ce tripoli comme celui de Corfou, & les change également, l'un & l'autre, en une fcorie bulleufe & demi-tranfparente.

Le tripoli de Corfou a auffi des pores cylindriques du même diametre, mais beaucoup moins fréquents que celui de Montelimar.

Les fragments roulés de tripoli que l'on trouve aux environs de Morat, & dont M. Berthout van Berchem a eu la bonté de m'envoyer des échantillons, & une autre variété plus groffiere, que j'ai trouvé moi-même auprès de Geneve, ont auffi des pores cylindriques, mais beaucoup moins réguliers que celui de Montelimar.

§. 1556. Ces pores cylindriques fembleroient favorifer l'opinion de M. Garidel, qui regarde le tripoli comme le réfultat de l'altération d'un bois foffile. *Mém. des favans étrangers. T. III.* On pourroit en effet dire que ces pores font les trous des vers qui ont rongé ce bois. Mais cette opinion a été combattue, & paroît avec raifon avoir été abandonnée par les Minéralogiftes. Ces mêmes pores fembloient auffi favorifer l'origine volcanique de cette fubftance, origine fondée fur les obfervations de M. Fougeroux de Bondaroi, *Acad. des Sciences.* 1769 *p.* 276, & fur laquelle M. Kirwan croit qu'on ne doit avoir aucun doute. Cependant M. Guettard a donné dans fa minéralogie du Dauphiné la defcription d'une montagne voifine de Montelimar qui renferme des couches de tripoli, & dont il feroit poffible que

Diverfes opinions fur le tripoli.

celui que j'ai trouvé ait été détaché. Or, d'après cette description, il est bien certain que cette montagne n'a point subi l'action des feux souterreins. Il seroit cependant possible que les eaux eussent pris cette terre dans un endroit où elle auroit été préparée par les feux souterreins, & l'eussent ensuite transportée sur cette montagne. Mais d'un autre côté, on pourroit dire qu'il est également possible que le tripoli se soit trouvé tout formé dans les endroits où on l'a vu mêlangé avec les produits des feux souterreins.

Tripolis de différente nature. §. 1557. DANS ce conflit d'opinions & de possibilités contradictoires, je crois d'abord que l'on peut regarder comme certain, qu'il y a des tripolis de natures, ou au moins de structures très-différentes, celui par exemple, qui vient de Riom en Auvergne, est bien certainement un schiste qui a subi l'action du feu.

Tripoli schisteux. PREMIEREMENT, c'est incontestablement un schiste, ses feuillets quoique très-minces, sont parfaitement distincts, plans, paralleles entr'eux, & cependant sa cassure terreuse a tous les caracteres de celle du tripoli ; de plus sa couleur de brique, ici jaune, là rougeâtre, l'œil & le toucher sec d'une matiere calcinée, & enfin certaines boursoufflures que l'on voit en quelques endroits, indiquent assez clairement l'action du feu. On ne découvre cependant aucun pore dans son intérieur.

DANS l'espérance de trouver quelque morceau de cette substance, qui me donneroit des lumieres sur sa nature, j'en fis prendre un sac chez un marchand droguiste, & je l'épluchai avec soin. Je trouvai là quelques fragments d'un très-beau noir, & dont la structure étoit d'ailleurs la même que celle des rouges. Ce sont ceux dont M. GUETTARD parle dans son Mémoire. *Acad. des Sciences* 1757 *p.* 177. Ces morceaux noirs deviennent rouges par l'action du feu, & j'en trouvai dans le même sac des fragments, noirs à une de leurs extrêmités, rouges à l'autre, & qui dans l'intervalle passoient par toutes les nuances

ces intermédiaires. Je ne saurois donc douter que cette espece de tripoli n'ait subi l'action du feu, mais une chaleur lente, douce, telle que celle des mines de charbon en état de combustion plutôt qu'une fusion telle que celle des volcans proprement dits. Car la structure, je le répete, de la pierre noire, qui paroît n'avoir point été brûlée, est la même que celle de la rouge qui paroît l'avoir été. Il paroît cependant que l'action du feu le rend plus propre à polir les pierres & les métaux, car les ouvriers qui l'emploient rebutent absolument les morceaux noirs, & n'achetent que ceux qui sont rouges ou jaunes.

§. 1558. La terre pourrie d'Angleterre, qui est bien sûrement une espece de tripoli, *trippela cariosa*, n'est pas du tout poreuse, & n'a que de très-légers indices de structure schisteuse. J'en ai aussi trouvé au bord du Rhône un morceau de couleur fauve, d'une douceur & d'une finesse singuliere, qui ne montre ni pores ni aucune apparence de tissu feuilleté. Tripoli en masse.

§. 1559. Mais le tripoli de Corfou, connu dans le commerce sous le nom de tripoli de Venise, semble intermédiaire entre les especes schisteuses & celles qui ne le sont pas; car quoiqu'il ne se sépare point par feuillets comme celui d'Auvergne, on y voit pourtant des traits paralleles de couleurs différentes, qui indiquent une formation analogue à celle des schistes. Espece intermédiaire.

§. 1560. Lorsqu'on observe, au microscope, à un jour favorable ces différentes especes de tripoli, & en particulier celui de Venise, on voit qu'il est composé de grains transparents & très-fins. D'un autre côté analyse chymique prouve que la terre siliceuse forme les neuf dixiemes de cette substance, *Kirwan, p.* 85. Enfin elle se comporte au chalumeau exactement comme le petrosilex primitif. Il me paroît donc prouvé que c'est un sable petrosiliceux extrêmement fin, lavé & déposé par les eaux sous la forme de feuillets, ou de couches plus Conclusion.

ou moins épaisses, & qui suivant la nature des matieres qui lui fervent de gluten, a eu, ou n'a pas eu besoin de l'action des feux souterreins pour défunir ses parties & les rendre propres à l'usage qu'on en fait dans les arts. C'est aussi l'opinion de M. de BORN. *Voyez le catal. des fossiles de Mlle. de* RAAB. M. HAIDINGER range aussi le tripoli parmi les grès, *systematische einth. der gebirgsarten, p.* 29.

Cailloux roulés.

§. 1561. JE terminerai ce chapitre par la description d'un ou deux cailloux roulés remarquables que j'ai trouvés auprès de Montelimar.

Porphyre violet.

I. PORPHYRE à pâte de petrosilex d'un violet vineux, dont la cassure est scintillante & à écailles très-fines. Cette pâte est très-dure & très-réfractaire, les bords des petits fragments blanchissent pourtant & donnent quelques indices de fusion à la flamme du chalumeau.

CETTE pâte renferme des cryftaux rhomboïdaux de feldspath gras, blancs, ici laiteux, là tirant sur le verd.

Porphyre à pâte composée.

§. 1562. II. CETTE espece de porphyre est très-remarquable. Sa pâte est composée d'un mélange de grains extrêmement petits. Les uns blancs, les autres noirâtres, dont l'ensemble forme une couleur grise obscure. Le roulement a donné, extérieurement, à cette pierre une espece de poli qui la rend un peu luisante à l'œil, & un peu douce & froide au toucher. Au-dedans, sa cassure est scintillante, & quand on l'observe avec une forte lentille, on y distingue de très-petits grains à facettes brillantes, les uns noirs, les autres blancs; les facettes sont planes, unies, & leurs formes paroissent rhomboïdales. Cette pierre donne des étincelles contre l'acier, & cependant une pointe du même métal y imprime une raye blanchâtre. Au chalumeau, cette pâte se fond aisément en une scorie demi-transparente, mêlée de brun & de blanc, à raison des grains, dont les verres retiennent les couleurs. D'après ces caracteres, il paroît que les grains noirs sont de hornblende, & les blancs de feldspath.

A MONTELIMAR, Chap. XXXI.

Les cryſtaux que renferme cette pâte, ſont des rhomboïdes de feldſpath gras, d'un gris blanchâtre.

Ce que cette pierre a encore de remarquable, c'eſt qu'à une de ſes extrêmités, elle ſe change en un ſchiſte rayé de blanc & de brun, dont les feuillets blancs plus épais que les bruns, ſont de feldſpath grenu, ou confuſément cryſtalliſé, & les bruns ſont une eſpece de pierre de corne. En obſervant enſuite le porphyre, même avec beaucoup de ſoin, j'apperçus au-dehors quelques indices d'un tiſſu ſchiſteux, dont les traits ſont paralleles à ceux du ſchiſte évident de ſon extrêmité. Mais dans la caſſure, on ne voit aucune trace de cette forme ſchiſteuſe. Ces variations ſont parfaitement conformes au ſyſtême de M. de Dolomieu ſur la formation des roches.

§. 1563. III. Cette pierre, que je regarde comme une variolite, mais qui pourroit être conſidérée comme une lave, a au-dehors une ſurface inégale, un peu rude, un peu caverneuſe, d'un violet tirant ſur le gris avec quelques taches blanches ou jaunes. Elle ſe caſſe en fragments irréguliers obtuſangles & opaques, même ſur leurs bords. Sa caſſure eſt compacte, un peu inégale, à écailles très-fines & blanchâtres qui lui donnent un aſpect ſcintillant, quoique le fond n'ait preſqu'aucun éclat. Ce fond eſt d'un violet foncé tirant ſur le noir. Cette pâte eſt dure, donne beaucoup d'étincelles, & ſe laiſſe pourtant un peu attaquer à la lime. Elle ne ſe fond que difficilement au chalumeau en un verre brun demi-tranſparent, mêlé de quelques bulles & de quelques parties blanchâtres. Elle agit foiblement ſur l'aiguille aimantée. C'eſt donc un petroſilex primitif mêlé de fer.

Lave violette ou plutôt variolite dure.

Les cellules, dont la totalité forme à peine le quart du volume de la pierre, & qui ont depuis une ligne juſqu'à un ¼ de ligne de diametre, ſont de formes généralement arrondies. Ces cellules ſont toutes remplies de ſpath calcaire, compoſé de lames rhomboïdales qui n'ont aucun rapport avec la forme de la cavité qui les renferme.

Mais outre le fpath, ces cellules contiennent encore une autre fubftance. En effet, lorfqu'on tient un morceau de cette pierre plongé dans un acide jufqu'à ce que l'effervefcence ait ceffé, & qu'ainfi le fpath calcaire ait été entiérement diffout, on voit les parois des grandes cellules entiérement tapiffées de petits cryftaux blancs brillants, quelquefois tranfparents, qui vus à la loupe montrent une forme cubique, qui fe fondent aifément au chalumeau en une fcorie blanche & bulleufe, & qui par conféquent font de zéolite.

Grès rouge chifteux.

§. 1564. IV. CE grès roulé eft extérieurement rude, fans éclat, d'un rouge vineux. Intérieurement il eft d'un beau rouge tirant fur le violet, à grains extrêmement fins, entre lefquels on voit briller de petites lames de fpath calcaire. Il fait une vive effervefcence avec l'acide nitreux, & laiffe enfuite un fable compofé de grains de quartz blancs tranfparents, à angles vifs, & de quelques grains de feldfpath, reconnoiffables au chalumeau par leur fufibilité; le tout mélangé d'une terre rouge très-fubtile, à laquelle ce grès doit fa couleur.

CE grès eft fur-tout remarquable par fon tiffu fchifteux, à feuillets plans & très-fins, quelques-uns de moins d'un quart de ligne, adhérents entr'eux; mais marqués à leur furface par une efpece de vernis gris d'un éclat métallique, comme fi cette furface avoit été frottée avec de la plombagine. Cette couche brillante eft extrêmement mince, & il n'en paroît aucun veftige ni au chalumeau ni dans l'acide nitreux.

CHAPITRE XXXII.

EXCURSION DE MONTELIMAR AU CHATEAU DE GRIGNAN.

§. 1565. Tous ceux qui ne font pas étrangers à la littérature Françoife, doivent connoître le château de Grignan par les lettres de Mde. de Sévigné. Et ceux qui ont fenti vivement le mérite de ces lettres, doivent comprendre comment on peut defirer de connoître le lieu qu'a habité leur auteur, & qui étoit fi fouvent l'objet de fes penfées.

Introduction.

C'est ce fentiment qui infpira à ma femme, avec qui je voyageois en 1787, le defir d'aller à Grignan, & je me fis un vrai plaifir de l'y conduire.

Mes voyages fur les hautes Alpes, les feuls que j'aie faits fans elle, lui caufent tant de peines & d'inquiétudes; & dans ceux même où j'ai le bonheur de l'avoir pour compagne, nos ftations, calculées pour l'étude de l'Hiftoire Naturelle, l'expofent fi fouvent à de mauvais gîtes, & à d'ennuyeux féjours, que je me trouvai fort heureux de pouvoir à mon tour les diriger d'une maniere qui lui fût agréable. Mais croiroit-on que le voyage de Grignan foit difficile & prefque dangereux. C'eft prefque toujours à Montelimar que l'on prend des chevaux pour y aller. Cependant il y eut entre les poftillons de longs débats fur la route qu'ils nous feroient prendre. Enfin il fut décidé que nous fuivrions jufques à deux lieues de Montelimar la grande route de Marfeille, & que là nous prendrions la traverfe. Nous fuivîmes donc cette route,

& nous la quittâmes vis-à-vis d'un hameau nommé *Colombier*. Là nous tirâmes à l'Eſt, nous vînmes auprès des granges de Maloubret, & nous entrâmes dans une grande plaine couverte d'une brouſſaille de chênes verds, de genevriers & de buis, où la route étoit à peine indiquée. Nous voyageâmes pendant une heure dans cette plaine juſqu'à la grange de Treillat, ſituée ſur le penchant d'un ravin dans lequel nous deſcendîmes, & dont nous ſuivîmes le fond. Tout ce pays eſt couvert de débris calcaires anguleux; je n'y vis aucun caillou étranger, mais beaucoup de ſilex formés dans la terre calcaire, les uns opaques, les autres demi-tranſparents diverſement colorés, quelques-uns même aſſez beaux. En ſuivant ainſi le fond de ce vallon par un mauvais chemin, ſillonné par de profondes ornieres dans un ſable argilleux, nous vînmes en 4 heures ½ depuis Montelimar au petit bourg de Vallaurie. Là il fallut faire rafraîchir les chevaux pendant que nous mangions une omelette dans un méchant cabaret.

De Vallaurie à Grignan.

§. 1566. APRÈS cette halte frugale, nous ſuivîmes encore le fond du même vallon ſur du ſable ou des grès tendres, d'un rouge ſingulierement vif, & recouverts çà & là de débris calcaires & de ſilex.

Petroſilex à écorce.

Là encore, je trouvai des nœuds naturellement arrondis de petroſilex, dont l'écorce de 6 lignes à un pouce d'épaiſſeur, étoit griſe preſqu'opaque, tandis que le noyau concentrique à cette écorce étoit fauve & demi-tranſparent. L'un & l'autre donnoient des étincelles à l'acier, beaucoup de bulles dans l'acide nitreux, & ſe laiſſoient fondre au chalumeau. J'y trouvai auſſi des fragments d'un beau ſilex demi-tranſparent, homogene, d'un beau gris de perle, approchant de la calcédoine. Ce ſilex ne donnoit point de bulles dans l'acide nitreux, & cependant ſes éclats très-minces ſe laiſſoient fondre au chalumeau en un verre blanc & bulleux.

Au bout de trois quarts de lieue de route dans ce vallon, nous commençâmes à monter par un chemin, d'abord pavé, puis fangeux, puis fur le roc. Ce roc, dont eft compofé tout le plateau de Grignan, eft rempli, je dirois prefque compofé, de débris de coquillages; il eft cependant mêlé çà & là de fragments d'une pierre calcaire plus compacte & de petrofilex. Dans cet endroit, le chemin étoit fi mauvais, que fans une extrême imprudence on ne pouvoit pas demeurer en voiture. Il fallut donc faire à pied près d'une demi-lieue. Depuis le hameau de Caroir le chemin fut un peu moins mauvais. Il paffe là au pied d'une colline argilleufe, blanchâtre, en décompofition. Enfin en 2 heures un quart de marche, lente à la vérité, nous arrivâmes au village ou à la petite ville de Grignan.

§. 1567. Le château, fitué au-deffus du village, préfente de loin un afpect très-fingulier; il occupe la cime d'une efpece de montagne ifolée au milieu d'un grand plateau nud & pelé. C'eft un édifice énorme, de forme irréguliere, guindé fur des murs de terraffe d'une hauteur prodigieufe. Au pied de ces murs font entaffées les maifons de la petite ville de Grignan, toutes renfermées par une muraille flanquée de tours. Il eft difficile d'imaginer quelque chofe de plus trifte & de plus extraordinaire. *Château de Grignan.*

Nous eûmes le plaifir de rencontrer, à l'entrée de la ville, M. Genton de St. Paul-trois-châteaux, connu par un ouvrage peu volumineux, mais intéreffant fur les foffiles du bas Dauphiné. J'avois le bonheur d'être en correfpondance avec lui, & il avoit bien voulu venir nous attendre à Grignan. On monte de la ville au château par un chemin qui tourne autour de la montagne; il eft pavé, rapide, mais pourtant praticable aux voitures. L'entrée du château a quelque chofe de trifte, mais d'impofant. Une grille de fer renferme une grande cour pavée de pierres plattes, dont les joints étoient remplis d'herbes, & terminée par une façade & des ailes très-exhauffées qui étoient, finon dégradées, du moins rembrunies par le tems.

CHATEAU

D'après l'obfervation du baromètre, je trouvai le rez de chauffée du château élevé de 480 pieds au-deffus de Montelimar.

M. de Muy, feigneur du lieu, étoit abfent, mais fon agent, M. Vigne, qui avoit été prévenu par M. Genton, nous reçut avec beaucoup de politeffe. Il nous donna des lits dans le château, & ma femme eut le plaifir de coucher dans la chambre de Mde. de Sévigné.

Nous vîmes là fon portrait. C'eft celui d'une femme blonde, dont les traits affez réguliers n'annoncent pas la vivacité du fentiment avec laquelle elle s'eft peinte elle-même dans fes lettres. Le portrait de Mde. de Grignan repréfente une belle perfonne; fa phyfionomie eft douce & agréable, de même que celle de fon petit-fils, le dernier des Adhémars.

Le lendemain, avant de partir, nous fîmes le tour des terraffes qui environnent le château; la vue eft fort étendue, mais fans agrément & fans intérêt. D'abord c'eft l'immenfe plateau que domine le pain de fucre, dont le château occupe le faîte. Ce plateau eft d'une pierre calcaire nue, fans eaux, fans prairies, parfemé feulement çà & là de champs d'une terre rougeâtre, de quelques oliviers & de quelques chênes verds bien petits, bien clair-femés; puis dans l'éloignement, des collines tout auffi pelées & fans phyfionomie. En faifant le tour du château, je remarquai avec furprife, que les vitres du côté du Nord étoient prefque toutes brifées, tandis que celles des autres faces étoient entieres. On me dit que c'étoit la bife qui les caffoit; cela me parut incroyable; j'en parlai à d'autres perfonnes, qui me firent la même réponfe; & je fus enfin forcé de le croire. La bife fouffle là avec une telle violence qu'elle enleve le gravier de la terraffe, & le lance jufqu'au fecond étage avec affez de force pour caffer les vitres. On comprend donc que Mde. de Sévigné pouvoit, fans affectation, plaindre fa fille d'être expofée aux bifes de Grignan.

§. 1568.

§. 1568. Mais ce que nous vîmes avec le plus de plaisir, ce font les grottes de Roche-Courbiere. On y va en une demi heure de promenade depuis le château. Là, au pied d'une petite colline ombragée par des chênes & des yeufes, on trouve des couches horizontales d'une roche calcaire, qui dans un efpace affez étendu, forment une faillie de près de 30 pieds. Ces couches fe foutiennent fans appui comme les nôtres de Monetiers, §. 254, par la feûle force de leur cohéfion. On a applani le terrein qui eft au-deffous, on y a pratiqué un réfervoir où fe raffemblent les eaux fraîches & limpides qui diftillent du rocher : on a taillé dans le roc, des tables & des bancs, fans que pourtant l'art fe faffe fentir. A quelques pas de-là, d'autres grottes femblables, mais moins grandes, fervent d'entrepôt pour le fervice lorfqu'on veut y dîner. Cette retraite, entourée de beaux arbres, préfente un abri & une fraîcheur délicieufe dans un pays aride; & comme les grottes font un peu élevées, on y jouit d'une vue demi-rafante qui n'eft point fans agrément.

Roche-Courbiere.

Les couches qui forment la voûte fupérieure de ces grottes font de cette pierre calcaire, compofée prefqu'en entier de débris de coquillages, fur laquelle eft bâti le château, & qui forme, comme je l'ai dit, la furface du plateau qu'il commande. Mais le plancher & les parois des grottes font de fable ou d'un grès tendre qui a commencé par s'ébouler, & qui a rendu enfuite faciles toutes les excavations qu'on a voulu faire.

§. 1569. En quittant Roche-Courbiere, nous ne retournâmes ni à Grignan ni à Montelimar; mais comme nous allions à Marfeille, nous fûmes coucher à Orange. Nous paffâmes près du château de Beaumes, & par le village du Bouchet, d'où nous vinmes en 4 heures depuis Roche-Courbiere au village de Ste. Cécile où nous fîmes rafraîchir nos chevaux, & de-là en 3 heures à Orange.

De Grignan à Orange.

Cette route, quoique mauvaife par places, l'èft cependant incomparablement moins que celle de Montelimar, & au moins n'y a-t-il nulle part affez de dangers pour que l'on foit obligé de mettre pied à terre.

Pour la minéralogie, ces deux routes fe reffemblent affez, ce font toujours des couches calcaires à-peu-près horizontales, plus ou moins mélangées de débris de coquillages & de grès tendres & argilleux.

CHAPITRE XXXIII.

DE MONTELIMAR A TAIN. CAILLOUX ROULÉS DE L'ISERE.

§. 1770. LA route de Montelimar à Loriol eſt variée & très- agréable; on côtoye d'abord à droite, ou à l'Eſt, la colline calcaire au pied de laquelle eſt bâtie la ville de Montelimar, & à gauche la plaine terminée par le Rhône, toujours bordé de l'autre côté par les montagnes calcaires du Vivarais. On diſtingue très-bien au pied de ces montagnes les buttes noires baſaltiques, le village & le château de Rochemaure. On découvre auſſi plus avant dans le pays la montagne volcanique de Chenavari, dont la ſommité ſurpaſſe toute cette liſiere de montagnes. De Montelimar à Loriol.

DANS mon voyage de 1776, j'eus le plaiſir de faire connoiſſance à Montelimar avec M. de FAUJAS, qui eut la bonté de me mener en Vivarais, & de me faire voir ces montagnes dont il a donné la deſcription dans ſon grand & bel ouvrage ſur les volcans.

C'EST à demi-lieue, ou trois quarts de lieue de Montelimar qu'un Botaniſte qui vient des pays ſeptentrionaux, voit d'une maniere diſtincte & tranchée commencer le regne des productions méridionales. C'eſt-là, ou près de-là qu'il voit pour la premiere fois croître ſauvages & en plein air, les *guainiers*, les *chênes verds*, les *grenadiers*, les *porte-chapeaux*, la *lavande*, le *theim*, le *gent ſpiniflora*, &c. &c. C'eſt ſur des rochers calcaires, qui paroiſſent au jour, que ſe montrent ces productions; car c'eſt une obſervation très-générale que les plantes Plantes méridionales.

un peu délicates pour les pays où elles croiſſent, & en particulier les plantes toujours vertes réſiſtent mieux au froid ſur des rochers, & en général ſur des terreins ſecs, que dans des fonds & ſur des terres argilleuſes.

On voit à pluſieurs repriſes, entre Montelimar & Loriol, des couches horizontales ou peu inclinées de pierres calcaires compactes, entre leſquelles ſont interpoſées des couches minces terreuſes.

La petite ville de Loriol, à 4 lieues de Montelimar, eſt ſituée au pied d'une colline de ſable & de cailloux roulés. J'eus le plaiſir de voir là M. Blancard, qui me donna de très-jolis ourſins pétrifiés dans une pierre calcaire compacte des environs de Loriol.

De Loriol §. 1571. A un grand quart de lieue de Loriol, on traverſe la Drome
à Livron. ſur un très-beau pont, conſtruit avec une eſpece de marbre ou de pierre calcaire griſe, compacte, d'une très-belle qualité. Cette petite riviere ne charrie preſque d'autres cailloux que du genre calcaire.

Immédiatement après, on paſſe au pied d'une colline ſur laquelle eſt ſitué le village de Livron. J'ai eu la curioſité de monter ſur cette colline, ſes bancs, du côté du Nord, ſont calcaires, à-peu-près horizontaux, peu épais, ſouvent rompus, & alternant avec une eſpece de ſchiſte tendre argilleux, ici gris, là brun ou noirâtre. On voit dans la pierre calcaire quelques débris de coquillages minces, dont on ne peut point reconnoître le genre. Mais en cherchant avec un peu plus de ſoin que je ne pus le faire, M. Blancard y a trouvé des ourſins & des cornes d'ammon. Divers endroits de la colline, les derrieres ſur-tout, du côté de l'Eſt, ſont recouverts de graviers & de petits galets.

On a une très-belle vue du haut de cette colline, en particulier de l'angle au Sud-Oueſt, au-deſſus du pont de la Drome. Le cours du Rhône que l'on fuit à de très-grandes diftances, la plaine qu'il arrofe, entrecoupée de collines, & le cours de la Drome, que lon voit depuis fa fortie des montagnes jufqu'à fa jonction avec le Rhône, forment des points de vue auffi agréables que variés.

§. 1572. DE Livron à Valence, on voyage continuellement dans des chemins qui paroiffent d'abord fe diftinguer par leur largeur, leur rectitude, & les arbres qui les bordent, mais fatigants par leurs profondes ornieres, & mortellement ennuyeux par leur monotonie. *De Livron à la Paillaffe.*

TOUTE cette plaine eft couverte de cailloux roulés, moins nombreux auprès de Livron, dont la colline qui fe prolonge au Nord du village, a préfervé les environs des cailloux qui venoient des Alpes, mais enfuite ils font extrêmement abondants.

ENTRE Loriol & la Paillaffe, on commence à voir dans les champs & fur le chemin même, les cailloux roulés de l'Ifere, reconnoiffables à la quantité de hornblende noire qu'ils renferment dans des fchiftes de différentes efpeces, & fur-tout à une efpece de variolite dont je parlerai plus bas, & que l'on nomme *variolite du Drac*. Le Rhône charrie bien ces mêmes efpeces à de plus grandes diftances de l'Ifere, & on les trouve ainfi fur fes bords fort au Midi de la colline de Livron: mais dans les champs un peu élevés au-deffus du lit du fleuve, je n'en ai reconnu qu'au Nord de cette colline.

CETTE plaine eft bornée à droite ou à l'Eft par des collines de cailloux roulés, par deffus lefquelles on voit, comme dans le baffin de notre lac, la premiere ligne des montagnes calcaires des Alpes.

§. 1573. ON obferve fur la route de Montelimar à Valence, & même fur celle de Valence à Tain, un fait affez remarquable. C'eft que la partie du terrein la plus voifine de l'air ou de la furface eft d'un rouge de brique très-marqué, jufqu'à une profondeur qui varie, mais *Terre rouge.*

qui en général passe rarement un pied, tandis que l'intérieur est gris ou blanchâtre. Ce n'est point une terre qui paroisse essentiellement d'une nature différente ; la partie rouge, de même que la grise, est un mélange de sable & de cailloux roulés ; ce n'est point non plus un lit ou une couche distincte qui indique une reprise ou un changement dans le dépôt des graviers qui couvrent ces plaines ; la même couche, dans le vrai sens de ce terme, a sa partie supérieure rouge & sa partie inférieure grise.

Il paroît que cette couleur tient à du fer qui se colore en s'oxidifiant par le contact de l'air, & peut-être aussi par l'action de quelqu'un des produits de la végétation. Et ce qui démontre que ce n'est pas un dépôt de terre originairement rouge, c'est que dans les endroits où l'on a enlevé la première surface, & où l'on a mis à découvert la partie grise, on voit celle-ci prendre à la longue la même couleur rouge auprès de la surface. Cette couleur réside dans des parties si fines qu'elles s'attachent à la surface des cailloux, & teignent d'une maniere durable le dehors de ceux qui se trouvent renfermés dans l'épaisseur de ces terres colorées.

On peut encore confirmer dans ces plaines, les observations que j'ai faites dans le Piémont, §. 1317, sur le peu d'épaisseur de la terre végétale.

La route de Lyon laisse à gauche la ville de Valence, bâtie dans une situation avantageuse sur la rive escarpée du Rhône, & on voyage ensuite dans une plaine toute couverte de cailloux de divers genres, & sur-tout de ceux de l'Isere, que l'on traverse dans un bac à une lieue de Valence.

Cailloux roulés de Isere. §. 1572. Je m'arrêterai quelques moments à décrire les cailloux roulés les plus remarquables de cette riviere. Comme elle prend sa source dans les hautes Alpes, & qu'elle reçoit le tribut des eaux de divers torrents qui en viennent auſſi, ſes cailloux préſentent juſqu'à un certain point, une collection faite par la Nature de la lithologie de cette partie du Dauphiné.

1°. Le plus caractériſé de ces cailloux, eſt une roche glanduleuſe à grains blancs. On a donné à cette roche le nom de *variolite du Drac*, parce que le Drac, torrent qui ſe jette dans l'Iſere un peu au-deſſous de Grenoble, en charrie une très-grande quantité.

Ces cailloux arrondis par le frottement, paroiſſent au-dehors, les uns d'un gris tirant ſur le violet, les autres d'un gris verdâtre; d'autres enfin d'un aſſez beau violet, qui tire ſur le rouge, avec des taches le plus ſouvent blanches, d'autres vertes, & quelques cavités produites par la deſtruction de la matiere qui formoit ces taches.

Je parlerai d'abord de celles qui ſont d'un gris violet ou rougeâtre. Leur ſurface extérieure paroît à l'œil & au tact, aſſez unie ſans être préciſément douce au toucher, mais vue de près ou à la loupe, on reconnoît qu'elle eſt inégale, & qu'elle a un aſpect terreux & ſans éclat. Au-dedans, la caſſure montre d'abord que la pâte même de la pierre eſt une ſubſtance compoſée; on y diſtingue des parties lamelleuſes à lames planes, blanches, brillantes, demi-tranſparentes, diſperſées ſur un fond brun, dont la ſurface paroît ici un peu écailleuſe, là terreuſe ſans éclat, & par tout opaque. Ce fond brun eſt demi-dur, ſe raye en gris, donne après le ſouffle l'odeur de l'argille, & ſe fond au chalumeau en un verre noirâtre fortement attirable à l'aimant, tandis que la pierre crue ne l'eſt pas. Ce même fond n'a aucune apparence ſchiſteuſe ni lamelleuſe. C'eſt donc certainement le même genre de pierre, que d'après Wallerius j'ai nommé *pierre de corne*. Mais je crois auſſi reconnoître cette pierre dans la wake de M. Karsten, *Höpfner Magazin*. T. III, p. 233, & il dit lui-même, que ce qu'il décrit fous le nom de wake, reſſemble beaucoup à la pâte de quelques pierres glanduleuſes. (1)

Les parties lamelleuſes & brillantes que renferme cette pâte ſont, les unes du ſpath calcaire que l'acide nitreux fait difparoître, les autres de cryſtaux très-minces & très-alongés, qui préſentent des lames planes brillantes, perpendiculaires aux grandes faces des cryſtaux, & qui, ſoit par cette forme, ſoit par leur fuſibilité, prouvent qu'ils ſont de feldſpath. La pâte de cette variolite eſt donc une wake ou une pierre de corne compacte qui contient des cryſtaux de ſpath calcaire & de feldſpath. Les variolites à pâte verdâtre, ont eſſentiellement la même compoſition ; ſeulement cette pâte paroît-elle un peu plus dure, & ſa caſſure plus écailleuſe. Les grains que renferment ces différentes pâtes, ſont ou arrondis, ou ovales, ou amygdaloïdes ; les plus grands ont un pouce de diametre, mais il eſt rare de les voir de cette taille ; leur groſſeur la plus ordinaire eſt celle d'un pois, & ils deſcendent de-là juſqu'à celle d'un grain de mil. La plupart ſont d'un ſpath calcaire blanc, ou légérement teint de couleur de chair, leurs parties diſcernables ſont des lames rhomboïdales, planes & brillantes. La ſtructure de ces grains n'a donc aucun rapport avec celle des cellules qui les renferment, puiſqu'ils ne ſont compoſés, ni de couches concentriques à ces cellules, ni de rayons convergents à leur centre.

Mais lorſqu'on a fait diſſoudre dans l'acide nitreux la partie calcaire de ces grains, on voit quelques-unes de leurs cellules tapiſſées de cryſtaux blancs d'une toute autre nature. Ces cryſtaux ont la forme de ceux qu'on nomme en *crête de coq* ; ce ſont des arrêtes ſaillantes

---

(1) M. de FAUJAS le conſidere comme un trapp, de même que M. de DOLOMIEU, dans ſa ſavante diſſertation. *Journal de Phyſique. T*, I, *pl.* I, *p.* 258. Note. Pour moi je crois pouvoir me paſſer de la dénomination de trapp dans l'ordre des pierres ſimples, & devoir le réſerver pour un genre de pierres compoſées.

appliquées

appliquées aux parois de la cellule, & chargées de cryſtaux brillants extrêmement petits. Cette forme & leur fuſibilité les placent dans le genre du quartz. Les grains verds que renferment quelques-unes de ces pierres ſont plus petits & plus rares que les blancs, & ſont de la nature de la ſtéatite, quelques-uns auſſi ſont de la terre verte de Vérone, *grünerde* de WERNER.

§. 1573. ON voit auſſi dans ces variolites des veines d'une ſtéatite qui préſente là tous les caracteres de la *ſtéatite lamelleuſe*, très-bien décrite par M. KARSTEN dans le *Muſeum Leskianum. T. II p. 214*, ſous le nom de *Blattriger Specſtein*. J'ajouterai qu'elle ſe durcit beaucoup au feu, & que ſes angles ſe fondent avec peine au chalumeau en un verre gris verdâtre demi-tranſparent. On trouve auſſi dans ces pierres, quelquefois dans le même morceau, la ſtéatite ſans aucune apparence de forme ſchiſteuſe ni lamelleuſe. Là, ſa caſſure eſt compacte, parfaitement unie, ſans aucun grain, & ſon éclat foible, mais doux & uniforme. On voit cependant de loin en loin quelques écailles qui paroiſſent demi-tranſparentes & d'un verd clair ſur leurs bords, tandis que le fond moins écailleux eſt d'un verd preſque noir. Elle durcit au feu, y devient rougeâtre, & ſe fond plus difficilement que la feuilletée. Quelquefois auſſi la ſtéatite ne fait que recouvrir les grains blancs, qui ſont purement calcaires dans leur intérieur.

Stéatite lamelleuſe.

§. 1574. C'EST à M. le chevalier de LAMANON, que l'on doit la connoiſſance des montagnes, dont ces variolites ſont les débris. Il regardoit ces pierres comme des laves, & il fut bien confirmé dans cette opinion, lorſqu'il vit dans les rochers où elles ont leurs ſources des colonnes polyhédres, taillées par la nature, en forme de baſaltes. L'annonce d'un volcan éteint, découvert au milieu des Alpes du Dauphiné fit, avec raiſon, une grande ſenſation parmi les naturaliſtes de cette province, & comme on n'avoit vu ni lave, ni aucune autre production volcanique dans les Alpes du Dauphiné, & que d'ailleurs ces variolites ne paroiſſoient pas avoir les vrais caracteres d'une lave,

Rochers d'où viennent ces variolites

on résolut d'aller vérifier sur les lieux les bases de l'assertion de M. de LAMANON. Ainsi avec un zele vraiment admirable, bravant les intempéries d'une saison déja avancée pour une expédition de ce genre, M. PRUNELLE de Lierre, M. VILLARD, le célébre botaniste, le P. du CROZ, savant bibliothécaire, partirent ensemble pour ce voyage, le 28 octobre 1783. Je ne rapporterai point le détail de leurs observations. M. PRUNELLE en a fait un rapport très-intéressant dans le *Journal de Physique de 1784, T. XXXV, p.* 174. Il me suffira de dire que ces savants naturalistes trouverent à une hauteur de 12 à 14 cent toises au-dessus de la mer, la pierre variolite reposant sur une base de granit feuilleté & disposée par couches régulieres, qui faisoient avec l'horizon des angles de 50 degrés. Ces couches sont coupées par des veines de spath, qui décomposées en quelques endroits, ont laissé en place des especes de prismes irréguliers, que l'on a pris pour des colonnes basaltiques. De toutes ces observations, tant générales que particulieres, M. PRUNELLE conclut que la variolite du Drac n'est point une lave, mais une pierre formée par un mélange simultané de crystallisations & de dépôts; je suis absolument de son avis.

Variétés cette che.

§. 1575. UNE variété bien remarquable de cette pierre, dont j'ai trouvé des échantillons sur les bords du Drac, & qui n'a pas non plus échappé à M. PRUNELLE, c'est celle dont le spath calcaire forme le fond, tandis que la partie brune forme les grains.

J'EN ai aussi trouvé dont les cellules ne renferment que du quartz sans aucun mélange de spath calcaire. De ces cellules, les unes sont pleines, les autres vuides, avec leurs parois tapissées de pyramides de crystal de roche. La pâte de cette variété est plus dure, l'acier en tire quelques étincelles; sa nature est cependant essentiellement la même.

Variolites base de petrosilex.

§. 1576. II. MAIS on trouve encore au bord de l'Isere des variolites, ou roches glanduleuses qui paroissent d'une nature différente de celle du Drac; l'une a une pâte de petrosilex brun, écailleux & dur; mêlangée de très petits cryſtaux alongés de feldſpath & de lames de fer ſpathique. Les glandes qui ont d'une à quatre lignes de diametre ſont, les unes, ſavoir les plus petites, entiérement de ſpath, & les autres ont leur noyau de ſpath calcaire blanc, enveloppé de fer ſpathique jaunâtre qui tapiſſe les parois des cellules.

§. 1577. III. Une autre variolite des bords de l'Iſere, a une pâte de hornblende lamelleuſe à lames planes, brillantes, ſouvent un peu ſtriées, d'un noir terne tirant ſur le verd. Dans cette pâte ſont parſemées quelques lames de feldſpath & même quelques parties calcaires qui font avec les acides une efferveſcence paſſagere, mais qui ſont trop petites pour que l'œil puiſſe appercevoir les vuides qu'elles laiſſent après leur diſſolution. {Variolite à baſe de hornblende.}

Les glandes, d'une ou deux lignes de diametre, ſont les unes arrondies, les autres tendant un peu à la forme rhomboïdale : elles ſont d'un blanc ſâle, pointillé de verd, ſur-tout vers le centre. Leur matiere eſt de feldſpath grenu ou confuſément cryſtalliſé. Les points verds ſont de hornblende. On y voit auſſi quelques glandes, dont la caſſure préſente une ſubſtance très-brillante, translucide, d'un jaune citrin, qui, dans quelques places paroît grenue, & dans d'autres offre au microſcope des ſurfaces parfaitement liſſes, brillantes & conchoïdes. Cette ſubſtance bouillonne très-promptement à la flamme du chalumeau, s'y bourſouffle & ſe change en une ſcorie noire, qui demeure enſuite très-réfractaire. Ces caracteres paroiſſent convenir au ſchorl verd ou delphinite.

Cette pierre contenoit donc tous les matériaux du granit oculé de Corſe, §. 1479, & même déja une diſpoſition à la forme glanduleuſe. Il ne lui a manqué que plus de régularité dans la cryſtalliſation pour produire cette belle & ſinguliere roche.

§. 1578. IV. Ce porphyre a pour baſe un petroſilex d'un gris verdâtre, très-écailleux, à écailles grandes & petites, preſque demi-tranſparen- {Porphyre glanduleux.}

tes. Ce petrofilex donne des étincelles contre l'acier, mais fe laiffe rayer en gris & entamer à la lime. Il blanchit & fe fond au chalumeau en un verre bulleux. Cette pâte forme au moins les neufs dixiemes de la pierre, & ne renferme qu'un petit nombre de petits cryftaux alongés & rhomboïdaux de fedfpath, d'un gris blanchâtre, qui fe diftinguent à peine du fond de la pierre.

Mais outre ces cryftaux, cette pâte renferme encore quelques grains arrondis d'une à deux lignes de diametre. Le centre de ces grains eft de quartz, ou du moins d'une pierre tranfparente, fans couleur, dure, réfractaire, à caffure liffe, brillante & conchoïde. Ces grains font renfermés dans des cellules dont les parois intérieures font tapiffées d'une matiere grife, tendre, un peu écailleufe, qui fait une vive effervefcence avec les acides, & où l'on diftingue enfuite les pores irréguliers qu'occupoit la matiere calcaire. La préfence de cette matiere dans le porphyre dur eft un phénomene affez rare.

Cette pierre eft encore remarquable, en ce qu'elle a des fentes qui la traverfent de part en part, & qui font remplies de petrofilex, le même qui forme la pâte du porphyre, mais qui a pris là une forme fchifteufe, à feuillets très-minces & un peu ondés.

§. 1579. V. La pâte de cette roche eft un mélange de mica noirâtre, très-brillant & de petites parties de jade verd. Dans cette pâte font renfermés des grains de jade d'un verd glauque, très-bien caractérifé, & quelques cryftaux de hornblende grife & réfractaire.

§. 1580. VI. Extérieurement la pâte de ce porphyre eft d'un brun jaunâtre & un peu rude au toucher. Dans fa caffure, fi on la diftingue foigneufement des parties étrangeres qu'elle renferme, on verra qu'elle eft terreufe, opaque & de couleur de rouille. Elle eft affez tendre, fe raye facilement, & la raye eft à peu près de la même couleur. Elle exhale affez fortement l'odeur de l'argille. Au chalumeau cette pâte est très-réfractaire, & se couvre cependant d'un émail noir & brillant qui la rend attirable à l'aimant. Cette pâte est donc indubitablement une argille ferrugineuse.

Les cryftaux qu'elle renferme font auffi très-remarquables. Les grands ont jufqu'à dix lignes de longueur fur 7 à 8 de largeur. Leur forme eft généralement rhomboïdale ; on en voit cependant d'émouffés & d'irréguliers. Leur caffure eft lamelleufe ; cependant elle préfente un mélange de parties, les unes blanches, prefqu'opaques, écailleufes comme du quartz gras, les autres conchoïdes, tranfparentes ; donnant au foleil, & même au grand jour, les couleurs de l'opale. Toutes ces parties font à peu près auffi réfractaires que du quartz. Ces mêmes cryftaux font difféminés en très-petites parties dans la pâte brune & terreufe qui forme le fond de cette pierre.

§. 1581. VII. Une pierre de corne verte, tendre, à caffure inégale & prefque terreufe, forme la bafe de ce porphyre. Les grains font de petites maffes arrondies de feldfpath fauve qui tombe en décompofition, dont la caffure eft prefque terreufe, & dont on reconnoît à peine la ftructure. *Porphyre tendre.*

§. 1582. VIII. C'est un petrofilex qui forme la bafe de ce porphyre. Ce petrofilex eft gris, homogene, fa caffure eft très-écailleufe, & fes fragments minces font prefque demi-tranfparents. Il eft plus que demi-dur, donnant quelques étincelles contre l'acier. Il renferme beaucoup de cryftaux de feldfpath fec, irréguliers dans leur forme générale, mais compofés de lames bien caractérifées. Leur couleur eft d'un blanc grifâtre, mais on en voit quelques-uns d'un beau noir. *Porphyre gris.*

§. 1583. IX. J'ai trouvé auffi au bord de l'Ifere un porphyre abfolument femblable au précédent, foit pour la pâte, foit pour les cryftaux ; mais la plupart des cryftaux alongés font fitués parallelement les uns aux autres ; ce qui prouve une tendance à la forme *Le même à cryftaux paralleles.*

schisteuse que n'a point le précédent. D'ailleurs, le tissu de la pâte ne donne aucun indice visible de cette tendance.

Ces passages nuancés, de la classe des roches en masse, à celle des roches feuilletées, sont intéressants pour la théorie, sur-tout quand c'est précisément le même genre de pierre.

<small>Schiste porphyrique.</small>

§. 1584. X. Celui-ci est décidément schisteux; sa pâte est un mélange de petites lames de hornblende noirâtre & de petits cristaux confus de feldspath blanc. La cassure de la pierre montre à un œil attentif, un tissu schisteux à schistes droits, mais dont les feuillets sont inséparables. Les grains enfermés dans cette pâte sont des cristaux de feldspath sec, blancs, situés presque tous dans la direction des feuillets du schiste.

<small>Roche de corne mélangée.</small>

§. 1585. XI. Cette pierre roulée présente au-dehors une surface assez unie & presque douce au toucher, d'un verd glauque tirant sur le gris; avec des veines ramifiées, les unes blanches, les autres jaunâtres; sa cassure est schisteuse à schistes droits, mais cohérents entr'eux; il faut même de l'attention pour reconnoître sa structure: elle est écailleuse, brillante & d'un verd plus foncé que l'extérieur. Le fond de la pierre est une hornblende lamelleuse dont les parties discernables sont de très-petites lames planes, brillantes, sans forme déterminée. Dans cette pâte sont disséminées de très-petites lames de feldspath & quelques parties quartzeuses. Les veines jaunes qui parcourent la pierre sont de la delphinite confusément cristallisée, & les blanches sont du quartz mêlé çà & là de quelques parties de feldspath.

<small>Schiste de hornblende & de feldspath.</small>

§. 1586. XII. Le schiste composé de hornblende & de feldspath, est très-commun sur les bords de l'Isere, & cela n'est pas extraordinaire, puisqu'il y en a & que j'en ai vu même des montagnes entieres dans le Dauphiné. La fameuse mine d'argent de Challenches, dans laquelle je suis descendu, est dans une montagne de ce genre. Les variétés de cette roche sont extrêmement nombreuses; on en voit à feuillets singuliérement contournés ou fléchis en zigzag. On en trouve à feuillets épais, d'autres à feuillets aussi minces que du papier. Dans quelques variétés les feuilles de hornblende pure & colorée alternent avec des feuillets de feldspath blanc & pur; dans d'autres, ces deux substances sont presque confondues; dans d'autres enfin, les feuillets sont interrompus ou abrutement, ou par gradations. On y voit aussi fréquemment des nœuds ou rognons de feldspath blanc, confusément cryftallisé, & souvent mêlé de parties quartzeuses. Il est curieux d'observer, quand ces nœuds sont de formes irréguliéres, l'exactitude avec laquelle les feuillets schifteux suivent tous les contours de ces nœuds & forment autour d'eux des especes de fortifications.

La hornblende varie par sa couleur; ici, noire & brillante; là, tirant sur le verd; là, brune ou grise; sa forme présente quelquefois des cryftaux assez réguliers, sur-tout dans les schiftes dont les feuillets sont droits; & d'autrefois des lames minces, presqu'aussi luisantes que du mica sans aucune apparence de forme reguliere. Elle est aussi plus ou moins fusible au chalumeau.

Le feldspath varie aussi par sa couleur blanche plus ou moins pure, & tirant quelquefois sur le verd ou le rose, & par sa forme qui, tantôt présente des lames rhomboïdales assez régulieres, tantôt une cryftallisation tout-à-fait confuse en petites masses grenues, comme le marbre statuaire. On le voit aussi quelquefois, dans les feuillets comme dans les nœuds, mélangé d'un peu de quartz. Le feldspath qui entre dans la composition de ce schifte est communément de l'espece que j'ai nommée *feldspath sec*; j'en ai pourtant vu, mais un seul morceau, dont le feldspath étoit *gras*.

§. 1587. XIII. Le schifte de hornblende & de feldspath renferme aussi quelquefois des grenats. Ceux que j'ai vus sur les bords de l'Isere

Schifte grenatique.

étoient d'un rouge terne, informes & mélangés des deux substances qui formoient la pâte même de ce schiste.

<small>Granitelle.</small>

§. 1588. XIV. On trouve aussi sur les bords de cette riviere la hornblende & le feldspath, réunis sous une forme qui n'est point schisteuse & composant alors des granitelles. J'en ai vu dont le feldspath étoit couleur de chair & la hornblende d'un noir verdâtre ; ceux-ci étoient assez durs ; mais d'autres, très-tendres, étoient composés de feldspath rouge, & de hornblende d'un gris tirant sur le verd.

<small>Jade & smaragdite.</small>

§. 1389. XV. J'y ai trouvé enfin le granit de jade & de smaragdite parfaitement semblable à celui des cailloux de la Durance, §. 1539. M.

<small>De l'Isere à Tain.</small>

§. 1590. Des bords de l'Isere jusqu'à Tain, la route ne présente rien d'intéressant ; mais au Levant de cette petite ville est situé le côteau qui produit le fameux vin de l'hermitage. Ce côteau sera le but d'une excursion, dont je rendrai compte lorsque j'aurai décrit la route d'Aix à Arles, & la rive droite du Rhône, depuis Beaucaire jusqu'à Andance.

CHAP. XXIV.

CHAPITRE XXXIV.

D'AIX A ARLES. PLAINE DE LA CRAU.

§. 1591. Je reviens donc en arriere jusqu'à Aix, pour retourner à Tain par une route différente, qui ne manque pas d'objets intéressants pour la minéralogie.

Pour aller d'Aix à Arles, on suit jusqu'à la premiere poste, nommée St. Cannat, la route d'Avignon, §. 1549. Là, on tire à gauche ou au couchant. Jusqu'à cette poste, la campagne qui borde la route est triste & aride ; mais dès-lors elle devient riante, on voit des arbres, on traverse des prairies arrosées, puis on voyage entre des collines calcaires, couvertes de pins maritimes & de chênes verds. D'Aix à Sallon.

Après avoir passé la poste de Pélissane, la grande route passe sur des couches & auprès des carrieres d'une pierre calcaire tendre, coquillére, dont on fait beaucoup d'usage pour la bâtisse, mais qui ne résiste guere aux injures de l'air, & moins encore au frottement.

§. 1592. Sallon est à une lieue de Pélissane ; M. de Lamanon a décrit la situation de cette ville, sa patrie, dans le *Journal de Physique de janvier* 1782, *page* 23. Sallon.

Dès que nous y fûmes arrivés, j'allai voir M. Paul de Lamanon, frere aîné du célebre naturaliste. Il eut la complaisance de me montrer la collection de son frere, qui étoit alors dans le cours de son infortuné voyage. J'eus beaucoup de plaisir à voir cette collection, sur-tout parce qu'elle renfermoit celle des cailloux de la Crau, dont je parlerai dans peu. M. de Lamanon voulut bien nous faire compagnie pendant 3 ou 4 heures que je passai à Sallon avec ma famille; il nous intéressa beaucoup par une conversation remplie de feu, d'instruction & d'agrément.

Plaine de Crau.

§. 1595. Presqu'en sortant de Sallon on entre dans la Crau, cette plaine, si célebre par sa grandeur & par l'énorme quantité de cailloux roulés dont elle est couverte. Ses bords sont cultivés; mais en avançant dans l'intérieur, on voit cette culture diminuer par gradation, & on se trouve enfin dans un vaste désert, où de tous côtés, excepté au Nord, on ne voit que le ciel & les cailloux roulés.

On sait que cette plaine étoit connue des Anciens sous le nom de *Campus Lapideus*, ou *Campus Herculeus*, en mémoire d'une pluie de pierres que Jupiter fit tomber sur les fils de Neptune que combattoit Hercule. La forme de cette plaine est triangulaire; le sommet du triangle est tourné vers la mer, sa base s'étend à peu-près de l'Est à l'Ouest. Sa surface est d'environ 20 lieues quarrées. M. Darluc en a donné une description exacte & détaillée dans le premier volume de son *Histoire Naturelle de la Provence, pag.* 288 *& suivantes*, & il attribue l'accumulation de ses cailloux aux vagues de la mer qui a couvert anciennement ces parages; mais M. de Lamanon, d'après le sentiment d'un géographe Provençal, nommé *Solery*, croit que ces cailloux ont été charriés par la Durance, qui, suivant lui, a dû avoir autrefois son embouchure dans le Rhône beaucoup plus près de la mer qu'elle ne l'a aujourd'hui. *Journal de physique, tome XXII, p.* 477.

Enfin M. de Servieres, dans un Mémoire rempli d'érudition, *Journal de physique, tome XXII, p.* 270, où il attribue au Rhône les amas de cailloux que l'on trouve aux environs de Nismes, paroît disposé à attribuer au même fleuve ceux de la plaine de la Crau, & c'étoit aussi le sentiment de M. Guettard.

D E L A C R A U, *Chap.* XXXIV.

PARTAGÉ entre ces autorités contraires, je me faifois un grand plaifir de traverfer cette grande plaine, & de trouver moi-même des données qui me facilitaffent la folution de ces problêmes. Ce plaifir fut un peu troublé par le miftral, qui me faifoit fouvent perdre l'équilibre, lorfque je marchois fur ces gros cailloux arrondis & incohérents ; cependant je cheminai près de trois heures à pied & le marteau à la main en les obfervant.

§. 1594 *A*. L'ESPECE de caillou la plus fréquente, & qui même forme, comme je le difois ailleurs, prefque les fept huitiemes de ceux de la Crau, eft un quartz dont j'ai parlé §. 1550, qui femble limitrophe entre les grès durs & les quartz proprement dits. Ces cailloux ont fouvent au dehors une couleur qui tire fur le jaune, le rouge, ou la couleur de rouille, plus ou moins rembrunie ; mais intérieurement ils font prefque tous d'un gris blanchâtre. On en voit cependant qui font colorés même dans l'intérieur, les uns en jaune, d'autres en rouge, d'autres en beau pourpre. *Cailloux de la Crau. Quartz.*

J'EN trouvai un remarquable par fa ftructure fchifteufe. Il eft compofé de feuillets, les uns blancs, d'autres d'un violet pâle, d'autres d'un violet plus foncé. Ces feuillets alternent entr'eux, ils font à peu-près plans, d'une ligne d'épaiffeur au plus, mais parfaitement cohérents & inaltérables dans les acides.

§. 1594 *B*. L'ESPECE la plus fréquente après le quartz, eft une pierre verte ; ici, fchifteufe ; là, en maffe. Les fchifteufes font, pour la plupart, des roches de corne. Le fond de cette roche eft la pierre de corne de WALLÉRIUS, en feuillets minces, un peu luifants, mais fans aucun indice de forme réguliere. On ne fauroit donc la ranger dans les hornblendes proprement dites ; le fond en eft tendre & fe raye en gris, exhale après le fouffle une odeur argilleufe, & fe fond aifément en un verre noirâtre qui s'affaiffe fur le tube. Dans cette pâte font renfermés des grains blancs, demi-tranfparents, qui ne font vifibles qu'à une forte loupe, & qui, bien qu'ils ne foient pas lamelleux, *Roche de corne.*

paroiffent être du feldfpath. Au moins fe fondent-ils au chalumeau comme le feldfpath. La pierre, à raifon de ces grains, donne du feu contre l'acier; mais de cette efpece bien caractérifée on paffe par gradations à des variétés où l'on commence à diftinguer des lames qui fe rapprochent de celles de la hornblende, & en même tems le feldfpath prend auffi fa forme plus lamelleufe, tandis que les autres caracteres demeurent effentiellement les mêmes. Il eft donc difficile de les ranger dans un autre genre.

On voit auffi ces pierres paffer d'un tiffu évidemment fchifteux, à un tiffu qui l'eft moins, & qui enfin ne l'eft point du tout. La couleur varie depuis la couleur verd d'herbe décidée jufqu'au gris verdâtre ou jaunâtre.

M. de LAMANON, dans l'endroit que j'ai cité plus haut, donne aux pierres de ce genre le nom de *femi-variolites*.

Porphyre grains de quartz.
§. 1594 C. PORPHYRE à bafe de petrofilex, à écailles fines, d'un gris bleuâtre, trèsdur. Ce porphyre eft remarquable en ce qu'on n'y voit point de feldfpath, mais feulement des grains de quartz; les uns petits, tranfparents, à caffure liffe; les autres plus grands, à caffure grenue. Les formes de ces grains font irrégulieres.

Jafpe.
§. 1594 D. JASPE d'un rouge vineux, renfermant des nids irréguliers de quartz, mélangé de lames de mica.

Hématite mêlée de quartz.
§. 1594 E. LE fond de cette pierre préfente dans fa caffure des lames brillantes de la forme de celle du mica; ici, d'un rouge foncé tirant fur le violet; là, d'une couleur grife foncée, dont l'éclat eft métallique. Elle fe raye & tache même un peu en rouge; elle eft pefante; elle fe couvre au chalumeau d'un émail noir, brillant, & y devient fortement attirable à l'aimant, quoiqu'elle ne le foit que trèspeu quand elle eft crue. C'eft donc l'hématite micacée, rouge. Ici elle renferme une quantité de grains de quartz blanc, à angles vifs, qui font que la pierre donne beaucoup de feu contre l'acier.

DE LA CRAU, Chap. *XXXIV*.

§. 1594. F. CETTE pierre, ne paroît pas être la pierre de touche ordinaire, & elle ne répond point aux descriptions qu'on en a données. Sa surface extérieure, usée par le frottement, est d'un noir tirant sur le gris bleuâtre; elle est assez unie, un peu luisante, un peu douce au toucher. Sa cassure est compacte, sans aucune apparence de tissu schisteux, d'un noir foncé tirant sur le bleu. On y distingue des parties lamelleuses, noires & brillantes, qui ressortent sur un fond composé de parties semblables, mais beaucoup plus petites. La pierre se casse en fragments très-aigus, & paroît absolument opaque, même dans les parties plus minces. Elle est très-dure, donne beaucoup de feu, & la lime, loin de l'entamer, y laisse elle-même sa trace; sa pesanteur est médiocre. Elle exhale après le souffle une odeur argilleuse. Elle ne fait aucune effervescence avec les acides, & n'agit sur l'aimant ni avant ni après sa calcination.

Pierre de touche.

Au chalumeau, elle perd de sa noirceur, devient d'un gris noirâtre & ne paroît pas se fondre. Mais si l'on observe au microscope un petit fragment de cette pierre, après qu'il a subi la plus grande activité de la flamme, on le verra composé de petits grains blanchâtres, dont les uns, qui sont fondus, paroissent être du feldspath; les autres, qui ont résisté, paroissent être du quartz. On peut même distinguer quelques-uns de ces grains dans la pierre crue & non calcinée, lorsqu'on l'observe à un jour favorable avec une forte lentille.

CETTE pierre n'est donc pas une pierre simple, c'est une espece de grès dont les grains sont réunis & masqués par une pâte, ou un enduit d'argile noircie & durcie par le fer.

J'AI observé par comparaison diverses variétés de la pierre de touche des essayeurs. Toutes ces variétés présentent dans leurs cassures un grain plus fin, presque terreux, sans éclat, & quelque disposition à un tissu schisteux. Elles sont aussi moins dures que celle de la Crau, & ne donnent presque point d'étincelles contre l'acier. Elles sont

Comparaison avec celle des essayeurs.

aussi beaucoup plus fusibles, se boursoufflent au chalumeau, quelques-unes même au point que leur scorie nage sur l'eau. Elles deviennent aussi fortement attirables à l'aimant.

Cependant elles sont aussi composées de petits grains blancs de quartz & de feldspath, enveloppés d'argille ferrugineuse. On distingue parfaitement ces grains au microscope sur la cassure fraîche de la pierre, sur-tout sur le tranchant de ses bords, & on les voit encore mieux lorsqu'on fait rougir la pierre, sans cependant la faire entrer en fusion.

Et avec les rognons de nos ardoises.

Enfin les rognons noirs & durs qui se trouvent dans nos ardoises, §. 106. & 495, & qui forment aussi de très-bonnes pierres de touche, ont la cassure un peu plus brillante, & sont plus durs que la pierre de touche ordinaire. Ils se boursoufflent cependant aussi à la flamme du chalumeau, & se changent en une scorie grise, qui n'est que foiblement attirable à l'aimant. Mais observés avec soin, soit crus, soit rougi au feu, ils présentent également les grains dont ils sont composés.

Cette structure de la pierre de touche, qui je crois n'avoit pas été observée, explique parfaitement la maniere dont elle fait son office. Les petits grains durs dont elle est composée, en font une espece de lime qui ronge les métaux, & qui s'empâte de leur substance, tandis que le fond noir & mat du gluten qui lie ces grains, fait ressortir nettement la couleur propre à chacun de ces métaux. Enfin, comme les divers ingrédiens de cette pierre résistent aux acides, ils donnent la facilité d'essayer si la trace métallique est soluble dans l'eau forte, ou dans l'eau régale.

Granit de jade & de hornblende.

§. 1594. La derniere pierre remarquable que je trouvai en traversant la plaine de la Crau, est un granit composé de jade & de hornblende. La hornblende est dans ce granit sous la forme de grands cryſtaux, dont la figure extérieure n'eſt pas réguliere, mais dont les parties diſcernables ſont des lames noires, brillantes, ſtriées, rhomboïdales, aiſément fuſibles en un verre noir. La caſſure du jade préſente, ici des écailles blanches, tranſlucides, là, des ſurfaces unies d'un grain très-fin, d'un éclat foible, huileux, verdâtre, tranſlucide. Ce jade eſt extrêmement dur, l'acier y laiſſe ſa propre trace, & cependant il ſe fond aiſément au chalumeau en un verre gras, tranſparent, verdâtre. Cette pierre eſt très-peſante, & remarquable par ſa tenacité, ou par la difficulté que l'on trouve à la rompre.

§. 1894. On trouve outre cela, parmi les cailloux roulés de la Crau, des pierres calcaires, diverſes eſpeces de ſilex, de petroſilex, de granit ordinaire, des ſchiſtes de hornblende ſemblables à ceux de l'Iſere, §. 1586, des ſerpentines, & enfin des variolites de la Durance, §. 1539 A. Mais ces dernieres y ſont ſi rares, qu'en trois heures de marche je n'en rencontrai que deux. J'en avois vu une très-remarquable chez M. de Lamanon; ſa pâte étoit verte, & ſon grain d'un beau rouge; c'étoit la ſeule que M. de Lamanon eût trouvée de cette ſorte, & ce fut en vain que j'en cherchai une ſemblable. Autres de cailloux.

§. 1595. Maintenant ſi l'on compare l'énumération que je viens de faire des cailloux les plus remarquables de la Crau, avec celle que j'ai faite dans le chap. XXVIII de ceux de la Durance, on trouvera bien peu de rapport entr'eux. Ce n'eſt pas que je ne croie ce qu'arſſimoit M. de Lamanon, qu'à force de recherches, il étoit parvenu à trouver dans la Crau des échantillons de tous les cailloux que l'on trouve dans la Durance. Mais cela ne ſuffit pas pour qu'on puiſſe affirmer que les cailloux de la Crau ont été accumulés par la Durance, il faudroit encore que les mêmes eſpeces ſe trouvaſſent dans les mêmes proportions. Or, c'eſt ce qui eſt abſolument contraire au fait. Car, premierement, ces quartz ou grès dur, qui forment, comme je l'ai dit, la très-grande pluralité des cailloux de la Crau, ne dominent point ſur les bords de la Durance; enſuite les variolites, ſi communes ſur les Ces cailloux ne viennent ni de la Durance ni du Rhône.

bords de la Durance, font très-rares dans la Crau. Enfin ces porphyres à cryftaux de feldfpath, dont j'ai trouvé tant de variétés dans le lit de la Durance, font fi rares à la Crau, que je n'y en ai pas apperçu un feul. Et en revanche, j'ai trouvé dans la Crau des efpeces que je n'ai point vues fur les bords de la Durance. En fomme, je ne crois pas que les cailloux analogues à ceux de la Durance faffent la feizieme partie de ceux de la Crau.

Ce n'eſt point là l'unique objection que j'aie contre cette opinion. Je dirai de plus qu'il me paroît impoffible qu'un courant auffi peu confidérable que celui de la Durance ait pu, non-feulement charrier, mais encore niveler ces cailloux fur toute la furface d'une plaine qui a 20 lieues quarrées d'étendue. Les fleuves & les torrents, peuvent jufqu'à un certain point, niveler les terreins qu'ils inondent, en y répandant du limon ou du fable, parce que ce limon & ce fable demeurent fufpendus dans leurs eaux, mais les groffes pierres ne s'accumulent point avec cette uniformité par l'impulfion d'un courant d'une auffi petite étendue.

J'ajouterai enfin, que les cailloux de la Crau font généralement plus gros que ceux de la Durance. La plupart de ceux que l'on voit à la furface de cette plaine, font gros comme la tête d'un homme, & on en voit même de la groffeur d'une tête de cheval. M. de Lamanon avoit dépofé dans fon cabinet un caillou de quartz de cette taille & à-peu-près de cette forme, comme un exemple du volume que les cailloux de la Crau peuvent atteindre.

Les mêmes arguments, quoique bien moins forts contre le Rhône que contre la Durance, m'empêchent auffi de regarder ce fleuve comme le véhicule des cailloux de la Crau.

Caufe ns probable.
§. 1556. Ici donc encore, je reviens à la débacle qui fe fit au moment où les eaux de la mer abandonnèrent nos continents & fe porterent avec une extrême violence vers les lieux les plus bas où

s'étoient

s'étoient ouverts les gouffres qui les engloutirent. Ce courant, resserré d'abord entre les montagnes du Vivarais d'un côté, & celles du Dauphiné & de la Provence de l'autre, se dilata aux approches de la Méditerranée, où ces montagnes s'abaissent & s'écartent; alors il déposa les cailloux qu'il entraînoit, & ces cailloux furent nivelés, soit par le courant même qui les déposoit, soit par la mer dans laquelle ce courant venoit se dégorger. Et comme ce torrent descendoit dans le même tems par les gorges de toutes les montagnes, il n'est pas étonnant, de trouver dans les cailloux qu'il rouloit, un mélange de toutes les pierres dont ces montagnes sont composées.

§. 1597. Quant à la mer, ce qui paroît prouver qu'elle a concouru à la formation de ce dépôt, ou que du moins elle a long-tems séjourné sur ces cailloux, c'est le poudingue arénaceo-calcaire qui forme la base de toute la plaine de la Crau. Ce poudingue commence tout près de la surface, & il a en quelques endroits, suivant M. Darluc, jusques à 50 pieds de profondeur. Je l'ai examiné avec soin; sa pâte est en général composée d'argille, de sable & de petits graviers liés par un gluten spathique calcaire. Il y a même beaucoup d'endroits où le spath calcaire remplit seul les interstices des cailloux. Le sable qui reste après la dissolution des parties calcaires & la lotion du sédiment argilleux, paroît composé de grains de quartz anguleux, les uns jaunes, les autres blancs. Parmi les jaunes on en voit quelques-uns parfaitement transparents & d'une belle couleur d'hyacinthe.

Poudingue. base de la Crau.

Si ce poudingue ne commençoit qu'à une certaine profondeur au-dessous de la surface, mais sur-tout si l'on voyoit au-dessus de lui des bancs de pierre calcaire, on pourroit croire que les eaux pluviales, en traversant les bancs supérieurs, se sont chargées de parties calcaires, & les ont ensuite déposées dans les inférieurs. Mais comme ici le poudingue se trouve absolument au jour, que même plusieurs des cailloux roulés à la surface de la plaine sont encore chargés de parties de ce poudingue qui les lioit autrefois entr'eux, il est évident que les eaux pluviales le détruisent bien loin de le produire. Ces cailloux ont donc été agglutinés en forme de poudingue par un dépôt des eaux de la mer, & dans le temps où ces eaux ont été chargées de ce diffolvant, qui, fuivant l'ingénieux fyftême de M. de DOLOMIEU, leur donnoit le pouvoir de foutenir une grande quantité de matieres qui fe précipitoient ou fe cryftallifoient au fond de leurs réceptacles.

Montagnes de quartz détruites.

§. 1598. MAIS, je crois de plus qu'il faut revenir à la fuppofition que je faifois, §. 1551. C'eft qu'il y a eu dans ces plaines des montagnes de quartz ou de grès dur, qui ont été détruites par la derniere révolution. Car puifque la plupart des cailloux de ce grès que l'on trouve à la Crau, font plus gros que ceux que l'on trouve plus haut dans la vallée du Rhône, on ne peut pas fuppofer qu'ils aient été détachés des mêmes montagnes. En effet, les plus gros débris font toujours les plus voifins de leur fource, & ils diminuent graduellement de volume à mefure qu'ils s'en éloignent.

Troupeaux de la Crau.

§. 1599. ON fait que cette plaine, malgré fa ftérilité, nourrit pendant 7 à 8 mois de l'année près de 4 cent mille moutons, qui, dans la belle faifon vont en 20 ou 30 jours de marche paître l'herbe fine des hautes Alpes de la Provence, & paffent ainfi toute leur vie en plein air.

IL faut lire dans l'ouvrage de M. DARLUC, l'intéreffante hiftoire de ces émigrations, de la vie dure & fauvage des baïles ou bergers qui conduifent ces troupeaux, & les détails du gouvernement republico-monarchique, que fe font fait à eux-mêmes ces bergers toujours féparés du refte des humains.

St. Martin Crau.

Nous mîmes près de quatre heures à traverfer la partie de cette plaine, qui s'étend de Sallon au village de St. Martin. Il eft vrai que comme je fis à pied la plus grande partie de la route, je retardai un peu la voiture. Ce village, entouré d'arbres & de terres cultivées,

DE LA CRAU, *Chap. XXXIV.* 403

forme une efpece d'isle dans la plaine déferte de la Crau, car on retrouve encore les cailloux au-delà de ce village. Ce n'eft qu'en approchant d'Arles, qui eft à deux lieues de St. Martin, que l'on perd de vue ces curieux, mais triftes veftiges de la retraite du grand Océan.

§. 1600. DEMIE heure avant d'arriver à Arles, près des moulins du pont de Crau, le chemin coupe des collines compofées de cailloux roulés, mais d'un tout autre genre que ceux de la Crau. Premiérement ils font beaucoup plus petits, enfuite c'eft le genre calcaire qui y domine, & qui en forme prefque les neuf dixiemes. C'eft même une pierre calcaire affez remarquable, en ce qu'elle eft peu dure, jaunâtre & d'une nature marneufe, qui fait que l'action de l'air & de l'eau lui fait perdre fa cohérence, & la rend même fouvent friable. Des morceaux de cette pierre plongés dans l'acide nitreux y font une vive effervefcence & y perdent toute leur dureté, mais ils y confervent leur forme. On voit auffi parmi ces pierres marneufes, mais rarement, quelques graviers de quartz, de grès & de petrofilex. L'origine de ces collines eft donc bien différente de celle de la Crau.

Colline du pont de Crau.

§. 1601. IMMÉDIATEMENT avant d'entrer à Arles, on traverfe un plateau élevé, couvert de moulins à vent, & excavé par un grand nombre de carrieres. C'eft une pierre calcaire, dont les couches doucement inclinées montent au Sud-Sud-Eft. Cette pierre, ici jaunâtre, là d'un gris blanchâtre, eft compofée de gros grains de fpath calcaire lamelleux, confufément cryftallifé, & ne renfermant point de coquillages. Mais on y trouve quelques couches, & même des filons d'une autre pierre calcaire très-tendre, poreufe, femblable à un tuf, qui eft remplis de coquillages, & fur-tout de coraux blancs, les uns ftriés, d'autres pointillés, d'autres liffes. J'ai cru auffi y reconnoître le fommet d'un lépas polygone.

Bancs calcaires près d'Arles.

§. 1602. Nous eûmes le plaifir de voir à Arles le P. DUMONT, minime, qui avoit entrepris la defcription des antiquités de cette

Arles

ville. Il a fait des recherches très - intéreffantes fur les prétendues preuves de la grande retraite de la mer, vis-à-vis d'Arles; & il s'eft convaincu que cette retraite eft beaucoup moins confidérable qu'on ne le croit communément. J'efpere qu'il publiera les détails de fes obfervations. Le P. DUMONT eut la bonté de nous faire voir quelques-unes des antiquités de la ville; mais je courus dans cette promenade un danger plus grand qu'aucun de ceux auxquels j'ai été expofé dans les Alpes. Pour me faire juger de l'enfemble & de la beauté des Arênes encombrées de bâtiments, comme l'étoient encore celles de Nîmes, il me fit monter fur le toit d'une maifon très-élevée; & au moment où je fortois de la lucarne, une bouffée de miftral d'une violence extrême, me faifit à l'improvifte, & m'auroit précipité dans la rue, s'il ne s'étoit pas trouvé une cheminée fur la pente du toit que le vent me forçoit à parcourir. Je m'accrochai à cette cheminée, & j'échappai heureufement au péril.

CHAPITRE XXXV.

D'ARLES A BEAUCAIRE, ET DE BEAUCAIRE A ANDANCE, PAR LA RIVE DROITE DU RHONE.

§. 1603. En allant d'Arles à Tarascon, on suit une chaussée étroite, sablonneuse, le long du Rhône, dont elle est séparée par une digue. Le terrain paroît extrêmement fertile, les bleds, au sixieme de mai, étoient pour la saison d'une force & d'une épaisseur extraordinaire ; mais les gelées des nuits précédentes, occasionnées par le mistral, avoient été funestes aux épis qui s'étoient développés trop tôt. *D'Arles à Beaucaire.*

Nous mîmes deux heures d'Arles à Tarascon. C'étoit un dimanche ; cette petite ville, ou du moins ses fauxbourgs, paroissoient d'une gaieté charmante ; malgré la violence du mistral, une foule de peuple dansoit au milieu d'une place, au son du fifre & du tambourin.

Toutes les femmes, en corset rouge, en juppe courte, avec des bas rouges, des souliers très-propres, & des mouchoirs de mousseline peinte, autour de la tête & du cou, des yeux noirs & des physionomies très-animées, formoient un spectacle charmant. Nous nous arrêtâmes long-tems à les voir, & le plaisir que nous y prenions sembloit augmenter le leur.

Nous traversâmes ensuite le Rhône. Combien il nous parut grand en comparaison de ce qu'il est à Geneve ! Le mistral augmentoit sa rapidité, soulevoit ses vagues & le faisoit paroître terrible. Mais aussi combien ſes eaux jaunes & troubles reſſembloient peu au ſaphir dont elles ont la couleur en ſortant de notre lac! On a profité d'une iſle qui ſe trouve au milieu de ſon cours, pour faciliter le trajet, & pour diviſer en deux, le pont de bateaux ſur lequel on le paſſe. Ce pont eſt étroit, dénué de barrieres, on nous blâma de n'avoir pas pris du monde pour mener nos chevaux par la bride, & ſoutenir la voiture. On dit qu'il y a beaucoup d'exemples de voitures renverſées & précipitées dans le Rhône par le miſtral, quand il eſt auſſi fort qu'il l'étoit ce jour-là.

EN arrivant à Beaucaire, nous entendîmes ſonner toutes les cloches, pour des prieres publiques, dont l'objet étoit de demander au Ciel la ceſſation du miſtral, qui par ſon froid & ſa violence, donnoit des inquiétudes pour toutes les récoltes.

Miſtral. §. 1604. LE vent connu en Provence, ſous le nom de *miſtral*, ſouffle du Nord-Oueſt, ou de l'Oueſt Nord-Oueſt. On dit qu'il contribue à la ſalubrité de l'air, en écartant les vapeurs des marais & des eaux ſtagnantes qui ſont au Midi du Languedoc & de la Provence. Mais auſſi il cauſe ſouvent de grands dommages, & il eſt au moins d'une extrême incommodité.

Ses cau- QUANT à ſes cauſes, on peut les réduire à trois. La premiere & la plus active, c'eſt la ſituation du golfe de Lyon, dont les bords ſont le principal théâtre de ſes ravages. En effet, ce golfe eſt ſitué au fond d'un entonnoir que forment les Alpes & les Pyrénées. Tous les vents qui ſoufflent des rhumbs ſitués entre l'Oueſt & le Nord, ſont forcés par ces montagnes à ſe réunir dans ce golfe. Ainſi des vents qui n'auroient régné qu'à l'une des extrêmités de ce golfe, ou même fort audelà, réfléchis par ces montagnes, ſont obligés d'enfiler cette route; & ſouvent le milieu du golfe, au lieu du calme dont il auroit joui, eſt expoſé aux efforts réunis des deux vents engouffrés dans des directions différentes. C'eſt là ce qui produit ces tourbillons qui ſemblent caractérifer le miſtral, & à cauſe deſquels les anciens l'avoient nommé *Circius, a turbine ejus ac vertigine*, dit AULUGELLE. L. II, Ch. 22.

La ſeconde cauſe, c'eſt la pente générale des terres qui deſcendent de tous côtés vers ce même golfe. Car, comme ce golfe ſe trouve tout à la fois plus bas & plus méridional que les pays ſitués ſur ſes derrieres, ces deux raiſons réunies le rendent le point le plus chaud de tous les pays limitrophes. Or, comme l'air, à la ſurface de la terre, ſe porte toujours du froid au chaud, le golfe de Lyon ſe trouve ainſi le foyer auquel doit tendre l'air de tous les points plus froids renfermés entre l'Eſt & l'Oueſt. Cette cauſe ſeule produiroit donc des vents dirigés à ce golfe, lors même que les montagnes ne lui en réfléchiroient aucunes.

On ſait enfin, que dans tous les golfes, les vents de terre ſoufflent avec plus de force, que vis-à-vis des plages droites & des promontoires, quelle que ſoit d'ailleurs la ſituation de ces golfes. Je crois bien qu'en derniere analyſe, cette cauſe ſe fond dans la précédente. Cependant comme c'eſt un fait généralement reconnu, & qui paroît même quelquefois difficile à rapporter à la cauſe de la chaleur, on peut bien l'annoncer ſéparément. En effet, il faut bien aſſigner au miſtral des cauſes différentes, pour que malgré les variations des ſaiſons & des températures, on puiſſe expliquer la ſinguliere conſtance de ce vent dans le bas Languedoc & dans la baſſe Provence. Il y a des exemples très-frappants de cette conſtance. M. l'abbé PAPON, dans ſon *voyage de Provence*, T. II. p. 81. aſſure qu'en 1769 & 1770, le miſtral régna pendant quatorze mois conſécutifs. Mais les trois cauſes que j'ai aſſignées, priſes ſéparément, expliquent ſa fréquence; & réunies, elles rendent raiſon de ſa force.

§. 1605. Sur la route de Beaucaire au pont St. Eſprit, on voit tout près de la ville paroître au jour des rochers calcaires. On voyage enſuite entre des collines qui ſont auſſi calcaires. Mais on en ſort pour

De Beaucaire au pont du Gard.

se rapprocher du Rhône. La route, tant qu'elle le côtoie, est charmante : son courant se divise, forme des isles souvent cultivées, au moins toujours boisées. On le quitte à regret pour serpenter entre des collines de la même nature que les précédentes.

<small>Collines & cailloux roulés.</small> C'est une chose bien remarquable, que tant qu'on voyage entre ces collines, on ne voit que des débris calcaires de ces mêmes collines, & point de cailloux roulés qui leur soient étrangers. Cela prouve bien que le torrent de la débacle avoit beaucoup perdu de sa force en se dilatant dans les plaines, puisque non-seulement il ne charrioit plus de grands blocs de roches primitives, dont on ne voit aucun dans tout ce pays, mais qu'il ne pouvoit pas même soulever du gravier par dessus des collines qui n'ont que 3 ou 4 cents pieds de hauteur. Près des Alpes, au contraire, on trouve jusqu'à 2 ou 300 toises d'élévation, des blocs énormes charriés par cette débacle.

En trois heures de route, depuis Beaucaire au hameau *la Foux*, où est la poste de Remoulins, on rejoint la grande route de Nîmes au St. Esprit. Ce hameau est adossé à un rocher assez élevé & escarpé, composé d'une pierre calcaire grise, assez tendre, poreuse, un peu spathique, mêlée de beaucoup d'argille.

De la-Foux, on remonte le Gardon pendant un quart de lieue pour arriver au pont du Gard. Dans cette route, on côtoie à sa gauche des rochers calcaires escarpés, qui sont la continuation de ceux de la Foux, & sur lesquels on voit des sillons produits anciennement par l'érosion des eaux, à une grande hauteur au-dessus du lit actuel du Gardon.

<small>Pont du Gard.</small> On connoît le pont du Gard : on sait que ce n'étoit point un pont, mais trois rangées d'arcades posées les unes sur les autres, pour soutenir en ligne droite au-dessus de la riviere & du ravin qu'elle a creusé, un aqueduc qui conduisoit des eaux à la ville de Nîmes.

Ce

CE monument me parut plus frappant par sa grandeur que par la beauté de ses proportions; les arches des arcades inférieures sont d'une belle étendue; & les pierres, dont elles sont construites, sont remarquables par leur grandeur & la régularité de leur coupe. Mais les arcades du troisieme étage, quoique fort bien adaptées à leur destination, choquent l'œil par leur petitesse, puisqu'elles n'ont que le tiers de l'étendue & de l'élévation de celles qui les supportent. La pierre dont ce pont est construit, est une pierre calcaire légére, poreuse, uniquement composée de débris de coquillages marins, presque tous bivalves. Ceux dont on reconnoît les fragments, sont des peignes striés. On y voit aussi des débris de coquilles lisses, blanches, assez épaisses. J'ai cru enfin y distinguer quelques morceaux de corail.

§. 1606. LE Gardon roule des cailloux détachés des montagnes des Cévennes où il a sa source, des granits, des roches schisteuses, &c. Le morceau le plus remarquable de ceux que j'y ramassai est une espece de poudingue, dont la surface extérieure, usée par le frottement, est d'un brun presque noir, un peu luisante, assez douce au toucher & assez froide. On y voit des fragments tous anguleux, les uns de quartz blanc ou jaunâtre, les autres d'un schiste composé de feuillets alternatifs de ce même quartz & de la pâte brune qui forme le fond du poudingue. Cette pâte, dans sa cassure, paroît d'abord homogene, d'un brun tirant sur le gris, à très-petites écailles, & d'un éclat scintillant; mais quand on l'observe avec une forte loupe, on voit qu'elle est composée d'un mélange de grains, les uns blancs, brillants, lamelleux, les autres d'un brun foncé & sans éclat. Lorsque la pierre a été chauffée, mais pourtant pas au point de couler, ces grains paroissent encore plus distincts, ils sont alors tous fondus, mais séparément, luisants & arrondis; on reconnoît que les blancs sont du feldspath, & les bruns de hornblende terreuse. Un coup de feu plus vif confond tous ces grains, boursouffle la pierre, & la réduit en une scorie brune, attirable à l'aimant. Cette pierre est dure, donne beaucoup d'étincelles, & une pointe d'acier y laisse sa propre trace.

Cailloux du Gardon.

§. 1607. En remontant des bords du Gardon au niveau de la plaine dans laquelle il a creusé son lit, on voit que le fond de cette plaine est une pierre coquillére, absolument semblable à celle dont l'aqueduc a été construit.

A trois quarts de lieue du pont, la route s'engage entre des collines calcaires. Elle passe à Valiguieres, village situé dans une jolie plaine entourée de rochers de ce genre; de-là on monte au haut d'une colline aride, d'où l'on redescend à Connaure; on vient ensuite à Bagnols, toujours entre des collines calcaires, & où l'on peut répéter l'observation sur les cailloux roulés, que j'ai consignée dans le §. 1605.

Les couches dont ces collines sont composées, paroissent presque toutes horizontales; quelques unes d'entr'elles sont couronnées par des plateaux isolés, comme des tables, dont l'aspect est très-singulier.

En allant de Bagnols au St. Esprit, on passe par une montagne, d'où l'on a une très-belle vue du Rhône, des plaines qu'il arrose, & des Alpes qui terminent ces plaines. Entre le Rhône & les Alpes, on voit à l'Est le Mont-Ventoux, l'un des plus élevés de la basse Provence; sa cime, au 7 de mai, étoit couverte de neiges.

La petite ville du St. Esprit est située dans une jolie plaine au bord du Rhône, à un quart de lieue du pied de la montagne, d'où l'on a cette vue. Quand on suit la route du Vivarais, on ne traverse pas le pont du St. Esprit, mais ceux qui ne la connoissent pas, font volontiers un petit détour pour aller le voir. Il est remarquable par sa grandeur & par sa solidité, construit d'une pierre calcaire compacte d'un gris blanchâtre. Cette pierre se polit par le frottement des sabots, sur lesquels on fait glisser les roues des grosses charrettes & leurs marchandises, chargées à part sur des traîneaux. On s'étonne qu'une masse, en apparence, aussi solide que celle de ce pont, exige pour sa conservation une précaution aussi incommode & aussi dispendieuse.

DU RHONE, Chap. XXXV.

§. 1608. Lorsqu'on est arrivé au St. Esprit, si l'on veut suivre la route du Vivarais, il faut renoncer à la poste, qui n'est point établie sur la rive droite du Rhône entre le St. Esprit & Tournon. Mais on est dédommagé de cette privation par une route beaucoup plus agréable, sur-tout en comparaison des chemins rectilignes & cailloux du bas Dauphiné. La premiere heure de cette route, est en plaine & par un beau chemin, qui traverse sur un beau pont le ruisseau de l'Ardeche. Cette petite riviere bordée d'arbres, & dont les eaux, d'un beau bleu, vont se jeter dans le Rhône, présente un point de vue très-agréable.

Du St. Esprit à Viviers.

On monte ensuite à St. Just, situé sur une colline. Le haut de cette colline, sur lequel on roule pendant quelque tems, est parsemé de cailloux quartzeux, pour la plupart, & elle est elle-même composée de sable & de grès. C'est ce que l'on voit dans la coupe du terrein en descendant au bourg St. Andiol. On a, en faisant cette descente, une vue charmante du Rhône, de ses isles, des collines qui le bordent, &c. Nous y vînmes en 2 heures ¾ depuis le St. Esprit.

Du Bourg à Viviers, on met 2 heures ¼ en côtoyant des montagnes calcaires, & en traversant au bord du Rhône une petite plaine dans laquelle est la tour de Chomel. Cette plaine est entourée de toutes parts de collines calcaires escarpées, où l'on voit en divers endroits, même fort élevés au-dessus du Rhône, les traces de l'érosion des eaux.

La ville de Viviers est bâtie sur un rocher calcaire, au bord du Rhône, on voit du moins ce rocher sortir au jour en divers endroits; il y a même dans la ville des carrieres de ce genre de pierre.

§. 1609. En sortant de Viviers, on traverse la petite riviere d'Escoutay, qui charrie une grande quantité de cailloux roulés calcaires. On commence aussi à voir là des fragments roulés des basaltes du

De Viviers au Teil.

Vivarais. On passe ensuite sur un chemin ferré, entre le Rhône & une montagne calcaire. A trois-quarts de lieue de Viviers, on voit au bord de ce chemin, une carriere de cette pierre qui est blanche, avec des noyaux arrondis d'un gris bleuâtre, qui sont aussi calcaires. Ces noyaux, à la couleur près, paroissent être de la même nature que le fond blanc de la pierre.

A une lieue & demie de Viviers, on passe au Teil, bourg ou grand village situé au bord du Rhône. Pendant qu'on nous y préparoit à dîner, je montai assez haut sur la pente de la colline qui domine ce village à l'Ouest. Je trouvai cette colline composée de couches alternatives d'une pierre calcaire compacte, argilleuse, & d'argille calcaire en décomposition. On a de-là une très-belle vue du Rhône, de ses isles, des villes de Montelimar, de Châteauneuf, &c.

Rochemaure, ses basaltes.

§. 1610. On vient en trois petits quarts-d'heure du Teil au village de Rochemaure, situé au pied de ce singulier cône, couronné par des basaltes, sur lesquels & avec lesquels est bâti le château. Les tours de ce château, ses murs & leurs creneaux à demi renversés, présentent le point de vue le plus pittoresque. La pente de ce cône est couverte d'oliviers, & on en trouve, encore plus au Nord, des plantations considérables. Cependant il n'y en a point en Dauphiné sur la rive opposée du Rhône. Sans doute que la reverbération des rochers du Vivarais, exposés au soleil levant, est la cause de cette différence.

Basaltes fermant des fragments calcaires.

§. 1611. Le village de Mayffe est à une demi-lieue de celui de Rochemaure. A moitié chemin, entre ces deux villages, près d'un hameau nommé Fontaines, on voit d'autres buttes basaltiques, dont les basaltes renferment des fragments anguleux d'une pierre calcaire compacte grise, qui ne paroit point avoir été altérée par le feu. M. de Faujas me fit faire cette observation sur les lieux en 1776. Il me fit aussi observer, au pied de ces buttes, une espece de poudingue grossier, composé de fragments de basaltes & de fragments calcaires agglutinés ensemble.

§. 1612. A une lieue de Mayſſe, on paſſe à Cruas, & à une lieue *De Mayſſe au Pouzin & à la Voulte.* & demie plus loin à Baix, village remarquable, parce que ſes maiſons ſont preſqu'entierement conſtruites de fragments de baſaltes noirs & compactes. Les champs des environs ſont auſſi couverts de ces fragments. On ne voit cependant pas dans le voiſinage les montagnes dont ils ont été détachés.

Nous couchâmes au bourg du Pouzin, qui eſt le meilleur gîte de cette route peu fréquentée. L'hôteſſe nous diſoit d'un ton fier, *paſſé le Pouzin il n'y a plus d'auberge.* On a vu par le nombre des villages, combien cette route eſt peuplée, elle eſt d'ailleurs charmante, variée, les chemins un peu étroits, mais fermes, roulants, incomparablement meilleurs que les faſtueux & fatigants chemins du bas Dauphiné.

Au Pouzin, on voit encore dans les murs beaucoup des mêmes fragments baſaltiques noirs & compactes. L'hôte diſoit que ces pierres ſont chariées par les torrents qui deſcendent des montagnes, & qu'elles ſont très-mauvaiſes pour la bâtiſſe, parce qu'elles chargent beaucoup les murs par leur peſanteur, & ſe lient mal avec le mortier. En ſortant du Pouzin, on ſuit un chemin ſerré entre le Rhône & la montagne qui eſt de nature calcaire. Les couches ſont d'abord très-inclinées; celles qui ſuivent le ſont moins, & bientôt après on en voit d'horizontales.

A une petite lieue du Pouzin, on paſſe près de la petite ville de la *Voulte*, qui de loin paroît ſituée ſur la cime d'un cône, dont la baſe repoſe dans le Rhône; ſes environs ſont charmants.

§. 1613. C'est à trois petits quarts de lieue de la Voulte que l'on *Schiſtes micacés.* voit ſur cette route les premieres roches primitives. Ce ſont des ſchiſtes micacés, de couleur rouſſe, qui tombent en décompoſition, & dont les couches paroiſſent peu inclinées. On fait, en côtoyant ces roches, un détour d'une lieue pour aller chercher le *pont de la Pape*, & traverſer ſur ce pont la riviere *d'Erieux*.

<small>Derniers basaltes roulés.</small>

CETTE riviere roule encore des fragments de basalte; le pont en est pavé en partie, on en voit le long du chemin jusqu'au village de *Beauchâtel*, près du confluant de cette riviere avec le Rhône; mais dès-lors, je n'en ai plus retrouvé sur cette route.

BEAUCHATEL est aussi le dernier endroit du côté du Nord, où j'aie vu en pleine terre des oliviers sur cette route. Ce village est situé sur un angle saillant d'une montagne. Après qu'on l'a passé, le chemin serré contre cette montagne, est perché sur une corniche assez élevée & assez étroite. Là même, & avant d'y arriver, on voit quelques couches de roches quartzeuses noires, dures, luisantes, assez semblables à celles de St. Jean auprès d'Hyeres, §. 1483.

A 15 minutes de Beauchâtel, on rencontre des roches granitoïdes d'un blanc jaunâtre, & une bonne heure après, on passe au village de *Charmes*.

<small>Couches calcaires dont la situation est remarquable.</small>

§. 1614. PEU après avoir passé Charmes, au-delà d'un petit vallon, la pierre calcaire reparoît au jour, & ses premieres couches sont en pente douce, tournant le dos aux dernieres primitives. Ce phénomene est contraire à la regle générale, mais il s'explique par la nature de ses couches. Les premieres sont d'une breche grossiere, composée de fragments plus ou moins arrondis par le frottement, & tous de la même espece de pierre que les couches inférieures. Celles-ci sont compactes & sans mélange de fragments; on rencontre près de-là une carriere où on les exploite.

J'AI fait voir ailleurs que ces sortes de breches calcaires ont été produites peu avant la derniere révolution de notre globe, & dans le moment où le grand Océan commençoit à s'ébranler pour abandonner notre continent. Elles sont donc d'une formation incomparablement plus récente que les roches primitives de Beauchâtel, & n'ont point eu celles-là pour base; mais elles ont été formées à part &

indépendamment d'elles. Il n'est donc point étonnant que leur situation n'ait aucun rapport avec celle de ces roches.

§. 1615. Les roches calcaires continuent jusqu'à Soyon, à demi-lieue de Charmes. Le village de Soyon est situé au bord du Rhône, sous un rocher calcaire, coupé à pic à une assez grande hauteur. Nous y dînâmes, & quoique nous fussions dans la meilleure auberge, il n'y avoit aux fenêtres ni vitres ni chassis; l'hôte nous dit qu'il n'étoit pas si dupe que d'en faire la dépense, parce que les voyageurs des coches d'eau qui s'arrêtent chez lui, cassent dans leur gaieté les vitres sans les payer. L'air étoit si froid, quoique ce fut le 9 mai, que nous fûmes obligés de coller du papier dans la chambre où nous dînâmes. A cela près, nous ne fûmes pas mal.

Soyon.

Presqu'en sortant de Soyon, on voit que les montagnes inférieures, du côté du couchant, ne sont plus de la même nature; & lorsque le chemin s'approche d'elles, on reconnoît que ce sont des grès tendres en couches horizontales.

Mais les sommités plus hautes & plus éloignées du même côté, sont toujours calcaires & très escarpées contre l'Orient. On voit de loin sur une crénelure escarpée d'une de ces hautes montagnes, le château, ou plutôt les ruines du château de Crussol, dans la situation la plus extraordinaire. Au pied de ces escarpements est une petite plaine dans laquelle on fait tomber des rochers, que des tailleurs de pierre travaillent & équarrissent à mesure.

Crussol.

§. 1616. A une lieue & un quart de Soyon, la grande route laisse à sa gauche le village de St. Péray, situé dans une jolie plaine entourée de côteaux couverts de vignes, dont les vins blancs sont fort estimés. Les montagnes de ce village, au Nord, paroissent primitives. Toutes les pierres détachées que l'on voit vis-à-vis d'elles le long du chemin, & dans les murs qui le bordent, sont de beaux granits gris à grands cryftaux de

St. Péray.

feldspath. On y voit cependant aussi quelques cailloux roulés de quartz charriés par le Rhône.

Cornas.

On passe ensuite à demi-lieue de St. Péray, le long & vilain village de Cornas. Les vignes de cet endroit, exposées au soleil levant, sur la pente de la montagne, produisent un vin rouge foncé, qui a aussi de la réputation. Les montagnes calcaires recommencent à dix minutes de Cornas; elles sont assez hautes, escarpées & relevées contre les dernieres primitives. On passe aussi auprès d'une carriere d'une belle pierre blanche calcaire, exploitée par un grand nombre d'ouvriers. On voit au bord du Rhône de grandes barques sur lesquelles on charge ces pierres dès qu'elles sont taillées. Cette carriere se nomme *Pont de la Goule*.

Château-bourg.

§. 1617. Mais à une petite demie-lieue de là, au village de Château-Bourg on retrouve le granit. Toutes les maisons de ce village sont bâties de cette pierre. Le château, situé sur un roc escarpé, & coupé à pic au-dessus du Rhône, fait dans le paysage un effet très-pittoresque. On me fit là, en 1781, une querelle assez extraordinaire. Comme le village est élevé de 60 ou 80 pieds au-dessus du niveau du Rhône, & que je cherchois les endroits les plus bas pour éprouver la chaleur de l'eau bouillante, comparativement à l'expérience que je me proposois de faire sur le Mont-Blanc, je descendis au bord du Rhône, & je fis en plein air bouillir de l'eau sur une lampe à esprit-de-vin, dans une bouilloire adaptée à cet usage. Les gens du village vinrent en grand nombre autour de moi, par un mouvement de curiosité. Ils me demanderent ce que je faisois; je le leur expliquai; & ils considéroient cette expérience sans aucun signe de mécontentement, lorsqu'il survint un homme un peu mieux mis que les autres, qui se mit aussi à m'interroger: je lui répondis comme aux autres; mais il ne se contenta pas de ma réponse: & il me dit d'un ton menaçant, qu'il n'étoit pas aussi sot que je paroissois le croire, & qu'il savoit fort bien que c'étoient des *relevements* que je prenois. En même tems & comme pour me désarmer, il se
saisit

saifit de ma canne, que j'avois posée auprès de moi ; je lui arrachai cette canne des mains avec beaucoup de vivacité, je pris un ton ferme qui lui en imposa ; & pendant que les spectateurs hésitoient sur le parti qu'ils prendroient, j'achevai mon expérience & me retirai à l'auberge. Cette querelle n'eut pas d'autres suites, mais deux ans plus tard, elle auroit pu m'être funeste.

En sortant de Châteaubourg, on suit, le long d'un rocher de granit, un chemin en corniche au-dessus du Rhône, dans une situation charmante : on descend dans une petite plaine bien cultivée, où est situé le village de Mauves, & delà en demi-heure on vient à Tournon.

Cette ville est bâtie sur le granit, on en voit des rochers bien caractérisés sortir au jour en divers endroits, & sur-tout dans la partie septentrionale de la ville.

Tournon.

§. 1618. Dans le voyage que je fis en 1786, je fus curieux de suivre encore la rive droite du Rhône jusqu'à Andance, à 4 lieues au-dessus de Tournon. En faisant cette route on trouve d'abord, en sortant de Tournon, de beaux rochers de granit tendre, à grands cryftaux de feldspath. Bientôt après on traverse le large lit d'un torrent qui vient des montagnes à l'Ouest. Ce lit est rempli de cailloux roulés ; la plupart de granit, sans aucun fragment de laves ni de bazaltes. Les granits continuent jusqu'au-delà du village de Vion, qui est à une lieue de Tournon. Mais entre Vion & Arrai, qui est à trois quarts de lieue plus loin, les granits cessent d'être en masse, ils deviennent chisteux & irrégulierement feuilletés, & on les voit ainsi jusqu'à Andance.

De Tournon à Andance.

J'aurois volontiers suivi plus loin cette rive, mais le chemin n'est pas trop bon pour les voitures, même jusqu'à Andance ; & il n'est plus praticable au-delà de cette petite ville. Ne pouvant donc aller plus loin, je traversai le Rhône avec ma voiture sur un bac, & je vins rejoindre la grande route du Dauphiné, à demi-lieue au-dessous de St. Rambert.

Voyage intéressant à faire dans ces montagnes.

§. 1619. Le voyage dont j'aurois été le plus curieux dans ce pays-là, auroit été de traverser à une lieue ou deux à l'Ouest du Rhône, & parallèlement à son cours, les montagnes qui le bordent. On a vu dans ce chapitre comment ces montagnes sont singuliérement entremêlées de rochers calcaires & de rochers de granit, ou de schistes granitoïdes. En coupant ainsi ces rochers de natures différentes, & engrenés les uns dans les autres, on pourroit se flatter d'observer quelques transitions intéressantes. On ne pourroit faire ce voyage qu'à pied ou à cheval, & je l'aurois sûrement deja exécuté, si les troubles de la France ne l'avoient pas rendu dangereux, & peut-être même impraticable à un étranger; car les gens de ce pays, peu accoutumés à voir des voyageurs, sont extrêmement défiants. On a vu ce qui m'arriva à Châteaubourg, & j'ai vu d'autres traits du même genre dans les deux voyages que j'ai faits sur cette rive.

Dans celui de 1783, nous passâmes le Rhône à Tournon, & nous rentrâmes dans le Dauphiné à Tain, où nous avoit conduits le chapitre XXXII.

CHAPITRE XXXVI.
EXCURSION AU COTEAU DE L'HERMITAGE.

§. 1620. Ce côteau piquoit ma curiosité; non pas seulement par le desir d'examiner le sol qui produit ce vin si renommé, mais parce qu'étant dans un pays granitique, je voulois observer avec soin ces granits, ailleurs que sur la grande route. Je destinai donc une matinée à cette promenade.

Une petite plaine horizontale sépare la ville de Tain de ce côteau, qui est situé, partie au Nord, partie à l'Est de la ville; cette plaine est toute couverte de sable & des cailloux du Rhône. Le pied même du côteau est en partie recouvert de ces cailloux. Mais la pente & le haut des vignes, sont en entier dans les débris de granit. En particulier le petit côteau qui se présente au Couchant & au Midi, & où croît le meilleur vin, le véritable *Hermitage*, est en entier des débris de cette roche : on en voit même çà & là des rochers qui sortent de terre. Mais ce granit est tendre, & tombe en décomposition.

Vignobles de l'Hermitage.

C'est donc à tort que quelques cultivateurs, séduits par les vins de Bourgogne & de Champagne, qui croissent sur un sol calcaire, ont prétendu que ce sol étoit le seul qui pût produire de bons vins. La maniere dont on cultive ces vignes est assez remarquable. On releve entre les seps la terre, ou les débris de granit qui en tiennent lieu, aussi haut qu'on le peut. Chaque sep se trouve ainsi dans un creux, où la chaleur du soleil se réfléchit & se concentre, de maniere à donner au raisin toute la coction dont il eſt ſuſceptible. Mais ce procédé n'eſt praticable que dans un ſol compoſé comme celui-là de débris incohérents, car dans des terres compactes, ces creux ſe rempliroient d'eau, & feroient ainſi beaucoup de tort à la vigne.

Chapelle au ſite. VERS le haut de ces vignobles, on trouve une chapelle qui ſe nomme *l'Hermitage*, & qui a donné ſon nom à ce côteau. Cette chapelle eſt bâtie ſur un rocher de granit, & l'on a de-là une très-belle vue. Mais ſi l'on veut jouir d'un des plus beaux points de vue qui exiſtent, il faut monter encore plus haut, juſqu'à une cime qui n'eſt pas préciſément la plus élevée de cette petite montagne, mais qui eſt immédiatement au-deſſous & au Midi de la plus élevée, & qui forme un angle ſaillant au-deſſus du Rhône.

Du côté du Midi, l'œil ſuit le cours du fleuve abſolument à perte de vue, & ſes replis tortueux, au-travers des plaines fertiles qu'il arroſe, préſente le plus magnifique ſpectacle. Sa rive gauche paroît toute en plaine; on y voit l'embouchure de l'Iſere, on ſuit même cette riviere par intervalles juſques auprès de Romans, & la vue du côté de ſa ſource n'eſt bornée que par la chaîne des Alpes couvertes de neige, que l'œil ſuit auſſi à une prodigieuſe diſtance. La rive droite du fleuve, bordée par les montagnes du Vivarais, préſente la ville de Tournon, la charmante plaine de Mauves, les châteaux de Cruſſol, de Châteaubourg, & un nombre d'autres villes & villages. Au Nord, on ſuit encore le Rhône à une très-grande diſtance, & on le voit ſe replier à l'Eſt du côté de Vienne. Enfin à l'Oueſt, le Vivarais & le Lyonnois, paroiſſent être un immenſe entaſſement de montagnes.

Granits ſur ſituation. §. 1621. JE ſuivis, en tirant au Nord, la crête de cette colline, & par-tout je vis ſortir au jour les rochers de granit; je crus même les voir aſſez diſtinctement diſpoſés par couches à-peu-près horizontales, mais à la vérité un peu irrégulieres & un peu oblitérées par la décompoſition de la pierre. Les plans de ces couches me parurent relevés contre l'Oueſt, & dirigés à-peu-près du Nord au Sud.

DE L'HERMITAGE, Chap. XXXVI.

Ces granits, de même que ceux de l'Hermitage & la plupart de ceux des environs de Tain, renferment tout à la fois deux espèces, ou au moins deux variétés de feldspath, l'un en petits grains qui n'excédent pas deux lignes de longueur, d'un blanc roux, opaque, peu brillant, l'autre en cryſtaux qui ont jusques à deux pouces de longueur, d'un blanc gris, un peu translucides & assez brillants. Eprouvés au chalumeau, celui-ci paroît un peu plus réfractaire, cependant tous deux se fondent sans peine en une scorie blanche & bulleuse; le quartz de ces mêmes granits est gris, un peu transparent, à cassure inégale. Le mica est brillant, d'un noir qui tire un peu sur le verd & très-fusible. Le feldspath forme au moins les neuf dixiemes de la masse; le reste est presque tout mica, car le quartz s'y trouve en très-petite quantité. Je crois, que dans ces granits il se rencontre aussi du fer qui teint d'une couleur de rouille la surface de ses autres éléments, & qui en s'oxidant, produit la désunion de ces éléments, & la décomposition de la pierre.

Leur description.

On remarque enfin dans ces granits, un fait qui n'est pas rare, mais que je ne craindrai pas de répéter à cause de son importance pour la théorie. C'est qu'en cassant les cryſtaux, soit grands, soit petits & les grains de quartz dont ces granits sont composés, on trouve dans leur intérieur des lames du même mica qui remplit les interstices de ces cryſtaux & de ces grains. Cela prouve que ce mica se formoit & se déposoit en même tems que se formoient ces cryſtaux & ces grains de quartz. Et ce fait est ici d'autant plus probant, que la couleur particuliere de ce mica prouve plus fortement que c'est le même qui se trouve, & dans les cryſtaux, & dans leurs interstices.

§. 1622. Après avoir parcouru la sommité de cette colline, je dirigeai mes pas du côté de l'Est, je vins dans des champs élevés, & comme on n'y voyoit plus de rocs de granit, je fus curieux de voir si ce genre de pierre formoit encore la base de ces champs. Pour cela je descendis du côté du Nord dans de profonds ravins, & j'y

Etendue de ces granits.

retrouvai le granit, recouvert, ici de fable, là de fragments anguleux du même granit, plus loin de cailloux quartzeux fans mélange
de granit. Un payfan qui me vit examiner ces pierres, me demanda
ce que je cherchois; je lui demandai à mon tour s'il n'y avoit point
dans le voifinage de rochers d'un autre genre que ceux que je lui
montrai, des ardoifes, par exemple, ou des pierres à chaux. Il m'affura qu'il ne s'en trouvoit de ce côté du Rhône qu'à de grandes diftances, que l'on tiroit toute la chaux de la rive oppofée, des environs
de Cornas, fi ce n'eft une petite quantité que l'on fait en calcinant
le peu de pierres calcaires qui fe trouvent parmi les cailloux du
Rhône & des rivieres. Il me prouva qu'il s'y connoiffoit, en me ramaf-
fant dans le lit du ruiffeau une pierre roulée qui étoit effectivement calcaire.

Je defcendis ainfi au village de Crofes, d'où je regagnai la grande
route, & je revins à Tain au bout de 4 heures de marche, très-
fatisfait de ma promenade.

CHAPITRE XXXVII.
DE TAIN A VIENNE.

§. 1623. En sortant de Tain, on suit une route charmante sur un quai au bord du Rhône. On voit bientôt à sa droite de beaux granits. Ils sont ici plus durs que ceux que j'ai décrits à la fin du chapitre précédent; ils se divisent spontanément en grands fragments polyhedres à faces planes, mais on ne peut y reconnoître aucun indice de couches. Ensuite les rochers s'éloignent sur la droite, & l'on se trouve dans une petite plaine; mais à une lieue de Tain, près du village de Serves, le chemin est de nouveau resserré entre le Rhône & un roc de beaux granits durs, à grands cryftaux de feldfpath. Ces granits se montrent de loin sous un aspect d'un gris blanchâtre, & non pas bruns comme ceux de l'Hermitage; le mica en est gris & non pas noir comme dans ceux-là; & l'on n'y voit point sur les cryftaux cet enduit ferrugineux que je regarde comme la cause de la décomposition. On distingue dans ces granits durs des bancs répétés à-peu-près verticaux, courant de l'Est à l'Ouest: je ne dirai pas si ce sont des couches. Ils continuent jusques au château de Pilate à 20 minutes de Serves.

De Tain à Serves. Beaux granits.

§. 1625. Là s'ouvre à la droite ou à l'Est, une vallée assez large. Après qu'on l'a traversée, on retrouve les granits, mais dégradés, tombant en décomposition, se divisant spontanément en petits fragments planihedres, dont les faces sont enduites d'une argile ferrugineuse, & qui dégénerent souvent en schistes micacés, tendres & ferrugineux.

Granits dégradés.

On trouve fréquemment dans les fentes de cette roche, de petits cryſtaux de quartz, & quelquefois de feldſpath rhomboïdal, formés par infiltration. Les roches de ce genre continuent à St. Vallier, & même au-delà, juſques à moitié chemin de St. Rambert.

Vallier. §. 1625. LES environs de St. Vallier ſont aſſez riants; on y voit des prairies arroſées, des vergers, des haies d'aubépines d'une hauteur & d'une épaiſſeur peu communes. Toute cette verdure frappe d'une maniere agréable, ſur-tout au printems, & quand on vient du côté du Nord, après avoir traverſé les triſtes & arides plaines de cailloux des environs de St. Rambert.

Plaine de cailloux. EN effet, à trois quarts de lieue de St. Vallier, les montagnes s'éloignent à l'Eſt & le Rhône à l'Oueſt, & l'on ſe trouve dans une plaine ſemblable en petit à celle de la Crau. Les cailloux qui la couvrent ſont moins gros que ceux de la Crau dans le voiſinage de Sallon, mais bien autant que ceux de cette même plaine dans le voiſinage d'Arles. Les meuriers y croiſſent, mais le ſeigle y paroît bien miſérable. Les cailloux ſont encore, comme ceux de la Crau, preſque tous de quartz ou de grès dur, d'un blanc griſâtre au-dedans, mais ſujets à prendre au-dehors des teintes noires, jaunes, ou rougeâtres. A St. Rambert, on ſe rapproche du Rhône; mais pour s'en éloigner encore, & l'on va au péage de Roſſillon, & de-là juſques au-deſſus d'Auberive par des plaines de cailloux ſemblables aux précédentes.

Auberive. Banc de ſable blanc. §. 1626. DE ces plaines, on deſcend au village d'Auberive, qui eſt ſitué dans un fond au bord d'un aſſez joli ruiſſeau nommé la Valèze. En faiſant cette deſcente, on voit à ſa gauche un banc, épais de plus de 20 pieds, d'un beau ſable blanc quartzeux, qui n'eſt pas aſſez incohérent pour s'écouler de lui-même, mais qui pourtant ſe diviſe entre les mains. Il ne contient aucun caillou, ni aucun autre corps étranger; mais il eſt recouvert d'un banc d'argille griſâtre ſur laquelle

repoſe

repose une grande épaisseur de cailloux roulés, mêlés de terre rouge & de grands blocs de granitoïdes. On dit qu'on emploie ce sable dans la fabrication du verre blanc.

Après avoir passé la Valeze, on remonte sur un plateau couvert de cailloux comme les précédents. En faisant cette montée, si l'on se retourne du côté d'Auberive, on verra le banc de sable blanc se prolonger horizontalement à l'Est & à l'Ouest dans l'escarpement des falaises qui dominent la riviere.

§. 1627. Je trouvai sur cette route des excavations considérables que l'on avoit faites pour en tirer du gravier. J'entrai dans une de ces excavations : je vis là les cailloux roulés reposer sur un fond de sable; mais c'étoit du sable ordinaire qui n'étoit point le beau sable blanc d'Auberive. Et ce qui m'étonna beaucoup, fut de trouver entre le sable & les cailloux, un bloc énorme d'un rocher dont j'ai perdu les échantillons, & que je désignois seulement sous le nom de roche primitive dure. On le brisoit pour employer ses fragments à à la construction d'un pont que l'on devoit établir dans le voisinage.

Blocs Alpins.

C'est ainsi, comme je m'en plaignois ailleurs, que l'on détruit ces curieux vestiges des révolutions de notre globe. Il étoit d'autant plus remarquable, que c'est le seul que j'aie vu de cette grandeur dans cette partie de la France. Mais, & celui là, & ceux que j'avois vus au-dessus du sable blanc d'Auberive, prouvent qu'il a passé là un courant considérable, qui probablement descendoit des Alpes du Dauphiné.

§. 1628. Après avoir fait depuis Auberive une lieue sur un plateau couvert de cailloux, on descend avec plaisir au bord du Rhône, par un chemin coupé dans des galets, qui sont en partie réunis en forme de poudingues grossiers.

Vienne Granits.

Sous ces poudingues, on trouve le roc primitif, & la montagne à droite du chemin est constamment de ces mêmes rochers jusques à Vienne; ici, de granits durs; là, de schistes micacés tendres.

CHAPITRE XXXVIII.

EXCURSION DANS LES GRANITS A L'EST DE VIENNE.

§. 1629. JE fis, au printems de 1786, avec mon fils aîné, un petit voyage minéralogique dans la France méridionale. Nous entrâmes en France par le Pont Beauvoisin; de-là nous vinmes à Bourgoin, dont les environs font calcaires, & comme je favois que Vienne est dans les granits, j'espérois qu'en traversant de Bourgoin à Vienne je verrois la jonction de ces deux genres. Je n'atteignis pas le but que je m'étois proposé. En général, il est rare que l'on puisse voir ces jonctions dans les pays de plaines & de basses montagnes; presque toujours ces rochers font plus tendres vers leurs limites; l'air & l'eau les décomposent, les corrodent, & les vuides nés de cette destruction se comblent de terre, de débris, & cachent ainsi les jonctions. Je vis en revanche, auprès de Vienne, des choses assez intéressantes pour m'engager à retourner sur les lieux, & à les observer avec un nouveau soin. C'est ce qui fait le sujet de ce chapitre.

§. 1630. LES derniers rochers calcaires que nous vîmes en allant de Bourgoin à Vienne, font à une lieue & un quart de Bourgoin, sur la route de Lyon, que l'on suit à-peu-près jusques là. Ce font des carrieres d'une pierre coquillere jaunâtre, de laquelle font bâties la plupart des maisons de Bourgoin.

LES coquilles s'y trouvent presque toutes brisées en fragments, qui n'excédent guerre la grosseur d'un grain de sable : on en trouve pourtant quelques débris un peu moins petits, & où l'on peut reconnoître que la plupart de ces coquilles sont de la classe des bivalves. Les couches de cette pierre sont minces & horizontales.

De-là jusques à une demi-lieue de Vienne; c'est-à-dire, dans l'espace de 4 à 5 lieues, nous ne vîmes plus aucun rocher. On passe cependant une montagne assez élevée, mais couverte d'argille & de cailloux roulés. On traverse par de mauvais chemins quelques villages assez misérables. St. Bonnet, Notre-Dame de Létra, le péage de Notre-Dame.

§. 1631. Les premiers rochers que nous rencontrâmes, à demi-lieue à l'Est de Vienne, sont d'un beau granit dur. On y remarque de grands cristaux de feldspath gris, & d'autres petits de feldspath rougeâtre : le quartz est gris, & le mica d'un brun qui tire sur le noir. Sous ce rocher, on en voit un autre dont les grains sont beaucoup plus petits. Ces rochers sont isolés, mais en approchant de Vienne ils deviennent continus : un d'entr'eux, situé au-dessus du chemin me parut très-remarquable.

§. 1632. Il renferme un rognon de forme à-peu-près ovale de 12 pieds de longueur sur 6 de hauteur. Ce rognon est en entier d'un schiste micacé, mêlé de feldspath, ou de gneiss, d'un gris noirâtre, à feuillets droits & très-fins. Les couches de ce rognon, parfaitement distinctes, régulieres & parallèles entr'elles, courent de l'Est à l'Ouest en se relevant un peu contre le Sud, & sont coupées par des fentes parallèles entr'elles. Le rocher qui renferme ce rognon de gneiss n'est nullement feuilleté, c'est un granit en masse parfaitement caractérisé, & à grains assez gros.

Grand rognon de gneiss dans un granit.

Ce rognon a-t-il été formé hors du granit, transporté ensuite dans la place où se trouvoit le granit, & renfermé dans son intérieur par la formation successive de ce granit; ou bien s'est-il formé simulta-

Hhh 2

nément, & a-t-il par quelque circonstance particuliere, affecté une forme stratifiée, qui ne s'est pas manifestée dans le reste du rocher? Je n'oserois pas prendre un parti d'une maniere trop tranchante. Je penche cependant beaucoup plus pour la seconde hypothese. En effet, j'ai vu fréquemment dans des granits veinés, des rognons d'un granit incomparablement plus fin, & qui cependant avoient été formés simultanément, puisqu'on voyoit la continuité des feuillets du granit finement feuilleté, avec ceux du granit à gros grains & à feuillets épais.

§. 1633. EN continuant de s'approcher de Vienne, on voit le granit se changer par gradations en gneiss & en roche micacée, & près d'un ruisseau nommé Bougelai, qui traverse ces rochers, c'est le gneiss qui domine, & c'est à son tour le granit en masse, que l'on voit renfermé dans les gneiss sous la forme de rognons. Enfin, dans le lit même du ruisseau, on voit du gneiss servir de base à des rochers de granit.

Calcédoine dans granit. §. 1634. APRÈS avoir traversé ce ruisseau, je montai auprès d'une petite maison de paysan située sur une hauteur, & j'examinai des pierres qu'on avoit entassées pour rebâtir un mur de clôture. Je fus bien étonné de voir que presque toutes ces pierres étoient de belles calcédoines, plus ou moins translucides, & entremêlées de feuillets d'une belle pyrite jaune. Je cherchai à reconnoître la matiere dans laquelle cette calcédoine s'étoit formée; le granit adhérent à plusieurs de ces morceaux, me fit voir que c'étoit dans ce genre de roche qu'elle avoit pris naissance.

COMME il étoit naturel de penser que ces pierres ne venoient pas de loin, nous nous mîmes, mon fils & moi, à observer avec soin les granits des environs, & nous trouvâmes enfin sur les bords du ruisseau, & vis-à-vis, & au-dessus de cette maison, la calcédoine renfermée dans les roches de granit, qui encaissent ce ruisseau. Ici, elle remplissoit les fentes accidentelles du granit; là, elle étoit en rognons entiérement renfermés dans le granit. Le plus confidérable de ces filons eft au Sud-Eft au-deffus de la maifon; il court du Nord-Oueft au Sud-Eft, s'élargit en defcendant, & va fortir au jour dans un champ où on l'a coupé, en creufant un foffé à la tête de ce champ. C'eft dans ce filon que l'on trouve les morceaux pyriteux. Quant aux rognons, le plus grand eft dans le lit même du ruiffeau, au Nord de la maifon. Il eft caverneux, & fes cavités font tapiffées de pointes de cryftal de roche. J'en détachai d'affez beaux morceaux. On retrouvera aifément cette maifon & ce ruiffeau, fi l'on fe rappelle que c'eft tout près & au-deffus d'un vieux château, connu fous le nom de *Vieille Poudrerie*, à une demie lieue à l'Eft de la ville de Vienne.

§. 1635. Mais comme c'eft une chofe affez rare, & même unique pour moi que de la calcédoine renfermée dans un granit, je dois en donner une defcription plus détaillée. Les caracteres généraux extérieurs font parfaitement conformes à ceux que donne M. Werner dans fon édition de Cronftedt, pag. 130.

Defcription de cette calcédoine.

Elle eft pour l'ordinaire demi-tranfparente, mais quelquefois feulement translucide; dans ce dernier cas, fon afpect fe rapproche un peu de celui d'un jafpe. Sa couleur la plus ordinaire eft d'un gris bleuâtre, mais on la voit auffi d'un blanc jaunâtre, & fouvent recouverte d'une rouille ferrugineufe. On y voit quelquefois des zones concentriques & feftonnées d'une couleur plus obfcure. Sa caffure varie; ici, unie; là, écailleufe, ailleurs tirant un peu fur le conchoïde. Elle eft très-dure, ne fe laiffe point entamer à la lime, & au chalumeau elle donne, comme la calcédoine commune, un globule de diametre de 0,075, qui indique qu'elle feroit fufible au degré 756 de Wedgewood.

Enfin, ce qu'elle a de curieux, & qui prouve bien qu'au moins quelques-uns de fes morceaux font contemporains au granit, c'eft que, de même qu'on trouve des nids de cette calcédoine dans le granit, on trouve auffi des nids de granit dans la calcédoine. Ces nids de granit contiennent fort peu de mica, mais beaucoup de feld-spath; ici, jaune, là rougeâtre; & du quartz dont l'afpect fe rapproche fouvent de celui de la calcédoine.

QUANT à la pyrite, elle eft entrelacée dans cette calcédoine d'une maniere affez remarquable. Elle y eft par lames à-peu-près droites, d'un quart de ligne d'épaiffeur au plus fur 5 à 6 lignes de longueur. Ces lames fe croifent dans certaines places, fous toutes fortes de directions. Chacune de ces lames eft renfermée dans une efpece de falbande, d'une largeur égale à celle de la lame, elle eft de calcédoine, mais d'une couleur plus foncée que dans le refte de la pierre. Cette pyrite eft de couleur de laiton pâle, grenue & brillante dans fa caffure, Elle fe décompofe à l'air & tombe en efflorefcence. Les morceaux que j'avois rapportés, & qui étoient de la plus belle couleur, lorfque je les ramaffois, ont perdu tout leur éclat; on voit à leur furface de petits cryftaux falins, ici blancs, là verdâtres, cette derniere couleur indique un peu de cuivre. Mais quand on caffe la pierre, on retrouve dans fon intérieur la pyrite avec tout fon éclat.

EXPOSÉE au chalumeau, elle exhale d'abord une forte odeur d'acide fulfureux, & laiffe enfuite un enduit noir & brillant que l'aimant attire avec beaucoup de force.

<small>Gneifs avec couches de calcédoine</small>

§. 1636. EN revenant de mon dernier voyage, je repaffai par Vienne, & je retournai vifiter ces granits, mais je n'y trouvai rien de nouveau, fi ce n'eft des gneifs, dont les feuillets minces alternent avec des feuillets plus ou moins épais de calcédoine. Souvent ces feuillets de calcédoine, quoiqu'affez minces, fe fubdivifent & laiffent dans le milieu de leur épaiffeur un vuide rempli de petits cryftaux de quartz.

<small>Jafpe fleuri.</small>

EN revenant à Vienne, au lieu de fuivre la grande route, je revins par un petit chemin qui eft au Nord de cette route, & je trouvai dans un ruiffeau peu éloigné de celui de Bougelai, un gros bloc d'un beau jafpe fleuri, mêlé de violet foncé & de blanc, mais détaché, & n'adhérant point au fol. Je crois pourtant qu'il eft du pays, car on ne voit dans les environs aucun fragment étranger de cette taille.

§. 1639. CE petit chemin me conduifit à un fentier qui fe nomme *la ruette du pont l'Evêque*. Je vis d'abord dans ce chemin des gneifs femblables à ceux de ces contrées; mais tout-à-coup je fus étonné de les voir repofer fur une pierre qui reffembloit parfaitement à ces grès tendres & bruns que l'on appelle chez nous des *mollaffes pourries*. J'examinai, comme on peut le croire, cette pierre avec attention, & je reconnus que c'étoit encore un gneifs dont les feuillets extrêmement minces & ferrugineux, tombent en décompofition. Je trouvai même des nuances fuivies entre les gneifs les mieux caractérifés & ces fchiftes bruns, friables & arénacés. Il me parut convenable de noter cette obfervation; elle ferviroit de réponfe à quelque voyageur inattentif, qui prétendroit avoir vu là ou ailleurs, des granits, ou en maffe, ou feuilletés repofant fur des pierres de fable.

Gneifs reffemblant à du grès.

§. 1640. EN continuant ce fentier, je paffai au fauxbourg ou village du pont l'Evêque, dans lequel je vis de beaux granits entremêlés de gneifs rougeâtres, durs, à feuillets minces, qui paroiffent rayés, femblables à ceux de Valorfine, §. 598.

Gneifs rouges & durs.

§. 1641. DE-LÀ, je traverfai le ruiffeau marqué fur la carte fous le n. m. *de la Gére*, pour voir une mine de galene. La galerie dans laq. elle j'entrai, fe nomme la *vieille voute*. Elle eft à-peu-près horizontale, taillée prefque toute dans les granits ou dans les gneifs. Ces roches font là fouvent affez dures pour n'avoir pas befoin d'être étançonnées; quelquefois cependant elles font tendres, fe décompofent, & exigent des appuis. Au fond de cette gallerie, je trouvai le filon dans une fituation verticale, courant du Nord au Midi de la Bouffole, ou à la XIIe. heure des mineurs. La mine eft une galene lamelleufe à lames minces, quelquefois un peu courbes, dans une gangue de quartz, fréquemment recouverte d'ochre de plomb jaune.

Mine de plomb.

CHAPITRE XXXIX.
DE VIENNE A LYON.

Derniers rochers entre Vienne et Lyon.

§. 1642. En fortant de Vienne, on fuit un très-beau quai fur le Rhône, dans une fituation charmante.

La colline, à droite, dont on voit la coupe, préfente des cailloux roulés, mais ces cailloux repofent vraifemblablement fur le granit, du moins voit-on celui-ci reparoître au jour à dix minutes de Vienne. On monte enfuite une haute colline, dont la plus grande partie eft compofée du même genre de roche primitive : mais vers le haut de cette colline, on retrouve les galets; & dès-lors jufques à Lyon, l'on ne voit plus de rochers qui aient été formés fur la place qu'ils occupent.

Cailloux roulés, fable, gravier.

§. 1643. On voyage pendant quelque tems fur le plateau ondoyant qui couronne la colline. Ce plateau eft couvert de cailloux roulés, prefque tous quartzeux.

St. Simphorien.

De ce plateau l'on defcend dans un vallon, puis on monte une colline de fable que l'on redefcend pour venir à la pofte de St. Simphorien d'Ozon. On paffe enfuite une haute colline, dont la coupe, quoique profonde, ne montre que fable & gravier. On traverfe encore deux collines femblables, & la derniere, par laquelle on defcend dans la plaine de Lyon, préfente dans fa coupe des amas immenfes de fable, de gravier & de cailloux; ici, libres, là, unis en forme de poudingues groffiers. En faifant cette defcente, on a une vue charmante fur les environs de Lyon, fur les bords du Rhône, relevés par des

collines

collines en amphithéâtre qui font décorées par une foule de jolies maifons de campagne. La pofte de St. Fond, la derniere avant d'arriver à Lyon, eft fituée dans la plaine, qui continue fans interruption jufques à la ville. On fait ainfi en 4 ou 5 heures la route de Vienne à Lyon.

§. 1644. La ville de Lyon, intéreffante pour tous les voyageurs, par fa grandeur, par fes fabriques, par fes édifices, pouvoit auffi intéreffer un minéralogifte par les collections qu'elle renfermoit, & par les favans poffeffeurs de ces collections. M. de la TOURETTE fecretaire de l'Académie, M. le CAMUS, M. IMBERT COLOMÉ, & M. de BOURNON. Le célebre M. JARS, avoit fa collection aux mines de Ste. Bel, où il demeuroit, à 6 lieues à l'Oueft de Lyon. {.sidenote: Lyon, collections intéreffantes.}

La nature y préfente auffi des obfervations très-importantes à faire fur les granits & fur les roches feuilletées. On ne voit de très-beaux rochers dans la ville même, & fur-tout au bord de la Saone. J'ai configné dans le premier volume de ces voyages, chap. XII, quelques faits relatifs à la théorie, que ces granits m'ont préfentés. Le bas de la ville eft élevé de 80 à 85 toifes au-deffus de la mer. {.sidenote: Granits de Lyon.}

Les amateurs de beaux points de vue doivent fe faire conduire à Fourvieres, paroiffe qui paroît hors de la ville, mais qui eft pourtant renfermée dans fes murs. C'eft une des plus belles fituations que je connoiffe. On a fous fes pieds la ville de Lyon, la Saone, le Rhône, leur confluent, les belles & riches plaines qui l'entourent, terminées d'abord par des collines, puis par les Alpes, qui s'élevent en amphithéâtre jufques à la cime du Mont-Blanc; & cette cime, vue de profil, préfente de-là un afpect tout différent de celui fous lequel on la voit de Geneve & de Chamouni.

CHAPITRE XL.
DE LYON A GENEVE.

Sortie de [Lyon], colline de [?]

§. 1645. Lorsqu'on fort de Lyon pour aller à Geneve, on côtoie d'abord le Rhône par une très-belle route, coupée il y a environ 20 ans dans la colline qui borde ce fleuve. La coupe de cette colline ne préfente d'abord que du fable & du gravier, de différents degrés de fineffe, difpofés par lits, la plupart horizontaux, dont cependant quelques-uns font inclinés, d'autres rompus & même moirés ou chinés. Il s'y mêle enfuite des cailloux roulés, la plupart quartzeux.

On monte de-là à Mirebel, d'où l'on vient à Montluel, & de-là jufques au pied de Cerdon, au-travers des villages de Meximieux, St. Denis, Ambronay, St. Jean le vieux, conftamment dans des plaines couvertes de cailloux, & fouvent en fi grande quantité qu'ils empêchent la culture des terres. Les quartz ou les grès durs, quartzeux, font l'efpece dominante; on y voit cependant quelques cailloux des Alpes, comme des fchiftes micacés, des fchiftes de hornblende, des ferpentines. Cependant lorfqu'on traverfe le lit de quelque torrent, ou de quelque riviere qui vient des montagnes voifines, on y voit dominer les pierres calcaires.

Entrée du Jura.

§. 1647. Les premiers rochers que l'on voit en place font à demi lieue au Sud du Cerdon, fur la droite, ou à l'Eft de la grande route; ils font calcaires comme le Jura, dont ils font partie. La pierre eft compacte, jaunâtre. Ses couches font très-inclinées, quelques-unes mêmes verticales, ou à peu-près telles.

Delà jufqu'à Cerdon, l'on côtoie la riviere d'Ain dans une route charmante, bordée de prairies, que dominent des rochers calcaires, en couches à peu-près horizontales, entrecoupées de verdure. On voit cependant encore fur cette route des collines compofées de cailloux roulés, mais tous calcaires, & venant par conféquent de l'intérieur du Jura.

§. 1648. On commence à monter la premiere ligne du Jura, un peu au-delà du village du Cerdon, qui donne fon nom à cette montée. Ce village eft élevé de 156 toifes au-deffus de la mer; le chemin large, très-bien fait, mais coupé en corniche au-deffus d'une pente rapide, étonne un peu les voyageurs qui n'ont pas encore vu de montagnes. En montant ce chemin, on a à fa droite un vallon très-profond, & on côtoie à fa gauche les efcarpements de la montagne. Le bas de cette montagne eft compofé de couches alternatives d'une pierre calcaire, grife, compacte, folide; & d'une autre pierre calcaire, argilleufe, bleuâtre, tendre & deftructible. Vers le haut de la montée les couches folides dominent; on voit cependant çà & là quelques couches tendres, argilleufes, interpofées entr'elles. Ces couches font toutes à peu-près horizontales, mais celles de l'autre côté du vallon paroiffent fréquemment inclinées.

Montée du Cerdon.

Du haut de cette montée, on a un point de vue charmant, des cafcades, de beaux rochers, des ruines de châteaux pittorefquement fituées, & un joli ruiffeau qui ferpente au fond d'un vallon ombragé par de beaux noyers.

Après la grande montée du Cerdon, l'on defcend pour remonter encore jufqu'à une lieue & un quart du village, d'où l'on renvoie les chevaux additionnels qu'il a fallu prendre. Cet endroit eft élevé de 161 toifes au-deffus du village du Cerdon; delà on defcend prefque toujours *jufqu'au pont de Maillac*, en ferpentant dans des vallées tortueufes, dont le fond eft de prairies, & dont les montagnes font couvertes de bois jufqu'à leurs cimes.

Pierres uillé-

§. 1649. Près du pont de Maillac, on voit des couches tout-à-fait modernes, compofées de cenchrites à petits grains, *roogenftein de* WERNER, mélées de débris de coquilles, & en particulier d'huîtres de différentes grandeurs.

Lac de ntua.

§. 1650. Du pont de Maillac, on vient en un quart-d'heure à la pofte de St. Martin du Frêne. Entre cette pofte & le lac de Nantua, le chemin paffe au bord de grandes prairies parfaitement horizontales, peu élevées au-deffus du niveau du lac, & qui fûrement en ont fait autrefois partie. Ce qui confirme cette conjecture, c'eft que dans toutes les coupes du terrein, on voit qu'il eft compofé de cailloux arrondis, la plupart calcaires. On côtoie enfuite le lac de Nantua par un chemin ferré entre ce lac & la montagne; & bien qu'il foit bordé par des montagnes un peu trop à pic, & dont les forêts noires produifent une reverberation qui le rembrunit un peu; cette partie de la route eft cependant très-agréable. Les montagnes qui bordent ce lac font toujours de nature calcaire, & ont leurs couches à peu-près horizontales. L'obfervation de M. de Luc donne à Nantua 241 toifes au-deffus de la mer.

Couches narqua- s.

§. 1651. A un bon quart de lieue de Nantua, on voit à fa droite une petite montagne calcaire, ifolée, de forme conique, compofée de couches, qui d'un côté font verticales, & de l'autre font arquées, en enveloppant cette montagne comme les couches d'un oignon. Cette flexion paroît s'être faite avec violence, les couches font en divers endroits féparées par de grandes crevaffes.

Plus loin, à une lieue & demie de Nantua, un peu après le commencement du lac de Sylant; on voit à fa gauche une montagne élevée, dont les couches paroiffent retrouffées fur elles-mêmes, & en forme de limaçon; l'espace à gauche, que l'on peut supposer avoir été occupé par ces couches avant leur retroussement, est entiérement vuide; mais cette montagne exigeroit un examen plus approfondi.

§. 1652. LE lac de Sylant, encore plus éttoit que celui de Nantua, est bordé de montagnes en pente rapide, couvertes de forêts de sapins; il paroît noir, sauvage, & fait penser aux eaux du Styx. Mais auprès de l'extrêmité de ce lac, on voit à gauche, dans un enfoncement de la montagne, une cascade qui tombe du milieu d'un ceintre de beaux rochers, couronnés par des arbres, & dont les assises horizontales sont séparées par des bancs de verdure. La cascade a creusé à son pied un bassin rempli d'une eau parfaitement limpide, dont le fond est de cailloux blancs. Près de là est une petite maison avec une prairie & de beaux arbres qui donnent l'idée d'une retraite tout-à-fait romantique. Du lac de Sylant à La Voûte, ou St. Germain [de Joux, on côtoie un joli ruisseau qui descend de ce lac.

Lac de Sylant.

ON monte ensuite pour aller à Châtillon, un chemin en pente rapide, sur une corniche qui n'est pas trop large, & l'on côtoie à sa droite des couches dont les situations & les formes sont très-variées; ici, inclinées; là, verticales, quelques-unes cunéiformes.

De la Voûte au fort l'Ecluse.

DE Châtillon, élevé, suivant M. de Luc, de 264 toises au-dessus de la mer, l'on descend au pont de Bellegarde, d'où l'on remonte à Vanchy, en laissant à sa droite la Perte du Rhône, que j'ai décrite avec tous ses alentours dans le chapitre XVII, du premier volume de cet ouvrage.

J'AI aussi décrit dans le chapitre du Jura, les environs du Fort de de l'Ecluse & la montagne du Wouache, qui est située vis-à-vis de ce fort.

§. 1654. Du Fort de l'Ecluse on vient à Geneve en 3 ou 4 heures, en côtoyant d'abord le pied du Jura, & en traversant ensuite quelques collines composées de sable, d'argille & de cailloux roulés, comme toutes celles que l'on voit entre le Jura & les Alpes. Du haut de ces collines, & même déja des environs de Colonge, on commence à appercevoir notre lac, dont la vue cause toujours une vive émotion à tout Genevois qui en a été éloigné pendant long-tems.

Source et Glacier du Rhone.

TROISIEME VOYAGE.

PREMIERE PARTIE.

De Geneve au lac Majeur, par le Grimsel, le Griës & la Furca del Bosco.

CHAPITRE PREMIER.

De Geneve au lac de Thun, par Vevey & le Simmenthal.

§. 1655. JE partis pour ce voyage, seul avec un domestique, le 3 de juillet 1783. Je changeai de chevaux à Rolle, & ainsi j'allai dans un seul jour à Vevey.

J'AI donné dans le second volume de ces voyages le peu d'observations relatives à la minéralogie que présente ce trajet. Cette route,

<small>Etat de la vapeur qui régnoit le 3 juillet 1783.</small>

que j'ai faite plufieurs fois, ne pouvoit donc point m'occuper fous ce rapport. Je donnai toute mon attention à ce brouillard ou à cette vapeur féche & bleuâtre, qui fut fi remarquable dans le cours de cet été. Ce jour-là le foleil, à fon lever, paroiffoit entiérement dépouillé de fes rayons : on le voyoit comme un globe d'un rouge obfcur, diftinctement terminé, & que les yeux pouvoient fixer fans aucune fatigue. A mefure qu'il s'élevoit, la partie fupérieure de fon difque devint d'un rouge plus brillant; mais au bout de 20 minutes, il parut également brillant dans toute fa furface, & alors il commença à fatiguer les yeux & à produire des ombres fenfibles. Entre 6 & 7 heures la vapeur parut diminuer : des environs de Rolle, où j'étois alors, on diftinguoit très-bien les cimes du Jura, qui en font éloignées d'environ trois lieues en ligne droite, mais enfuite elle redevint plus épaiffe. Vers les 9 heures, je ne pouvois plus voir le Jura, quoique je n'en fuffe gueres plus éloigné; j'appercevois feulement les fommités de quelques nuages élevés de 10 à 12 degrés au-deffus de cette montagne, & vers le midi la vapeur étoit encore plus denfe. La foirée fut orageufe, on entendoit le tonnerre gronder de tous les côtés, & vers les 6 heures, lorfque je paffai à Lutry, on me dit qu'il venoit d'y tomber une très-groffe averfe. Cependant cette pluie n'avoit point abattu la vapeur; fa denfité étoit toujours la même. Je ne pus pas voir coucher le foleil, parce que les montagnes cachoient l'horizon; mais même à plufieurs degrés au-deffus de l'orizon, il paroiffoit, comme le matin, un boulet rouge fans aucun rayon.

Le vent avoit été tout le jour au Nord-Eft; & à Laufanne, au moment le plus chaud de la journée, le thermometre étoit à 22, 5, & mon hygrometre à 74, 5; ce qui indique une température & un degré d'humidité très-naturels dans ce mois, à la hauteur de Laufanne. Il eft donc bien certain que cette vapeur ne tenoit ni au froid ni à l'humidité de l'air.

JE continuerai de donner dans ce voyage l'état de la vapeur
lorfqu'elle

lorsqu'elle préfentera quelque chofe d'intéreffant, car on ne fauroit raffembler trop de faits fur un phénomene auffi remarquable. Je crois cependant devoir obferver, que fi ce brouillard fec étonna en 1783, ce ne dut-être que par fa denfité; car il n'eft point rare de le voir à des degrés de denfité moins confidérables. Je l'avois fouvent obfervé, lorfque je publiai en 1782, mes effais fur l'hygométrie; j'en ai parlé expreffément au §. 355 de cet ouvrage; je l'ai également obfervé depuis lors. Je puis même affurer que dans les environs de Geneve, il a été très-fenfible en mai & juin de l'année derniere 1784.

Je couchai à Vevey, où je trouvai le bon St. Jean de Chamouni, auquel j'avois donné rendez-vous; il m'amenoit trois mulets, un pour moi, un pour mon domeftique & le troifieme pour le bagage & pour les pierres que je comptois de ramaffer en chemin.

§. 1656. En allant de Vevey à Spietz, au bord du lac de Thun, par le Geffenay & le Simmenthal, on entre tout de fuite dans les montagnes. Un chemin étroit, rapide & impraticable aux voitures, paffe d'abord fur des débris de ces montagnes, enfuite au-deffus du village de Cherlé, à une lieue de Vevey, on voit paroître au jour les bancs de la pierre calcaire dont ces montagnes font compofées. Cette pierre eft compacte, grife; fes couches font d'épaiffeurs inégales, depuis le feuilleté le plus fin jufqu'à des bancs compactes d'un ou deux pieds d'épaiffeur. On en voit auffi qui font divifés naturellement en fragments anguleux, par des fiffures perpendiculaires aux plans des couches. Ces couches montent vers le Nord-Oueft; plufieurs font à peu-près verticales: ces rochers fe trouvent dans des bois de fapins & de hêtres.

Montagne au-deffus de Vevey.

§. 1657. Du village de Cherlé on a une très-belle vue, du fond de notre lac entre Villeneuve & le Boveret. Je vis delà que la vapeur étoit beaucoup moins denfe que la veille, & ce n'étoit pas feulement, parce que j'étois plus élevé, puifque je découvrois les plaines à des diftances, d'où la veille, je ne pouvois pas appercevoir les montagnes.

Etat de la vapeur.

Monta-
s fer-
s.

§. 1658. A trois quarts de lieues au-deſſus de Cherlé on ſort des bois, & on entre dans des prairies dont on commençoit alors à recueillir les foins. Ces prairies ſont parſemées de granges qu'on n'habite qu'en été. Elles ſont extrêmement fertiles, on ne voit le roc preſque nulle part ; par-tout des bois ou des pâturages ; les pentes même rapides des ravins ſont couvertes de bois ; diverſes ſommités, en pyramides aiguës ſont boiſées juſqu'à leurs cimes. Peut-être l'air fixe ou acide carbonique, contribue-t-il à cette fertilité ; du moins la quantité de tuf calcaire que dépoſent les ſources que l'on rencontre à chaque pas, prouve-t-elle qu'il ſe dégage de leurs eaux une quantité conſidérable de ce gas.

Col &
dent de
Jaman.

§. 1659. En deux heures & demie, depuis Cherlé on vient au haut du paſſage de la premiere chaîne de ces montagnes. Ce paſſage ſe nomme le *Jaman*. Il eſt au pied d'une haute cime pyramidale triangulaire que l'on découvre de très-loin, & qui ſe nomme la *Dent de Jaman*. Je montai ſur cette cime le 6 d'août 1770. Il faut près d'une heure pour y parvenir depuis le col. La pente eſt fort rapide, on la monte cependant ſans crainte ; mais quand on regarde en arriere, elle paroît très-effrayante. Un miniſtre du Pays-de-Vaud, qui avoit voulu m'accompagner, & qui étoit monté d'aſſez bon courage, ne pouvoit pas ſe réſoudre à redeſcendre ; nous fûmes obligés de le prendre, les uns par les pieds, les autres par les épaules, & de le porter comme s'il eût été mort.

La vue qu'on a de cette cime ſur le lac & ſur le Vallais, eſt vraiment très-belle ; on eſt cependant dominé par des cimes plus élevées. Je n'ai point meſuré la hauteur de la cime, mais j'ai meſuré celle du col ou du paſſage qui eſt au-deſſous, & je l'ai trouvé de 575 toiſes au-deſſus du lac, & ainſi de 762 toiſes au-deſſus de la mer. (1)

(1) Les obſervations du barometre ſédentaire, correſpondantes à celles que je faiſ is ſur les montagnes pendant ce voyage, ont été faites avec le plus grand ſoin à Cartigny, près de Geneve, par M. le Profeſſeur Pictet, qui les a enſuite réduites à la hauteur qu'elles auroient eues, ſi ſon barometre avoit été ſitué au niveau du lac de Geneve ; elles ont enſuite été calculées par ma fille, Mdme. Necker, ſuivant la formule de M. de Luc, parce que la formule & le mémoire de M. Trembley n'avoient pas encore été publiés.

§. 1660. Du haut du col je descendis dans une heure ¼ au village d'Alieres, qui dépend du canton de Fribourg. Ce village est élevé de 503 toises au-dessus de la mer.

Alieres, & de là, à la Tine.

A une lieue d'Alieres, on traverse des bancs d'une pierre calcaire, argilleuse, mêlée de verd & de rouge; ces bancs courent à peu-près dans la direction de l'aiguille aimantée. Une lieue plus loin, on voit au-dessus de la riviere des bancs encore verticaux, d'un schiste argilleux, noir, mêlé de parties calcaires, qui le rendent effervescent. Cette riviere qui se nomme *Sane* ou *Sarine*, & en Allemand *Sanen*, passe à Fribourg & va ensuite se jeter dans l'Aar. Delà, en demi-heure, on vient à la *Tine*, par un chemin coupé dans le roc, en corniche au-dessus de la Sane, qui coule à une grande profondeur entre des bancs calcaires qu'elle a excavés. Ces rochers présentent des bancs de marbre noir, les uns verticaux, les autres en désordre.

Je couchai dans une maison isolée de ce village, au fond d'un vallon, entre des montagnes couvertes de forêts. L'élévation de cette auberge est de 417 toises au-dessus de la mer.

§. 1661. Le 5, en partant de la Tine, je remontai d'abord la Sane, en cheminant du côté de l'Est. Cette riviere s'est creusé là un lit profond, en coupant obliquement des bancs calcaires dirigés du Nord Nord-Est au Sud Sud-Ouest. Le chemin même, taillé dans le roc, passe sur les tranches découvertes de ces mêmes couches qui lui servent de pavé.

De la Tine à Gessenay.

A 20 minutes de la Tine, on perd de vue ces couches, & la vallée s'élargit. Cependant on passe encore une gorge, mais ensuite la vallée devient toujours plus ouverte, & on y voit encore quelques roches calcaires, dont les couches verticales ont la même direction que les précédentes.

A une heure trois quarts de la Tine, on passe au château d'Oex, village considérable, dont l'église, située sur une éminence en pain de ſucre au milieu de la vallée, & entourée de beaux arbres, préſente un point de vue très-pittoreſque. On voit dans ce village des maiſons de bois réguliérement bâties & remarquables par leur grandeur & leur élévation.

On paſſe au village de Rougemont, à une lieue & demie du château d'Oex, & delà, dans une heure, ont vient à Geſſenay, en Allemand *Sana*. Je trouvai ce village élevé de 518 toiſes.

De Geſſe-
nay à
Weyſſin-
n.

§. 1662. En ſortant de Geſſenay on voit la vallée & la grande route ſe diviſer. Celle de la droite conduit au Kandelſtæg, & celle de la gauche, que je ſuivis, va dans le Simmenthal.

Vue du
pays, ſes
produc-
ns.

Après une montée rapide, on arrive ſur une hauteur d'où l'on a une vue aſſez étendue ſur la vallée de Geſſenay. Cette vallée eſt large, ſans être cependant à fond plat. C'eſt un berceau de prairies agréablement variées par des inégalités, & parſemées d'une quantité innombrables de maiſons, de granges & de petits greniers iſolés. Les montagnes qui entourent ce berceau ſont entrecoupées par des vallées & variées dans leurs formes; elles ſont auſſi couvertes de prairies, mêlées de bouquets de bois & parſemées de granges & de maiſons. Par-deſſus ces montagnes peuplées, on voit dans l'éloignement de hautes cimes, qui ne préſentent que des neiges & des rochers.

Ce qu'il y a de remarquable dans ce pays, c'eſt de n'y voir aucun champ, quoique l'avoine, l'orge, le ſeigle, le lin puſſent y réuſſir à merveille. De loin en loin, on apperçoit auprès d'une maiſon un carreau ſemé d'orge ou de lin; mais comme par curioſité & non point comme l'objet d'une culture importante. Toutes les vues des habitants de ces montagnes ſe portent ſur le fromage & ſur l'éducation des beſtiaux. En général, c'eſt un fait reconnu, que par-tout où les poſſeſſions ſont très-diviſées, comme elles ſont dans ces montagnes; on ne cultive preſque point de grain, parce que le bled ne ſe cultive avantageufement qu'en grand. Le propriétaire d'un très-petit domaine trouve beaucoup mieux fon compte à avoir des prairies & à cultiver des légumes.

A une lieue de Geffenay, on arrive fur une hauteur où les eaux fe féparant, defcendent les unes dans le Geffenay, delà, dans la Sane, les autres dans le Kander, & delà, dans le lac de Thun. En defcendant de cette hauteur on vient côtoyer la riviere de Simmen, qui a donné fon nom à la vallée de Simmenthal. Cette riviere fe réunit à une autre du même nom auprès de *Diffim* ou de *Zweyfimmen*, c'eſt-à-dire, *les deux Simmen*, grand village à trois lieues de Geffenay. J'y couchai & je trouvai par deux obfervations du barometre, fa hauteur de 472 toifes. Je ne vis entre ces deux villages aucun objet intéreffant pour la minéralogie. Quelques ardoifes tombant en décompofition, & quelques grès liés par un gluten calcaire font les feules pierres que je rencontrai.

§. 1663. Le lendemain, 6 de Juillet, je partis du Zweyfimmen. A demi lieue de ce village on laiffe à fa droite un monticule calcaire affez élevé & entiérement ifolé au milieu de la vallée. Sans doute il a préfenté aux caufes qui ont creufé cette vallée plus de réfiſtance que les autres montagnes qu'elle renfermoit. Celles qui la bordent actuellement font compofées d'ardoifes & d'autres fchiſtes argilleux gris, tendres, luifants & non efferveſcents. De Zweyfimmem à Erlenbach.

Avant d'arriver à *Wiffembach*, qui eft à une lieue & demie de Zweyfimmen, on rencontre de grands entaffements de lits irréguliers de fable & de cailloux agglutinés entr'eux. Je ne pus y diſtinguer aucun caillou primitif, & en général depuis le paffage du Jaman, §. 1659, je n'ai vu dans toutes ces vallées aucun caillou roulé qui n'appartint aux montagnes du voifinage, & qui par conféquent, ne fût de formation fecondaire. On vient enfuite à *Bautingen*, en trois petits quart d'heure depuis Wiffembach, & delà en un quart d'heure à Oberwyl. Nul caillou primitif.

Avant d'arriver à ce dernier village on passe sur une hauteur. On voyoit delà l'extrémité de la vallée de Simmenthal qui se termine au lac de Thun, & les sommités des montagnes couvertes de neige au-delà de ce lac. La vapeur bleue, quoique moins dense que le jour de mon départ, étoit cependant encore très-sensible. On jugeoit avec certitude, combien elle étoit plus dense auprès de l'horizon qu'à des hauteurs plus considérables. En effet, je ne pouvois point distinguer ni même appercevoir le pied de ces montagne, quoique je visse distinctement leurs cimes. Cependant ces cimes étoient éloignées de moi beaucoup plus que leurs bases.

Eaux de issebg. Wissebourg, situé à trois quarts de lieue de Bautingen, est connu par des eaux minérales qui portent son nom, & dont la source est dans la montagne à demi lieue du village. Delà, dans une heure ¼, je vins à Erlembaeh, beau village, élevé de 360 toises, où je dinai dans une belle & excellente auberge. J'y trouvai des eaux minérales de Wissebourg, que l'on apportoit dans le moment même de la source, & quelques épreuves que je fis avec les réactifs, me prouverent qu'elles ne contenoient guere qu'une vapeur hépatique extrêmement foible, & de la sélénite, sans aucun mélange sensible de fer ni d'air fixe.

D'Erlembach à Spietz. §. 1664. A une lieue d'Erlembach, on traverse la Simmen sur un beau pont de pierre d'une seule arche. Là, le chemin se partage, il conduit, à gauche à la ville de Thun, & à droite, à Spietz. On vient de là en 10 minutes à *Wimmis*; de là, en demi lieue, à un pont de bois, sur lequel on passe le Kandel, & dans une heure, de ce pont à Spietz. Le village de Spietz est situé tout près du lac de Thun, & le château est bâti sur une colline au-dessus de ce même lac dans une situation aussi belle qu'agréable. Il appartient à une branche de la famille d'Erlach, qui occupe un rang si distingué dans la république de Berne; j'espérois d'y rencontrer M. le Baron D'ERLACH, célebre par son goût pour l'Histoire Naturelle. Il ne s'y trouva pas,

AU LAC DE THUN, Chap. I.

mais M. fon pere, quoique je n'euffe point l'honneur d'être connu de lui, me reçut de la maniere la plus obligeante.

§. 1665. Le lac de Thun, a 4 à 5 lieues de longueur fur une petite lieue dans fa plus grande largeur. Sa direction eft à peu près du Nord-Oueft au Sud-Eft. Je mefurai fa profondeur & fa température, le premier de juillet 1781, comme je l'ai dit §. 1395. Je trouvai celle-là de 350 pieds, & celle-ci de 4 degrés. Lac de Thun.

L'Aar entre dans ce lac à Newhaus, au'-deffous d'Unterfeven, & en reffort à Schadaw, près de la ville de Thun. C'eft dans une plaine voifine de Schadaw, & produite par les alluvions du lac, que M. Tralles, profeffeur de mathématiques à Berne, mefura en 1789, une bafe qui lui a fervi à déterminer géométriquement les hauteurs des montagnes les plus élevées des Alpes du canton de Berne. Les réfultats & les détails de ce travail, fait avec beaucoup d'intelligence & d'exactitude, ont été publiés dans un petit ouvrage imprimé à Berne en 1790, & intitulé, *Beſtimmung der höhen der bekanntern Berge der Canton Bern*.

Comme la plaine dans laquelle cette bafe à été mefurée, eft à très-peu près au niveau du lac de Thun, M. de Tralles, pour y rapporter fes mefures, a déterminé ce niveau par beaucoup d'obfervations, dont l'accord prouve la juſteſſe; & il l'a fixé à 1780 pieds au-deffus de la Méditerranée, d'où réfultent 624 pieds, ou 104 toifes au-deffus du lac de Geneve, ou enfin, 292 au-deffus de la mer.

Les montagnes qui bordent le lac de Thun font toutes calcaires; l'une d'entr'elles, fituée à peu près vis-à-vis de Spietz, & qui fe nomme le *Bèatenberg*, renferme une caverne célebre par fa grandeur & par la beauté de fes ftalactites. Mais c'eft dans l'intéreffant voyage de M. Wyttewbach *Reifen durch die merkwurdigften Alpen der Schwei-*

tzerlandes, Berne 1783, qu'il faut chercher une description exacte & intéressante de ce lac & de ses productions.

Résul-
t de ce
apitre.

§. 1666. J'observerai, en terminant ce chapitre, qu'il résulte des observations qu'il renferme, que la masse des montagnes qui séparent le lac de Geneve de celui de Thun, dans le Gessenay & le Simmenthal, est toute de montagnes secondaires, calcaires pour la plupart, & dont les couches, souvent verticales, ont leurs plans presque tous dirigés du Nord Nord-Est au Sud Sud-Ouest, ou du Nord-Est au Sud-Ouest; & c'est aussi la direction générale des hautes Alpes qui leur correspondent.

CHAP. IX

CHAPITRE II.
DE SPIETZ A GUTTANNEN.

§. 1667. Le 7 de juillet, après avoir mesuré la profondeur & la température des eaux du lac de Thun, je me rembarquai pour gagner son extrémité orientale. Bancs de gypse.

A une lieue & un quart de Spietz & du même côté, je remarquai des falaises blanchâtres, escarpées au-dessus du lac, j'abordai pour les examiner; c'étoient des gypses mêlés de terre calcaire, & disposés par couches minces & ondées, qui montent de 23 ou 30 degrés contre l'Ouest Nord-Ouest. Je trouvai là de jolis buissons de *Rhododendron villosum*, que je n'aurois pas attendu dans une situation aussi peu élevée.

§. 1668. Delà, en un bon quart-d'heure, je vins aborder aux bains de Leensingen, situés aussi sur la rive méridionale du lac. On m'avoit prié de les examiner, & je fis en effet quelques épreuves avec les réactifs. Mais depuis lors, M. Morell, savant chymiste & apothicaire de Berne, les a analysées avec soin, & il a trouvé que leur vertu réside principalement dans de l'air hépatique & de la magnésie. *Magazin fur die naturkunde Helvétiens*, T. I, p. 245. Eau sulfureuse de Leensigen.

Des bains, je vins en une heure à *Neuenhaus*, grand édifice public, construit au bord du lac, pour l'entrepôt des marchandises, & où se trouve aussi une auberge.

L l l

§. 1669. Delà, quand on va au Grimſel, il faut aller par terre gagner les bords du lac de Brientz à Zoll-haus, où l'on ſe rembarque.

Les lacs de Thun & de Brientz, ſont ſéparés par une plaine d'environ une lieue de longueur, peu élevée au-deſſus de leur niveau, & traverſée par l'Aar. Cette plaine a été évidemment produite par les dépôts des rivieres, & en particulier par ceux de la *Lutſchinen*. Au milieu de cette plaine ſont les villages d'Unterſeen & d'Interlaken. Lorſqu'on va voir les glaciers du Grimdehwal, on ne paſſe pas plus loin qu'Interlaken, & delà on tire à droite au Sud-Eſt, au lieu de tirer au Nord-Eſt, comme on le fait quand on va au lac de Brientz.

§. 1670. Ce lac eſt plus petit que celui de Thun : ſa longueur n'eſt que de trois lieues ſur une de largeur ; ſa direction, que les anciennes cartes font la même que celle du lac de Thun, la coupe preſqu'à angles droits : d'après la carte de M. Tralles, elle eſt du Nord-Eſt au Sud-Oueſt. Les montagnes qui le bordent ſont pour la plupart calcaires, & ſûrement toutes ſecondaires. Elles ont leurs eſcarpements relevés contre le lac, & par conſéquent les plans de leurs couches ſuivent la même direction que le lac, & c'eſt auſſi la plus générale de cette partie de nos Alpes. Ce lac eſt un de ceux de la Suiſſe, dont l'aſpect eſt le plus ſauvage. Ses bords, excepté à ſes deux extrêmités, ſont ſi eſcarpés, que les montagnes, en pente très-rapide, ont leur pied dans le lac même. Mais ce qui en adoucit un peu l'aſpect, c'eſt que ces montagnes ſont en grande partie couvertes de verdure, & même d'un mélange agréable de bois & de prairies. J'allai, comme je l'ai dit, §. 1396, meſurer la profondeur du lac, que je trouvai de 500 pieds, & la température de ſon fond 3,8. Dans l'endroit où je fis cette expérience, près de la caſcade de Diesbach, je rencontrai *le rubus Alpinus*, qui m'étonna, comme l'avoit fait le *rhododendron hirſutum*, en croiſſant ſpontanément dans un lieu auſſi bas.

§. 1671. Le brouillard sec régna pendant le 6 & le 7, au degré d'intensité, qui [est le quatrieme de mon échelle, (1) & il y eut ceci de remarquable le 7., c'est que la vapeur demeura la même pendant tout le jour, tandis que le 6 & les jours précédents, elle avoit diminué dans l'après-midi, & étoit venue entre le 2e & le 3e degré, terme auquel on la voit fréquemment sans s'en étonner. Or, dans cette après-midi du 7, il régnoit un vent du Sud-Ouest assez fort, & en même tems l'hygrometre étoit plus à l'humide que les jours précédents, ce qui sembleroit indiquer que cette vapeur est jusqu'à un certain point dissoluble dans l'air, à raison de sa sécheresse.

Etat du brouillard sec.

§. 1672. Après mon expérience sur le lac de Brientz, je couchai dans la mauvaise auberge de la petite ville de ce nom; & le lendemain, 8 de juillet, je n'allai qu'à *Meyringen*, quoiqu'il n'y ait pas deux heures & demie de route, mais j'étois indisposé, & la chaleur insupportable. La route de Brientz à Meyringen est dans une vallée assez large, mais à fond plat, un peu marécageux, entre des montagnes, la plupart calcaires & en couches horizontales.

De Brientz à Meyringen.

Mais une de ces montagnes s'écarte de cette situation d'une maniere bien remarquable. C'est un roc isolé dans le milieu de la vallée, à demi lieue de Brientz. Il présente ses escarpements au-dessus du chemin : ses couches paroissent d'abord seulement un peu tortueuses, mais on voit bientôt qu'elles sont repliées & en zigzag, ou en S redoublées, depuis le haut de la montagne en bas. En les examinant avec soin, on reconnoît clairement que c'est un froissement violent

Couches en S.

---

(1) Cette échelle est une division imaginaire, que j'emploie dans l'estimation de tous les phénomenes dont nous n'avons aucune mesure réelle. Je suppose que le plus haut degré du phénomene est 10, le plus bas 1, & je tâche de déterminer les intermédiaires, ou par l'intensité même de la sensation, ou en employant des secours tirés de quelque circonstance du phénomene. Cela me semble présenter des idées plus précises que les qualifications vagues de *fort*, *foible*, *médiocre*. Ainsi je mettrois au 8e. degré, la vapeur que j'ai décrite au §. 1655.

qui leur a donné cette forme. En effet, on les voit fréquemment rompues dans les endroits où les plis font les plus aigus. On les voit auſſi fouvent écartées les unes des autres & comme éclatées; enfuite ces mêmes couches, dans leur prolongement, redeviennent horizontales, ou à-peu-près telles. Ce rocher a près d'une lieue de longueur, & quoiqu'ifolé auprès de Brientz, il finit par fe réunir à ceux qui forment la chaîne feptentrionale de la vallée.

Meyringen.

§. 1673. MEYRINGEN eft un grand village, chef-lieu de la vallée d'Ober-Hasli, élevé de 303 toifes au-deſſus de la mer. Les habitants de cette vallée prétendent être une colonnie de Suédois. Ils font remarquables par un dialecte de la langue Allemande qui leur eft particulier, & plus encore par la grandeur de leur taille & la beauté de leurs traits; c'eft fûrement la plus belle race d'hommes qu'il y ait en Suiſſe. Ils font fujets du canton de Berne, mais avec de beaux privileges.

LE village de Meyringen eft auſſi dans une des fituations les plus agréables & les plus pittoreſques de la Suiſſe. La vallée n'a qu'un quart de lieue ne largeur, fon fond eft cultivé par-tout où les débordements des rivieres peuvent le permettre; il eft arrofé par l'Aar & par d'autres ruiſſeaux qui viennent s'y joindre. Les montagnes qui bordent cette vallée font trop efcarpées pour être par-tout fufceptibles de culture, mais elles font couvertes de forêts, qui ne laiſſent voir de rochers que ce qu'il en faut pour en rompre la monotonie. Six différentes cafcades tombent entre ces bois du haut de ces rochers. La plus confidérable eft celle de *Reichenbach*; on paſſe auprès d'elle quand on monte le Scheideck, pour aller au Grindelwald. *L'Alpbach*, fitué du côté oppofé de la vallée, eft à l'ordinaire moins volumineux, mais il eft quelquefois redoutable après des neiges, par la quantité d'eau & de gravier qu'il verfe dans la vallée.

Couches rouſſées.

UN peu à l'Eft de cette derniere cafcade, on voit un rocher dont les couches paroiſſent avoir été retrouſſées par deſſus celles qui leur ſont contigues; & comme je l'ai conſtamment obſervé dans ces cas-là, il ſe trouve un vuide dans la place qu'elles ont occupée avant ce ſoulevement. D'ailleurs les couches de ces montagnes, la plupart calcaires, ne s'écartent pas beaucoup de la ſituation horizontale.

§. 1674. La vallée de Meyringen, eſt fermée à l'Eſt par un rocher calcaire, élevé de 150 à 200 pieds. L'Aar entre dans cette vallée par une fente verticale extrèmement étroite, qui partage ce rocher dans toute ſa hauteur. On croit que ce paſſage a été ouvert par une ſecouſſe, dont la date n'eſt pas très-ancienne. En effet, on montre ſur le haut du rocher une eſpece de canal ouvert par en-haut, large de 15 à 10 pieds, & par lequel on ſuppoſe que paſſoit l'Aar avant que cette fente lui eût ouvert un paſſage. Dans mon voyage de 1777, j'allai viſiter ce canal, je reconnus ſon exiſtence, je trouvai cependant quelque difficulté à concevoir qu'il fût réellement un ancien lit de l'Aar : mais cette diſcuſſion, d'un fait auſſi iſolé, demanderoit plus d'étendue que je ne dois lui en donner dans la relation de ce voyage.

<small>Fente par où paſſe l'Aar.</small>

§. 1675. Je partis le 8 de Meyringen. A un quart de lieue de ce village, après avoir paſſé l'Aar ſur un pont couvert, on monte par un chemin rapide, le rocher que je viens de décrire. On ſuit, après cela ſur le haut de ce rocher, un joli ſentier dans une prairie ombragée de beaux hêtres.

<small>De Meyringen à Im-Grund</small>

On deſcend enſuite dans une plaine, ovale à fond plat, nommée *Im-Grund*; on ſuppoſe que cette plaine étoit un lac, lorſque l'Aar étoit obligée de paſſer par deſſus le rocher qui ſépare ce fond de celui de la vallée de Meyringen. Quand on entre dans cette plaine, ſi l'on ſe retourne en-arriere ſur la gauche, on voit la fente étroite & profonde par laquelle l'Aar s'eſt échappé.

§. 1676. La petite plaine du Grund & de la vallée qui en eſt la

<small>Calcaires relevées contre primitives.</small>

-continuation, coupent deux chaînes calcaires qui font la prolongation des hautes chaînes calcaires & feptentrionales du Grindelwald. Entre ces deux chaînes, on voit une vallée, dont le fond plus élevé que celui du Grund, eft une roche micacée, brune, mêlée de feldfpath, & par conféquent une roche primitive. Or, les couches des deux chaînes qui bordent cette vallée, fe relevent contr'elle. En effet, la chaîne la plus occidentale, la plus voifine de Meyringen, a fes couches qui montent rapidement contre le Sud-Eft, & l'autre chaîne préfente des efcarpements à pic du côté de la premiere. Le même phénomene fe montre des deux côtés de la vallée de l'Aar, & il eft ainfi très-curieux de voir ces deux chaînes, coupées par l'Aar, conferver fur fes deux rives exactement la même fituation.

A une petite lieue de Meyringen, on traverfe l'Aar dans la plaine du Grund, vis-à-vis d'un petit hameau nommé *Hof*. On paffe enfuite au pied du roc primitif contre lequel fe relevent ces montagnes. Les feuillets de ce roc font verticaux, ils coupent à angles droits la vallée, & l'on voit que leur fituation & leur nature font les mêmes fur la rive oppofée. Delà, en fortant du Grund, on commence à gravir la pente rapide d'une montagne couverte de fapins & de hêtres, & on voit fous fes pieds, à une grande profondeur, l'Aar qui écume avec violence contre les rochers qui s'oppofent à fon cours. Cette montagne, de même que celle de la rive oppofée, eft toujours du même roc primitif, par deffus lequel s'élevent les chaînes calcaires dont nous avons parlé.

Même phénomene au Grindelwald.

§. 1677. J'ai obfervé dans les montagnes du Grindelwald, dont ces chaînes font, comme je l'ai dit, la continuation, les mêmes inclinaifons des calcaires contre les primitives. Le 23 juillet 1771, je pénétrai dans la grande vallée de glace jufques au pied du Schreckhorn, & dans ce trajet, je vis diftinctement les couches calcaires du Mettemberg & de l'Eigher, fe relever fous des angles de 60 à 70 degrés, contre les roches primitives fituées derriere elles. Il y a même là deux choses très-remarquables; l'une, qu'au Nord, du côté de la vallée habitée du Grindelwald, les couches de ces montagnes calcaires sont à-peu-près horizontales, & qu'elles ne se relevent du côté de la vallée de glace, que tout-à-fait près des primitives; l'autre, que les primitives au Sud & à l'Est de cette chaîne, & qui sont pour la plupart des especes de gneiss, ont aussi réciproquement leurs couches relevées contre les calcaires. Ce fait fournit un bel exemple des refoulements, que je regarde comme la cause générale du redressement des couches originairement horizontales.

§. 1678. Vers la fin du bois, on redescend au bord de l'Aar; là les feuillets du roc primitif ne sont plus verticaux, mais ils ont une inclinaison sensible en s'appuyant contre l'Ouest. On voit aussi là finir la chaîne calcaire.

<small>Primitives jusques à Guttannen.</small>

Dès-lors, jusques à Guttannen, ce sont toujours ou des gneiss, ou des roches micacées: l'inclinaison de leurs couches varie, mais les plans de ces couches sont constamment dirigés transversalement à la vallée, ou du Nord-Est au Sud-Ouest.

Je mis environ 4 heures de Meyringen à Guttannen, & comme j'étois encore indisposé, j'y passai le reste du jour & la nuit suivante. Ce village est situé dans une vallée étroite, triste & sauvage; entre des montagnes brunes, dégradées & stériles. C'est le dernier que l'on rencontre avant de passer le Grimsel, & c'est aussi l'entrepôt des marchandises qui ont traversé ou qui doivent traverser cette montagne. Comme il se fait, par ce passage, un commerce considérable avec l'Italie, les gens de Guttannen parlent presque tous l'Italien; l'aubergiste le parloit fort bien; il avoit même fait graver sur une des poutres de sa chambre, une devise bien étrange pour un paysan Suisse, & qui auroit mieux convenu à un Anglois dévoré du spléen. *Il passato mi castiga; il presente mi dispiace; il futuro mi spaventa.* D'après 4 observations du barometre, la hauteur de ce village est de 533 toises au-dessus de la mer.

<small>Guttannen.</small>

CHAPITRE III.

DE GUTTANNEN A L'HOSPICE DU GRIMSEL.

Paffage es gneifs ux gra- its.

§. 1679. Je partis de Guttannen, le 10 de juillet, avec l'intention d'obferver avec foin & de décrire en détail la belle montagne de granit que j'avois à traverfer. Mes deux précédents voyages m'avoient fait connoître l'importance des obfervations, dont cette montagne peut être l'objet.

D'abord, à un petit quart de lieue de Guttannen, dans un petit bois que l'on traverfe avant d'arriver au premier pont de l'Aar, on retrouve les roches feuilletées ou gneifs bruns femblables à ceux que l'on voit au-deffous de Guttannen, §. 1616. Un peu plus loin, le roc eft un vrai granit en maffe fans aucun indice de feuillets. Malheureufement, il fe trouve un vuide entre les deux rochers, & ils ne fe touchent nulle part, du moins hors de terre. On ne voit donc point la tranfition. Cependant la roche fchifteufe paroît devenir plus *Couches* dure & plus compacte en s'approchant du granit; & réciproquement *de ces gra-* on voit dans le granit, fi ce n'eft des feuillets, au moins de grandes *nits.* couches paralleles entr'elles, & dirigées du Nord au Sud, exactement comme les feuillets de la roche fchifteufe. Vers le pont, qui eft à une bonne demi-lieue de Guttannen, ces tranches deviennent plus diftinctes, plus fréquentes, & préfentent l'idée de couches parfaitement décidées, toutes paralleles entr'elles, & toujours dirigées comme les roches feuilletées. Ces couches ne font pas tout-à-fait verticales, elles s'appuyent un peu contre le Nord-Eft, ou comme à Chamouni, contre le dehors de la montagne. Il eft bien vrai que quand on va

au

au pied des rochers, examiner de près ces couches, on y reconnoît quelques irrégularités ; quelques-unes, au lieu d'être parallélépipedes, sont cunéiformes ; ailleurs deux couches diſtinctes dans une partie de leur cours ſe réuniſſent pour n'en former qu'une ſeule. Mais ces irrégularités ne m'empêchent point de les regarder comme des couches, parce qu'on en voit de ſemblables dans des pierres calcaires, dans des albâtres, dans des ſchiſtes micacés & dans des gneiſs, dont la ſtratification eſt indubitable.

Ces granits ſont compoſés de quartz gris demi-tranſparent, de feldſpath blanc preſqu'opaque & de mica noirâtre. Les grains ſont aſſez petits dans les premiers que l'on rencontre, mais ils deviennent plus gros à meſure que l'on s'éleve ſur la montagne. Ils ſe diviſent ſpontanément en grands fragments, dont les faces preſque toujours planes, paroiſſent enduites d'une eſpece de vernis griſâtre ou verdâtre, très-doux au toucher. Ce vernis paroît compoſé de cette terre douce micacée, que l'on trouve dans les creux où ſe forment les cryſtaux, & que M. Werner a nommée *chlorite*. On apperçoit même quelquefois les grains intérieurs du granit légérement enduits de ce même vernis. Sur les ſurfaces expoſées aux injures de l'air, ou au frottement, on voit que les cryſtaux de feldſpath réſiſtent mieux à leur action que les autres parties du granit. Il arrive delà, que ces cryſtaux forment ſouvent comme des clous à la ſurface de la pierre.

Leur nature.

§. 1680. Je trouvai d'abord là, & enſuite fréquemment dans cette montagne, des morceaux de ce quartz, plus ou moins tranſparent, diviſé en lames tantôt d'une ou deux lignes d'épaiſſeur, & tantôt beaucoup plus minces, que l'on a nommé *quartz lamelleux*. Ce quartz, par ſon tiſſu lamelleux & par les iris qui ſe forment çà & là entre ſes lames, paroît avoir quelque reſſemblance avec l'adulaire ; cependant on ne doit point le regarder comme une eſpece intermédiaire entre ces deux ſubſtances ; c'eſt un vrai quartz, qui ne differe que par ſa forme du cryſtal de roche, & qui n'a ni la fuſibilité, ni la cryſtalliſation rhomboïdale de l'adulaire.

Quartz lamelleux.

Monti-
cules coni-
ques de
granit.

§. 1681. Les deux chaînes qui, sur les deux côtés de l'Aar, bordent la vallée par laquelle on monte au Grimsel, sont composées, sur-tout vers le bas du passage, d'une suite de petites montagnes, qui ont la forme de cônes ou de pains de sucre arrondis par en-haut, réunis par leurs bases, mais séparés par leurs cimes. La plupart de ces cônes ont 3 ou 4 cents pas de diametre à leur base. On voit fréquemment des ruisseaux, qui forment des cascades en tombant du haut des gorges qui les séparent. Il paroît que ces petites montagnes ont été anciennement unies, mais que les injures de l'air, & les eaux les ont séparées, en détruisant & en entraînant le rocher dans les endroits où il étoit le plus tendre. En effet, les couches ou les feuillets de la pierre sont presque toujours plus minces, & par cela même plus fragiles, plus destructibles sur les bords des intervalles de ces monticules; or ces bords sont les restes des parties qui ont été détruites.

Couches
bien pro-
noncées.

§. 1682. A un petit quart de lieue du premier pont, on voit à sa droite ou à l'Ouest, par l'intervalle de deux montagnes, l'extrêmité d'un glacier. Je note cette circonstance, parce que dans ce même endroit, les granits à droite & à gauche de l'Aar, présentent de très-belles couches, & dont les plans sont exactement dans la même situation. Un quart de lieue plus loin, on traverse l'Aar sur un pont de bois, & on se trouve sur la rive gauche. Là, encore les couches sont parfaitement prononcées, & leur situation exactement la même des deux côtés de la vallée.

Changement d
direction
des cou-
ches.

§. 1683. A 12 minutes delà, l'Aar fait une chûte considérable, & de l'autre côté, vis-à-vis de cette chûte, la montagne est excavée par une profonde ravine remplie de débris des couches mêmes, dont on voit encore des vestiges. Mais la direction des plans de ces couches est différente de celle des précédentes, celles-ci courent de l'Est Nord-Est à l'Ouest-Sud-Ouest; tandis que celles-là couroient du Sud-Est au Nord-Ouest.

§. 1684. A 40 minutes de cette chûte, on repaſſe l'Aar, & dans un lieu nommé *Handek*, on rencontre un châlet où l'on peut ſe rafraîchir. Là encore, on voit des deux côtés de la vallée des couches bien prononcées. Mais enſuite, on n'en voit plus que ſur la gauche du voyageur, ou ſur la rive droite de l'Aar; la rive oppoſée préſente au contraire de grandes tables peu inclinées, quelquefois convexes, poſées en retraite les unes ſur les autres, comme d'immenſes gradins, & là on ne voit plus de couches, à moins que ces gradins ne ſoient eux-mêmes des couches. Les mêmes tables à gradins ſe répétent du même côté à 20 minutes au-deſſus du châlet, mais au bord ſupérieur du même rocher, on voit des feuillets minces, preſque verticaux, parfaitement caractériſés.

Granits en tables.

§. 1685. A demi-lieue de ce châlet, le chemin paſſe ſur des tables du même genre, convexes & inclinées en précipice au-deſſus de l'Aar. Là, ſi le pied gliſſe à un mulet, il eſt perdu ſans reſſource. Auſſi nomme-t-on ces feuillets *hellen-blatter*, les feuillets de l'enfer. Pour diminuer le danger, on a taillé dans les endroits les plus rapides, des eſpeces d'eſcaliers ou de rainures qui empêchent un peu de gliſſer. Il y a auſſi çà & là des barrieres du côté du précipice; mais comme les avalanches les emportent, on n'eſt pas toujours ſûr d'en retrouver de nouvelles.

Chemin ſur ces tables.

Pour les gens à pied il n'y a aucun danger; les cryſtaux ſaillants de feldſpath, dont je parlois, §. 1679, ſuffiſent pour empêcher de gliſſer. On ſe haſarde même à s'approcher du précipice pour voir l'Aar ſe lancer d'un ſeul jet d'une hauteur de 60 à 80 pieds, & ſe briſer avec un fracas terrible contre des rochers de granit.

De l'autre côté de l'Aar, on voit des tables ſemblables & même plus rapides, qui mouillées par des eaux qui gliſſent à leur ſurface, & colorées par des lichens, ou par des conſerves, reſſemblent à des étoffes rayées.

§. 1786. Ces tables fatinées, ne préfentent aucun indice de couches, mais le même rocher, à fon extrémité au Sud-Eft, en préfente de très-décidées, & toujours dans la même fituation.

A 20 minutes du paffage dangereux de ces feuillets, on voit de l'autre côté de l'Aar, des couches fuivies jufques à la cime de la montagne; & fur la droite même, tout près du chemin, on voit fortir des tranches bien prononcées, & dans une fituation parfaitement femblable.

BIENTÔT après, on regagne la rive droite de l'Aar, par un pont fous lequel un torrent s'engouffre avec une violence terrible, entre des rochers de granit qui le réduifent en écume & en pouffiere, mais qu'il ronge à fon tour d'une maniere curieufe; il a formé dans le roc même des cavités demi-cylindriques, les unes inclinées, les autres verticales; on voit même fur la rive droite une efpèce de cuve de plus de dix pieds de diametre, creufée dans le granit le plus dur.

A 8 minutes delà, on paffe un autre pont, dont la voûte, extrêmement exhauffée, forme une montée rapide d'un côté, & une defcente également rapide de l'autre. Ce pont eft fans garde-fous, pavé de grandes dalles de granit, polies par le frottement. Arrivé au milieu, je me repentis d'être refté fur mon mulet, mais le pont eft fi étroit qu'il eût été dangereux de defcendre. Le mulet ne gliffa point; cependant, malgré cet exemple & tout ce qu'on dit de la fûreté de ces animaux, les accidents font affez fréquents, pour que tout voyageur raifonnable doive mettre pied à terre dans des paffages de ce genre. Ce même pont eft fi mince, que quand on le regarde d'un peu loin contre le jour, dans le moment où il y paffe des hommes ou des chevaux, on diroit qu'ils font en l'air, ou qu'ils marchent fur une corde. Les deux extrémités de l'arche de ce pont repofent fur des tranches verticales de granit.

§. 1687. Peu après, on passe sur d'autres tables ou feuilles infernales, mais moins dangereuses que les précédentes, parce qu'elles n'aboutissent pas à un précipice. J'observai sur ces tables des indices de fentes paralleles entr'elles, & l'on voit des fentes semblables sur les tables correspondantes, de l'autre côté de l'Aar. La direction de ces fentes, est de l'Est-Nord-Est à l'Ouest-Sud-Ouest, qui regne constamment dans les couches de ces granits, depuis celles que j'ai notées au §. 1683. Ces fentes sont donc vraisemblablement les joints des couches verticales de ces granits.

§. 1688. A une petite lieue delà, le chemin fort élevé sur une corniche étroite au bord d'un précipice, passe vis-à-vis d'un rocher, dont les couches verticales sont parfaitement régulieres; j'aurois desiré d'en avoir un dessin. Delà, on descend dans un petit bassin à fond plat, rempli de gravier charrié par l'Aar, & qui vraisemblablement a été anciennement un lac. *Belles couches verticales.*

§. 1689. Au-delà de cette plaine, on commence à monter, puis on traverse l'Aar, & on laisse à sa droite des rochers, toujours de granit, taillés en portions de cylindres inclinés, & quelquefois même en forme de spheres, sans doute par l'érosion de l'air, des eaux & des avalanches. Çà & là, comme par-tout ailleurs, le granit se divise naturellement en fragments planihedres; on en rencontre même sur cette route, dont la forme prismatique quadrilatere, est d'une régularité remarquable. *Granits de formes arrondies.*

On passe ensuite sur des neiges en pente rapide au-dessus de l'Aar. Je vis là, avec étonnement, un muletier courir sur le plus rapide de la pente entre ses mulets & le précipice : il exposoit évidemment la vie, dans l'espérance de retenir ses mulets, si le pied venoit à leur manquer.

§. 1690. Enfin, après avoir laissé à sa droite une seconde petite plaine, on monte au *Spital*, ou à l'Hospice du Grimsel. Ce n'est *Hospice du Grimsel.*

point encore là le haut du paſſage, il faut encore monter pendant une heure pour y parvenir, mais il n'auroit été gueres poſſible de trouver plus haut une ſituation habitable. Celle qu'occupe l'Hoſpice eſt déja prodigieuſement ſauvage ; c'eſt le fond d'un vallon, ou plutôt d'un baſſin entouré de cimes nues & dégradées, auprès d'un lac, dont les eaux paroiſſent noires, à côté des neiges qui l'entourent, & dont le nom eſt auſſi triſte que l'aſpect ; or l'appelle *Todten ſeelen, ou le lac des morts*, parce qu'on y jette les corps de ceux qui meurent en paſſant la montagne. L'Hoſpice eſt une auberge où les gens aiſés payent leur dépenſe, mais où les pauvres ſont reçus gratuitement ; en partie aux dépends du pays d'Haſli, & en partie du produit d'une collecte que l'on fait à Berne, à Geneve, & dans les pays voiſins. On y eſt mal logé, mais point mal nourri ; j'y ai ſéjourné dans mes deux derniers voyages, & j'ai été enchanté de la bonhomie & de la prévenance de mes hôtes, qui faiſoient les plus grands efforts pour que je fuſſe chez eux le moins mal poſſible. La moyenne, entre 4 obſervations, m'a donné 938 toiſes pour l'élévation de cet Hoſpice.

Reſumé la ſtracation ces granits.

§. 1691. C'EST-LÀ que ſe terminent les granits proprement dits que l'on rencontre ſur ce paſſage. Le haut du Grimſel, que nous paſſerons en continuant ce voyage, n'eſt plus que des roches granitoïdes feuilletées ou des gneiſs. Avant donc de terminer ce chapitre, je dois réſumer les obſervations qu'il renferme.

JE ſuis perſuadé, qu'un obſervateur exempt de préventions, qui ſera accoutumé à voir des couches dans une ſituation verticale, ou du moins très-inclinée, & qui ſaura que les couches des roches primitives ſont ſujettes à de grandes irrégularités, reconnoîtra que la très-grande partie, je dirois même les ſept huitiemes des rochers de granit, que l'on voit ſur cette route, ſont décidément diviſés par couches. La direction des plans de ces couches, n'eſt pas par-tout la même, mais au moins eſt-elle la même, ſans interruption dans de très-grands espaces; & ce qu'il y a de remarquable, presque toujours transversale à la vallée. Quant à cette huitieme, dont on ne distingue pas les couches, je dirai, que même dans les montagnes calcaires, lorsqu'elles ont subi des bouleversements, on voit souvent de grands rochers, où on ne les distingue pas, que jamais on ne les distingue, lorsqu'en étant verticales, elles présentent leur face à l'observateur, & qu'enfin il n'y auroit rien d'absurde à supposer des couches de deux ou trois cents pieds d'épaisseur. Mais un homme prévenu contre la stratification des granits, les épluchera minutieusement, & ne verra que leurs irrégularités. De même si l'on observoit avec un fort microscope un tapis velouté de la Savonnerie, on n'y verroit que des forêts de poils de différentes couleurs, ici par paquets, là mélangés sans ordre; mais en le regardant à une distance convenable, on y reconnoîtra le dessin le plus régulier.

CHAPITRE IV.
GLACIER DU LAUTERAAR.

§. 1692. Dans mon voyage de 1777, je crus devoir visiter ce glacier, soit pour étudier la structure des montagnes qui le bordent, soit pour voir les grottes, ou fours à cryftal, d'où l'on a tiré de si grandes masses de cette pierre.

Vallée du Luteraar. Pour aller de l'Hospice à ce glacier, on commence par redescendre du côté de Guttannen, puis l'on tire au Couchant, & l'on vient en demi-heure à l'entrée d'une large vallée à fond plat, dirigée de l'Est à l'Ouest, & entierement couverte de débris de granits blanchâtres, charriés & arrondis par l'Aar. Cette vallée est bornée au Nord & au Midi par de hautes montagnes de granit. Celles du Nord, à la droite du voyageur, paroissent avoir leurs couches dirigées à-peu-près comme la vallée, & appuyées contre le Nord. Celles du Midi, ne paroissent pas aussi distinctes.

Pied du glacier. Je cheminai le long de la chaîne septentrionale, en passant de tems en tems sur de petits monticules de granit, & dans une heure & demie, depuis l'Hospice, j'arrivai au pied du glacier. L'aspect du pied de ce glacier n'est point intéressant; il est tellement couvert des débris des montagnes sous lesquelles ont passé ses glaces, qu'on a de la peine à les appercevoir : l'Aar, au lieu de sortir comme l'Arveiron, d'une grande arche de glace vive & pure, se traîne en se glissant de dessous des plans inclinés d'une glace salie par la terre & les débris qui la recouvrent.

§. 1693.

§. 1693. Mais le rocher qui domine ce glacier du côté du Nord, est réellement magnifique. C'est un mur de granit d'une hauteur prodigieuse. Sa surface n'est pas plane, mais ondée, lisse, luisante, & rayée de diverses couleurs produites par les lichens, & par les conserves que font naître les eaux qui glissent sur cette surface. Beaux rocs de granit.

§. 1694. Pour atteindre le haut du glacier, il falloit gravir sur les débris incohérents dont il est couvert; ces débris, quand on y met le pied, glissent sur la glace qui les porte, & rendent la marche incertaine & difficile. Cependant en moins d'un quart-d'heure j'atteignis le dessus du glacier. Là, je le trouvai, comme dans sa pente, entièrement caché par les débris. Je marchai en avant près d'une heure, jusques à ce qu'on appelle à Chamouni *le plan du glacier*; c'est-à-dire le point où sa pente devient presqu'insensible. Mais là même, la glace est encore cachée, & ce qui me causa un bien plus grand déplaisir, des nuages qui cachoient les têtes du Finster-Aar & du Schreckhorn, m'empêchoient d'observer ces majestueux colosses qui dominent, l'un à l'Ouest, l'autre au Nord-Ouest, l'extrémité de ce glacier.

§. 1695. Ne pouvant pas observer ces cimes, j'étudiai du moins les débris dont le glacier est couvert, & qui viennent de ces cimes ou de leur voisinage. Ces fragments sont, les uns de granit en masse ordinaire, d'autres de granit veiné, d'autres de gneiss, d'autres de granitelle ou d'une roche composée de feldspath & de hornblende. On voit les éléments de ce granitelle, tantôt confondus, tantôt séparés en forme de couches, les unes toutes blanches, les autres toutes noires; ces couches sont ici droites, là en zigzag, là interrompues par des nœuds ou rognons; ces accidents sont en général les mêmes, mais moins tranchés, moins beaux qu'au pied du Mont-Blanc, §. 892. Les rochers les plus remarquables dans ce genre que je vis sur le glacier du Lauteraar, sont ceux qui renferment d'autres fragments, dont les couches coupent à angles droits celles de la Nature des pierres éparses sur ce glacier.

pierre ou du bloc qui les renferment. J'y vis auffi des roches de corne ou des hornblendes schisteuses de différentes qualités ; & souvent les fragments de cette pierre étoient recouverts d'une ochre jaune, produite par l'oxidation du fer que cette pierre renferme. Plufieurs de ces grands blocs étoient tapiffés de cryftaux de roche formés dans les crevaffes, qui avoient déterminé la féparation de la pierre. Ces criftaux étoient fréquemment accompagnés de terre verte veloutée ou de chlorite.

Ttolite. §. 1696. ENFIN, ce que je trouvai de plus curieux pour la lithologie, c'étoient des pierres couvertes de poils ou de foies très-brillantes, droites, libres, femblables à celles que j'ai décrites, §. 890. Mais celles du Lauteraar, font d'un brun ifabelle, au lieu d'être d'un verd olive comme celles du Mont-Blanc. Celles du Lauteraar, font auffi moins longues; elles n'ont que deux ou trois lignes, tandis que celles du Mont-Blanc, en ont jufques à 7 ou 8. En revanche, celles du Lauteraar font beaucoup plus denfes; elles forment une efpece de velours extrêmement ferré, dont tous les poils font paralleles entr'eux, & perpendiculaires à la furface de la pierre fur laquelle ils paroiffent croître. A un fort microfcope ces poils paroiffent parfaitement tranfparents & colorés en brun; les plus gros paroiffent cannelés & ftriés fuivant leur longueur; mais je crois que cela vient de ce qu'ils font compofés de plufieurs autres, car les fimples ne préfentent aucune cannelure. Ceux-ci ont au plus une 400e. de ligne de diametre. Je n'ai point pu diftinguer leur forme : j'ai feulement vu que chacun d'eux eft tronqué net à fon extrémité par un plan perpendiculaire à fon axe. On n'y diftingue aucune efpece d'articulation, ils font tous parfaitement droits, liffes & fans interruption d'une extrémité à l'autre. Au chalumeau, ils fe fondent aifément, mais fans fe bourfouffler, en un émail d'un brun noirâtre, luifant, & fortement attirable par l'aiguille aimantée. Cette production, que je trouvai pour la premiere fois en 1777, & que je montrai dans mon cabinet à plufieurs naturaliftes, n'étoit alors connue d'aucun amateur, & n'avoit été ni nommée ni décrite; depuis lors, on en a trouvé dans les montagnes du Dauphiné, d'où elle s'est répandue dans les cabinets.

Mon fils a écrit sur ce fossile, qu'il a nommé *byssolite*, un mémoire qu'il a lu à la Société des Naturalistes Genevois, en 1792. Il en donne l'analyse qu'il a faite sur 22 grains de la variété brune du Dauphiné, quantité trop petite sans doute, mais qui est la plus grande qu'il ait pu se procurer. D'après cette analyse cent grains auroient donné,

Argille	43,19
Silice	34,73
Calce	9,01
Oxide de fer	19,32
Somme	106,25

Ces 6 grains, ¼ de plus viennent de l'oxigene qui s'est uni au fer, & de quelques portions d'eau & de soude, que l'on n'a pas pu séparer des terres.

L'absence totale de magnésie, prouve que ce fossile n'est point une amianthe, mais qu'il forme un genre distinct dans la classe argillo-siliceuse.

§. 1697. J'avançai ainsi sur le glacier du Lauteraar, en suivant la chaîne des montagnes qui le borde au Nord, jusques au point où il s'infléchit aussi du côté du Nord pour aller au pied du Schreckorn rejoindre les glaciers du Grindelwald. Comme les nuages qui couvroient les cimes, ne me laissoient aucune espérance de les observer, je n'allai pas plus avant, mais je traversai obliquement le glacier pour gagner le pied du Zincken-Stock qui borde au Midi son entrée. *Grottes d'où l'on a tiré de grandes masses de crystal.*

Là, je visitai les grottes d'où l'on a tiré, à ce que dit Gruner, mille quintaux de cryſtal, & dont une ſeule piece peſoit 8 quintaux. Je vis trois de ces grottes ; l'une de 18 pieds, tant de largeur que de profondeur, dans un granit veiné à gros grains, à la ſurface duquel, on voit encore les baſes des cryſtaux qu'on en a détachés. La ſeconde eſt un peu au-deſſous de la premiere, & un peu moins grande : on y voit un beau filon de quartz de 2 à 3 pieds d'épaiſſeur, qui ſe releve contre le Nord-Eſt. Le même roc préſente des filons moins épais, & diverſement inclinés. Je vis enfin une troiſieme gallerie de 60 à 80 pieds de profondeur ; mais qui n'offroit rien de plus remarquable.

On ſait que les filons de quartz, le ſon creux que rendent les rochers quand on les frappe, & les ſources que l'on en voit ſuinter, ſont les indices, d'après leſquels on fait des excavations pour aller à la recherche de ces grottes, ou de ces fours tapiſſés de cryſtaux. L'accès de ces grottes préſente quelques difficultés, & même quelqu'eſpece de danger ; mon guide cependant, ne jugea pas néceſſaire de me lier avec une corde, comme firent ceux qui conduiſirent M. STORR, *Alpen Reiſe*, T. II, p. 25.

DELÀ, je deſcendis au pied du glacier, je tarverſai enſuite à gué, avec aſſez d'ennui, trois branches de l'Aar & je revins à l'Hoſpice. Cette courſe & mes obſervations, me tinrent environ 6 heures.

Eau-de-vie de Gentiane.

§. 1699. EN paſſant auprès des châlets qui ſont au pied du glacier, je vis fabriquer une eſpece d'eau-de-vie avec des racines de gentiane. On coupe ces racines par tranches, on les fait fermenter, & on les diſtille enſuite ſans aucune addition ; je goûtai cette liqueur, elle eſt très-ſpiritueuſe & d'un goût agréable, quoique d'une amertume vive & au goût & à l'odorat. On l'eſtime beaucoup dans le pays comme tonique & comme fébrifuge. Au reſte ce ſont les racines de la *gentianea purpinea*, dont on ſe ſert là pour cet uſage. Mais dans d'autres montagnes, ce ſont les racines de la *lutea*.

§. 1699. Avant de perdre de vue le glacier du Lauteraar, je dois rapporter que M. Gruner assure, *T, I, p.* 4, qu'il conste par des actes que la vallée de Lauteraar étoit anciennement fertile, & se nommoit alors *Blumlis-Alp*. On peut croire cela de la vallée qui est entre le Grimsel & le pied du glacier. Peut-être même le glacier Lauteraar a-t-il fait quelques progrès; mais que la totalité de ce glacier, dans lequel se versent nécessairement les neiges des hautes sommités qui l'entourent, ait jamais pu se débarrasser de ces neiges d'assez bonne heure pour produire de beaux pâturages, c'est ce que je ne saurois croire.

Si ce glacier est d'origine nouvelle.

CHAPITRE V.
GLACIER DE L'OBERAAR.

§. 1700. CETTE excursion est de mon dernier voyage, du 11 juillet 1783. J'étois arrivé la veille un peu malade à l'Hospice du Grimsel. Le lit que m'offrirent mes hôtes, dans une chambre empestée de l'odeur du vin & du fromage, me causa tant de répugnance, que je préférai d'aller coucher sur le foin. Je m'en trouvai fort mal ; ce foin qui fermentoit, me donna un mal de tête affreux, je fus obligé de me lever & de passer à l'air une partie de la nuit ; mais j'ai été ensuite fort content de n'avoir pas mieux dormi. Cette nuit du 10 au 11 juillet, sera à jamais mémorable dans notre pays, par le terrible orage & par les tonnerres qui éclaterent presque sans interruption. Personne ne passa la nuit dans son lit, chacun se tenoit prêt à fuir, croyant à chaque instant, voir écraser ou embraser la maison qu'il habitoit. Sur le Grimsel, la nuit fut calme & sereine ; cependant lorsque je regardois au Couchant, du côté de Geneve, je voyois à l'horizon quelques bandes de nuages & des éclairs qui en sortoient, mais je n'entendois absolument aucun bruit ; ils ressembloient à ceux qu'on appelle communément *des éclairs de chaleur*, & que le peuple croit n'être pas accompagnés de tonnerres. FRANCKLIN avoit combattu ce préjugé, & cette observation vient bien à l'appui de son opinion.

§. 1701. EN partant de l'Hospice pour aller au glagier *d'Oberaar*, ou de *la source supérieure de l'Aar*, je pris pour guide Ulrich Mezzener, le fils de l'Hospitalier. Il me fit d'abord suivre la route qui conduit au glacier de Lauteraar, mais en côtoyant la chaîne méridionale des montagnes qui bordent la vallée pierreufe qui conduit à ce glacier, §. 1692. Après trois quarts-d'heure de marche, je paſſai ſous une avalanche de blocs énormes de granit qui s'étoient écroulés enſemble pendant l'hiver de 1780.

A demi-lieue de là, nous changeâmes de direction, & nous commençâmes à monter obliquement pour gagner le haut d'un vallon qui eſt ſitué au pied du Zinckenſtock, montagne où ſont les fours à cryſtal de Lauteraar, §. 1697. Arrivé dans ce vallon, je remontai le torrent de l'Oberaar qui y coule.

§. 1702. En paſſant ainſi le long du flanc du Zinckenſtock, j'admirois les aſſiſes paralleles & preſque horizontales, dont il paroiſſoit compoſé, & qui formoient comme autant de grandes marches, ſéparées par des repos couverts d'herbes & d'arbuſtes. *Structure apparente du Zinckenſtock.*

§. 1703. Cependant je diſtinguai au pied de cette montagne des couches minces d'une roche feuilletée qui eſt griſe, tendre, mélangée de quartz, de mica & de pierre de corne, *Hornblende Schiefer*. Ces couches ſont preſque verticales; elles courent du Nord-Eſt au Sud-Oueſt, en s'appuyant un peu contre le Zinckenſtock, au Nord-Oueſt. De ſemblables couches couroient ſous nos pieds dans la même direction. Ce fait confirme encore ce que j'ai ſouvent obſervé, que diverſes vallées ont été déterminées par la molleſſe des rochers dont elles occupent la place. *Roche feuilletée à ſon pied.*

§. 1704. En montant toujours dans la même direction, j'arrivai au haut d'une arrête qui domine la vallée dans laquelle eſt ſitué le glacier d'Oberaar, vallée ſituée derriere le Zinckenſtock, & à peu près parallele à la vallée du glacier de Lauteraar. Cette arrête, ſur laquelle j'étois, ſe prolonge au milieu de la vallée du glacier de l'Oberaar. Elle eſt compoſée des mêmes feuillets verticaux que j'ai décrits, dont la direction eſt là de l'Eſt Nord-Eſt à l'Oueſt Sud-Oueſt, préciſément la même que celle que préſente là la vallée du glacier. *Arrête de rocher dans la vallée d'Oberaar.*

On a fait des peintures effrayantes des abords de ce glacier ; cependant rien ne m'eût été plus facile que de descendre dans une plaine caillouteuse qui me séparoit de son pied, & de remonter de là sur ce même glacier ; mais cette marche ne me promettoit rien d'intéressant.

§. 1705. Je préférai de monter à ma gauche au Nord-Est sur une hauteur qui s'élève au-dessus de ce glacier ; j'espérois que de là j'observerois mieux & le glacier même & les montagnes qui le bordent. J'atteignis en trois quarts-d'heures cette sommité, qui fait partie de l'arrête dont je viens de parler, & qui est composée de feuillets dont la nature & la direction sont encore les mêmes.

Sommet cette ête.

Le baromètre, observé sur cette cime, lui donne une hauteur de 1256 toises au-dessus de la mer. Mon guide ne savoit point d'autre nom à lui donner que lui *de montagne au-dessus du lac d'Oberaar* ; & en effet, nous voyions ce lac au-dessous de nous, trop éloigné cependant pour que ce fût une détermination bien précise. Je desirois de désigner & de faire connoître cette cime, parce que sa situation, qui présente tout à la fois les deux glaciers de l'Aar, & les montagnes qui les environnent, est très-intéressante pour un observateur.

On voit delà très-bien le glacier d'Oberaar, qui effectivement, comme le dit Gruner, est couvert de neiges dans presque toute son étendue ; il ne montre des glaces vives que sur la pente qui le termine à l'Est, & il n'y a que très-peu de pierres répandues à sa surface. En pointant un niveau contre ce glacier, je vis que j'étois à peu-près à la hauteur du milieu de sa longueur apparente, qui s'élève en pente douce à l'Ouest Nord-Ouest. Il paroît terminé en cul-de-sac dans cette direction ; mais on dit qu'il se prolonge en se retournant du côté du Nord. On voit aussi de là que ce glacier mérite bien le nom d'Oberaar, ou de source supérieur de l'Aar, puisqu'il domine considérablement celui du Lauteraar, qui paroît enfoncé au-dessous de lui, & que je voyois aussi extrêmement abaissé au-dessous de moi. En effet, le

Vue du cier Oberaar.

niveau

DE L'OBERAAR, Chap. V. 473

niveau rapportoit mon élévation prefqu'au fommet de la tête arrondie du Zinckenftock, qui forme l'une des parois de ce glacier ; je dis cependant *la tête arrondie*, & non pas les cimes fourcilleufes qui s'élevent à une beaucoup plus grande hauteur.

§. 1706. CES hautes fommités du Zinckenftock paroiffent évidemment compofées de feuillets granitiques, paralleles à ceux de la vallée du Lauteraar. De même la magnifique chaîne qui borde au Nord le glacier du même nom, & qui du fond de la vallée qui renferme ce glacier, ne me repréfentoit qu'une énorme muraille à furfaces liffes & ondées, §. 1693. Cette chaîne, dis-je, vue de haut en bas, me paroiffoit diftinctement compofée de tranches paralleles entr'elles, à peu près verticales, & dirigées auffi dans le fens de la vallée. Il eft donc vraifemblable que les tables horizontales que j'ai obfervées au pied du Zinckenftock, §. 1702, de même que celles que l'on voit en montant le Grimfel, §. 1684, font des couches qui ont confervé leur pofition originaire, ou qui, après avoir été redreffées ont été renverfées de nouveau.

Structure de ces montagnes.

§. 1707. J'EUS auffi beaucoup de fatisfaction à voir que les vraies cimes de ces hautes montagnes font terminées, comme à Chamouni, par des crenaux à angles vifs, & par des formes hardies & prononcées. L'excellent naturalifte qui m'a fait l'honneur de traduire en Allemand les volumes précédents de ces voyages, tandis qu'il auroit pu avancer bien plus les progrès des fciences en publiant fes propres ouvrages, avoit élevé des doutes fur cette forme des montagnes granitiques. J'étois ébranlé moi-même, lorfque je voyois la forme émouffée des petites montagnes du Grimfel, & les portions de cylindre & de fphere que l'on rencontre dans les granits de ce paffage, §. 1689.

Granits arrondis dans le bas, aigus dans le haut.

MAIS de mon obfervatoire fur l'Oberaar, d'où je voyois diftinctement les cimes de toutes ces montagnes, & particuliérement de celles du §. 1689, je reconnus que ce n'étoient que les baffes montagnes, & les bafes, ou les parties inférieures des hautes, auxquelles l'action des

O o o

pluies, des neiges, des glaces, des pierres même qui en gliffant &
roulant fur elles leur ont donné ces formes arrondies.

Je dois cependant ajouter, que ces formes aiguës ne dépendent pas
feulement de la nature de la pierre, mais auffi de la fituation des couches de la montagne. En effet, on obferve ces mêmes formes dans
les montagnes calcaires, lorfqu'au degré de dureté dont elles font
fufceptibles, elles réuniffent une ftructure en couches verticales, ou
très-inclinées : & réciproquement, les granits les plus durs, lorfque
leurs couches font horizontales, ou à peu près telles, peuvent avoir
des fommités ou plates ou arrondies, & nous en verrons des exemples
dans ce même voyage.

Chaîne Sud du cier Oberaar. §. 1708. Quant à la chaîne qui borde au Sud le glacier de l'Oberaar & fa vallée, elle n'eft fûrement point de granit, mais d'une pierre
fchifteufe en état de décompofition. Les montagnes qui compofent cette
chaîne n'ont ni formes prononcées, ni grands efcarpements ; on y
voit des cimes de deux ou trois cents toifes plus hautes que le lieu
d'où je les obfervois, & par conféquent d'environ 1500 toifes, &
dont l'accès paroît très-facile. Voilà tout ce que je vis de cette fommité ; car, pour les hautes cimes du Finfteraar du Schreckhorn, elles
étoient enveloppées de nuages qui, pour la feconde fois, m'en déro-
berent entiérement la vue.

Retour à lofpice. §. 1709. Mon guide me propofa de me ramener par une route nouvelle, & je l'acceptai avec plaifir. Il me fit tirer à l'Eft, & traverfer les
triftes & fauvages pâturages de l'Oberalp, qui brûlés alternativement
par le foleil & par la blanche gelée, & étouffés par les lichens coral-
loïdes, fe brifoient en craquant fous nos pieds. L'unique habitant de
de ces folitudes eft la perdrix blanche, qui fe nourrit des bourgeons du
Salix herbacea, très-abondant dans ces prairies. Une de ces perdrix fe
leva fous nos pieds, de fon nid conftruit fur la terre, fans autre abri
qu'une pierre, au Nord de laquelle il étoit placé. Ce nid renfermoit

huit œufs d'un brun clair, tacheté d'un brun plus foncé; j'eus bien soin d'empêcher qu'on ne les dérangeât.

Je ne vis dans ces pâturages élevés qu'une seule plante un peu rare, c'eſt *l'anthericum ſerotinum*. M. de Haller obſerve avec bien de la raiſon, que l'épithéte de *tardive* ne convient point à cette plante, puiſqu'elle eſt une des premieres à fleurir ſur les terreins que la neige abandonne.

Au ſortir de ces prairies, j'eus pendant près de deux heures à traverſer des entaſſements de blocs de granit, dont pluſieurs s'étoient détachés de la montagne dans le cours de cette même année. On reconnoiſſoit très-bien les vuides qu'ils avoient laiſſés. C'eſt une fatigue & un ennui, dont on a de la peine à ſe faire une idée, que de faire deux lieues de ſuite au travers de ces grands blocs, dont les faces planes, liſſes, & inclinées dans tous les ſens, vous jetteroient, ſi le pied vous gliſſoit, contre les angles tranchants d'un autre bloc; & où il faut ainſi avoir une attention continuellement ſoutenue, pour pas ſe caſſer les jambes; cependant, quoiqu'encore indiſpoſé & bien fatigué, j'eus le bonheur de ne pas faire un faux pas; mais je ne conſeillerois à perſonne de paſſer par cette route. D'ailleurs, ces fragments ne préſentent aucune variété intéreſſante; ce ſont tous, ou des granits veinés ordinaires, ou des granits veinés avec des rognons de quartz comme ceux de Valorſine, §. 590.

J'avois ſous mes pieds, dans cette route, la vallée du Lauteraar, dans laquelle l'Aar ſerpente & ſe diviſe de maniere à former un point de vue très-agréable. Et comme j'allois du côté du Grimſel, ayant toujours les yeux fixés ſur la chaîne qui borde ſon paſſage; je confirmai, & bien en détail, mon obſervation ſur les cimes crenelées & aiguës de ces montagnes à baſes arrondies; & je vis enfin que de l'Hoſpice même on en voit aſſez pour ſe convaincre de la juſteſſe de cette obſervation.

CHAPITRE VI.

DE L'HOSPICE DU GRIMSEL A OBERGESTELEN EN VALLAIS.

§. 1711. Je partis de l'Hospice le 12 de juillet; j'avois pensé à traverser de là en Vallais, par un sentier qui conduit à la source du Rhône, & qui étant nouveau pour moi, me promettoit quelques observations nouvelles; mais le mauvais tems me força à renoncer à ce passage; sans être précisément dangereux, il ne seroit cependant pas trop sûr par un tems de pluie & d'orage. Je suivis donc la route battue; cette route, toute battue qu'elle est, ne laisse pas que d'être pénible pour les mulets chargés. Ils ont à traverser de grands plateaux de neige, qui ramollis par la pluie chaude qui étoit tombée pendant la nuit, s'enfonçoit souvent sous leurs pieds, au point qu'on ne pouvoit pas les relever sans les décharger, opération pénible & qui fait perdre beaucoup de tems.

On met une petite heure de l'Hospice au sommet du passage. Cette sommité est le *Grimsel* proprement dit, quoiqu'on donne communément ce nom à toute la vallée, depuis Guttannen jusques-là. Comme la montée, depuis l'Hospice, n'est pas rapide & qu'elle est quelquefois interrompue par de petites descentes, un voyageur auroit de la peine à décider quel est le point le plus élevé, si les limites, entre le canton de Berne & le Vallais, ne le décidoient pas. Ces limites sont posées au point où les eaux se séparent en descendant, les unes au Sud, dans le Rhône, & delà dans la Méditerranée; les autres, au Nord, dans l'Aar, & de l'Aar dans le Rhin & dans l'Océan. La moyenne entre trois observations, me donna pour ce point une élévation de 1118 toises.

Si je n'avois paſſé que cette fois là ſur le Grimſel, je n'aurois pas pu juger de ſa ſituation, car il régnoit un brouillard ſi épais que l'on ne diſtinguoit rien à dix pas de diſtance. Mais en 1777, j'avois eu un tems fort clair. Au reſte, la vue de cette hauteur n'eſt pas fort à regretter. On ne voit que des neiges, des rochers & des vallées auſſi nues que les rochers mêmes. On n'apperçoit rien de verd ſi ce n'eſt la ſommité de quelques forêts du côté du Vallais, & quelques prairies du paſſage de la Fourche. L'unique objet ſur lequel les yeux s'arrêtent avec quelqu'intérêt, c'eſt le glacier du Rhône, dont on découvre au Nord-Eſt le plateau ſupérieur & une partie de la pente.

§. 1712. Le ſommet de ce col, le plus élevé du Grimſel, eſt compoſé d'une roche feuilletée granitoïde, ou d'un gneiſs rougeâtre médiocrement dur & à feuillets aſſez minces, tous verticaux & tous dirigés de l'Eſt Nord-Eſt à l'Oueſt Sud-Oueſt, comme ceux de l'Oberaar, §. 1704. Leur nature & leur direction ſont encore les mêmes juſqu'à trois quart-d'heure au-deſſous du ſommet. Enſuite ils s'inclinent contre le Vallais, & puis ils deviennent horizontaux, ou briſés, de maniere qu'on ne peut plus s'aſſurer de leur véritable ſituation. Mais toujours eſt-il bien remarquable que ces feuillets, verticaux au ſommet, s'inclinent enſuite, comme à Chamouni, contre le dehors de la montagne, §. 656.

Nature de la cime du Grimſel.

Les couches de gneiſs ſont çà & là interrompues par des ſchiſtes micacés, gris & preſque friables, mais toujours ſitués de la même maniere. Vers le bas de la deſcente, on trouve des ardoiſes ou ſchiſtes argilleux appuyés auſſi contre le dehors de la montagne. En faiſant cette route, on ne voyage point dans une vallée comme du côté oppoſé ; il n'y a non plus ni précipices ni dangers ; c'eſt un dos ou un revers preſque uniforme. On a dans cette deſcente une vue aſſez agréable ſur la vallée du Haut Conche arroſée par le Rhône, qui ſerpente entre des champs & des prairies, entrecoupés de bouquets de bois, & parſemés de maiſons & de villages.

Le Haut Conche eſt l'un des ſept Dixains, ou l'un des ſept petits

478 *DU GRIMSEL A OBERGESTELEN, &c.*

Etats confédérés, dont l'affemblage forme la république du Vallais. Obergeften, où je couchai, eft un des principaux villages de ce Dixain : on y vient en trois heures & demie depuis l'Hofpice. La moyenne de huit obfervations lui donne une élévation de 682 toifes.

Grêle fur Grimfel.

§. 1713. JE fis cette route par un bien mauvais tems ; un peu au-deffous du fommet du Grimfel, je fus accueilli par une grêle ferrée, dont les grains, gros comme des noifettes, tomboient avec tant de force fur le dos des mulets, qu'on avoit beaucoup de peine à les tenir ; mais ce que cette grêle eut de remarquable, c'eft qu'elle n'avoit été précédée d'aucun de fes avant-coureurs ordinaires, & qu'elle ne fut accompagnée ni de tonnerres, ni d'orage proprement dits.

État de vapeur.

§. 1714. QUANT à la vapeur, le 10 de juillet, quand j'arrivai à l'Hofpice du Grimfel, fa denfité étoit 0,4 ; mais le 11 & le 12 elle fut peu fenfible. Cependant les gens de l'Hofpice m'affurerent, qu'à la fin du mois précédent elle avoit été à peu-près auffi denfe fur le Grimfel que dans la plaine. Et ces montagnards, qui fe connoiffent bien en brouillards, difoient tous, que c'étoit une fumée & non point un brouillard.

CHAPITRE VII.

D'OBERGESTELEN A LA SOURCE DU RHONE.

§. 1715. J'ARRIVAI avant midi à Obergeſtelen, & comme je me croyois guéri de mon indiſpoſition, je me diſpoſois à aller le même jour à la ſource du Rhône; mais dans l'après-midi, je me trouvai férieuſement malade. Le froid de la grêle que j'avois eſſuyée avoit repercurté ſur les entrailles une humeur de rhume que j'avois depuis quelques jours, & m'avoient donné une dyſſenterie accompagnée de douleurs extrêmement vives. Ce n'étoit pas une perſpective agréable que de ſe voir atteint d'une maladie aiguë, dans ce pays à demi ſauvage, dénué de toute eſpece de ſecours. Et ce qu'il y avoit de pire, c'eſt que mon hôte fut aſſez barbare pour me déclarer, que dans quelqu'état que je fuſſe le lendemain matin, il faudroit que je ſortiſſe de chez lui, parce que ce ſeroit dimanche, & qu'il ne vouloit pas perdre les chalands qui devoient venir chez lui boire dans la chambre que j'occupois. Lorſque j'offrois de le dédommager, il affectoit de mépriſer l'argent, & tout cela avec le ſens froid & la morgue d'un magiſter de comédie, qui en écorchant quelques mots de latin, ſe faiſoit appeler *Dominus Hallenharder*. Je regrettai bien vivement les bonnes gens de l'Hoſpice du Grimſel; mais enfin avec de l'argent, qui étoit le véritable but de ce vilain homme, je le déterminai à me garder. Je me tins tranquille le lendemain, en bûvant une infuſion d'avoine grillée en forme de café, ſeul remede que j'euſſe à ma portée; & le lendemain, 14 de juillet, comme il faiſoit fort beau, j'eſſayai de monter mon mulet & d'aller me promener à la ſource du Rhône, qui n'eſt qu'à deux lieues d'Obergeſtelen; je l'avois déja vue deux fois, mais il me reſtoit encore des obſervations à y faire.

§. 1716. On tire d'abord au Nord-Eſt, contre l'extrémité de la vallée, fermée en cul-de-ſac par la montagne de la Fourche, au pied de laquelle eſt la ſource du Rhône. Quoique cette partie de la vallée ſoit très-haute, le fond en eſt cependant marécageux. Pour éviter ce fond, l'on côtoie la montagne à gauche, au Nord-Oueſt, qui forme le pied de celle du Grimſel. J'obſervai ſur le chemin des fragments d'une pierre calcaire bleuâtre, grenue ou ſaline, & mêlée de mica ; je ne vis pas les rochers d'où ces fragments ſe détachent ; mais ils tiennent vraiſemblablement à la baſe primitive du Grimſel. M. Besson avoit obſervé cette pierre calcaire, & il dit, que vis-à-vis, il y a de la *pierre ollaire* ; mais comme je n'ai point paſſé de ce côté-là, je ne l'ai pas obſervée. Quant aux pierres calcaires, on en revoit de l'autre côté du Rhône, vis-à-vis d'une petite chapelle, que l'on rencontre à 20 minutes au-delà d'Oberwald.

En approchant de ce village, qui eſt le dernier du Vallais, & à 40 min. d'Obergerſtelen, le chemin paſſe ſur des tranches verticales d'ardoiſes & de ſchiſtes argileux luiſants, ondés, tendres, non efferverſcents. Un peu au-delà d'Oberwald, on voit un four à chaux, où l'on cuit les pierres dont je venois de rencontrer les fragments.

§. 1717. Bientôt après on commence à monter un chemin pavé, rapide & gliſſant, qui paſſe ſur des bancs, & entre des bancs de roches feuilletées de différentes eſpeces ; les plans de leurs couches ſont d'abord diverſement inclinés ; les premiers étant en appui contre la montagne, & les ſuivants renverſés contre la vallée ; mais cependant ils courent tous dans la même direction : ſavoir, du Nord-Eſt au Sud-Oueſt ; & à 20 minutes au-deſſus d'Oberwald, leur ſituation devient conſtamment verticale. On fait ainſi une lieue entiere, toujours entre des plans exactement verticaux, parfaitement ſuivis & prononcés, tant ſur la rive droite du Rhône, que ſuit ce chemin, que ſur la rive oppoſée. On eſt même forcé, malgré ſoi, à faire attention à ces couches, car ſouvent le ſentier où l'on paſſe eſt ſerré entre deux de ces couches verticales, au point que l'on se froisse les jambes entr'elles si l'on ne tient pas son cheval exactement au milieu. Or, cette situation ne tient pas à la nature de la pierre; en effet, ici c'est un schiste mélangé de mica & de quartz; là, c'est une roche de corne schisteuse, comme celle de St. Bernard, §. 992; plus loin, c'est un granitelle composé de feldspath & de hornblende; ailleurs, c'est une roche granitique ou gneiss. Voyez sur la variété de ces roches, l'ouvrage de M. BESSON, *pag.* 98, *de l'édition in-4°. & 173 de l'8°.* Voyez aussi le voyage de M. STORR, *tom.* II, *p. 30*. Toutes ces roches, sans aucune exception, depuis le fond du lit du Rhône jusqu'à la cime des montagnes qui bordent ses deux rives, ont constamment leurs couches verticales, & dirigées du Nord-Est au Sud-Ouest. Enfin, ce n'est pas non plus le cours du Rhône qui a déterminé cette direction; car, si quelquefois il court parallelement à ces couches, souvent aussi il les coupe à angles droits. Il résulte delà que si on ne faisoit attention qu'à l'angle que font ces couches avec le cours du Rhône, on croiroit que leur direction varie, & c'est sans doute ce qui est arrivé à M. STORR, lorsqu'il a dit; *Alpen-Reiss*, tome II, *page 33*, qu'il n'y avoit rien de constant dans leur position; car quand on compare leur cours avec la boussole, comme je l'ai fait dans mes trois voyages, on y trouve la plus parfaite régularité.

Si donc des divisions si régulieres, si constantes, n'étoient pas des couches, s'il falloit les considérer comme des effets fortuits de la pesanteur ou des météores, il faudroit renoncer à tout raisonnement physique, & attribuer au hasard ou au concours fortuit des éléments, tous les phénomenes pour l'explication desquels nous fatiguons nos corps & nos esprits. Cependant les voyageurs qui ne sont pas géologues, s'occuperont moins de ces couches que des belles chûtes du Rhône, des amas de neige sous lesquels il s'engouffre pour en sortir avec une nouvelle violence, & du glacier d'où sort la plus grande partie de ses eaux.

§. 1718. CE glacier, qui porte le nom du Rhône, est, sinon le plus grand, du moins l'un des plus beaux de nos Alpes. Du haut d'une mon-

Glacier du Rhône.

tagne couronnée par des rocs fourcilleux, ce glacier defcend hériffé de pyramides de glaces, variées par leur grandeur & par leurs formes; il fe refferre enfuite pour paffer entre deux rochers, après quoi il s'élargit de nouveau en éventail, & vient former un immenfe fegment de fphere, du fommet duquel partent, comme d'un centre, de profondes crevaffes, couleur d'aigue marine, qui aboutiffent à fa circonférence. Au bas de ce fegment, s'ouvrent deux arches, auffi de glace, d'où fortent avec impétuofité deux torrents, qui après s'être réunis, viennent porter à la fource du Rhône le premier tribut qu'elle reçoive.

§. 1719. EN effet, ces deux torrents quoique venant de plus haut & avec un volume d'eau vingt fois plus grand, ne portent point le nom de fource du Rhône; les gens du pays les nomment avec une forte de mépris, eaux des neiges, ou eau du glacier; tandis qu'ils montrent avec une efpece de vénération & honorent comme fource du fleuve, une fontaine qui fort de terre au milieu d'une petite prairie. Plufieurs voyageurs fe font moqués de cette préférence, le bon SCHEVCHZER la tourne en ridicule, & dit que c'eſt une efpece de folie, ou de maladie de l'entendement ἀῤῥωϛία τῆς διανοίας que les Vallaifans appellent fource du fleuve, un petit filet d'eau qui vient lui-même fe réunir à un courant beaucoup plus confidérable, & qui defcend d'un lieu plus élevé.

J'ÉTOIS étonné de cette fingularité, & je cherchois à en deviner la caufe, lorfqu'en goûtant cette eau & en y plongeant la main, je lui trouvai un degré de chaleur fenfible : je crus d'abord que c'étoit une illufion, mais j'y plongeai le thermometre, & je le vis monter à 14 $\frac{1}{2}$ de la divifion en 80 parties, tandis que la température de toutes les eaux du voifinage s'élevoit très-peu au-deffus du terme de la congélation, excepté une autre petite fource qui participe auffi à l'honneur d'être une des fources du Rhône.

Cette observation, que je fis pour la premiere fois en 1775, & qui étoit alors absolument nouvelle, me parut intéressante. Je compris que ces eaux devoient conserver leur température en hiver, & les bergers qui gardoient leurs troupeaux dans ces prairies, me dirent qu'en effet, dans les froids les plus rigoureux, tandis que tous les alentours étoient envahis par les frimats, ces sources faisoient fondre la neige, & conservoient toujours la verdure qui les entoure. D'après ce fait, & l'espece de culte que l'on rendoit autrefois aux Divinités des fontaines, sur-tout lorsqu'elles résistoient aux froids de l'hiver, & le merveilleux dont on cherchoit à environner les sources des grands fleuves, il est bien naturel que ces fontaines aient eu un nom qui leur appartint en propre, & que leurs eaux, tout à la fois chaudes, perpétuelles & toujours limpides, parussent avoir sur les eaux troubles & froides du glacier, une espece de prééminence qui les fît regarder comme le séjour de la Divinité du fleuve, & qu'ainsi elles lui donnassent leur nom.

Quant au nom même de la source, qui est *der Rothe* dans la langue du pays, d'où est venu vraisemblablement le nom *de Rhône*; je crois qu'il est relatif à un sédiment rougeâtre que déposent les eaux de ces sources; car dans la langue allemande, de même que dans la langue celtique, le mot *roth* signifie *rouge*.

La hauteur de cette source est, d'après mes observations du baromètre, de 900 toises au-dessus de la Méditerranée. Or, il est si extraordinaire de trouver une source chaude à une telle élévation, & de la trouver au milieu des glaces, qu'il étoit intéressant de rechercher sa nature, & de voir si cette recherche ne donneroit point d'indication sur la cause de sa chaleur.

§. 1720. Dans ce dessein, j'y portai, en 1783, quelques réactifs, avec de petits verres, que je lavai dans l'eau même de la source, & j'en fis l'épreuve sur les lieux. La solution de soude ne la trouble

Source du Rhône éprouvée par les réactifs.

en aucune maniere, non plus que l'acide du sucre, phénomene bien rare, & qui prouve que ces eaux ne contiennent aucun sel à base terreuse. Mais la solution de terre pesante dans l'acide marin, ou le muriate de baryte, la trouble un peu; ce qui indique la présence de l'acide vitriolique; & comme d'un autre côté, cette eau ne change nullement les couleurs végétales, & qu'ainsi l'acide ne paroissoit point être libre, il est vraisemblable qu'il y est combiné avec un alkali, & qu'ainsi c'est du sel de glauber ou du sulfate de soude que ces eaux contiennent. Enfin la dissolution d'argent dans l'acide nitreux, la trouble sur le champ, & après une demi-heure de repos, la liqueur se sépare en deux parties; celle de dessus, qui forme les $\frac{2}{3}$ du verre, est grise & opaque, tandis que celle du fond paroît d'un rouge transparent. Il suit delà que ces eaux contiennent du soufre, mais plutôt sous la forme de vapeur, que dissous par un alkali ou par une terre, puisque l'acide nitreux libre n'y occasionne ni précipité, ni changement de couleur.

En la savourant avec attention, j'y reconnus un goût légérement sulfureux, & mon domestique, qui n'étoit point prévenu, le reconnut également.

Il est donc vraisemblable, que cette eau, vraiment thermale, doit, comme les autres, sa chaleur à quelqu'amas de pyrites qui se réchauffent en se décomposant lentement dans le sein de ces montagnes. Les tremblements de terre, si fréquents dans le canton d'Uri, sur les frontières duquel ces sources sont situées, rendent plus probable encore l'existence de ce foyer.

Si cette source étoit dans un endroit d'un accès plus facile, je ne doute pas que son exemption parfaite de toute matiere terreuse, jointe à la présence d'une petite quantité de sel de glauber & de soufre, ne la rendissent très-utile contre les obstructions & différentes autres maladies. Peut-être même ses eaux mériteroient-elles d'être transportées autant que celles de Pfeffers, dont la pureté fait le seul mérite.

La source que je soumis à ces épreuves & la plus considérable, est celle qui est située derriere deux petits monticules, auprès desquels sont les cabanes des bergers. Les autres sont un peu moins chaudes: sans doute qu'en se divisant, elles conservent moins bien leur chaleur; mais la grande, je l'ai constamment trouvée à 14½ de Réaumur, qui répondent à 65, ou du moins à 64, 7 de Farenheith, & non à 55, comme le dit M. Coxe.

Ces sources se réunissent avant de se mêler avec l'eau du glacier: alors elles forment un ruisseau capable de faire tourner un moulin, & ce qui les distingue même de loin des autres sources qui viennent des glaciers & des neiges fondues, c'est qu'on voit dans leur courant, une quantité de belles conferves, *conferva rivularis*, tandis que les eaux des neiges sont absolument stériles.

§. 1721. Dans mon voyage de 1770, que j'eus le plaisir de faire avec Milord Palmerston, connu par son goût pour les lettres & pour les beaux arts, nous gravîmes ensemble, par la rive droite du glacier, la montagne de laquelle il descend. On voit de près, en montant, les belles pyramides de glace dont sa pente est hérissée; mais quand on est parvenu à son plateau, on voit la glace, former là une plaine doucement inclinée qui n'est coupée que par quelques crevasses. On a delà un très-beau point de vue sur les montagnes de la Fourche & des environs. *Haut du glacier du Rhône.*

Dans mon voyage de 1775, je traversai le passage de la Fourche, & je vins par-là au St. Gothard. Mais dans celui de 1783, je revins coucher à Obergestlen, pour passer le lendemain la haute montagne du Griès.

§. 1722. Avant de terminer ce chapitre, je dois consigner ici une observation qu'a faite M. Besson, sur le glacier du Rhône, & qui m'avoit échappé. J'ai souvent parlé des cailloux & des rochers *Le glacier du Rhône a retrogradé.*

que les glaciers charrient, qu'ils dépofent enfuite fur leurs bords & à leur extrêmité, & qui forment ainfi des efpeces d'enceintes (1) qui marquent les limites que les glaciers ont atteintes. M. Besson obferva, en 1777, au bas du glacier du Rhône, trois de ces enceintes, dont l'une étoit à 34 toifes de l'extrémité actuelle du glacier, l'autre à 85 toifes, & la quatrieme à 120. Il fuit delà, qu'à trois époques différentes le glacier a reculé, & qu'il étoit alors diminué de 120 toifes. Les bergers affurerent même à M. Besson, que depuis 20 ans il reculoit continuellement. Cette obfervation & ce rapport viennent à l'appui de ce que j'ai dit ailleurs; c'eft que s'il y a des endroits où les glaciers s'avancent, il y en a d'autres où ils rétrogradent.

---

(1) M. Besson nomme ces enceintes *marêmes*, mais il aura mal entendu nos Savoyards, le mot eft *moraines*. Cette expreffion n'eft pas françaife fans doute, mais elle eft reçue dans toute la Suiffe Romande, la Savoye & le Lyonnois, où elle défigne une petite montagne, ou la pente rapide d'une colline.

CHAPITRE VIII.

D'OBERGESTLEN A FORMAZZA. PASSAGE DU GRIÈS.

§. 1723. JE partis d'Obergeſtlen, le 15 de juillet, je n'étois pas encore guéri, mais très impatient de ſortir de la maiſon de Dominus HALLEBARDER (1), & comme la courſe que j'avois faite la veille ne m'avoit pas rendu plus malade, je vis que je ne courois aucun riſque à aller en avant : en effet, je me portai très-bien tout le reſte du voyage.

D'Obergeſtlen à Zumloch.

QUAND on va au Griès, on paſſe le Rhône dans le village même d'Obergeſtlen, & on ſe trouve ſur la rive gauche du fleuve; on gagne enſuite le pied de la montagne qui borde la vallée au Sud-Eſt. On ſuit, en deſcendant le Rhône, le pied de cette montagne dans une jolie forêt de mélezes, qui borde des prairies couvertes *d'arnica montana*.

AVANT d'arriver au village de Zumloch, qui eſt le dernier du Vallais que l'on rencontre ſur cette route, & qui n'eſt qu'à 20 minutes d'Obergeſtlen, on laiſſe à ſa gauche, ou au Sud-Eſt, des rochers de quartz micacé. Ces rochers ſont en couches à-peu-près verticales, dont les plans courent, comme la vallée même du Rhône, du

---

(1) Les voyageurs qui ſeront obligés de s'arrêter dans ce pays, trouveront à une lieue au-deſſous d'Obergeſtlen, dans le village de Munſter, chef lieu du dixain de Conche, une meilleure auberge & des hôtes plus honnêtes.

Nord-Eſt au Sud-Oueſt, en s'appuyant, ſuivant l'uſage, contre l'extérieur de la montagne ou contre la vallée.

Eginen [...]

On arrive enſuite au bord de *l'Egina* ou *Aigeſſe*, torrent qui vient du glacier du Griès, & qui donne ſon nom à la vallée qui y conduit, *Vallis Eginia*, & en Allemand *das Eginen-Thal*. On quitte donc la vallée du Rhône pour entrer dans celle-là. Le torrent que l'on ſuit, coupe des couches dont la ſituation eſt la même que celle des précédentes ; les plus baſſes tombent en décompoſition, celles que l'on trouve plus haut ſont plus dures.

Belle [chû]te de [E]gina.

A 12 minutes de Zumloch, le torrent fait une belle chûte, en rongeant des couches du même genre. La violence du choc le réduit en une pouſſiere qui s'éleve à une grande hauteur, & ſe teint des couleurs de l'arc en ciel. On paſſe le torrent ſur un pont, jeté préciſément au-deſſus de la chûte.

Carriere pierre [oll]aire.

§. 1724. A 18 minutes de ce pont, à l'entrée d'une forêt que traverſe le chemin, je m'arrêtai pour aller obſerver une carriere de pierre ollaire, ſituée ſur la gauche & ſur le bord du torrent. Le tiſſu de cette pierre eſt là groſſiérement & irrégulierement feuilleté. Elle eſt compoſée. On y diſtingue, 1°. du talc blanchâtre, tranſlucide, à gros grains, dont quelques-uns diſcernables préſentent des lames droites, & indiquent une tendance à la cryſtalliſation ; 2°. du mica gris ; 3°. de petites pyrites d'un jaune doré, qui préſentent çà & là les couleurs de l'iris ; 4°. enfin, quelques éléments calcaires, mais qui ne ſe manifeſtent que par quelques bulles que cette pierre donne dans les acides. Ses couches ſont extrêmement ondées, mais en général verticales, courant tout près de la direction de l'Eſt-Nord-Eſt, à l'Oueſt-Sud-Oueſt.

Talc ſchiſteux.

§. 1725. Les couches de cette pierre ollaire, ſont ſouvent adhérentes à des couches d'un talc ſchiſteux. Celui-ci a la ſurface extérieure
de

de ſes lames douce, brillante, d'un verd d'olive clair, l'intérieur encore plus brillant & tirant ſur le blanc. Les feuillets ſont extrêmement fins, parfaitement droits, très-étendus en tout ſens, mais trop fragiles pour qu'on puiſſe en ſéparer des feuilles, tout à la fois grandes & minces. Ces feuillets ſont tranſparents dans leurs petites parties, mais opaques en maſſe. Cette pierre eſt très-tendre, ſe fond au chalumeau en une ſcorie brune, fortement attirable par l'aimant, tandis que la pierre crue n'a preſqu'aucune action ſur lui.

§. 1726. Les couches de pierre ollaire & de talc, alternent avec des couches d'un gneiſs à feuillets très-fins. C'eſt-là un vrai gneiſs très-différent du granit veiné, quoique compoſé des mêmes éléments. En effet, ſes parties ne ſont point entrelacées les unes dans les autres, comme dans les granits veinés, mais on y voit des feuillets très-fins de mica pur, qui alternent avec des feuillets, où le quartz & le feldſpath ſont mélangés entr'eux ; ſans doute, ces eſpeces ſont liées par des nuances inſenſibles, de même qu'il y en a d'intermédiaires entre le blanc & le noir, mais cela n'empêche pas que les extrêmes ne doivent porter des noms différents. Dans le gneiſs, dont il eſt ici queſtion, le mica eſt d'un gris brun très-brillant, le quartz d'un gris bleuâtre, & le feldſpath en grains ſi petits qu'ils échappent à une forte loupe. Leur fuſibilité, au chalumeau, peut ſeule les faire reconnoitre. *Gneiſs, comment il differe du granit veiné.*

§. 1727. On fait dans tout le Vallais, un grand uſage de la pierre ollaire, où elle eſt connue ſous le nom de *giltſtein*, non pour des marmites, elle n'eſt pas aſſez compacte. Elle ne réſiſte pas au feu violent des fourneaux de fuſion, mais elle réſiſte parfaitement à celui des poëles ; elle dure même éternellement, ſi on la préſerve des chocs auxquels ſon peu de dureté ne lui permet pas de réſiſter. On s'en ſert auſſi dans l'architecture, parce qu'elle ſe taille avec beaucoup de facilité, & qu'elle ne craint rien des injures de l'air. *Uſage de la pierre ollaire.*

§. 1728. A un petit quart de lieue de cette carriere, un peu après *Beau nœud de ſchorl.*

qu'on eſt ſorti de la forêt, & vis-à-vis d'un beau ſaut que fait le torrent, je trouvai en 1772, dans le roc, à droite du chemin, un ſuperbe nœud de ſchorl. La forme de ce nœud étoit ovale, de 8 pouces dans un ſens, ſur 4 dans l'autre : ce ſchorl eſt d'un verd olive, il eſt compoſé de lames très-brillantes, demi-tranſparentes quand elles ſont iſolées, mais opaques en maſſe. Ces lames ſont diſpoſées par faiſceaux divergents qui ſe croiſent dans des directions différentes. La forme de ces lames paroit être priſmatique, quadrangulaire, comprimée, ſtriée longitudinalement avec des fentes tranſverſales très-fréquentes. La pierre eſt très-fragile dans ce ſens, mais pourtant dure; au chalumeau, ce ſchorl blanchit, tandis que ſes bords ſe fondent avec peine en un verre compacte d'un brun noiſette clair. Il differe donc beaucoup du ſchorl verd du Dauphiné; j'ai ſéparé celui-ci ſous le nom de *delphinite*; mais celui de ce beau nœud, je le laiſſe dans le genre des *ſtrahlſtein* de WERNER, auquel je donne en françois le nom de *rayonnante*. Ce nœud étoit enveloppé d'une croûte d'environ un demi-pouce d'épaiſſeur de mica pur en grandes lames, d'un brun noir & brillant. Au milieu du nœud étoit un noyau ovale & concentrique, d'environ trois pouces dans un ſens ſur un pouce & demi dans l'autre, d'une matiere brune, terreuſe, mêlée d'un ſchorl ſemblable à celui que j'ai décrit. La pierre qui renfermoit ce nœud, eſt un gneiſs ſemblable à celui que j'ai décrit plus haut, §. 1726, mais plus micacé & plus tendre. Le plus grand diametre du nœud étoit parallele à la direction des feuillets de gneiſs, qui ſe ployoient autour de lui, & l'embraſſoient exactement. Ces feuillets ſont verticaux, & courent du Nord-Eſt au Sud-Oueſt. Je détachai quelques échantillons de ce nœud, exemple bien remarquable d'une cryſtalliſation réguliere, opérée ſimultanément à la formation d'une roche ſchiſteuſe à feuillets très-minces. J'en laiſſai cependant aſſez pour que les amateurs puiſſent le retrouver & le reconnoître.

Premiers granits veinés.

§. 1729. BIENTÔT après commencent les vrais granits veinés, qui ſuccédent aux gneiſs. Ils ſont diviſés en grandes couches verticales dirigées exactement comme celles des gneiss qu'ils remplacent. Leur substance est composée principalement de gros cristaux de feldspath blanchâtre, mêlés de quartz gris demi-transparent, & de mica noirâtre, qui se plie autour des cristaux, mais en reprenant toujours la direction générale des feuillets & des couches de la pierre. En continuant d'avancer, on voit ces granits devenir confus, mais bientôt ils reprennent, de part & d'autre du torrent, une régularité bien admirable, en conservant toujours la même situation.

§. 1730. A une bonne demi-lieue de la sortie des bois, on entre dans une petite plaine de forme ovale, dominée par des montagnes, dont les cimes émoussées, couvertes de pâturages, n'ont aucune physionomie; on voit cependant saillir quelques rochers qui montrent des couches, dont la situation est conforme à celle des précédentes, & ce sont encore des granits veinés, mais plus tendres & d'un grain plus fin que les derniers. A la fin de cette plaine, qui n'a qu'un demi-quart de lieue de traversée, la montagne à gauche, ou au Nord-Est, présente des couches toujours très-décidées dans la même situation. A 8 minutes delà, le torrent, qui coupe toujours ces couches à angles droits, fait des chûtes superbes en les traversant, & l'on voit ces couches se prolonger de part & d'autre, sans interruption, jusques aux cimes des montagnes. On passe ensuite un pont de pierre adossé à un rocher de granit veiné très-fin, dont les couches parfaitement prononcées, ont toujours la même situation.

Petite plaine, même situation des couches.

§. 1731. Au-delà de ce pont, l'on entre dans un bassin de forme irréguliere, entouré de toutes parts de très-hautes montagnes, & dont le fond est tapissé des plus beaux pâturages. Les montagnes, à droite & à gauche, sont en pente douce, & couvertes aussi d'une belle herbe qui nourrit de nombreux troupeaux. Mais en avant, au Sud-Est, on voit un glacier, dont les glaces vives, hérissées, sont flanquées de deux hautes cimes pyramidales, dont les bases se réunissent en passant par dessous la glace. Les couches de ces cimes,

Bassin au pied du Griès.

vues de loin, paroissent inclinées en sens différents; mais quand on les observe de plus près & avec attention, on reconnoît que, & ces couches, & celles qu'on voit à droite & à gauche, pointer au travers du gazon, courent toutes du Nord-Est au Sud-Ouest, en s'appuyant un peu en avant contre le Sud-Est. Lorsqu'on veut aller à Ayrol, village de la vallée Lévantine, au pied du Mont St. Gothard, on monte à gauche, au Nord-Est, pour gagner le Val *de Bedretto*. On peut trouver dans le voyage de M. BESSON, *pag*. 187 & suivantes, une description très-détaillée & très-intéressante de ce voyage. Mais quand on va à Formazza, il faut s'élever droit au-dessus du glacier que je viens de décrire, & qui porte le nom de *Griès*. En arrivant au pied des rochers pyramidaux qui flanquent ce glacier, on voit qu'ils sont composés de pierres très-remarquables.

gneiss râtres fins.

§. 1732. L'UNE de ces pierres est un schiste d'un noir tirant un peu sur le gris, & à feuillets extrêmement fins. Le fond de ce schiste est du mica en lames très-petites & très-brillantes, dont la couleur & l'éclat, presque métallique, lui donnent un peu l'aspect d'une plombagine. Au chalumeau, ce schiste blanchit, se montre très-réfractaire; & quelques grains fondus, blancs & bulleux, que l'on y apperçoit alors, prouvent qu'il renferme du feldspath, que l'on ne pouvoit pas, même à l'aide de la loupe, démêler auparavant entre ces feuillets. Dans ce schiste sont renfermés des grenats rouges impurs, de 2 à 3 lignes de diametre, rarement réguliers. Ceux dont on peut démêler la forme, présentent des dodécahedres terminés par des rhombes. Plusieurs de ces grenats ont été décomposés, en tout ou en partie, & ont laissé après eux une ochre ferrugineuse. Au chalumeau, ces grenats se boursoufflent aisément, & se changent en une scorie terne, d'un brun rougeâtre, que l'aimant n'attire que foiblement. Cette même pierre prend dans quelques endroits une apparence compacte, au point que ce n'est qu'avec une extrême difficulté qu'on reconnoît son tissu schisteux. Les parties micacées, sont là d'une telle finesse, que l'œil ne se doute de leur existence, que par une espece de chatoiement que produit la pierre sous certains aspects. Dans ces mêmes variétés, la couleur de la pierre est aussi noire que celle d'un basalte, & j'avoue que je l'avois d'abord prise pour une pierre de ce genre; ce n'est qu'en l'éprouvant au chalumeau, que j'ai vérifié mes idées, lorsque je l'ai vue blanchir dans le feu le plus vif, & ne donner des marques de fusion que par quelques globules blancs que j'ai reconnus pour du feldspath. Cette variété renferme aussi des grenats, & outre cela des nœuds blancs, alongés, de quartz grenu, brillant, très-réfractaire, mêlé de quelques grains de feldspath.

§. 1733. Une autre pierre bien remarquable, que renferment ces rochers, est encore un gneiss à feuillets extrêmement fins, mais d'un gris tirant sur le verd, ou d'un verd blanchâtre. Ce gneiss, quand il est cassé de maniere à présenter les tranches de ses feuillets, montre un fond qui n'a aucun éclat, mais ce fond est parsemé de lames noirâtres extrêmement brillantes, d'un éclat presque métallique comme de l'acier poli. Et ce qui les fait paroître davantage, c'est que leurs plans, au lieu d'être parallèles, comme ils le sont communément, aux feuillets du schiste, sont perpendiculaires à ces feuillets, & présentent leurs faces brillantes dans la cassure matte de la pierre. La forme de ces lames, lorsqu'elles ont toute leur régularité, est celle d'un exagone comprimé : leur longueur est d'une ligne, ou d'une ligne & demie, & leur largeur de la moitié de cette dimension. Leur plus grand diametre est parallele à la direction des feuillets de la pierre. J'ai reconnu que ces nœuds sont du mica cristallisé, qui suivant sa coutume, pose toujours autant qu'il le peut ses lames à angles droits de la surface sur laquelle il se forme. On voit aussi dans cette pierre des nœuds blancs de quartz mélangé de feldspath. On trouve là plusieurs variétés de cette pierre, soit pour la couleur, soit pour la finesse de la pâte, soit pour la quantité de nœuds qu'elle renferme. Il y en a, où ces nœuds sont clair-semés, d'autres où ils sont très-rapprochés, & donnent l'idée d'une étoffe brodée en paillettes d'acier.

Gneiss avec glandes de mica crystallisé.

Gneiss à cristaux longs déliés de feldspath.

§. 1734. ON voit enfin, dans ces rochers, une troisieme espece de gneiss d'un gris verdâtre, avec des glandes blanches de la forme & de la grandeur d'une lentille, & qui sont d'un feldspath grenu. De plus, entre les feuillets minces & presque fibreux de la pierre, on distingue des cristaux brillants, transparents, de forme prismatique rectangulaire très-fins & très-alongés, semblables à ceux que j'ai trouvés dans les laves de Beaulieu, §. 1528, & même d'un plus petit diametre; mais non pas isolés comme dans la pierre volcanisée. Ces cristaux sont presque tous paralleles aux fibres de la pierre; on en voit cependant qui leur sont obliques. Leur tissu lamelleux, leur forme, leur dureté, & leur épreuve au chalumeau, m'ont fait reconnoître en eux la nature du feldspath.

Montée du glacier.

§. 1735. LES deux hautes cimes pyramidales qui flanquent, l'une à droite, l'autre à gauche, l'entrée du glacier du Griès, sont donc presqu'en entier composées de ces roches. On gravit le pied de celle à gauche par un sentier en zigzag, qui passe presque continuellement par dessus des avalanches de neige.

Schiste micacé quartzeux & calcaire.

EN faisant cette montée, on traverse quelques couches d'un schiste jaunâtre micacé, mélangé de parties quartzeuses & de parties calcaires. Les couches de ce schiste, sont paralleles à celles des gneiss, que je viens de décrire, & traversent ainsi du haut en bas, les deux cimes pyramidales, & la base qui les réunit par dessous le glacier. Vers le haut de la montée, on retrouve les schistes noirs grenatiques, §. 1732, qui régnent dans la partie la plus élevée du passage. Ces schistes sont là verticaux, & courent à très-peu près de l'Ouest-Sud-Ouest à l'Est-Nord-Est.

Granits secondaires, quartz & spath calcaire.

JE trouvai aussi là des fragments de ces pierres, que j'ai nommées granits secondaires, § 141, dans lesquels le spath calcaire entremêlé avec le quartz, occupe la place que le feldspath remplit dans le granit ordinaire. Nous fîmes cette montée de la maniere du monde la plus fatigante & la plus ennuyeuſe ; la neige, ramollie par un vent du Sud-Eſt s'enfonçoit ſous les pieds du mulet de bât; il falloit le décharger pour qu'il pût ſe relever, & le recharger enſuite; cet accident, répété cinq fois, prolongea de deux heures notre route ; nous mîmes trois heures à monter du fond du baſſin juſques au haut du col ; nous aurions dû n'en mettre qu'une.

§. 1736. Comme je montai à pied, je devançai facilement le reſte de la petite caravanne, & en l'attendant, j'obſervai ſur le haut du col mes inſtruments météorologiques. Je trouvai le barometre corrigé à 21 pouces & $\frac{125}{160}$ de ligne, & le thermometre à 6 $\frac{1}{2}$. Cette obſervation, d'accord avec celle que j'avois faite en 1777, donne à ce ſol une élévation de 1223 toiſes. Je n'avois pas alors d'hygrometre, mais il étoit aiſé de reconnoître que l'air étoit très-voiſin du terme de ſaturation ; on voyoit de tems en tems paſſer des brouillards humides, mais la vapeur bleue ou le brouillard ſec étoit preſqu'inſenſible.

Hauteur & température du col.

J'eus auſſi le tems d'herboriſer ſur les rochers d'alentour ; j'y trouvai les plantes ſuivantes. *Draba aizoïdes*, *Draba villoſa*; *Abſynthium Alpinum*, *Androſace villoſa*; *Primula auricula*; *Primula farinoſa*; *Ranunculus glacialis*; *R. nivalis*, *R. rutæfolius*, *Saxifraga oppoſitifolia*; *S. androſacea*; *Anthericum ſerotinum*; *Salix ſerpillifolia*, *S. herbacea*; *Cardamine trifolia*; *Anemones Alpinæ varietas lutea*.

Plantes qui y croiſſent.

§. 1737. Du haut de ce col, on deſcend, mais ſeulement de quelques toiſes, pour atteindre le glacier que l'on doit traverſer, & qui porte le nom de glacier du Griès. Comme il eſt à-peu-près horizontal à ſon entrée, on n'y voit aucune crevaſſe, & la neige nouvelle qui le recouvroit alors, ne laiſſoit nulle part appercevoir la glace ; enſorte qu'en le traverſant, on auroit cru voyager au milieu de l'hiver dans une plaine couverte de neige. Ce plateau, de forme à-peu-près quarrée, eſt flanqué à chacun de ſes angles, d'une haute cime pyramidale. Deux de ces cimes, ſont celles dont j'ai parlé plus haut, & qui

Glacier du Griès.

appartiennent au Vallais : les deux autres font fituées du côté de l'Italie; je dis du *côté de l'Italie*, parce que ce glacier fert de limite entre le Vallais & les Etats du Roi de Sardaigne. Il fait partie de la montagne marquée fur les cartes anciennes, fous le nom d'*Albrunn* qui fépare les Alpes *Grecques* au Nord, des Alpes *Lépontines* au Midi.

Lorsqu'on eft entré fur ce glacier, fi l'on fe retourne du côté du Nord, on voit fous fes pieds le baffin couvert des pâturages que l'on a traverfé; plus loin, l'étroite & tortueufe vallée par laquelle on eft monté; & l'horizon eft terminé par les cimes des Alpes, qui féparent le Vallais du canton de Berne. Ces cimes, découpées & couvertes de neige, reffemblent aux vagues d'une mer agitée, & cette reffemblance devient toujours plus frappante à mefure que l'on avance dans le glacier; alors la partie du plateau, couverte de neige, que l'on a traverfée, femble être un port, où les eaux font tranquilles, parce qu'elles font à l'abri des deux montagnes qui flanquent fon entrée; tandis que les vents exercent leurs fureurs fur la haute mer, dont les Alpes du Vallais repréfentent les vagues. Mais bientôt on perd ces objets de vue; au bout d'un quart-d'heure de marche, le glacier prend une pente rapide du côté de l'Italie; là, les glaces fe découvrent, & dans une concavité, entre le glacier & la montagne, on voit un lac, dont les eaux font teintes d'un beau verd d'émeraude par la glace vive qui en forme le fond.

Là, on quitte le glacier, & on gagne la montagne de la gauche pour paffer fur un fentier étroit, au bord d'un affreux précipice; cependant comme le terrein eft ferme, on ne rifque rien, fi l'on met pied à terre; mais pour les mulets le pas eft dangereux; on me fit voir, en 1777, le corps d'un de ces animaux, qui s'y étoit précipité peu de jours auparavant. Le danger étoit bien plus grand, en 1783, où la neige, fur cette pente, n'étoit point fondue, & où le fentier étoit tracé fur une corniche de neige immédiatement au-deffus du précipice. Au refte cet endroit eft l'unique de ce paffage, où il y ait une efpece de rifque.

§. 1738.

DU GRIÈS, Chap. VIII.

§. 1738. Par ce sentier rapide & tortueux, on descend dans un petit vallon désert, où sont des pâturages couverts çà & là des débris des montagnes entraînés par les torrents. Dans cette descente que l'on fait en partie sur le roc & en partie sur des débris, on ne voit plus de rochers granitiques, mais des ardoises ou schistes argilleux, avec des nœuds de quartz, de spath calcaire, & d'autres mélanges peu distincts. Vers le bas de la descente, le rocher, coupé par un ruisseau, présente des couches d'un schiste micacé, rayé comme une étoffe. Les plans de toutes ces couches courent à-peu-près, comme de l'autre côté, §. 1731; ils surplombent vers le dehors de la montagne, qui est ici au Sud-Est. Nous mîmes une demi-heure à descendre du glacier dans la petite plaine qui est au-dessous, & de 175 toises plus bas que le haut du passage; là nous laissâmes nos mulets fatigués, se reposer & brouter l'herbe, rare, mais savoureuse qui croît dans cette plaine. Nous fîmes nous-mêmes une petite halte au bord de la Tosa ou Toccia, dont le glacier de Griès forme la source, & qui, par le Val-Formazza & le Val-Antigorio, que nous allons parcourir, va se jeter dans le lac Majeur au-dessous de Mergozzo. Je recueillis dans cette plaine quelques-unes des plantes Alpines, qui croissent sur le sommet du Griès, & de plus *l'Antirrhinum Alpinum*; *Achillea alrata*; *Silene acaulis*; *Cerastium Alpinum*, &c. &c. En sortant de cette plaine, on traverse quelques roches de schiste micacé quartzeux, puis quelques couches de gneiss grenatiques semblables à ceux de l'autre face de la montagne, §. 1732, puis des couches calcaires en appui contre le Nord-Ouest, ou contre la montagne primitive du Griès.

Descente du glacier.

§. 1739. A une bonne demi-lieue de la petite plaine, on descend dans une seconde plaine par une pente assez rapide, mais couverte d'un excellent terrein, dans lequel croissent une quantité de fleurs d'une beauté & d'une vigueur surprenantes, telles qu'*Alchimilla vulgaris*, *Polygonum bistorta*; *Rumex alpinus*; *Cacalia alpina*; *Geranium sylvaticum*; *Trollius Europæus*; *Biscutella didyma*; *Senecio alpi-*

Belle végétation.

nus; *Carduus defloratus*; *Aster Alpinus*; *Phyteuma spicata*, elles sont là d'une grandeur & d'une beauté, telle que je ne les ai jamais vues ailleurs. La belle rose sans épines, *Rosa alpina*, y couvre de grands espaces; en boutons vers le haut de la pente, en pleine fleur au milieu, & défleurie vers le bas; au milieu de ces plantes communes, le bel & rare *Polygonum divaricatum*, s'élève & se distingue par ses grandes panicules à fleurs blanches; & vers le bas on trouve la *Serratula Alpina*, qui n'est point commune dans nos montagnes. Mais il est difficile d'exprimer l'étonnement que l'on éprouve, quand en sortant de ce magnifique jardin, on rencontre un immense plateau de neige, aussi vive & aussi pure, que si elle étoit tombée la veille. Ce plateau couvre la Toccia, qui a été obligée de se frayer un chemin par dessous. On comprend que ces neiges sont des avalanches, qui durcies par leur chûte & par leur entassement, ont besoin pour se fondre, de toute la chaleur & de toute la durée de l'été.

Montagnes stériles.

§. 1740. A gauche, au Nord-Est, les montagnes sont d'un schiste argilleux en décomposition. A droite, c'est une roche que je n'ai pas vue de près, mais dont la surface est couverte d'une rouille contraire à la végétation; car quoique sa pente soit peu rapide, elle paroît nue & pelée, comme si le feu y avoit passé. On sait que quelques minéralogistes regardent cette stérilité comme un indice de terres ou de vapeurs minérales.

Morast, premiers chalets.

§. 1741. A 23 minutes de ces neiges, on passe la riviere & on se trouve sur sa rive droite. On voit là les premieres habitations que l'on rencontre sur ce passage, mais ce sont des granges que l'on ne peut habiter qu'en été. Leur nom est *Morast*. C'est aussi là que l'on commence à voir des mélezes, mais qui petits, quoique vieux, semblent dire, que l'air est encore là trop froid & trop rare pour eux. On passe deux autres hameaux semblables, puis on a une forte descente, à la suite de laquelle on entre dans une plaine de beaux pâturages, où est un quatrieme hameau qui n'est encore habitable qu'en

été. Là, s'ouvre au Nord-Eſt un ſecond paſſage, qui conduit en 5
heures par le Val-Toggia à Ayrol, au pied du St. Gothard.

§. 1742. A l'extrêmité de cette plaine, on trouve un oratoire, Belle
nommé *Auf en Fruth*. Cet oratoire eſt bâti ſur le bord d'un rocher, chûte de la
d'où la Toccia ſe précipite d'une hauteur de 5 à 600 pieds, en formant les plus beaux accidents que l'on puiſſe voir en ce genre. Elle
commence par tomber perpendiculairement dans une eſpèce de grande
coupure tranſverſale du rocher, ſemblable à une immenſe coquille,
d'où les eaux rejailliſſent à une grande hauteur, en formant des
gerbes d'une grandeur & d'une beauté admirables. Toutes ces eaux
retombent enſuite ſur un rocher convexe qu'elles enveloppent, en formant une colonne d'eau demi-cylindrique, qui vient ſe briſer contre
des rochers inclinés & colorés comme ceux du Grimſel, & elles
finiſſent par gliſſer ſur ces rochers, en formant une infinité de nap-
pes variées & inclinées en différents ſens. Cette caſcade ſe nomme
en Allemand *Under-Fruth*, & en Italien *Frua*: car il faut obſerver
que les habitants des villages les plus élevés du côté de l'Italie, quoique ſujets du Roi de Sardaigne, parlent Allemand, & le même dialecte que les habitants du haut Vallais. On deſcend à gauche de la
caſcade, par un chemin rapide & taillé en zigzag, dans le même
rocher ſur lequel la Toccia forme cette belle chûte. On vous fait
mettre pied à terre pour deſcendre ce chemin pavé & gliſſant, mais
on ne s'apperçoit point de la fatigue, en jouiſſant, ſous mille aſpects
différents, des beaux accidents que préſente cette chûte.

§. 1743. Tous ces rochers ſont de beaux granits veinés, que Premiers
l'on commence à voir, préciſément à cette chûte. Ces granits ſont granits vei-
diſpoſés en couches verticales, qui courent du Nord-Eſt au Sud- de l'Italie.
Oueſt, & coupent ainſi à angles droits la vallée, dont la direction
générale, depuis Zumloch juſques-là, a été du Nord-Oueſt au Sud-
Eſt. Mais d'ici juſques à la chûte ſuivante, §. 1746, la vallée ſe dirige

au Sud, pour tirer enfuite du côté de l'Oueft, & reprendre enfin vers le lac Majeur la direction de l'Eft.

Premier village. §. 1744. A trois-quarts de lieue de la cafcade, on rencontre le premier village du Val-Formazza, qui foit habitable en hiver : il fe nomme *Frutwall*. Peu après on traverfe des couches de gneifs. Enfin à demi-lieue de Frutwall, on trouve le principal village où eft l'auberge; fon nom Italien eft *Al Ponte* ou *Formazza*, fon nom Allemand eft *Zum-Stück* ou *Pomat*. En défalquant le tems que nous prirent les chûtes du mulet & les haltes, nous mîmes 7 heures ¾ à venir d'Obergeftlen à Formazza. On trouve là une auberge à l'Italienne, des chambres tapiffées d'images, mais au moins bien reblanchies, & beaucoup plus de propreté, & fur-tout plus de bonhomie que dans le haut Vallais. Et en général les maifons y font plus grandes, mieux bâties, & les payfans y paroiffent beaucoup plus à leur aife. En arrivant là après tant de defcentes, on s'attendroit à fe trouver bien bas, cependant je n'y trouvai le barometre qu'à 24 pouces 11 lignes, & la moyenne entre mes cinq obfervations, m'a donné 648 toifes pour l'élévation de ce village au-deffus de la mer.

CHAPITRE IX.

DE FORMAZZA A DUOMO D'OSSOLA ET AUX ISLES BORROMÉES.

§. 1745. Je ne fuivis point la route de ces isles dans mon voyage de 1781 ; je paffai du Val-Formazza dans le Val-Maggia, par une montagne peu fréquentée, que je décrirai dans le chapitre fuivant ; mais comme la route de Duomo d'Offola, que je fis en 1777, préfente des obfervations importantes, & qu'elle conduit au lac Majeur & aux isles Borromées, qui peuvent intéreffer d'autres voyageurs, je commencerai par celle-ci. *Motif de cette excurfion.*

Il eft curieux de voir comment, en partant d'une des vallées les plus fauvages & les moins connues de l'Europe, on peut en 10 ou 12 heures de marche venir admirer un des plus fameux prodiges de l'art & du luxe ; & comment après avoir quitté le matin un pays où les pommes ne peuvent pas meurir, on cueille le foir des oranges fur des arbres en pleine terre.

§. 1746. Depuis la cafcade jufqu'au village *del Ponte*, où j'avois couché, les montagnes de granit veiné, qui bordent les 2 côtés de la vallée, ne m'avoient point permis de démêler leur ftructure. On ne voit à leur furface que de grandes exfoliations verticales, ondées, abfolument irrégulieres, entre quelques indices de grandes affifes horizontales. Les mêmes apparences continuent jufqu'à demi-lieue au-delà du village, c'eft-à-dire jufqu'à l'églife paroiffiale de cette vallée. On voit même dans cet intervalle une fingularité nouvelle ; ce font des efpeces de grandes têtes granitiques de *Granits Grandes lames info liées.*

forme paraboloïde, qui s'exfolient en lames de la même forme; mais pourtant d'une maniere irréguliere. Tandis que mon intention étoit concentrée à obferver ces formes, un fingulier phénomene vint m'arracher à cette contemplation. La Toccia, dont on fuit les bords, fe précipite tout d'un coup avec un bruit terrible dans un précipice le long duquel on doit la fuivre. Dans ce moment, un nuage très-denfe qui s'élevoit du fond de ce gouffre, cachoit le chemin que je devois prendre, & fembloit être une vapeur fortant d'une immenfe chaudiere, dont la chûte du torrent imitoit le bouillonnement. Un bois de fapin noir & touffu, par lequel on pénetre dans cet abime, en rendoit l'afpect encore plus effrayant. Ce font ces fpectacles auffi nouveaux qu'extraordinaires, ces accidents inattendus, qui donnent un charme inexprimable aux voyages dans les hautes montagnes, & qui font que ceux qui en ont joui ne peuvent plus fupporter la monotonie des plaines. La feule chofe qui troublât le plaifir que me donnoit ce fpectacle, étoit la crainte que ce nuage ne me dérobât la vue des montagnes; mais heureufement il continua de s'élever jufqu'au-deffus de leurs cimes.

ranits és dé- ment zon-

§. 1747. Depuis cet endroit, la ftructure des montagnes n'eft abfolument plus douteufe; on voit fur la gauche, à l'Eft, des affifes horizontales parfaitement décidées. Mais fidele à mon principe, de ne regarder comme des couches, dans les montagnes fchifteufes, que des divifions paralleles aux feuillets des fchiftes dont elles font compofées, j'attendois impatiemment l'occafion de voir de près les roches dont étoient formées ces affifes, qui fe préfentoient comme des couches. Cette occafion ne tarda pas; vers le bas de la defcente, au travers du bois noir, dont j'ai parlé, le pied de la montagne à gauche, eft aifément abordable. Je vis-là, & je fondai même avec le marteau, plufieurs bancs de granit veiné, fuperpofés les uns aux autres, dans une fituation à très-peu près horizontale, & dont les veines étoient à peu-près paralleles aux divifions de ces bancs, tandis que les crevaffes accidentelles coupoient, les unes obliquement, les autres perpendiculairement, & les veines & les bancs de la pierre. J'obſervai cependant des couches cunéiformes; les unes ne devoient cette forme qu'à des fentes très-obliques, par leſquelles une couche vraiment parallelipipede, étoit diviſée en deux portions cunéiformes; mais d'autres avoient été réellement créées ſous cette forme, puiſqu'on voyoit les feuillets où les veines du granit converger vers le ſommet du coin. Mais ce ſont là des exceptions; car en général ces couches ſont régulieres & parallélipipedes, & l'on voit auſſi dans les montagnes calcaires des couches qui ſe terminent en forme de coin.

§. 1748. Un autre fait, dont je trouvai la ſolution en examinant ces granits de près & avec attention, c'eſt celui de ces exfoliations que j'avois obſervées dans la vallée ſupérieure. C'eſt un fait connu de tous les minéralogiſtes, que la plupart des pierres ſont plus tendres dans le ſein des montagnes qu'à leur extérieur, & qu'elles acquiérent à l'air un degré de dureté ſenſible. Il ſuit delà, que la partie extérieure ou le bord de la tranche verticale d'une grande aſſiſe de granit doit ſe durcir par le contact de l'air, tandis que l'intérieur de la même aſſiſe conſerve un certain degré de molleſſe. Et tant que les aſſiſes inférieures demeurent un peu molles, le poids énorme de toutes celles qui repoſent ſur elles, doit à la longue les comprimer. Mais les parties extérieures, durcies par le contact de l'air, ne ſont pas ſuſceptibles de la même compreſſion. Elles doivent donc s'en ſéparer, & former ainſi les exfoliations que l'on obſerve.

Raiſon des grandes exfoliations des granits.

Cette explication acquiert le plus haut degré de vraiſemblance, quand on voit quelques-uns de ces grands feuillets adhérents encore par en haut & par en bas aux couches dont ils ont fait partie, & ſéparés ſeulement par le milieu, où ils forment une eſpece d'arc convexe du côté extérieur; & l'identité de la matiere, de même que le parellolifme de leurs veines avec celles des rochers dont ils ſe ſéparent, démontrent qu'ils ont été anciennement unis avec eux.

§. 1749. Le bas de la descente où je fis ces observations est à trois quarts de lieue de l'église paroissiale. A 20 min. de là, on rencontre le premier noyer qui croisse dans cette vallée, je n'en avois vu aucun depuis Meyringen. D'abord après, on passe au hameau de Foppiano, qui est le dernier habité par des Allemands. Dès-lors, en continuant de descendre, on ne trouve plus que des Italiens. Demi-lieue plus loin, on laisse à sa droite une belle cascade, qui tombe d'une montagne de granits veinés, toujours horizontaux. Ceux qui suivent du même côté ont leurs couches un peu brisées, & montent de 20 à 30 degrés contre le Midi. Mais dans la chaîne à gauche, ils sont réguliers & parfaitement horizontaux.

§. 1750. Un quart de lieue plus loin, on rencontre un petit oratoire, & près de là, des blocs de granit veiné entièrement détachés, à angles vifs, d'une grosseur énorme. L'un d'eux, auprès duquel passe la grande route, qui n'est ici qu'un sentier à mulets, est réellement effrayant par le surplombement de celle de ses faces sous laquelle on est forcé de passer; il semble qu'il doit de lui-même culbuter en avant & vous écraser; mais quand on l'a passé & qu'on voit la largeur de sa base, on comprend qu'il n'y a pas de danger.

§. 1751. En sortant du sentier qui serpente entre ces blocs, on rencontre un hameau nommé *Il Passo*. On voit ensuite, & sur-tout à droite, des granits veinés, en couches horizontales, de la plus belle régularité, depuis le bas de la montagne jusqu'à sa cime; ces couches sont coupées par deux ou trois grandes crevasses obliques, dont l'une, située auprès d'une cascade, les traverse toutes. Comme les bancs de ces couches, quoique coupés par ces crevasses, n'ont point cessé de se correspondre, c'est une preuve que les différentes parties de la montagne ne se sont pas inégalement affaissées depuis la formation de ces couches. Il est cependant vraisemblable que c'est à un affaissement inégal des extrémités de cette montagne que ces crevasses ont dû leur origine.

§. 1752.

§. 1752. Mais c'est à 20 min. de là, un peu avant d'arriver au village de St. Roch, que l'on voit une montagne de granit veiné, qui par la régularité de ses couches, mérite toute l'attention des voyageurs. Je l'observai pour la premiere fois en 1777, & je la décrivis avec beaucoup de soin; cependant, en 1783, je lui destinai encore une journée. Je revins de Formazza à St. Roch, qui en est éloigné de trois lieues, uniquement pour la revoir & pour l'observer de nouveau.

St. Roch. Superbes couches de granit veiné.

Cette petite montagne, qui a environ 300 pieds de hauteur, & dont le pied est élevé d'environ 400 toises au-dessus de la mer, est composée de 9 couches, dont les coupes nettes & verticales se présentent de la maniere la plus favorable à l'observation.

La premiere ou la plus basse est épaisse d'environ 60 pieds.
La II . . . . . . de 50
III 20
IV 40
V 20
VI 40
VII 10
VIII & IX ensemble 40

Ces couches sont parfaitement suivies & horizontales, à quelques petites irrégularités près, dans un espace d'environ 300 toises. Les faces qu'elles présentent sont presque planes, absolument à pic, & même les couches, sur-tout celles du haut forment en quelques endroits des saillies assez considérables. Telle est la forme générale; voici quelques détails.

§. 1753. La matiere de ce rocher est le même granit veiné, duquel sont composées presque toutes les montagnes de cette vallée. Les grains sont d'une grosseur médiocre; le feldspath d'un blanc laiteux; le quartz transparent & sans couleur, & le mica noir & très-brillant. Les veines

Nature de ce granit.

intérieures de la pierre subissent de fréquentes inflexions, à cause des nœuds de feldspath, dont les feuilles de mica font le tour, mais elles ont toutes la même direction générale, qui est exactement parallele à celle des couches.

Épaisseur & intégrité de la premiere couche.

§. 1754. Je me suis assuré que la couche la plus basse, a comme je l'ai marqué, 60 pieds au-dessus de terre, dans sa plus grande épaisseur visible, mais comme on ne découvre nulle part sa base ou sa limite inférieure, elle a certainement une épaisseur encore plus considérable. Dans toute cette hauteur, on n'apperçoit pas la moindre fente; il y a bien quelques exfoliations superficielles, mais aucune fissure intérieure, aucune solution de continuité qui pénetre l'intérieur de la masse.

Veines regulieres de feldspath pur.

§. 1755. Mais ce qu'on y voit de bien extraordinaire, c'est une veine de feldspath blanc, presque pur, de 4 à 5 lignes d'épaisseur, qui marche parallelement aux couches, en montant comme elles, de 7 degrés du côté de l'Ouest, qui est la direction de cette partie de la vallée. Cette veine continue sans interruption & sans aucune flexion, dans l'espace d'environ 250 pieds, au bout desquels on la perd de vue sous la terre, qui, en s'élevant, vient la cacher; mais en avançant à l'Ouest, on retrouve dans la même couche une autre veine blanche, qui est aussi parallele à la couche & à ses veines micacées; celle-ci a un pouce d'épaisseur; on la suit pendant l'espace d'environ 80 pieds, au bout desquels elle se cache aussi sous le terrein qui s'éleve. On ne voit dans ces veines blanches d'autres irrégularités que celles qui viennent de la crystallisation des grains de feldspath qui entrent dans sa composition, & qui çà & là, forment à sa surface de petites saillies. Les couches supérieures présentent aussi des veines du même genre, mais moins regulieres. Dans la 2e. couche, on en voit une très-étendue, & qui monte aussi du côté de l'Ouest, mais plus rapidement que les couches; ensorte qu'elle les coupe un peu obliquement. Dans la 4e., deux filons, ou deux veines semblables, se coupent sous des angles très-aigus. Les veines que l'on voit dans les couches supérieures marchent plus parallelement aux couches, autant du moins qu'on peut les distinguer; car elles sont si minces que souvent on les perd de vue.

§. 1756. Outre ces veines blanches de feldspath, j'observai sur les faces de ces rochers des especes de veines interrompues, plus noires que le fond général de la pierre. Leur grain est plus fin, mais toujours composé des mêmes élémens. Ce mélange est plus dur, & résiste mieux aux injures de l'air; ensorte que ces veines sont souvent saillantes à la surface des rochers. Leur forme est généralement alongée & s'amincit en fuseau à ses extrêmités. Quelques-unes ont des figures bisarres; il y en a une de plusieurs pieds de longueur, qui ne ressemble pas mal à un fusil. Leur inclinaison est en général la même que celle des couches; au moins montent-elles toutes du même côté; quelques-unes cependant, & en particulier le fusil, montent plus rapidement que les couches. *Veines noirâtres d'un grain plus fin.*

§. 1757. On voit aussi dans ce rocher quelques nids de quartz à peu près purs. Enfin, ce qu'on peut y observer en divers endroits & avec la plus parfaite distinction, c'est le phénomene des grandes exfoliations dont j'ai parlé §. 1748, & on peut y vérifier l'explication que j'en ai donnée. *Autres détails.*

Le rocher que forment ces couches paroît se terminer à l'Ouest, derriere les dernieres maisons du village de St. Roch, où il passe derriere un autre rocher, dont les couches sont aussi horizontales, mais moins épaisses & moins bien prononcées. A son extrêmité orientale, les couches paroissent brisées & moins distinctes; l'espace dans lequel on les voit régner, avec toute la régularité qu'on peut exiger dans des objets de ce genre, est comme je l'ai dit, d'environ 300 toises.

§. 1758. Indépendamment de l'intérêt que ces couches présentent au géologue, sous un nombre de rapports qu'il seroit trop long & peut être inutile de détailler; elles présentent, même pour un peintre, un *Vue pittoresque de ces rochers.*

superbe tableau. Je n'ai jamais vu de plus beaux rochers & diſtribués en plus grandes maſſes; ici, blancs; là, noircis par les lichens; là, peints de ces belles couleurs variées, que nous admirions au Grimſel, & entremélés d'arbes, dont les uns couronnent le faîte de la montagne, & d'autres ſont inégalement jetés ſur les corniches qui en ſéparent les couches. Vers le bas de la montagne, l'œil ſe repoſe ſur de beaux vergers, dans des prairies dont le terrein eſt inégal & varié, & ſur de magnifiques châtaigniers, dont les branches étendues ombragent les rochers contre leſquels ils croiſſent. En général, ces granits en couches horizontales rendent ce pays charmant; car, quoiqu'il y ait, comme je l'ai dit, des couches qui forment des ſaillies, cependant elles ſont pour l'ordinaire arrangées en gradins, ou en grandes aſſiſes poſées en reculement les unes derriere les autres, & les bords de ces gradins ſont couverts de la plus belle verdure, & d'arbres diſtribués de la maniere la plus pittoreſque. On voit même des montagnes très-élevées, qui ont la forme de pain de ſucre, & qui ſont entourées & couronnées juſqu'à leur ſommet, de guirlandes d'arbres aſſis ſur les intervalles des couches, & qui forment l'effet du monde le plus ſingulier.

Uſage de granits és. §. 1759. On voit auſſi avec plaiſir le parti que ces induſtrieux montagnards tirent de ces granits veinés. Ils chaſſent à coups de marteau, entre leurs feuillets, des coins de fer minces & rapprochés les uns des autres; & ils débitent ainſi les blocs de ces granits en feuillets qui n'ont qu'un pouce au plus d'épaiſſeur, & qui ſervent à couvrir les toits. Là, ils leur donnent un peu plus d'épaiſſeur, & s'en ſervent pour des ſeuils & des chambranles de porte, des marches d'eſcaliers, des poëles, des tables, &c. Pour déterminer la longueur & la largeur des pieces, un trait gravé au ciſeau, & quelques trous percés, ſuivant la direction de ce trait, font rompre la pierre avec une préciſion ſinguliere. On admire la ſolidité de cette pierre, lorſqu'on voit des eſpeces de planches qui en ſont faites, & qui ont 8 à 10 pieds de hauteur, poſées debout, ſoutenant des poids conſidérables. On en fait auſſi des colonnes pour les Eglises, & je ne doute pas que l'on ne pût en tailler des obélisques aussi grands & aussi solides que ceux que les Romains faisoient venir d'Egypte.

§. 1760. Après avoir passé St. Roch, je commençai à sentir la chaleur du soleil de l'Italie, & à voir voltiger les beaux papillons des montagnes tempérées, l'Apollon, l'Oranger, le grand tabac d'Espagne. Enfin à ¾ de lieue de St. Roch, au village de Pié de Late, commencent les vignes en forme de treilles à-peu-près horizontales, sous lesquelles on peut encore recueillir du seigle. *Premieres vignes.*

C'est aussi là que se termine cette chaîne de montagnes de granits en couches à-peu-près-horizontales. En sortant de Pié de Late, on a à sa droite une roche micacée, & on trouve ensuite dans cette roche de gros grenats rougeâtres qui tendent à la forme dodécahedre, mais qui ne sont ni transparents ni réguliers. Le chemin qui traverse la paroisse de St. Michel, passe sur un de ces rocs micacés tout rempli de grenats de ce genre, saillants hors du rocher comme les clous de la bande d'une roue de charrette, & ils semblent avoir été placés là pour empêcher les chevaux de glisser. Je m'arrêtai dans ce village pour me rafraichir, & j'observai un de ces rochers grenatiques, sur lequel étoit bâtie la maison même dans laquelle j'étois. Je trouvai les couches de ce rocher inclinées de 26 degrés, montant au Sud-Est. On me donna là du pain si dur que le couteau ne pouvoit point l'entamer. La maîtresse de la maison, me dit que ces pains là ne se coupoient pas, mais qu'on les rompoit; en même tems, elle prit à deux mains un de ces pains, en frappa de toutes les forces l'angle d'une table de pierre & le rompit en deux. L'intérieur étoit aussi dur que l'extérieur, & il me fut impossible de l'attaquer avec les dents. On assura cependant qu'il n'étoit point trop sec, qu'il n'y avoit que 6 mois qu'il étoit cuit, & qu'il devoit se garder encore une fois autant. Ils en font ainsi pour un an & plus; on commence par le cuire bien à fond, puis on le fait sécher sur des clayes dans des greniers *Fin des granits. Roches grenatiques.*

ouverts, après quoi il fe conferve fans aucune altération. Mais on ne le mange guere qu'après l'avoir fait ramollir & tremper dans quelque liquide. Le pays eft cependant fertile & bien cultivé; les vignes foutenues en terraffes par des murailles féches, s'élevent à une grande hauteur fur la pente rapide de la montagne.

Schifte micacé.

§. 1761. Peu après être forti de St. Michel, on defcend un chemin pavé très-rapide qui dure près de trois quarts-d'heure, le long d'un roc fchifteux, dont le mica prefque blanc & très-brillant, renferme des veines & de grands nœuds de quartz, & dont les couches font prefqu'horizontales. L'autre côté de la vallée paroît être de la même nature : au bas de cette pente on paffe un pont où finit la vallée de Formazza. Là commence celle d'*Antigorio*, dont la direction eft à l'Eft-Sud-Oueft.

Mine d'or de Crodo.

§. 1762. A une bonne demi-lieue de ce pont, eft le village de *Crodo*. Je m'y arrêtai pour aller voir une mine d'or, à une demi-lieue à l'Oueft de ce village. Cette mine fut découverte en 1766, par un fculpteur du pays, qui la travailla d'abord pour fon compte. Depuis fa mort, elle a paffé en différentes mains. Au commencement on l'exploitoit avec beaucoup d'avantage, mais quand je la vis, en 1771, elle rendoit très-peu; je defcendis par une gallerie peu inclinée jufques au filon, que je trouvai renfermé dans une roche micacée quartzeufe de couleur de rouille, & dont les couches defcendoient à l'Oueft fous un angle de 50 degrés. Le filon defcendoit du même côté, mais plus rapidement, fous un angle de 80 à 85 degrés. Sa direction étoit du Sud au Nord vrai, ou à 1 heure du cadran des mineurs, qui comptent le Midi au Nord de l'aiguille. Ce filon n'avoit que quelques pouces d'épaiffeur dans fon origine, mais il s'élargiffoit du côté du Sud, où je le vis d'un pied & même davantage. La partie du minerai qui paffe pour contenir le plus d'or, eft une ochre ferrugineufe, logée dans les cellules irrégulieres d'un quartz qui fert partout de gangue à cette mine. Cette ochre eft le produit de la décomposition d'une pyrite jaune sulfureuse que l'on trouve aussi dans le même filon. Cette pyrite, lorsque son grain est fin, contient assez d'or, mais fort peu quand elle est crystallisée. La seule forme que prennent les cryftaux dans cette mine, est cubique, striée sur ses faces. J'allai voir de l'autre côté du ruisseau un autre filon plus élevé que l'on venoit d'attaquer au jour. La situation étoit exactement la même. On en concevoit de grandes espérances, parce qu'il contenoit beaucoup de cette ochre ferrugineuse qui est la partie la plus riche de la mine. On lave le minerai après l'avoir concassé, trayé, pilé, & on le passe ensuite au mercure dans de petits moulins à bras, dont les meules font de granit veiné. L'air misérable des mineurs & les haillons dont ils étoient couverts, faisoient un singulier contraste avec la valeur du métal qu'ils étoient occupés à extraire. En revenant de la mine, je dînai à Crodo, chez un maréchal, aubergiste, qui me servit avec toute l'ostentation & la jactance italienne, une foule de très-petits plats empestés d'ail & de vinaigre.

§. 1763. Un peu au-delà de Crodo, les granits veinés recommencent, mais la pente de leurs couches est opposée à celle des précédents. Elles montent de 30 à 40 degrés vers le Nord-Est. Les parties inférieures de ces couches se sont éboulées, & ont laissé des escarpements qui pourroient faire croire que leur situation est opposée à ce qu'elle est réellement. C'est une erreur qu'il est facile de commettre, & c'est pour cela que j'en avertis. Ce n'est qu'en voyant le profil des couches que l'on peut juger avec certitude de leur véritable position. Les blocs détachés de cette montagne sont encore plus grands que ceux que j'avois vus le matin. L'un d'eux à la forme d'une pyramide posée sur sa pointe, avec sa base tournée vers le ciel; sur cette base est un petit fort, flanqué de murs & de créneaux, & dont l'accès est certainement très-difficile. Ce bloc est lui-même posé sur d'autres blocs. Le fond de la vallée est aussi de granit veiné. C'est ce que l'on voit en passant un pont, à 5 quarts de lieue de Crodo. La Toccia, qui commence à être une riviere assez considérable, s'étoit divisée en

Retour des granits veinés.

deux bras, qui viennent se réunir pour se précipiter dans une crevasse du rocher, dont on a profité pour y jeter un pont. Les deux bras qui se lancent dans ce gouffre en sens contraire, & avec une grande violence, ont creusé dans le granit des excavations cylindriques très - considérables. A cinq minutes delà, on repasse la même riviere, dont les eaux limpides coulent ici avec tant de douceur, qu'on ne sauroit croire que ce soit le même torrent, qui étoit si impétueux un moment auparavant, & qui l'a toujours été depuis sa sortie du Griès. Le pont de pierre sur lequel on passe, paroit fort ancien & se ressent de la barbarie du tems dans lequel il fut construit. Il est d'une seule arche, si exhaussée que les chevaux, même de montagne, ont de la peine à le gravir, & encore plus de peine à se tenir en le descendant. De plus il est fort étroit, pavé de cailloux glissants & sans l'ombre de barriere.

ranits
és ter-
és en
ches ar-
es.

§. 1764. LÀ, en se retournant sur la droite, on voit l'extrêmité de la montagne de granit veiné, §. 1163. Ses dernieres couches sont beaucoup plus inclinées que les précédentes. Quelques-unes de ces couches ont même des formes arquées. La montagne, à gauche de l'autre côté de la vallée, présente le même phénomene. Il est intéressant de retrouver dans les montagnes primitives, ces formes que l'on observe si souvent dans les secondaires.

vallée
argit.

§. 1765. A un quart de lieue de ce pont rapide, on arrive à un village situé sur une hauteur qui domine la partie de la vallée que l'on doit parcourir. On voit qu'elle s'élargit considérablement, & qu'elle se dirige encore à l'Ouest - Sud - Ouest; direction bien différente de celle que lui donnent les cartes. Les deux chaînes de montagnes qui la bordent sont assez rapides, mais pourtant cultivées à une hauteur considérable, & couvertes de vignobles & de villages. Le fond de la vallée, qui est presque plat, est tapissé de belles prairies arrosées par la Toccia. De ce site élevé, on descend au bord de la riviere, & l'on suit sa rive droite au pied de la montagne dans des prairies

ombragées

AUX ISLES BORROMÉES, Chap. IX.

ombragées de beaux chênes & de grands peupliers. La vue de la colline qui borde la rive oppofée, eft délicieufe par la belle culture & par le nombre des beaux villages dont elle eft couverte. Celle de la chaîne que l'on côtoie n'eft pas moins agréable : elle eft plus finguliere, en ce que comme elle eft très-rapide, on voit quelquefois deux ou trois hameaux perchés les uns au-deffus des autres. Un de ces hameaux, nommé Créola, laiffe voir au-deffus & au-deffous de lui des rochers qui paroiffent granitoïdes.

§. 1766. A 10 minutes de ce village, on traverfe, fur un méchant pont de bois, le torrent qui vient du Simplon. C'eft auffi là, que la route qui conduit à ce paffage fe réunit avec celle du Griès. Les bords efcarpés de ce torrent préfentent des couches de roches primitives qui paroiffent perpendiculaires à l'horizon. *Torrent du Simplon.*

§. 1767. Delà, en trois quarts d'heure, je vins à la petite ville de Duomo d'Offola où je couchai. On ne compte que 4 heures de Formazza à Crodo, & 3 de Crodo à Duomo; mais les naturaliftes ne vont pas fi vîte, j'étois parti de bonne heure, & j'arrivai très-tard. *Duomo d'Offola.*

Duomo-d'Offola eft une ville de deux mille ames, capitale de *l'Offola*, petite province montueufe, qui dépendoit autrefois du duché de Milan, mais qui appartient au Roi de Sardaigne, depuis le traité de Worms de 1743. Les vallées que nous venons de parcourir, font partie de cette province. Le fol de la ville de Duomo n'eft élevé que de 157 toifes au-deffus de la Méditerranée; il eft ainfi de 36 toifes plus bas que le lac de Geneve.

§. 1768. En fortant de cette ville, on vient paffer auprès d'une colline nommée *Mont-Calvaire*, & l'on voit que cette colline eft compofée d'une roche feuilletée primitive, dont les couches verticales coupent obliquement la vallée, & correfpondent à celles d'une haute montagne fituée du côté oppofé, ou fur la gauche de la Toccia, & *Montagnes en couches verticales.*

T t t

qui se nomme *Monte di Frontano*. Voilà donc les couches de ces montagnes redevenues bien certainement verticales après avoir été horizontales, d'une maniere si déterminée & si soutenue.

A une lieue de Duomo, l'on passe à gué une riviere qui vient se jeter dans la Toccia, & qui est si profonde qu'à moins de se tenir debout sur la selle, on ne peut éviter de se mouiller les jambes. A demi-lieue delà, on passe sur un bac à la rive gauche de la Toccia. Je mesurai avec la boussole, la direction des couches, & je vis que des deux côtés de la vallée elles courent du Sud-Ouest au Nord-Est, ce qui est encore la direction générale de celle du Griès; mais leur situation n'est pas parfaitement verticale; elles s'appuyent un peu contre le Sud-Est.

§. 1769. A demi-lieue du bac, la riviere, serrant de près la montagne, oblige le chemin à passer sur un roc escarpé, d'un gneiss à mica noir, dont les feuillets de ce gneiss sont très-droits & très-solides; on en tire des dalles qui se soutiennent très-bien, quoique grandes & minces, ayant quelquefois moins d'un pouce d'épaisseur. On les embarque sur la Toccia pour Milan & même plus loin; elles servent à une infinité d'usages. Cette pierre, dans le pays, se nomme *sarizzo*. Bientôt après on arrive à Ugogna, petite ville bâtie au pied de ce rocher. Les toits de cette ville, de Duomo, de Mergozzo & même ceux qu'on rencontre jusques à Come, sont couverts des dalles minces de sarizzo. On voit sur cette route des piliers de cette pierre qui soutiennent les treilles au-dessus du chemin, & qui par leur solidité sont encore plus remarquables que ceux que j'avois vus auparavant. J'en mesurai un qui n'avoit pas trois pouces d'épaisseur sur une largeur de 5 à 6, & qui se soutenoit parfaitement sur une hauteur de 14 à 15 pieds. Aux environs de Mergozzo, l'on emploie des piliers de granit en masse, mais qui ne sont point si droits, & ne peuvent pas être tenus aussi minces que ceux de gneiss ou de granit veiné.

§. 1770. ENTRE Ugogna & Mergozzo, l'on rencontre des torrents qui descendent des montagnes de la gauche, & qui roulent une grande variété de schistes, de hornblendes & de granitelles, noirs, bruns, & mélangés de différentes couleurs. Les hautes cimes d'où viennent ces fragments, ont leurs couches généralement dirigées à l'Est-Sud-Est, à l'Ouest-Nord-Ouest, de même que la fin de cette vallée. On y remarque aussi la même structure que j'ai fréquemment observée dans les montagnes de ce genre; des suites de feuillets aigus paralleles entr'eux, appuyés les uns sûr les autres, & qui tous ensemble sont en appui contre la cime principale. Les montagnes, à droite de la vallée, présentent aussi les mêmes formes.

Feuilles en appui contre la montagne.

§. 1771. DEMI-LIEUE avant d'arriver à Mergozzo, l'on passe auprès des carrieres de beau marbre salin à gros grains blancs, avec quelques veines d'un gris noirâtre, dont est construite la cathédrale ou *le dome* de Milan. J'en vis au bord de la Toccia de grands blocs qui devoient être embarqués pour être transportés & travaillés à Milan. Ce rocher calcaire est sûrement primitif, son grain l'indique, & sa situation entre des rochers, tous certainement primitifs, paroît aussi le confirmer. J'aurois desiré l'observer, mais je n'en avois pas le tems. Il se dissout avec une vive effervescence dans l'acide nitreux, & laisse en arriere du sable blanc quartzeux à gros grains, presque tous arrondis, mêlés de pyrites d'un jaune de laiton, & de quelques parties de hornblende verdâtre.

Marbre primitif.

§. 1772. ON met à-peu-près cinq heures de Duomo à Mergozzo. Ici, on s'embarque sur le lac de ce nom, pour aller voir les Isles Borromées : la navigation est de deux petites lieues.

Lac de Mergozzo.

QUAND on est à-peu-près au milieu du lac, & on y est bien vite, car il n'a que 25 minutes de longueur, on a, en se retournant, une vue charmante de la petite ville de Mergozzo, & de la belle vallée qu'elle termine.

Ce lac a ceci de remarquable, qu'il n'eſt traverſé par aucune riviere, ni même par aucun ruiſſeau un peu confidérable La Toccia n'a aucune communication directe avec lui, elle paſſe au Midi de la vallée, & va ſe jeter dans le lac Majeur, toujours ſéparée du lac de Mergozzo par des terreins élévés, & même par des montagnes.

<small>Montagnes de granit en maſſe.</small>

§. 1773. L'une de ces montagnes ſituées entre le lac de Mergozzo & la Toccia, ſe nomme *Monte Torfano*. Elle eſt compoſée d'un beau granit en maſſe preſque blanc. De l'autre côté de la Toccia, au Sud-Eſt, on voit une autre montagne qui ſe nomme *Caſtello di Fariolo ou Feraolo*, du nom d'un village ſitué à ſon pied, ſur le bord de la riviere. C'eſt auſſi un granit en maſſe ſemblable à l'autre, à la couleur près, qui eſt rougeâtre; on le nomme dans le pays *miarolo roſſo*; tandis que le blanc de Monte Torfano, ſe nomme *miarolo bianco*. La ſtructure du Monte Torfano ne me parut pas diſtincte, mais la montagne de Fariolo, me parut compoſée de grandes lames verticales dirigées du Nord-Nord-Eſt au Sud-Sud-Oueſt.

Plus loin encore, ſur les bords du lac Majeur, ſont les carrieres de granit de *Baveno*, devenues ſi célébres par le feldſpath cryſtalliſé qu'en a tiré le Pere Pini, & dont il a donné une deſcription connue de tous les minéralogiſtes. Comme cet ouvrage ne fut publié qu'en 1779, & que je fis ce voyage deux années plutôt, les découvertes du Pere Pini n'étoient point encore connues, & je paſſai près de ces carrieres ſans les voir, & ſans me douter de ce qu'elles renfermoient d'intéreſſant.

On fait, de ces deux ſortes de granit, un très-grand uſage pour l'architecture, le rouge ſur-tout prend un très-beau poli; on en conſtruit de très-belles colonnes, des entablements, des eſcaliers, &c. En les obſervant avec attention, on voit que le blanc eſt mêlé de points ferrugineux qui produiſent ſa décompoſition, & que le feldſpath qu'il renferme a fréquemment un œil terreux. C'eſt par ces deux raiſons que le blanc eſt le moins eſtimé.

§. 1774. Voilà donc une singularité bien remarquable dans ce passage des Alpes : le granit en masse qui occupe la partie des montagnes la plus voisine des plaines, tandis que la cime du Griès & les hautes montagnes du Val Formazza sont du gneiss, ou du granit veiné. Ce fait démontre bien que ceux-ci n'ont pas été formés des débris du granit en masse.

Observations générales.

Il est aussi bien curieux de voir ces gneiss & ces granits veinés, en couches verticales à Guttannen; mélangées d'horizontales & de verticales au Lauteraar; toutes verticales au Grimsel & au Griès; toutes horizontales dans le Val Formazza, & enfin pour la troisieme fois verticales à la sortie des Alpes, à l'entrée du lac Majeur.

§. 1775. En sortant du lac de Mergozzo, l'on entre dans un canal creusé de main d'homme, pour joindre ce lac avec le lac Majeur. Ce canal a près d'une demi-lieue de longueur. De son embouchure jusques à *l'Isola Bella*, on a trois-quarts de lieue de navigation, & on passe auprès d'une isle plate, alongée, qui se nomme *Isola Supériore*. On ne voit dans cette isle que les misérables huttes de quelques pauvres pêcheurs, & elle fait ainsi à tous égards un étonnant contraste avec l'élévation & la magnificence de *l'Isola Bella*.

Les Isles Borromées.

C'est sur-tout depuis le lac, & à une certaine distance, qu'il faut voir cette isle; il faut même en faire le tour à cette distance. Ses dix terrasses en étageres les unes au-dessus des autres, soutenues par des arcades, & bordées de beaux orangers, ou couvertes de berceaux de citronniers chargés de fleurs & de fruits, flanquées d'obélisques, & ornées de statues, ont l'air d'un ouvrage de Féerie. Cet ensemble étonne sur-tout le voyageur qui sort des affreuses solitudes du Grimsel & du Griès, & dont la tête est encore remplie de leurs images.

Quelques voyageurs modernes, ont affecté du dédain pour ces isles; en effet, ce goût-là n'est plus de mode : & moi aussi j'aimerois mieux paſſer mes jours dans un vallon retiré entre des rochers, des bois & des caſcades, que d'arpenter toujours ces terraſſes rectilignes; mais c'eſt pourtant une idée vraiment belle & noble ; c'eſt une eſpece de création, que de métamorphoſer en ſuperbes jardins un rocher qui étoit abſolument nud & ſtérile, & d'en faire ſortir les plus belles fleurs & les meilleurs fruits de l'Europe, à la place des mouſſes & des lichens qui rampoient à ſa ſurface. Et certes, les voyageurs qui admirent ces prodiges de l'art, & même ceux qui les critiquent, doivent aimer mieux que le Comte Vitaliano Borromei ait eu, il y a 120 ans, cette ſuperbe fantaiſie, que s'il avoit enfoui l'argent qu'il y a conſacré, ou qu'il l'eût employé à ce genre de luxe, dont il ne reſte aucune trace. D'ailleurs ce qui ôte tout regret ſur cette dépenſe, c'eſt que cette même famille a été également généreuſe, & même prodigue, en établiſſements de dévotion & de bienfaiſance.

ENFIN les anciens, dont il eſt permis de réclamer le goût dans ce qui tient aux arts, auroient ſûrement admiré ces jardins. Ceux de Sémiramis, qu'ils ont tant célébrés, étoient du même genre, & ce qui nous reſte des Grecs & des Romains, prouve qu'ils aimoient les ouvrages réguliers, & qu'ils faiſoient parade de l'art plutôt que de le cacher, ſous le prétexte d'imiter la nature.

J'AVOUE donc que j'ai eu un ſingulier plaiſir à me promener ſous ces berceaux d'orangers & de citronniers, qui, plantés en pleine terre ont l'air naturel, & preſque la vigueur qu'on leur voit, dans les environs de Naples & de Palerme. D'ailleurs, il y a dans l'Iſola Bella un bois épais de lauriers d'une rare beauté, & des grottes en rocailles, d'une grandeur & d'une fraîcheur précieuſe, dans la ſaiſon où l'on vient viſiter ces jardins. Enfin la plate-forme qui couronne toutes les terraſſes, & d'où l'on voit tout l'enſemble de l'Iſle, du beau lac qui baigne ſes bords, des montagnes qui renferment le baſſin de ce lac, & d'où l'œil s'éleve par gradations juſques aux cimes neigées des hautes Alpes, préſente un des plus beaux points de vue que l'on puisse imaginer. Je ne dis rien du palais, des appartements, des tableaux; ces objets n'entrent pas dans le plan de cet ouvrage.

§. 1775. A. Mais ce qui entroit dans ce plan, c'étoit de dire qu'elle est la nature du rocher, sur lequel reposent toutes ces merveilles de l'art. Nature du rocher

J'avoue, que là, plus occupé de l'art que de la nature, j'avois oublié d'observer ces rochers. Heureusement l'amitié de M. le Chanoine Galioni de Come, amateur distingué des sciences, m'a fourni les moyens de réparer cet oubli. Il s'est adressé à Mde. la Marquise Pozzo, sœur du Comte Borromée, possesseur actuel de ces Isles, qui empressé à favoriser ceux qui cultivent les sciences, a eu la bonté d'envoyer son ingénieur, prendre des échantillons & la situation des couches de ces rochers. D'après ces échantillons, il m'a paru que l'Isola Bella est en entier composée de roches primitives, la plupart micacées, avec des grains, des filons & des rognons de quartz, & quelques autres calcaires, grenues, mêlées d'un peu de mica & de quartz.

Quant à leur situation, les couches de cette isle approchent toutes de l'horizontale. Celles qui s'en écartent le plus sont sur le bord oriental, & descendent d'environ 30 degrés du côté du Nord. Les autres sont moins inclinées, & descendent aussi toutes au Nord, excepté celles qui sont au Midi de l'isle, qui descendent à l'Ouest.

Ce fait est très-remarquable; il est curieux de voir dans l'intérieur du lac, des couches à-peu-près horizontales, tandis qu'elles sont verticales & à son entrée, & sur les rives opposées de Lurino & de Locarno.

§. 1775. B. Une autre isle voisine d'Isola Bella, & qui se rapproche plus du goût des amateurs de la simple nature, c'est celle qui porte le nom d'*Isola Madre*. Elle est plus grande, il y a moins Isola Madre d'art, moins de terrasses, & en revanche un beau verger dans une prairie, qui descend en pente douce jusques au bord du lac, avec de beaux faisans, en liberté, qui semblent y être indigenes. Et comme cette isle est plus rapprochée de la rive septentrionale du lac, les hauteurs qui bordent cette rive la tiennent à l'abri des vents du Nord; ainsi le climat en est plus doux, & les orangers n'y ont besoin d'aucun abri, au lieu que ceux de l'Isola Bella doivent, pendant l'hiver, être garantis par des planches qui convertissent toutes ces terrasses en autant d'orangeries.

Mais, pour jouir du plus beau point de vue que ce pays puisse offrir, il faudroit, comme je le fis en 1771, monter à-peu-près jusques à mi-côte de la montagne qui est au Nord des Isles, dans l'endroit où cette montagne forme un angle saillant au-dessus du lac, & où l'on voit du même point les parties septentrionales, méridionales & occidentales du lac, les villes de Luvino, de Palanzza, toutes les isles & le lac qui les renferme, le lac & la ville de Mergozzo, la vallée d'Antigorio, &c. &c.

Dans mon voyage de 1771, j'allai des Isles Borromées à Locarno, & delà à Magadin, à Lugan, à Come, à Milan, & je revins par le grand St. Bernard. Dans celui de 1777, j'allai des mêmes Isles à Luvino, delà aux lacs de Lugan & de Come, je remontai celui-ci jusques à Chiavenna, d'où je repassai les Alpes par le Mont Splugen & la Via-Mala. Mais il n'entre point dans mon plan de décrire ici ces voyages; je revins à Formazza pour gagner le Val Maggia par un passage qui n'a jamais été décrit, & traverser ensuite les Alpes par le grand St. Gothard.

CHAP. X.

CHAPITRE X.

DE FORMAZZA A LOCARNO PAR LA FURCA DEL BOSCO.

§. 1776. Après avoir employé, en 1783, le 16 juillet, à observer pour la seconde fois les granits de St. Roch, que j'ai décrits dans le chapitre précédent, je partis le 17 pour le Val-Maggia, mais comme la montagne que j'avois à franchir est trop roide, & ses sentiers trop étroits, pour qu'un mulet chargé puisse y passer, je fus obligé de prendre des hommes à Formazza, pour porter, dans les mauvais pas, la charge de mon mulet de bât. Le passage est d'environ 9 heures de route, 4 en montant de Formazza à la Fourche, & 5 en descendant de la Fourche à Cerentino. *Départ de Formazza.*

On suit d'abord, pendant ¾ d'heure, le même chemin que pour aller à Duomo-d'Ossola. En faisant cette route je vis un rocher de pierre à chaux, appliqué contre le flanc de la montagne de granit, qui borde à droite la vallée; on calcine cette pierre sur le lieu même. C'est un marbre grenu ou salin, vraisemblablement primitif: il est mêlé de mica, on le trouve ici blanc, là bleuâtre comme le *cipolino*. Quand on est arrivé au hameau de *Fundavalle*, au lieu de descendre en côtoyant la Toccia, comme on fait en allant à Duomo, on traverse cette riviere, & bientôt après on commence, dans un petit bois de Méleze, une montée si rapide qu'il faut que les porteurs prennent sur leur dos la charge du mulet. Là, je quittai, non sans regret, la vallée de Formazza; c'est une des hautes vallées des Alpes dont la situation me plairoit le plus. Elle n'a pas, comme la vallée de Chamouni, le grand spectacle des *Pierre calcaire primitive.*

glaciers; mais en revanche elle a quelque chose de plus doux, de plus pastoral; les rochers de ses montagnes, entrecoupés de prairies & de forêts, n'ont rien de rude ni de sauvage. La vallée est parsemée de petits hameaux, dont les maisons blanches & propres, font un effet charmant sur la belle verdure qui tapisse tous leurs alentours; & de place en place de petits rochers élevés en forme de tertres & couverts de mélezes extrêmement touffus, semblent être des bois sacrés au milieu desquels on imagine un autel ou une statue. (1)

Montée Four-

§. 1777. A 20 minutes de Fundavalle, on passe auprès d'une petite cascade, qui glisse sur des granits veinés en couches horizontales; on y voit des filons blancs, minces, semblables à ceux de St. Roch, §. 1755, & paralleles aux couches.

A trois quarts de lieue de là, ou après une heure de cette rapide montée, j'arrivai aux chalets de *Stawol*, où la pente plus douce permit aux porteurs de remettre leur charge sur le dos du mulet; mais ce repos ne fut que de trois quarts d'heure, au bout desquels ils furent obligés de la reprendre pendant demi-heure jusqu'à d'autres chalets nommés *Ober Stawol* ou *Corte di sopra*.

Un peu au-dessus de ces chalets, j'observai des bancs très-réguliers de granit veiné, dont le grain est un peu plus fin que dans ceux du fond de la vallée, mais qui méritent pourtant toujours le nom de granit. Leurs couches montent de 20 degrés du côté de l'Ouest. De ces chalets nous mîmes encore une heure & demie à monter au pied de la croix qui désigne le point le plus élevé du passage ou de la *Furca del Bosco*.

Changement gra-

§. 1778. Tous les rochers que je rencontrai depuis les chalets jus-

---

(1) Ces bouquets d'arbres, irrégulièrement semés par la nature, sur des rochers épars dans la vallée, n'ont pas la pesanteur & la monotonie de ces massifs des jardins Anglois (*clumps*) que M. URDALE PRICE a ridiculisé avec tant d'esprit & d'originalité dans son charmant ouvrage: *An essay on the pitturesque*. London, 1794.

qu'au haut de ce col, font des roches feuilletées, d'abord comme je l'ai dit, des granits veinés à petits grains, & enfuite des roches dont le grain diminue graduellement, & dont le feldfpath difparoît peu à peu en fe changeant premiérement en glandes quartzeufes, comme celles de la pierre du Buet, §. 590, & enfuite en hornblende, ou diftincte, ou tirant fur la pierre de corne. Enfin, la pierre perd entiérement les caracteres de granit veiné, & ce font des roches micacées, mêlées de hornblende; ici lamelleufe, là fibreufe, ou d'une rayonnante (*ftralhftein*) rhomboïdale dont on verra la defcription au §. 1920.

dué de la nature de ces rochers.

Dans quelques endroits la hornblende feuilletée paroît pure. Dans d'autres, c'eft la rayonnante qui domine, mêlée avec une efpece de talc jaunâtre. Enfin, entre ces couches font interpofées des roches micacées quartzeufes, mêlées de gros grenats dodécaédres impurs; celles-ci même dominent vers le haut; & la cime la plus élevée qui eft au-deffus de la croix, à gauche, ou au Nord au-deffus du paffage, en eft entiérement compofée.

§. 1779. Je trouvai là le barometre à 21 p. 5 l. $\frac{47}{100}$, le thermometre à 10, 6, ce qui donne une élévation de 1202 toifes. L'hygrometre étoit à 84, 9 degrés, & la vapeur bleue prefqu'invifible. On a du haut de ce col une belle vue du glacier du Griès, de la chûte que fait la Toccia à Underfruth, & du Val-Formazza, mais il n'y a rien à voir d'agréable que dans cet alignement; tout le refte de l'horizon eft couvert de rocs fourcilleux, efcarpés, qui ne préfentent aucun tableau qui flatte les yeux ou l'imagination. Mais ce qui intéreffe l'efprit de l'obfervateur, & qui feul m'auroit dédommagé des fatigues de ce voyage, c'eft la vue diftincte des cimes dont j'avois obfervé les bafes; je vis que toutes ces montagnes, dont le bas eft de granit veiné, à gros grains & en couches, extrêmement épaiffes, fe changent peu-à-peu en s'élevant, comme celles que je venois de monter, en pierres à grains plus fins, moins dures, en couches plus minces, & qui cependant confervent toujours leur fituation horizontale. Ces gradations, ces paffages font de grands traits pour la théorie.

Hauteur & vue de ce paffage.

PASSAGE DE LA FURCA

Lorsque je dis que ces couches font horizontales, j'entends qu'elles ne s'éloignent pas beaucoup de cette fituation, car celle de la Fourche & fes voifines, ont leurs couches un peu relevées contre la chaîne centrale ou contre le Griès, que je voyois à 32 degrés du Nord par Oueft.

Haute fo-de de ourche. §. 1780. En avançant au Sud-Eft, fuivant la direction de la route que je devois tenir, j'eus d'abord à traverfer une efpece de cul-de-fac rempli de neige, & renfermé par des hauteurs qui bornoient entiérement ma vue. Je ne fortis de ce cul-de-fac que pour entrer dans un autre plus grand, mais plus affreux & plus fauvage encore. Je ne voyois fous mes pieds, à une grande profondeur, que des débris de rochers, & quelques méchants pâturages rocailleux, bordés par les efcarpements d'une roche feuilletée, rembrunie, dans un état de deftruction, & parfemée de grandes plaques de neige, qui découpées en feuilles d'acanthe, s'élevoient jufqu'à la cime des rochers. Nous devions fortir de là en côtoyant une pente extrêmement rapide, qui domine le fond de cette affreufe folitude, & le fentier étroit & gliffant par lequel devoient paffer nos mulets me faifoit trembler pour eux, quoiqu'on les eut débarraffés de leurs fardeaux, mais ils s'en tirerent à merveille; on auroit de la peine à fe faire une idée des endroits où ils paffent quand ils ne portent rien & qu'on les laiffent abfolument libres.

Après avoir paffé les plus mauvais pas, nous prîmes quelques moments de repos : nous côtoyâmes enfuite des rochers variés par différents mélanges de mica, de quartz, de hornblende & de rayonnante rhomboïdale. Il nous reftoit encore un mauvais paffage, que nous fîmes heureufement, après quoi nous commençâmes à appercevoir des pays moins fauvages & à voir une des branches du Val-Maggia, où nous devions defcendre, & où font les villages de Bofco & de Cerentino. Cette vallée eft profonde, tortueufe, noire & fans fond ; c'eft-à-dire, que fes deux parois fe réuniffent en angle aigu, fans qu'il y ait aucun terrein plat qui forme le fond de la vallée. On découvre enfuite de là de nouvelles cimes, toutes composées de couches à peu-près horizontales, mais cependant un peu relevées contre la chaîne centrale.

§. 1781. Nous passâmes ensuite auprès d'un petit lac, & en descendant par des pâturages très-rapides, nous vinmes au village de *Bosco*, le premier que l'on rencontre après avoir passé la montagne, & qui lui donne son nom. Sa situation est très-singuliere : les montagnes qui l'entourent sont si hautes, sur-tout du côté du Midi, qu'on y est pendant trois mois sans voir le soleil ; il est encore habité par des Allemands, quoiqu'il fasse partie du bailliage Italien de *Val-Maggia*, qui se nomme en Allemand *Mein-Thal*, & qui dépend des Cantons Suisses.

Descente à Bosco.

De là je suivis le fond de la vallée étroite & boisée, qui porte encore le nom du village de *Bosco*. Les rochers qui bordent cette vallée sont encore ou des gneiss ou des roches micacées, mêlées ici de quartz ; là de horneblende. Leurs couches sont comme les précédentes, c'est-à-dire, horizontales, à cela près qu'elles se relevent un peu au Nord-Ouest contre la chaîne centrale.

Le village de Cerentino, où je vins coucher, est à deux lieues de celui de Bosco, dans un site encore plus sauvage. A la vérité, on y voit en hiver le soleil depuis midi jusqu'à 2 ou 3 heures ; mais le village est situé sur la pente extrêmement rapide d'une vallée noire, dont les parois se réunissent sous un angle si aigu, que l'on ne voit ni fond ni riviere, ce qui est extrêmement triste, parce que l'imagination se figure des gouffres sous les arbres qui se croisent, sur-tout quand on entend, sans le voir, le torrent qui se brise au-dessous d'eux. L'auberge étoit affreuse, & j'aurois dû m'y attendre ; mais on m'en avoit fait le plus pompeux éloge : cependant, à ma grande surprise, on me donna des services d'argent, du linge damassé & un lit très-propre. La hauteur de ce village, d'après deux observations du barometre, est de 506 toises.

Cerentino.

§. 1782. Le lendemain 18, en partant de Cerentino, je commençai

De Cerentino à Cevio.

par une descente d'une forte demi-lieue, & extrêmement rapide, dangereuse même pour le mulet, dont j'avois renvoyé les porteurs auxiliaires, mais dans de jolies prairies & sous de magnifiques châtaigniers. Là, je passai la riviere sur un pont de pierre, assis sur des couches granitoïdes, qui se relevent assez rapidement contre le Nord-d'Ouest. La vallée descend à l'Est Nord-Est, à peu-près parallelement aux plans des couches. Elle est dominée au Sud-Est, par une assez haute montagne, que je voyois déja de Cerentino, & dont les couches me paroissent s'élever du côté de l'Ouest.

A 15 minutes de là, on repasse la riviere, toujours profonde & & serrée entre des couches situées comme les précédentes. Bientôt après on traverse un hameau nommé *Carinaccia*, où l'on voit une belle cascade, & des châtaigniers & des noyers dans la plus forte végétation.

Trois quarts de lieue plus loin, on traverse un torrent qui coupe à une grande profondeur des couches d'un vrai granit veiné à petits grains, & qui se divise en grands blocs; ses couches montent, comme les autres de 20 à 25 degrés vers le Nord-Ouest.

A 10 minutes de ce torrent, on rencontre les premieres vignes & le village de *Bugnasco*. Ces vignes sont encore des treilles soutenues par de hauts & minces piliers de granit veiné. On voit au-dessus du village les tranches des couches de ce granit; leur situation est toujours la même, & on les voit encore sous un pont à 15 minutes plus loin.

A demi-lieue de *Bugnasco* l'on vient à *Cevio*, en quittant la vallée étroite que nous avions suivie depuis Cerentino, & qui vient aboutir à la grande vallée Maggia ou Madia que nous allons descendre jusqu'à *Locarno*.

Cevio, résidence du Baillif.

§. 1783. Cevio est le chef-lieu de la vallée & la résidence du Baillif. Je m'arrêtai sous un arbre pour observer le barometre; j'étois curieux de connoître l'élévation de cette vallée; mon observation me donna

220 toises, hauteur singuliérement petite pour un lieu aussi rapproché des hautes Alpes. Cette observation confirme bien ce que j'ai dit ailleurs, que les vallées méridionales des Alpes sont en général beaucoup moins élevées que leurs correspondantes du côté du Nord.

Le Baillif, qui de sa fenêtre me voyoit faire mon observation, fut curieux de la voir de près. Il vint à moi, & me pressa d'entrer chez lui. Je n'avois pas de tems à perdre, mais comme depuis plusieurs jours je n'avois aucune nouvelle des pays habités, j'entrai dans l'espérance d'en apprendre. Quelle ne fut pas ma surprise, quand le Baillif me dit qu'il n'avoit depuis long-tems aucune lettre de l'autre côté des Alpes, mais que pourtant il répondroit à toutes les questions qui pourroient m'intéresser. En même tems il me montra un vieux cachet noir, & c'étoit là l'oracle qui répondoit à toutes ses questions. Il tenoit à la main un fil à l'extrêmité duquel étoit attaché le cachet; & il tenoit ainsi ce cachet suspendu au milieu d'un verre à boire; peu à peu l'ébranlement de la main imprimoit au fil & au cachet un mouvement qui lui faisoit frapper des coups contre le verre; le nombre de ces coups indiquoit la réponse à la question dont étoit occupée la personne qui tenoit le fil. Il m'assura avec le sérieux de la conviction intime, qu'il savoit par ce moyen, tout ce qui se passoit chez lui, toutes les élections du Conseil de Bâle, & le nombre des suffrages qu'avoit eu chaque candidat. Il me questionna sur le but de mon voyage, & après l'avoir appris, il me montra sur son almanach l'âge que donne au monde la chronologie vulgaire, & il me demanda ce que j'en pensois. Je lui dis que l'observation des montagnes conduisoit à croire le monde un peu plus ancien. Ah! me dit-il, d'un air de triomphe, mon cachet me l'avoit bien dit; car l'autre jour j'eus la patience de compter ses coups en pensant à l'âge du monde, & je le trouvai de 4 ans plus vieux qu'il n'est marqué sur cet almanach. Cet heureux accord dans le fruit de nos recherches lui inspira beaucoup d'intérêt pour moi; il eut la bonté de me donner la moitié d'un de ces pains que nous appellons en Suisse *pain de ménage*, dont je n'avois pas vu depuis long-tems, & de me conduire lui-même, malgré la chaleur, qui étoit extrême, à un bac où je paſſai la Maggia, à un quart de lieue au-deſſous de Cevio.

§. 1784. Mes mulets, dont le conducteur connoiſſoit l'averſion pour les bacs, furent obligés de faire un grand détour pour aller chercher un pont ſur lequel ils paſſerent la riviere. En les attendant, je me repoſai à l'ombre, ſur les marches d'un oratoire, où je travaillai au journal de mon voyage.

De là, je voyois au-deſſus de Cevio de belles couches aſcendantes contre le Nord-Oueſt, & coupées par conféquent à angles droits, par la vallée qui deſcend du Nord-Oueſt au Sud-Eſt. Bientôt après le chemin paſſe ſur une corniche au-deſſus de la riviere; cette corniche eſt taillée dans un granit veiné dont les couches ſont ſituées comme celles dont je viens de parler.

Je m'arrêtai à une lieue & demie au-deſſous de Cevio, dans un village nommé *Someo*, pour dîner, & laiſſer paſſer la chaleur qui fatiguoit les mulets plus que les pentes rapides des montagnes que nous avions paſſées; je trouvai ce village élévé de 204 toiſes.

§. 1785. Je rencontrai là un jeune médecin de Locarno, qui me dit, que lorſque le fameux brouillard avoit commencé à paroître dans ce pays; il avoit une odeur de brûlé très-ſenſible; pluſieurs autres perſonnes me confirmerent ce fait. D'après cela ce médecin ne doutoit pas que ce brouillard ne fut compoſé de fumée, ou de vapeurs ſorties de l'intérieur la terre par la même cauſe, qui, dans la même année, avoit produit les tremblements de terre de la Calabre. Il ajoutoit que perſonne n'en avoit été incommodé, & que dans le pays, il y avoit plutôt moins de malades qu'à l'ordinaire. Au reſte, dans ces derniers jours, cette vapeur avoit été nulle ou preſqu'imperceptible.

§. 1786. Jusqu'à Someo la vallée eſt aſſez étroite; & quoi qu'elle ait un fond, la riviere ou les graviers qu'elle charrie l'occupent preſqu'en qu'en entier; mais plus bas, elle s'élargit & commence à être cultivée par places.

A demi-lieue de Someo l'on passe à *Giumaglio*, & bientôt après l'on rencontre une cascade où les couches du roc micacé quartzeux, sont presque verticales. On passe l'eau de cette cascade sur un pont d'une seule arche, remarquable par son amplitude; mais aussi d'une élévation ridicule & même dangereuse par sa rapidité. *Couches centrales.*

A 12 minutes de Giumaglio l'on passe à Coglio; & à 10 min. de ce village, le chemin est situé sur une corniche où les couches de schiste micacé, ou plutôt de gneiss, sont ondées & se rapprochent de la situation horizontale, en se relevant cependant toujours contre le Nord-Ouest. Le village de *Maggia*, qui a donné son nom à la vallée, est à 35 minutes de Coglio. *Couches horizontales.*

§. 1787. A 25 minutes de *Maggia*, le chemin passe sur le gravier de la riviere, & là, on côtoie des rochers dont les couches sont redevenues presque verticales; leurs plans courent de l'Est Sud-Est à l'Ouest Nord-Ouest. Ce sont des schistes micacés dont l'agrégation varie. Dans les uns, le mica & le quartz sont mélangés dans les mêmes feuillets de pierre; dans d'autres, on voit des veines de quartz blanc grenu, à peu-près pur; l'ensemble forme une pierre rubanée, dont on suit les rayes distinctes à de grandes distances; mais ces feuillets ne conservent point par-tout la même épaisseur; ils sont, ici renflés; là, étranglés. Cette pierre se divise d'elle-même en trapézoïdes. *Schistes rubanés verticaux.*

§. 1788. On fait ainsi environ trois quarts de lieue toujours sur le sable; après quoi, l'on gravit sur une corniche très-élevée & très-étroite, absolument à pic au-dessus de la riviere. Du haut de cette corniche, on voit d'un coup-d'œil, en se retournant, une grande partie du haut de la vallée que l'on vient de parcourir. Elle est remarquable par ses endentures & par la correspondance de ses angles saillants & rentrants. *Vue générale du Val-Maggia.*

Auſſi, eſt-ce une vallée tranſverſale, c'eſt-à-dire, qu'elle coupe conſ-tamment & à angles droits, les plans des couches des montagnes qui la bordent; elle eſt d'ailleurs très-monotone, bordée par des monta- gnes preſqu'uniformes, boiſées du haut en bas. Je ne ſais, ſi c'eſt parce que j'aime à voir les rochers pour obſerver leur ſtructure; mais ces montagnes toutes couvertes de forêts me paroiſſent plus triſtes, plus ſauvages que les rochers les plus arides.

CETTE vallée a encore une ſingularité, c'eſt que depuis Cevio juſqu'à Locarno, le chemin eſt conſtamment du même côté de la riviere, ſur ſa rive gauche, tandis qu'à l'ordinaire, dans les vallées des Alpes, on eſt preſqu'à chaque inſtant obligé de paſſer d'une rive à l'autre.

CE chemin eſt preſque toujours ſous des treilles qui le tiennent à l'ombre; mais quand il eſt auſſi étroit & qu'on y voyage à cheval, c'eſt plutôt une incommodité, parce qu'il faut une attention continuelle pour ne pas ſe froiſſer les jambes contre les piliers qui ſoutiennent ces treilles; cependant cette attention à profiter de tout l'eſpace qui peut être mis en cultivation prouve l'induſtrie des habitans, & il eſt vrai que le pays eſt très peuplé, très-bien cultivé & que les habitants y paroiſſent à leur aiſe.

<small>Dernier rocher en couches verticales.</small>

§. 1789. LE roc que forme la corniche d'où l'on a cette vue du Val-Maggia, eſt toujours de roche micacée quartzeuſe, & ſes couches ver- ticales courent encore de l'Eſt Sud-Eſt à l'Oueſt Nord-Oueſt. Enfin, à ¼ de lieue de cette corniche, je paſſai un pont; où je revis encore des rochers du même genre & dans la même ſituation. Locarno eſt encore à une grande lieue de ce pont; mais la nuit qui ſurvint m'em- pêcha de continuer mes obſervations. D'ailleurs, même avant la cor- niche, les montagnes s'abaiſſent beaucoup, la vallée s'ouvre entière- ment, & l'on n'a plus devant ſoi d'autres montagnes que celles qui ſont de l'autre côté du lac.

<small>Locarno.</small>

§. 1790. LOCARNO, chef-lieu du Bailliage de ce nom, eſt une petite ville ou un grand bourg, ſitué ſur le lac Majeur, près de l'extrémité septentrionale de ce lac, auquel on donne quelquefois le nom de cette ville. Sa situation, exposée au Levant, & garantie des vents du Nord, est extrêmement chaude; j'y vis des orangers & des citronniers chargés de fruits & de fleurs, & de la plus grande beauté: ils sont en espaliers contre des murs, & on les garantit pendant l'hiver avec des paillassons, mais ils n'ont pas besoin d'être renfermés par des planches comme dans l'Isola-Bella. Le sol de cette ville n'est élevé que de 118 toises au-dessus de la mer.

§. 1791. Le lendemain de mon arrivée j'allai mesurer la profondeur & éprouver la température du lac, dans l'endroit qu'on disoit être le plus profond. J'ai rendu compte de cette expérience, §. 1399; c'étoit près de la rive opposée, & non loin d'une chapelle nommée le Bardia. Je trouvai 335 pieds de profondeur, & une température de 5, 4. Pendant que mon thermometre prenoit la température de l'eau, j'observai le barometre & j'allai travailler au journal de mon voyage, sous des châtaigniers, dont cette côte est bordée. Trois observations du barometre, dont les résultats sont d'accord entr'eux, à une toise près, m'ont donné 106 toises pour la hauteur de la surface de ce lac, au-dessus de celle de la mer, & ainsi 82 toises de moins qu'à celle du lac de Geneve.

Profondeur & température du lac.

J'avois de là une vue très-agréable de la rive opposée, sur laquelle est bâtie la ville de Locarno. Les villages, forcés d'occuper les bords du lac, à cause de la rapidité des montagnes qui l'enserrent, semblent se toucher. Cependant on en voit aussi quelques-uns au milieu des vignes, qui croissent sur la pente de ces montagnes. La ville même fait un joli effet, on voit au-dessus d'elle un grand couvent & quelques maisons assez bien bâties, un grand côteau de vignes, & plus loin, une montagne assez élevée.

§. 1792. Les rochers, sur la rive opposée à Locarno, de même que ceux que j'avois rencontré la veille, sont des couches verticales de

Roches micacées verticales.

roche micacée quartzeuſe; mais leur direction eſt un peu différente; elles courent à peu-près de l'Eſt à l'Oueſt.

Rapports des deux dernieres vallées.

§. 1793. Il eſt bien intéreſſant d'obſerver la conformité qui regne entre la vallée d'Antigorio & la Val-Maggia, que nous venons de parcourir; l'une & l'autre ſont bordées par des montagnes dont les couches ſont à peu près horizontales vers le haut, ou auprès du pied de la chaîne centrale; & dans l'une & l'autre, ces couches deviennent verticales en s'approchant du lac Majeur. Ces couches ſont auſſi verticales de l'autre côté du lac, on vient de le voir vis-à-vis de Locarno, & je vis, en 1777, qu'à Luvino, qui eſt ſitué beaucup plus bas & auſſi ſur la rive orientale du même lac, on trouve encore des roches primitives dont les couches ſont auſſi verticales.

Fin du troiſieme volume.

www.ingramcontent.com/pod-product-compliance
Lightning Source LLC
Chambersburg PA
CBHW070831230426
43667CB00011B/1759